U0195147

『十一五』国家重点图书出版规划项目

中国环境变迁史丛书

宋元环境变迁史

王玉德◎著

中州古籍出版社
·郑州·

图书在版编目（CIP）数据

宋元环境变迁史 / 王玉德著 . —郑州 : 中州古籍出版社，2021. 12

（中国环境变迁史丛书）

ISBN 978-7-5348-9811-2

Ⅰ . ①宋… Ⅱ . ①王… Ⅲ . ①生态环境 - 变迁 - 研究 - 中国 - 宋元时期 Ⅳ . ① X321.2

中国版本图书馆 CIP 数据核字（2021）第 194129 号

SONG-YUAN HUANJING BIANQIAN SHI

宋元环境变迁史

策划编辑 杨天荣
责任编辑 杨天荣
责任校对 唐志辉
美术编辑 王 歌

出 版 社 中州古籍出版社（地址：郑州市郑东新区祥盛街 27 号 6 层
邮编：450016 电话：0371-65788693）
发行单位 河南省新华书店发行集团有限公司
承印单位 河南瑞之光印刷股份有限公司
开　　本 710 mm × 1000 mm 1/16
印　　张 27.75
字　　数 485 千字
版　　次 2021 年 12 月第 1 版
印　　次 2021 年 12 月第 1 次印刷
定　　价 96.00 元

本书如有印装质量问题，请与出版社调换。

《中国环境变迁史丛书》 总序

一部环境通史，有必要开宗明义，先介绍环境的概念、学科属性、学术研究状况等，并交代写作的思路与框架。因此，特作总序于前。

一、何谓环境

何谓环境？《辞海》解释之一为：一般指围绕人类生存和发展的各种外部条件和要素的总体。……分为自然环境和社会环境。[①] 由此可知，环境分为自然环境与社会环境。

本书所述的环境主要指自然环境，指人类社会周围的自然境况。“自然环境是人类赖以生存的自然界，包括作为生产资料和劳动条件的各种自然条件的总和。自然环境处在地球表层大气圈、水圈、陆圈和生物圈的交界面，是有机界和无机界相互转化的场所。”[②]

环境有哪些元素？空气、气候、河流湖泊、大海、土壤、动物、植物、灾害等，都是环境的元素。需要说明的是，这些环境元素不是一成不变的，在不同的时期、不同的学科、不同的语境，人们对环境元素的理解是有差异的。在一些专家看来，环境是一个泛指的名词，是一个相对的概念，是相对于主体而言的客体，因此，不同的学科对环境的含义就有不同的理解，如环境保护法明确指出环境是指“大气、水、土地、矿藏、森林、草原、野生动物、野生植

---

①《辞海》，上海辞书出版社 2020 年版，第 1817 页。

② 胡兆量、陈宗兴编：《地理环境概述》，科学出版社 2006 年版，第 1 页。

物、名胜古迹、风景游览区、温泉、疗养区、自然保护区、生活居住区等”[①]。

二、何谓环境史

国内外学者对环境史的定义做过许多探讨，表述的内容差不多，但没有达成一个共识。如，包茂宏认为：“环境史是以建立在环境科学和生态学基础上的当代环境主义为指导，利用跨学科的方法，研究历史上人类及其社会与环境之相互作用的关系。”[②] 梅雪芹认为：“作为一门学科，环境史不同于以往历史研究和历史编纂模式的根本之处在于，它是从人与自然互动的角度来看待人类社会发展历程的。”[③]

享誉盛名的美国学者唐纳德·休斯在《什么是环境史》一书中，用整整一部著作讨论环境史，他在序中说：环境史是“一门历史，通过研究作为自然一部分的人类如何随着时间的变迁，在与自然其余部分互动的过程中生活、劳作与思考，从而推进对人类的理解”[④]。显然，休斯笔下的环境史是人类史，是作为自然一部分的人类的历史，是人与自然关系的历史。

根据学术界的观点，结合我们研究的体会，我们认为：环境史是客观存在的历史。从学科属性而言，环境史是自然史与人类史的交叉学科。人类史与环境史是有区别的，在环境史研究中应当更多关注自然，而不是关注人。环境史是从人类社会视角观察自然的历史，研究的是自然与人类的历史。还要说明的是，我们所说的环境史，不包括与人类没有直接关系的纯自然现象，那样一些现象是动物学、植物学、细菌学等自然学科所研究的内容。

进入我们视觉的环境史是古老的。从广义而言，有了人类，就有环境史，就有了环境史的信息，就有了可供环境史研究的资料。人类对环境的关注、记载、研究的历史，可以上溯到很久以前，即可与人类文明史的起点同步。有了

---

① 朱颜明等编著：《环境地理学导论》，科学出版社 2002 年版，第 1 页。

② 包茂宏：《环境史：历史、理论和方法》，《史学理论研究》2000 年第 4 期。

③ 梅雪芹：《马克思主义环境史学论纲》，《史学月刊》2004 年第 3 期。

④［美］J. 唐纳德·休斯著，梅雪芹译：《什么是环境史》，北京大学出版社 2008 年版，第 2 页。

人类，就有了对环境的观察、选择、利用、改造。因此，我们说，环境史是古老的，其知识系统是悠久的。环境史是伴随着人类历史的步伐而走到了现在。

如果从更广义而言，环境史还应略早于人类史。有了环境才有人类，人类是环境演迁到一定阶段的产物。因此，环境史可以向上追溯，追溯到环境与人类社会的产生。作为环境史研究，可以从远观、中观、近观三个层次探究环境的历史。环境史的远观比人类史要早，环境史的中观与人类诞生相一致，环境史的近观是在20世纪才成为一门独立的学科。

三、环境史学的产生

人类生活在自然环境之中，但环境长期没有作为人类研究的主要内容。直到工业社会以来，环境才逐渐进入人类研究的视野，环境史学才逐渐成为历史学的一部分。为什么会产生环境史学？为什么会产生环境史的研究？环境史学的产生是20世纪以来的事情，之所以会产生环境史学，当然是学术多元发展的结果，更重要的是人类社会发展的结果，是环境问题越来越严重的结果。具体说来，有五点原因。

其一，人类社会越来越关注人自身的生存质量。随着物质文明与精神文明的发展，人们的欲望增加，人类的享乐主义盛行。人们都希望不断提高生活质量，要住宽敞的大房子，要吃尽天下的山珍海味，要到环境优美的地方旅游，要过天堂般的舒适生活。因此，人们对环境质量的要求越来越高，对环境的关注度超过了以往任何时候。

其二，人类对自己所处的生活环境越来越不满意。人类生存的环境条件日益恶化，各种污染严重威胁人们的生活与生命，如空气、水、大米、肉、蔬菜、水果等无一不受到污染，各种怪病层出不穷。事实上，生活在工业社会的人们，虽然在科技上得到一些享受，但在衣食方面、空气与水质方面远远不如农耕社会那么纯粹天然。

其三，人类越来越感到资源欠缺。随着工业化的进程，环境资源消耗增大，且正在消耗殆尽，如石油、木材、淡水、土地等，已经供不应求。以汽车工业为例，虽然生产汽车在短时间内拉动了经济，便利了人们的生活，但同时也带来了空气污染、石油消耗、交通拥挤等后患。

其四，人类面临的灾害越来越多。洪水、干旱、地震、海啸、瘟疫等频频发生，这些灾害严酷地摧残着人类，使人类付出了极大的代价。生活在这个地球上的人类，越来越艰难，无不感到自然界越来越可怕了。也许是互联网太发达，人们天天听到的都是环境恶化的坏消息。

其五，人类希望社会可持续发展，希望人与自然更加和谐，希望子孙后代也有好的生活空间。英国学者汤因比主张研究自然环境，用历史的眼光对生物圈进行研究，从人类的长远利益出发进行研究，目的是要让人类能够长期地在地球这个生物圈生活下去。他说："迄今一直是我们唯一栖身之地的生物圈，也将永远是我们唯一的栖身之地，这种认识就会告诫我们，把我们的思想和努力集中在这个生物圈上，考察它的历史，预测它的未来，尽一切努力保证这唯一的生物圈永远作为人类的栖身之处，直到人类所不能控制的宇宙力量使它变成一个不能栖身的地方。"①

人类似乎正处在文明的巅峰，又似乎处在文明的末日。换言之，人类正在创造美好的世界，又正在挖自己的坟墓。人类的环境之所以演变到今天这种情况，有其必然性。随着工业化的进程，随着大科学主义的无限膨胀，随着人类消费欲望的不断增多，随着人类的盲目与自大，随着人类对环境的残酷掠夺与虐待，环境一定会受到破坏，资源一定会减少，生态一定会不断恶化。有人甚至认为环境破坏与资本主义有关，"把人类当前面临的全球生态环境问题放在一个比较长的时段上进行观察，我们发现，这是一个经过了长期累积、在工业化以后日趋严重、到全球化时代已无法回避的问题。在近代以来的每个历史阶段，全球性的生态环境问题都与资本主义有关"②。如果没有资本主义，也许环境不会恶化成现在这个样子。但是，资本主义相对以前的社会形态毕竟是一个进步，环境恶化不能完全怪罪于社会的演进。

要改变环境恶化的这种情况，必须依靠人类的文化自觉。幸好，人类还有良知，人类还有先知先觉的智者。环境史学科的产生，就是人类良知的苏醒，就是学术自觉的表现。为了创造美好的社会，保持现代社会的可持续性发展，各国学者都关注环境，并致力于从环境史中总结经验。正因为人类社会越来越

---

①［英］汤因比著，徐波等译：《人类与大地母亲》，上海人民出版社2001年版，第8页。

② 俞金尧：《资本主义与近代以来的全球生态环境》，《学术研究》2009年6期。

关注环境，当然就会产生环境史学，开展环境史的研究。

四、环境史研究的内容

环境史研究可以分为三个方面：

第一，环境的历史。在人类社会的历史长河中，与人类息息相关的环境的历史，是环境史研究最基本的内容。历史上环境的各种元素的状况与变化，是环境史研究的主要板块。环境史不仅要关注环境过去的历史，还要着眼于环境的现状与未来。现在的环境对未来环境是有影响的，决定着未来的环境的状况。当前的环境与未来的环境都是历史上环境的传承，受到历史上环境的影响。

第二，人类社会与环境的关系的历史。历史上，环境是怎样决定或影响着人类社会？人类社会又是怎样反作用于环境？环境与农业、游牧业、商业的关系如何？环境与民族的发展如何？环境与城市的建设、居住的建筑、交通的变化有什么关系？这都是环境史应当关注的。

第三，人类对环境的认识史。人类对环境有一个渐进的认识过程，从简单、糊涂、粗暴的认识，到反思、科学的认识，都值得总结。人类的智者自古就提倡人与自然和谐，提倡保护自然。古希腊斯多葛派的创始人芝若说过：“人生的目的就在于与自然和谐相处。”

由以上三点可知，环境史研究的目的，一是掌握有关环境本身的真实信息、确切的规律，二是了解人类有关环境问题上的经验教训与成就，三是追求人类社会与环境的和谐相处与持续发展。

五、环境史研究的社会背景与学术背景

研究环境史，或者把它当作一门环境史学科，应是20世纪以来的事情。环境史学是古老而年轻的学科。在这门年轻学科构建的背景之中，既有社会的酝酿，也有学术的准备。

1. 社会的酝酿

1968年，在罗马成立了罗马俱乐部，其创建者是菲亚特汽车公司总裁佩

切伊（1908—1984），他联合各国各方面的学者，展开对世界环境的研究。佩切伊与池田大作合著《二十一世纪的警钟》。1972年，世界上首次以人类与环境为主题的大会在瑞典斯德哥尔摩召开，发表了《联合国人类环境会议宣言》，会议的口号是“只有一个地球”，首次明确提出：“保护和改善人类环境已经成为人类一个紧迫的目标。”联合国把每年的6月5日确定为世界环境日。1992年在巴西召开了世界环境与发展大会，有183个国家和地区的代表团参加了会议，有102个国家的元首或政府首脑参加，通过了《里约环境与发展宣言》《21世纪议程》。这次会议提出全球伦理有三个公平原则：世界范围内当代人之间的公平性、代际公平性、人类与自然之间的公平性。

2. 学术的准备

环境史学有相当长的准备阶段，20世纪有许多关于研究环境的成果，这些成果构成了环境史学的酝酿阶段。

早在20世纪初，德国的斯宾格勒在《西方的没落》中就提出“机械的世界永远是有机的世界的对头”的观点，认为工业化是一种灾难，它使自然资源日益枯竭。[①] 资本主义的初级阶段，造成严重的环境污染，引起劳资双方极大的对立。斯宾格勒正是在这样的背景下写出了他的忧虑。

美国的李奥帕德（又译为莱奥波尔德）撰有《大地伦理学》一文，1933年发表于美国的《林业杂志》，后来又收入他的《沙郡年记》。《大地伦理学》是现代环境主义运动的《圣经》，李奥帕德本人被称为“现代环境伦理学之父”。他超越了狭隘的人类伦理观，提出了人与自然的伙伴关系。其主要观点是要把伦理学扩大到人与自然，人不是征服者的角色，而是自然界共同体的一个公民。

德国的海德格尔在《论人类中心论的信》（1946）中反对以人类为中心，他说：“人不是存在者的主宰，人是存在者的看护者。”[②] 另一位德国思想家施韦泽（又译为史韦兹，1875—1965年在世），著有《敬畏生命》（上海社会科学科学院出版社2003年版），主张把道德关怀扩大到生物界。

---

①［德］斯宾格勒：《西方的没落》，黑龙江教育出版社1988年版，第24页。

②宋祖良：《海德格尔与当代西方的环境保护主义》，《哲学研究》1993年第2期。

1962 年，美国生物学家蕾切尔·卡逊著《寂静的春天》（中国环境科学出版社 1993 年版），揭露美国的某些团体、机构等为了追求更多的经济利益而滥用有机农药的情况。此书被译成多种文字出版，学术界称其书标志着生态学时代的到来。

此外，世界自然保护同盟主席施里达斯·拉夫尔在《我们的家园——地球》中提出，不能仅仅告诉人们不要砍伐森林，而应让他们知道把拯救地球与拯救人类联系起来。[①] 英国学者拉塞尔在《觉醒的地球》（东方出版社 1991 年版）中提出地球是活的生命有机体，人类应有高度协同的世界观。

美国学者在 20 世纪先后创办了《环境评论》《环境史评论》《环境史》等刊物。美国学者约瑟夫·M. 佩图拉在 20 世纪 80 年代撰写了《美国环境史》，理查德·怀特在 1985 年发表了《美国环境史：一门新的历史领域的发展》，对环境史学作了概述。以上这些学者从理论、方法上不断构建环境史学科，其学术队伍与成果是世界公认的。

显然，环境史是在社会发展到一定阶段之后，由于一系列环境问题引发出学人的环境情怀、环境批判、环境觉悟而诞生的。限于篇幅，我们不能列举太多的环境史思想与学术成果，正是有这些丰硕的成果，为环境史学科的创立奠定了基础。

六、中国环境史的研究状况与困惑

中国是一个悠久的文明古国，一个以定居为主要生活方式的农耕文明古国，一个还包括游牧文明、工商文明的文明古国，一个地域辽阔的多民族大家庭的文明古国。在这样的国度，环境史的资料毫无疑问是相当丰富的。在世界上，没有哪一个国家的环境史资料比中国多。中国人研究环境史有得天独厚的条件，没有哪个国家可以与中国相提并论。

尽管环境史作为一门学科，学术界公认是外国学者最先构建的，但这并不能说明中国学者研究环境史就滞后。中国史学家一直有研究环境史的传统，先

---

① [英] 施里达斯·拉夫尔：《我们的家园——地球》，中国环境科学出版社 1993 年版。

秦时期的《禹贡》《山海经》就是环境史的著作。秦汉以降，中国出现了《水经注》《读史方舆纪要》等许多与环境相关的书籍，涌现出郦道元、徐霞客等这样的环境学家。史学在中国古代是比较发达的学科，而史学与地理学是紧密联系在一起的，任何一个史学家都不能不研究地理环境，因此，中国古代的环境史研究是发达的。

环境史是史学与环境学的交叉学科。历史学家离不开对环境的考察，而对环境的考察也离不开历史的视野。时移势易，生态环境在变化，社会也在变化。社会的变化往往是明显的，而山川的变化非要有历史眼光才看得清楚。早在20世纪，中国就有许多历史学家、地理学家、物候学家研究环境史，发表了一些高质量的环境史的著作与论文，如竺可桢在《考古学报》1972年第1期发表的《中国近五千年来气候变迁的初步研究》就是环境史研究的代表作。此外，谭其骧、侯仁之、史念海、石泉、邹逸麟、葛剑雄、李文海、于希贤、曹树基、蓝勇等一批批学者都在研究环境史，并取得了丰硕的成果。国家环保局也很重视环境史的研究，曲格平、潘岳等人也在开展这方面的研究。

显然，环境史学科正在中华大地兴起，一大群跨学科的学者正在环境史田园耕耘。然而，时常听到有人发出疑问，如：

有人问：中国古代不是有地理学史吗？为什么还要换一个新名词环境史学呢？

答：地理史与环境史是有联系的，也是有区别的。环境史的内涵与外延大于地理史。环境史是新兴的前沿学科，是国际性的学科。中国在与世界接轨的过程中，一定要在各个学科方面也与世界接轨。应当看到，中国传统地理学有自身的局限性，它不可能完全承担环境史学的任务。正如有的学者所说：传统地理学的特点在于依附经学，寓于史学，掺有大量堪舆成分，持续发展，文献丰富，擅长沿革考证，习用平面地图。① 直到清代乾隆年间编《四库全书总目》，仍然把地理学作为史学的附庸，编到史部中，分为宫殿、总志、都、会、郡、县、河渠、边防、山川、古迹、杂记、游记、外记等子目。这些说明，传统地理学不是一门独立的学科，需要重新构建，但它可以作为环境史学

---

① 孙关龙：《试析中国传统地理学特点》，参见孙关龙、宋正海主编：《自然国学》，学苑出版社2006年版，第326—331页。

的前身。

有人问：研究环境史有什么现代价值？

答：清代顾祖禹在《读史方舆纪要·序》中说："孙子有言：'不知山林险阻沮泽之形者，不能行军。不用乡导者，不能得地利。'" 环境史的现代价值一言难尽。如地震方面：20世纪50年代，中国科学院绘制《中国地震资料年表》，其中有近万次地震的资料，涉及震中、烈度，这对于了解地震的规律性是极有用的。地震有灾害周期、灾异链，许多大型工程都是在经过查阅大量地震史资料之后，从而确定工程抗震系数。又如兴修水利方面：黄河小浪底工程大坝设计参考了黄河历年洪水的数据，特别是1843年的黄河洪水数据。长江三峡工程防洪设计是以1870年长江洪水的数据作为参考。又如矿藏方面：环境史成果有利于我们了解矿藏的分布情况、探矿经验、开采情况。又如，有的学者研究了清代以来三峡地区水旱灾害的情况[①]，意在说明在三峡工程竣工之后，环境保护仍然是三峡地区的重要任务。

说到环境史的现代价值，休斯在《什么是环境史》第一章有一段话讲得好，他说："环境史的一个有价值的贡献是，它使史学家的注意力转移到时下关注的引起全球变化的环境问题上来，譬如，全球变暖，气候类型的变动，大气污染及对臭氧层的破坏，包括森林与矿物燃料在内的自然资源的损耗……"[②] 可见，正因为有环境史，所以人类更加关心环境的过去、现在与未来，而这是其他学科所没有的魅力。毫无疑问，环境史研究既有很大的学术意义，又有很大的社会意义，对中国的现代化建设有重要价值，值得我们投入到其中。

每个国家都有自己的环境史。中华民族有五千多年的文明史，作为中国的学者，应当首先把本国的环境史梳理清楚，这才对得起"俱往矣"的列祖列宗，才对得起当代社会对我们的呼唤，才对得起未来的子子孙孙。如果能够对约占世界四分之一人口的中国环境史有一个基本的陈述，那将是对世界的一个

---

① 华林甫：《清代以来三峡地区水旱灾害的初步研究》，《中国社会科学》1991年第1期。

② [美] J. 唐纳德·休斯著，梅雪芹译：《什么是环境史》，北京大学出版社2008年版，第2页。

贡献。中华民族的学者曾经对世界作出过许多贡献，现在该是在环境史方面也作出贡献的时候了！

王玉德

2020 年 6 月 3 日

序 言

史学界习惯于把宋代与元代合称为一个历史单元。

严格说来，宋代与宋朝不是一个概念。广义的宋代，指的是一个时期。狭义的宋代，指宋朝。实际意义的宋朝，指的是政权，即体现为国家机器的王朝。

本书所述宋代，是一个多元的断代，一个以“宋”为符号的时间概念。这时期有宋、辽、西夏、金等王朝前后并立。宋朝一直未能实现像汉、唐那样的统一，未能把“代”与“朝”合一。以汉族为主体的宋朝与由契丹族建立的辽朝、党项族建立的西夏、女真族建立的金朝同处在中华大地，犹如三国魏、蜀、吴的再现，各领风骚，各有贡献。历史在此时呈现出错综复杂、多元竞秀的景象。

宋、辽、西夏、金之后，历史进入到元代。元代是蒙古族建立并主宰的朝代，是一个只有一百多年历史的朝代。元代地域辽阔，气象恢宏。

相对于中国古代汉族人主宰的其他朝代，历来的史学家不太重视对异族政权的研究，甚至带有偏见地去研究这些王朝。其实，凡是曾经生活在今天中国疆域内的各民族，诸如契丹族、党项族、女真族都是中华民族的成员。历史上少数民族及其所建立的国家政权，如同汉族及其所建立的国家政权一样，都是历史上中国的一部分，不能以汉族的历史或中原王朝的历史来代替中国历史。民族之间虽然有纠纷与战争，但文化开发与融合仍是主流。各民族在政治、经济、文化等方面长期联系，密切交往，相互依存，共同传承与创造了中华文化。

在中华五千多年的文明史上，宋元时期占有重要地位，文化多元，推陈出新，思想碰撞，成就卓越。各个地区文化相对繁荣，周边疆域的文化有所发展，北方黄河流域一带有了更多的少数民族文化特征。传统史学一直以宋朝作为正统，新史学观正在走出狭隘一元中心论。

对宋元的研究，一直是学术界的热点。关于宋元环境史，已经有不少学术成果。把这些成果归纳清楚，再开展深入研究，是一项艰难而浩大的工程。

研究宋元环境变迁史，重点在于还原历史。本书试图把宋元环境变迁史的信息尽量搜集起来，按照环境史研究的范式归类，用科学的框架表述，并加以适当的评论，以期揭示宋元环境变迁史的本来形貌。

本书的基本框架是：

第一、二章为综合性的内容，是全书的铺垫。第一章论述宋元时期的疆域、区划、人口、民族、交通等。第二章介绍宋元时期有关环境的历史文献，以及后世有助于研究宋元环境的学术成果。

第三至八章侧重于自然。第三章论述了宋元时期的天文、历法、气象、物候。第四章论述了宋元时期的地情与农业。第五章论述了宋元时期的水文、治水，特别是黄河与海洋问题。第六章论述了宋元时期的植物，包括植被、植物种类、经济作物、植物保护。第七章论述宋元时期动物的生存状况和人们对动物的认识。第八章论述宋元时期矿物分布及种类。

第九章之后侧重于社会。第九章论述宋元时期的环境观念，包括天人感应、祭祀、生态思想等。文化的核心是思想观念，环境观念体现了环境文明的水平。第十章论述了宋元时期各区域的环境状况，以期读者对这一时期各地的环境有一个大概的了解。第十一章论述宋元的都城、园林。这是宋元环境成就的精华。第十二章论述宋元时期发生的各种自然灾害，以及政府、社会、个人对灾害的应对。这一章实际上涉及人与灾害的互动，采用了英国学者汤因比"挑战与回应"的理论。第十三章论述宋元时期对于环境的管理，包括资源、农业、水利、灾情等方面的管理。环境管理是全新的提法，对现实最有启发意义。此章还论述了宋元时期王朝在兴起、构建、衰亡的过程中环境所起的作用，这是从另外一个角度解读宋元社会生长、消亡的历史密码。

本书的最后附有宋元环境变迁史大事表，这是对前面各章的补充。通过时间线索，可以不受专题的局限，更加清晰地看到宋元时期的环境变迁。

本书研究宋元环境史的变迁过程，是《中国环境变迁史丛书》系列中的一种。因此，本书要兼顾到其他几本书的内容，与其他几本书在体例上要大致保持一致。特别是在史料的取舍方面尽可能避免重复，在观点的表述上前后要保持基本一致。

本书采用的方法：一是历史学方法。所谓历史学方法，就是注重时间线索，辨章学术，考镜源流；注重史料，论从史出。二是环境史学科特有的方法。环境史方法就是跨学科方法，因循于环境内在关系，关注环境多维要素的方法。

本书的前几章偏重自然，也涉及人事，自然与人事是不可能分开的。后几章侧重于环境与社会。差不多每章都会涉及区域，按照中国现在的疆域及其行政区划，对各个地区的环境做大概的介绍。大致依据北京大学李孝聪教授的《中国区域历史地理》（北京大学出版社 2004 年版），以秦岭与淮河为南北分界线，按黄土高原、河西走廊、西北内陆、四川盆地、青藏高原、云贵高原、黄淮海平原、山东丘陵、长江中下游地区、东南沿海、岭南地区、东北平原与山地、蒙古草原等大自然区的划分来讲授区域历史地理。东北地区包括黑龙江、吉林、辽宁。北亚蒙古草原包括内蒙古自治区。西北地区包括宁夏、甘肃、青海、新疆。中原地区包括河南、河北、陕西、山西、山东。西南地区包括西藏、云南、四川、重庆、贵州。长江中下游地区包括湖北、湖南、江西、安徽、江苏。东南沿海地带包括浙江、福建、台湾。岭南地区包括广西、广东、海南。这种划分，对于地理学的专家来说，也许会有些不同的意见，但是，众口难调，我们暂且这样行之。

“非曰能之，愿学焉”。本书的写作，实是抱着学习的态度、挑战难度的心情。一方面，要继承已有的学术成果；另一方面，要形成自己的风格，到浩瀚的史料中去找出一条一条材料，按自己的框架，写出自己笔下宋元环境的面貌与变迁。希望本书能初步揭示宋元环境的面貌，并希望本书能为今后开展的宋元环境史研究铺出一条道路，让后继者更好地向纵深拓展。

目录

第一章

宋元环境概说

在我们进入宋元环境史时，有必要对宋元时期的王朝沿革、疆域大小、行政区划、人口变迁、交通格局等情况做简要介绍。

第一节　宋元的王朝

宋元的时间，毫无疑问是宋代与元代时间之和，即公元960年到1368年，计408年。宋代先后有宋朝、辽朝、西夏朝、金朝等政权以不同的形式并立。

一、宋代的王朝

1. 宋朝

960年，后周大将赵匡胤通过“陈桥兵变”，夺取了北周政权，建国号宋。979年，宋灭北汉，结束了五代十国局面，完成了局部的统一。宋太祖赵匡胤曾任宋州归德军节度使，故国号称宋。宋分北宋和南宋两个阶段，共历18帝，享国319年。

赵匡胤靠征战起家，建立宋朝后，致力于加强皇权，偏重防内，重文轻武，改革弊政。宋朝流行五德终始说，术士称宋朝为火德，称“火宋”“炎宋”。

宋徽宗在位时大兴土木，在都城东京（今河南开封）东北角修建万岁山，后改名为艮岳。艮岳方圆十余里，其中有芙蓉池、慈溪等胜地，飞禽走兽应有尽有。宋徽宗还在苏州设立应奉局，在东南搜刮奇石，是为花石纲，引得民怨沸腾。靖康元年（1126年），都城东京被金军围困，城内疫病流行，许多人饿死病死。靖康二年（1127年），金人攻陷都城，掳走宋徽宗、宋钦宗和皇室、大臣等，史称靖康之变，北宋覆灭。是年，宋徽宗第九子康王赵构在南京应天府（今河南商丘）即位，国号仍为宋，史称南宋。1138年，宋室迁都临安府

（今浙江杭州）。[①]

1234年，宋、蒙联合灭金。1235年，蒙古入侵南宋，1276年攻占临安，南宋名存实亡。1279年，元蒙军队在崖山战败宋军，结束了南宋历史。

宋王朝先后受到游牧民族军队的进攻，直到覆灭。宋代的中华大地纷争不已，几个政权鼎立，但以宋王朝为代表的宋代文化仍然是有独到的魅力与贡献的。史学界对宋代的评价很高，有学者甚至认为中国古代社会发展的高峰在宋朝。如长期研究宋代历史的专家邓广铭等在为《中国大百科全书·中国历史》写的《辽宋西夏金史》一文中认为："宋代社会生产有迅猛发展，其农业、手工业、商业等的发展水平，大大超过唐朝，成为战国秦汉以后，中国经济发展的又一高峰期。中国的经济重心的南移，也完成于宋代。在长江下游和太湖流域一带的浙西平原，其经济以稻麦两熟制为基础，成为当时世界上的最发达地区。若不单纯以唐诗和宋词评判优劣，而从科学技术、哲学思想、教育、文学艺术、史学等方面作综合比较，则宋代文明无疑也超越了唐代，成为中国封建文化发展的鼎盛期。总之，宋代在物质文明和精神文明所达到的高度，在中国整个封建社会历史时期之内，可以说是空前的。从世界历史的范围看，宋元时代又是中华文明居于世界领先地位的最后时期。"[②] 这个观点，姑且作为了解宋代历史的一个参考。

2. 辽朝

辽朝（907—1125年）是由契丹族建立的朝代，共传9帝，享国218年。

契丹族最初居住在潢河、土河之间，以渔猎为基本的生产方式。契丹人随水草游牧，在辽水一带迅速发展起畜牧业。辽水为我国古代六川之一，其名称最早可见于《山海经·海内东经》："辽水出卫皋东，东南注渤海，入辽阳。"《辽史·地理志》记载："辽河出东北山口为范河，西南流为大口，入于海……浑河在东梁与范河之间。"潢河、土河是辽河的支流。

907年，辽太祖耶律阿保机成为契丹部落联盟首领。契丹族名始见于《魏

---

① 北宋太祖至哲宗七代皇帝的陵墓位于今河南巩义市境内嵩山、洛河间丘陵上。南宋六陵攒宫在今浙江绍兴，其临时安厝地在元灭南宋后被破坏。

②《中国大百科全书·辽宋西夏金史》，中国大百科全书出版社1988年版，第107页。

书》，“契丹”是“辽”的族称和国名。神册元年（916年）耶律阿保机称帝，国号“契丹”，定都上京临潢府（今内蒙古赤峰市巴林左旗南波罗城），后改称“辽”。有辽一代，用“辽”“契丹”为国号。何谓“契丹”或“辽”？解说不一。“契丹”一词，与自然环境有关。“契丹”的含义是宾铁或刀剑之意，或者还有“大中”之意。契丹，后改称“辽”，以辽水名国。辽，有辽阔、辽远之意。

947年，辽太宗率军南下中原，攻占汴京（今河南开封），耶律德光于汴京登基称帝，改国号为“大辽”，改年号为“大同”。1007年，辽圣宗迁都中京大定府（今内蒙古赤峰市宁城县）。1066年，辽道宗耶律洪基复国号“辽”。

辽朝统一了中国的北方，开发了北方与东北地区，实行因俗而治，促进了民族融合与社会发展，在中国历史演进中具有重要地位与作用。1125年，辽被金朝所灭。辽亡后，耶律大石西迁到中亚楚河流域，重建辽国，史称西辽。[①]

3. 西夏

西夏（1038—1227年），是由党项族李元昊在中国西北部建立的一个政权，自称邦泥定国或白高大夏国、西朝。因其在西方，宋人称之为西夏。

党项族本是羌族的一支，原居四川松潘高原。隋唐时，他们按部落过着游牧生活，不知稼穑。唐末因平定黄巢农民起义有功，881年李思恭被封为定难军节度使，拜夏州节度使，“夏”的国号即来源于此。

“邦泥定”是西夏党项语的国名。何谓“邦泥定”？史籍缺少记载，中外史家解说不一。学术界认为这个名称或许与自然环境有关，“邦泥定”是汉文“白上国”的西夏文音释。“白上国”是“白河之上”的意思。白河是自岷山流出的白水，其上游是党项族的发源地，故他们建国后自称“白上国”。“邦泥定”即“白上”之意，是“白河上流”的简称。[②] 传世的《夏圣根赞歌》前三句为：“黑头石城漠水边，赤面父冢白河上，高弥药国在彼方。”述说了党项历史的源起。

---

①《中国大百科全书·辽宋西夏金史》，中国大百科全书出版社1988年版，第3页。

② 李范文：《“邦泥定国兀卒”考释》，《社会科学战线》1982年第4期。

西夏前期和辽、北宋，后期与金朝并立。北宋和西夏之间有过多次战争，战争给双方经济造成了极大破坏。庆历四年（1044 年），宋夏签订和约。西夏一直控制着河西走廊，对于西北地区的统一与经济文化发展作出了贡献。

西夏历 10 帝，统治 189 年，1227 年被蒙古灭亡。

4. 金朝

金朝（1115—1234 年）是中国历史上由女真族完颜阿骨打于 1115 年建立的统治中国北方和东北地区的王朝。

金朝国号的来历，与环境观念有关。女真兴起于金水（按出虎水或春水）。按出虎水，一译阿触胡、阿术浒、阿禄祖，即今黑龙江哈尔滨市东南阿什河。女真语“按出虎”是“金”的意思，相传其水产金，故国号名金。据《金史》记载，完颜阿骨打称帝时对群臣说：“辽以宾铁为号，取其坚也。宾铁虽坚，终亦变坏，惟金不变不坏。”于是定国号“金”。还有人戏说宋朝以火德自居，建议女真人以金为国号，以便克制女真，女真尚未了解五德生克文化，便以金作为国号了。

金朝建都会宁（属今黑龙江省），后来迁都中都（今北京）、南京（今开封）。共传 9 帝，享国 119 年。

金朝的军队特别善战，多次攻打辽朝，在北方迅速扩大势力范围。1120 年，宋朝远交近攻，与金在海上结盟，决定共同夹击辽朝。1125 年，辽被灭。金军又不断进攻北宋，围开封。金军在 1127 年俘虏宋徽宗、钦宗，灭掉北宋。康王赵构南逃，在临安（今杭州）即位，是为南宋。1141 年，南宋与金达成和议，形成金与南宋的对峙局面。金朝借鉴宋朝的文化，促进北方的民族融合，增加了中华民族和中华文化的多样性。

1234 年金朝被蒙古灭亡。

二、元朝

元代是指历史上宋与明之间的一段时代，元朝是指一个王朝。本书的“元代”兼而指之，既泛指一个时代，又指元朝政权。

我国学术界一般以至元八年（1271 年）计算元朝的开端，这是因为忽必烈（元世祖）于 1271 年正式称元。过了九年，到 1279 年时，元朝灭掉南宋，定都于大都（今北京市）。学术界认为，1271 年忽必烈公布“建国号诏”法令，取《易经》中“大哉乾元”之意，正式建国号为“元”。这是蒙古政权由世界性大帝国转为中原王朝的分水岭，蒙古政权之前对中原地区推行的是具有游牧性质的统治，中原地区仅是其属地的一部分，到忽必烈时才转型为以中国为主体的王朝，且在这之前“元”之名尚未出现，故“元朝”的建立应由此算起。

学术界以 1368 年作为元朝的灭亡时间，这是因为朱元璋领导的农民起义军攻陷元大都，元顺帝北逃，元朝失去对中原地区的统治。同年，朱元璋在建康（今南京）称帝，建立了明朝。

换一个角度而言，如果从蒙古政权而言，元朝的历史可以前后延伸。在蒙古国时期，蒙古族历经太祖成吉思汗、睿宗也可那颜、太宗窝阔台汗、定宗贵由汗、宪宗蒙哥汗。有些时间特别重要，如：金泰和四年（1204 年），蒙古族领袖铁木真通过战争统一了蒙古高原各蒙古部落。泰和六年（1206 年），铁木真被各部落推举为“成吉思汗”，建立政权于漠北，国号“大蒙古国”，即大蒙古帝国。这是蒙古政权建立的开端。成吉思汗于 1217 年灭亡西辽，1219 年西征花剌子模，1227 年灭西夏。

其实，对于蒙古政权而言，1260 年也是一个重要年份。汗王蒙哥 1259 年在四川去世后，其弟忽必烈与阿里不哥开始争夺汗位。1260 年三月，阿里不哥在蒙古帝国首都哈拉和林通过“忽里勒台”大会即大汗位。与此同时，忽必烈与南宋议和后返回开平（今内蒙古多伦），在中原儒臣及部分蒙古宗王的支持下集会自称大汗。接着，忽必烈与阿里不哥随即展开了四年的汗位战争。1264 年，阿里不哥兵败投降，忽必烈定为一尊。由于忽必列推行“汉法”，许多蒙古贵族对此表示不满，因而导致其他几个蒙古汗国与其敌对，忽必烈的政权遂只包括“中国”（并非完全今天意义上的中国）与蒙古高原地区，从此蒙古帝国不复存在。

元朝历经世祖忽必烈等诸帝。虽然明朝在 1368 年灭掉了中原的元朝统治政权，实际上在漠北的元朝君臣仍然沿用大元国号，史称北元。

1388 年，北元的天光帝被阿里不哥后裔也速迭尔袭杀（一说 1402 年鬼力赤即位后），去国号。1635 年，末代蒙古帝国大汗林丹汗归降皇太极，蒙古帝国真正终结。

第二节　宋元的疆域、区划、人口、交通

一、疆域

1. 宋朝疆域

宋代有宋、辽、西夏、金几个王朝并立。每个王朝的疆域有相对固定的范围，但边界经常发生变化。

宋朝的疆界不是固定的，但有大致的范围。宋与辽的疆界长期稳定在雁门山—大茂山—白沟一线。宋神宗时取得了绥、熙、河、洮、岷、兰等州。宋哲宗时取得了湟水流域、洮河上游与贵德一带的土地。

建炎南渡之后，宋朝仅限于秦岭淮河以南、岷山以东地区。

宣和三年（1121 年），西安州、怀德军被西夏所取。宋朝与大理交界处设立了黎、叙、泸、黔、邕等州。

绍兴八年（1138 年），金朝领三省事宗磐等人将河南、陕西之地归还宋朝。

绍兴十一年（1141 年），宋、金达成绍兴议和后，宋、金国界在淮水、大散关一线，南宋割唐、邓二州及商、秦二州之大半予金。南宋放弃淮河以北地区，双方以淮河—大散关为界。《宋史・地理志一》记载："高宗苍黄渡江，驻跸吴会，中原、陕右尽入于金，东画长淮，西割商、秦之半，以散关为界，其所存者，两浙、两淮、江东西、湖南北、西蜀、福建、广东、广西十五路而已，有户一千二百六十六万九千六百八十四，此宁宗嘉定十一年数。"

特别要说明的是，宋朝的疆域有限，但其属国不少，交往的国家与地区很多，这些国家与地区有的在今天中华人民共和国范围内，有的不在。这样的交往，极大地扩大了宋朝人的环境大视野。宋人庞元英撰写的《文昌杂录》记

录了这种情况，是我们了解宋朝环境大视野的重要资料。[①] 庞元英在《文昌杂录》中介绍他负责的主客所掌诸番，东方有四：其一曰高丽，出于夫余氏。其二曰日本，倭奴国也。其三曰渤海靺鞨，本高丽之别种。其四曰女贞，渤海之别种。西方有九：其一曰夏国，世有银、夏、绥、宥、静五州之地，庆历中，册命为夏国。其二曰董毡，居青唐城，与回鹘、夏国、于阗相接。其三曰于阗，西带葱岭，与婆罗门接。其四曰回鹘，唐号回纥，居甘、沙、西州。其五曰龟兹，住居延城。其六曰天竺，旧名身毒，亦曰摩伽陀，又曰婆罗门。其七曰瓜沙门，汉燉煌故地。其八曰伊州，汉伊吾郡也。其九曰西州，本高昌国，汉车师前王之地。南方十有五：其一曰交趾，本南越之地，唐交州总管也。其二曰渤泥，在京都之西南大海中。其三曰拂菻，一名大秦，在西海之北。其四曰住辇，在广州之南，水行约四十万里，方至广州。其五曰真腊，在海中，本扶南之属国也。其六曰大食，在波斯国之西。其七曰占城，在真腊北。其八曰三佛齐，盖南蛮之别种，与占城为邻。其九曰阇婆，在大食之北。其十曰丹流眉，在真腊西。其十一曰陀罗离，南荒之国也。其十二曰大理，在海南，亦接川界。其十三曰层檀，东至海，西至胡卢没国，南至霞勿檀国，北至利吉蛮国。其十四曰勿巡，舟船顺风泛海二十昼夜至层檀。其十五曰俞卢和，地在海南。又有西南五蕃，曰罗、龙、方、张、石，凡五姓，本汉牂柯郡之地。又有荆湖路溪洞及邛部黎、雅等蛮傜。北方曰契丹，匈奴也。

此外，宋李攸著《宋朝事实》卷十二《仪注》也有相关记载："诸蕃夷奉朝贡四十三国：高丽国、定安、女真、日本、交趾、溪洞诸蛮、南丹州、抚水州、西南蕃、邛部州蛮、黎州山前山后蛮、雅州蛮、风琶蛮、占城、三佛齐、阇婆、勃泥、注辇、蒲端、丹流眉、天竺、大食、于阗、龟兹、高昌、回鹘、吐蕃、党项、西凉府、沙州、达靼、罝勒斯赍、董戩、层檀、勿巡、伊州、宾同陇、甘州、西州、大食罗离慈、大食俞卢和地、大理国、西天大食国。"既然有这么多国家与地区与宋朝交往，可想而知，宋朝对周边的大环境还是有所了解的。

宋朝重视军事环境，看重河北的镇、定二州。《续资治通鉴长编》卷一百

---

① 庞元英，字懋贤，单州（今山东菏泽市成武县）人。庞元英于元丰间在尚书省任职四年，官主客郎中。尚书省为"文昌天府"，因以名书。

七十四记载，皇祐五年（1053 年）正月壬戌，宋祁上言："天下根本在河北，河北根本在镇、定，以其扼贼冲，为国门户。……故曰谋契丹患，不得不先河北，谋河北，舍定与镇无可议矣。……夫镇、定一体也，故定搘其胸，则镇掎其胁，势自然尔。"

沈括重视边界环境，搜集信息，绘制文献，给朝廷以实用的边防建议。《续资治通鉴长编》卷二百六十七记载，熙宁八年（1075 年）八月癸巳，"（沈）括察访河北，言定州北蒲阴、满城皆有废垒，若北骑入寇，可以发奇遮击故也。括初至定州，日与其帅薛向畋猎，略西山、唐城之间二十余日，尽得山川险易之详，胶木屑镕蜡，写其山川以为图，归则以木刻而上之。自此边州始为木图"。

2. 辽、西夏、金的疆域

辽朝的疆域，《辽史·地理志》记载："东至于海，西至金山，暨于流沙，北至胪河，南至白沟，幅员万里。"这就是说，辽朝强盛时，其疆域东到日本海，西至阿尔泰山，北到额尔古纳河、外兴安岭一带，南部至今天津市的海河，河北省霸县、涿州，山西省雁门关一线。以辽太宗时期为例，当时统治的地区西至流沙，东至黑龙江流域及原属于渤海的地区，北至胪朐河（今克鲁伦河），南部包括燕云十六州，建都在上京。①

西夏的疆域，《宋史·外国传》记载："夏之境土，方二万余里。"西夏李元昊在位时，西夏国势日强，疆域不断扩大。《宋史·外国传》记载："元昊既悉有夏、银、绥、宥、静、灵、盐、会、胜、甘、凉、瓜、沙、肃，而洪、定、威、龙皆即堡镇号州，仍居兴州，阻河依贺兰山为固。"西夏以兴庆府（今宁夏银川）为都，依据贺兰山，其境地包括今宁夏全部、甘肃大部、陕西北部及青海、内蒙古的部分地区，② 占地两万余里。

金朝西与西夏、蒙古等接壤，南与南宋对峙。金朝鼎盛时期的疆域包括秦岭淮河以北华北平原、东北地区和远东地区。具体说来，东到混同江下游吉里迷、兀的改等族的居住地，直抵日本海；北到蒲与路（今黑龙江克东县）以

---

①《中国大百科全书·辽宋西夏金史》，中国大百科全书出版社 1988 年版，第 10 页。

②《中国大百科全书·辽宋西夏金史》，中国大百科全书出版社 1988 年版，第 109 页。

北三千多里火鲁火疃谋克（今俄罗斯外兴安岭南博罗达河上游一带），西北到河套地区，与蒙古部、塔塔儿部、汪古部等大漠诸部落为邻；西沿泰州附近界壕与西夏毗邻。南部与南宋以秦岭淮河为界，西以大散关与宋为界。[①] 金朝的疆域主要在中国北方，包括东北、华北、关中以及俄罗斯远东地区，这对于确定后来中国北方的版图起到了奠基性作用。

辽朝、西夏朝、金朝在其强盛时期，也有臣属之国与地区时常进贡，在相互交流中促进了各自的经济文化发展，人们的环境视野不断扩大。

3. 元朝的疆域

元朝是一个统一的朝代，其疆域空前辽阔。在亚洲历史上，从来没有哪一个政权的疆域超过元朝。即使在人类历史上，很难说有哪一个帝国的疆域超过蒙古人建立的大帝国。《元史·地理志一》记载："自封建变为郡县，有天下者，汉、隋、唐、宋为盛，然幅员之广，咸不逮元。汉梗于北狄，隋不能服东夷，唐患在西戎，宋患常在西北。若元，则起朔漠，并西域，平西夏，灭女真，臣高丽，定南诏（代指继立政权大理），遂下江南，而天下为一。故其地北逾阴山，西极流沙，东尽辽左，南越海表。盖汉东西九千三百二里，南北一万三千三百六十八里，唐东西九千五百一十一里，南北一万六千九百一十八里，元东南所至不下汉、唐，而西北则过之，有难以里数限者矣。"这就是说，元代以前的一些朝代不仅疆域小，而且还有对疆域的忧患，总是担心来自北边或西边即长城以外的压力，而元朝本身就是来自长城以外，所以元朝没有长城以外的压力。

元朝的北部辖有今蒙古和俄罗斯西伯利亚大部，东部据有朝鲜半岛，西部包括吉尔吉斯斯坦、塔吉克斯坦、乌兹别克斯坦和哈萨克斯坦的部分地区，西南部辖有克什米尔、不丹、锡金和缅甸的部分地区，南到南海。1253 年，蒙古军进入吐蕃、大理。在元朝，西藏正式成为中国行政区域，忽必烈封西藏佛教萨加派领袖八思巴为大元帝师、灌顶国师，从此，西藏开始政教合一。中华民族现在拥有的 960 万平方公里土地，只是元朝统治中的一部分而已。有关资料介绍，元朝总面积超过 1200 万平方公里；若到达北冰洋，则超过 2200 万平

---

① 王明荪：《中国通史·宋辽金元史》，九州出版社 2010 年版，第 148、149 页。

方公里。

萧启庆在《元代史新探》一书的序中说："元代以前的游牧民族或者与汉人争胜于边陲，或者统治华北的半壁山河，都无法突破江淮天堑而征服全中国，对中国历史的冲突与文物制度的影响都是局部的。蒙古人则挟万钧雷霆的威势，灭夏、金，平南宋，结束晚唐以来四百年的纷扰与对峙的局面，建立第一个兼统漠北、汉地与江南的征服王朝，'索虏''岛夷'遂定于一尊。"① 这就是说，元朝既是一个统一了北方又统一了南方的在疆域上史无前例的大帝国。

二、行政区划

1. 宋朝行政区划

宋朝注重版图与行政区划信息。

《宋史·地理志》记载："宋太祖受周禅，初有州百一十一，县六百三十八，户九十六万七千三百五十三……至道三年，分天下为十五路，天圣析为十八，元丰又析为二十三……大抵宋有天下三百余年，由建隆初迄治平末，一百四年，州郡沿革无大增损。"建隆初至治平末，大致是在960年至1067年之间。

北宋设有四个京城，分别是东京开封府、南京应天府、西京河南府、北京大名府。

宋朝改唐朝的行政单位"道"为"路"。宋至道三年（997年）始定为十五路，包括京东、京西、河北、河东、陕西、淮南、江南、荆湖南、荆湖北、两浙、福建、西川、峡、广南东、广南西。其后，路又有一些变化。咸平四年（1001年）分西川为利州、益州二路，分峡路为夔州、梓州二路。天禧四年（1020年）分江南路为江南东、西二路。熙宁五年（1072年）分京西路为南北二路，分淮南路为东西二路，分陕西为永兴军、秦凤二路。之后又将河北路分为东西二路，分京东为京东东、京东西二路。崇宁五年（1106年）又将开

① 萧启庆：《元代史新探》，新文丰出版公司（台湾）1983年版，第1页。

封府升为京畿路。

建炎南渡后，宋朝设立两浙东、两浙西、江南东、江南西、淮南东、淮南西、荆湖南、荆湖北、重庆府、夔州、潼川府、京西南、成都府、利州、福建、广南东、广南西。

宋的路下有府、军、州、县制。例如，湖北以荆湖北路、京西南路为主体。荆湖北路有江陵府、德安府，还辖有十个州，其中的鄂州、复州、峡州、归州属湖北，另六州属湖南。京西南路有襄阳府，另有七个州，其中的随州、金州、房州、均州、郢州属湖北，其他州属河南。此外，湖北还有施州、兴国军、蕲州、黄州。南宋时，湖北与金国辖区接壤，襄阳、荆州、武昌成为南宋的边防要地。

宋朝，地方行政单位时常有废有立。宋李攸著《宋朝事实》卷十九《升降州县二》记载：宋朝各个地区的行政区划在不同时间略微有些变化，如荆湖北路：江陵府，乾德三年，以江陵县地置潜江县。鄂州，开宝八年，改临江县为崇阳县。景德四年，改永安县为咸宁县。安州，熙宁二年，省云梦县入安陆县。复州，熙宁六年，废。复置。熙宁六年州废，以景陵县属安州，省沔阳县入监利县。归州，熙宁五年，省兴山县入秭归。汉阳军，熙宁四年，废属鄂州。元祐元年复置。太平兴国二年，改汶川县为汉川县。荆门军，开宝五年置，熙宁六年废，元祐元年复置，初治当阳，后治长林县。

北宋注重环境信息的搜集与整理，《续资治通鉴长编》卷十八记载：太平兴国二年（977 年），“有司上诸州所贡闰年图。故事，每三年一令天下贡地图，与版籍皆上尚书省。国初以闰为限，所以周知山川之险易，户口之众寡也”。宋真宗大中祥符年间（1008—1016 年），学士王曾修有《九域图》三卷。后来，行政区划多次变更。宋神宗熙宁八年（1075 年），神宗诏命增修其书，以王存总其事，曾肇、李德刍共同修撰。至元丰三年（1080 年）完成《元丰九域志》。全书分为十卷，始于四京，次列二十三路，终于省废州军、化外州、羁縻州，分路记载所属府、州、军、监，及其距京里程、主客户数、土贡、领县数和名称等。统计仅镇就有 1800 多个，山岳、河泽亦各在 1000 以上。书成之后，又经多次修订，最终所反映的政区基本为元丰八年之制。《元丰九域志》把每个行政区划的地理空间说明得非常清楚，如：安州，安陆郡，安远军节度。地理：东京一千一百里。东南至本州界一百二十里，自界首至黄州二百八十五里。西至本州界六十里，自界首至随州九十里。南至本州界二百六十里，自界首到江陵府二百四十里。北至本州界一百五十里，自界首到信阳军一百二十里。东南至本州界一百五里，自界首到鄂州二百五十五里。西南至本州界一百一十里，自界首至鄂州一百四十里。东北至本州界一百二十里，自界首至光州五百一十里。西北到本州界一百六十里，自界首至信阳军一百二十里。[①] 从中还可知道安州管五县（安陆、景陵、应城、孝感、应山）。境内有石岩山、陪尾山、巾戍山、九宗山、石龙山、汉水、夏水、云梦泽。现代人总是很好奇，不知道古代是怎样了解每个府州县的地域情况。实际上，有一本类似于《元丰九域志》的地理志在手，就对区域环境有了基本的了解。

2. 辽、西夏、金的行政区划

《辽史·地理志》记载：辽朝行政区划大体上是道、府（州）、县三级。五京道（或五京路）：上京道、东京道、中京道、南京道、西京道。“太宗以皇都为上京，升幽州为南京，改南京为东京。圣宗城中京。兴宗升云州为西京，于是五京备焉。”“总京五，府六，州、军、城百五十有六，县二百有九，部族五十有二。”道或路之下有府、州、军、城四类，县与州、军、城同级。

《宋史·夏国传》记载，西夏行政区划大体上是州（府）、县两级。共22州：河南9州、河西9州，熙、秦河外4州。《宋史·外国传》记载：“河之内外，州郡凡二十有二。河南之州九：曰灵、曰洪、曰宥、曰银、曰夏、曰石、曰盐、曰南威、曰会。河西之州九：曰兴、曰定、曰怀、曰永、曰凉、曰甘、曰肃、曰瓜、曰沙。熙、秦河外之州四：曰西宁、曰乐、曰廓、曰积石。”另分左右厢十二监军司，作为军管区。

西夏占有山区地势，宋人针锋相对，在边地做准备。《续资治通鉴长编》卷三百二十八记载，元丰五年（1082年）六月丙申，通直郎张荛上言：“夏人百年强盛，力足以抗中国者，其势在山界。山界地沃民劲，可耕可战。自王师之出，夏人尽驱丁壮于河外，以固巢穴。今可度其控扼之处，急为堡障，然后筑银、夏、宥州以及洪、盐，取盐铁之利，以实边粟，通清远，修韦川，下瞰平漠，灵武之壁可拔也。”

金朝的行政区划，采用路（府）、州、县三级管理，路与府是平行机构，

---

①（宋）王存：《元丰九域志》，中华书局1984年版，第268页。

下辖州、县二级。金朝采行五京制，有中都大兴府、上京会宁府、南京开封府、北京大定府、东京辽阳府和西京大同府。会宁府（今黑龙江省阿城南 2 公里的白城子）是金朝第一个都城，称“上京”。上京路辖有会宁府，会宁府是上京路的治所。1153 年，海陵王完颜亮迁都大兴府（今北京西南）是为金朝第二个都城，称“中都”。基层有猛安谋克制，称千夫长为猛安，称百夫长为谋克。

宋朝与金朝对于环境方面的情况，有约定相互制约。《续资治通鉴长编》卷一百五十六记载：“契丹遣使求割地，书以开决塘水为说，及申定誓约，乃具载两界塘淀各如旧，第罢增广。若堤堰壅塞，集兵修筑疏通，或非时霖淹涨溢，皆不移报。约既定，朝廷重生事，自是每边臣言利害，虽听许，必戒之以毋张皇，使敌有词。”

3. 元朝行政区划

元朝承袭前制，但行政区划有所变动。元朝统治者在地方上设有行省、道、路、府、州、县。道主要掌管监察。元世祖忽必烈时在地方上设行中书省，这是我国地方政区省制的开端。

元朝在修纂《大元一统志》的过程中，注重搜集各地的地图，以增强对环境的了解。《元秘书志》卷四记载：“至元乙酉，欲实著作之职，乃命大集万方图志而一之，以表皇元疆理无外之大。”又记载：“（至元二十三年，秘书监札马剌丁奏过下项事理）一奏在先汉儿田地些小有来，那地理的文字册子四五十册有来。如今日头出来处，日头没处，都是咱每的。”又记载：“至元三十一年八月，本监移准中书兵部关编写《至元大一统志》，每路卷首，必用地理小图。”① 通过地图，元代统治者对地理空间有了较清晰的了解，同时也促进了地图的编绘。

《元史·地理志一》记载：“唐以前以郡领县而已，元则有路、府、州、县四等。大率以路领州、领县，而腹里或有以路领府、府领州、州领县者，其府与州又有不隶路而直隶省者。”这里所说的腹里，即京城及周边。《地理志》又交代说：“中书省统山东西、河北之地，谓之腹里，为路二十九，州八，属

---

① 柳诒徵：《中国文化史》，东方出版中心 1988 年版，第 589 页。

府三，属州九十一，属县三百四十六。”

元朝的省下有府，府下有州、县，以今湖北孝感市为例，《元史·地理志二》记载德安府“元至元十三年还旧治，隶湖北道宣慰司。十八年罢宣慰司，直隶鄂州行省，为散府，后割以来属。户一万九百二十三，口三万六千二百一十八。领县四、州一。州领二县”。这四个县是安陆、孝感、应城、云梦。这一个州是随州，随州领二县：随县、应山。

《元史·百官志》记载：“国初，有征伐之役，分任军民之事，皆称行省，未有定制。中统、至元间，始分立行中书省，因事设官，官不必备，皆以省官出领其事。”

蒙元从辽阔的草原兴起，来到中原建立政权之后，对行政区划采取了粗线条的分割。元朝把中书省直接管辖的河北、山西、山东之地称为腹里，腹里是元朝政治中心区域，比过去汉族人建立的“京畿”的地域要大得多。腹里管辖有大都路、上都路、兴和路、保定路、河间路、永平路、德宁路、净州路、集宁路、应昌路、全宁路、宁昌路、泰宁路、真定路、顺德路、广平路、彰德路、大名路、怀庆路、卫辉路、东平路、东昌路、济宁路、益州路、济南路、般阳府路、大现路、太原路、平阳路，还有曹州、濮州、高唐州、泰安州、德州、恩州、冠州、宁海州。这是元朝重点控制的核心区。

元朝初期在全国设立了岭北、辽阳、河南江北、陕西、四川、甘肃、云南、江浙、江西、湖广、征东等11个行省。元代末年，行省增至15个，另外四个是保定、真定、大同、陵州。大都周围称为“腹里”，管辖今山西、山东、河北、内蒙古及河南省黄河以北地区，直属中央的中书省管辖。

此外，岭北行省管辖今蒙古全境、中国内蒙古和新疆一部分地区及俄罗斯西伯利亚地区；辽阳行省管辖今天的东北三省以及黑龙江以北、乌苏里江以东地区；征东行省管辖今朝鲜半岛及辽宁省部分地区；云南行省管辖今云南全省、四川省部分地区及缅甸、泰国北部等地；陕西行省管辖今陕西全省及甘肃、内蒙古部分地区；甘肃行省管辖今甘肃、宁夏、内蒙古及青海部分地区；河南江北行省管辖今河南省黄河以南及湖北、江苏、安徽三省部分地区；江浙行省管辖今安徽、江苏、浙江、福建各省部分地区；江西行省管辖今江西全部及广东全省；四川行省管辖今四川省大部分地区及湖南、湖北部分地区；湖广行省管辖湖南、广西两省以及湖北、贵州、广东三省部分地区，其治所先后在江陵、潭州、鄂州。行省是中央派出机构，又是一级地方行政机构，比起过去的两级制（州、县）、三级制（州、郡、县或路、州、县），更有利于中央的管理。[①]

元朝的行省，都是一些大行政区，比明清时期的“省”也要大。如湖广行省管辖有武昌路、岳州路、常德路、澧州路、辰州路、沅州路、兴国路、靖州路、汉阳府、归州、潭州路、衡州路、道州路、永州路、郴州路、全州路、宝庆路、武冈路、桂阳路、茶陵州、常宁州。这个范围显然包括了当今湖南，还有湖北与江西的一些地区。

学者们认为，从地缘政治角度看，行中书省有两大特点，一是在版图上犬牙交错，各行省之间互相切入。二是在空间地势上向北敞开。具体而言，元朝不是完全按照秦汉唐宋以山川自然之走向划分疆界的原则，而是把气候、降水、湿度等生态条件完全不同的自然区划归为同一行省区（如陕西行省地跨秦岭南北）。各行省面对京城的一面是敞开的，地方武装难于依据自然天堑防守。这样划分的结果是地方难以依地形独立割据，中央可以从京城向周边实行最佳控制。

湖广行省管辖归州与汉阳府，这在军事上有重要意义。当今学者认为：“归州和汉阳府二江北飞地留属湖广行省，造成了河南、四川、湖广三行省间地界上的犬牙交错。从地理形势上看，归州西扼长江三峡，对四川行省的遏制，显而易见。对于河南行省，归州和汉阳府，又犹如打入江北的两根楔子，使其不能独据长江北岸之险。另一方面，江陵路和襄阳路划在河南行省辖区内，湖广行省的北向门户又在河南行省的掌握之中。这样做，当然有利于河南、四川、湖广三行省间政治、军事上的互相牵制及朝廷的控驭。”[②] 元朝设江西行省，作为江南三大行省之一。江西行省东接闽浙，西连荆楚，北逾淮汴。元统治者把江州路划入江西，把兴国路割出给湖广。当今学者认为：江州路划属江西行省，对进一步沟通长江与鄱阳湖水系及赣江流域的水陆交通，都是大有裨益的。然而，这种疆域格局并没有减少江西行省与相邻河南、湖广等行省山川地理方面的互相掣肘控制。首先是原属江西行省的兴国路改属湖广行

---

① 李凭、全根先：《中华文明史·元代》，河北教育出版社1994年版，第23页。

② 李治安、薛磊：《中国行政区划通史·元代卷》，复旦大学出版社2009年版，第248页。

省，使江西行省由南岸控制长江的里程没有因为江州路划入而增加多少，反而更有利于湖广行省从长江上游及西北陆地掣肘控制江西行省，同时也增加了江西行省从长江南岸上游掣肘江浙行省的便利。

三、人口

1. 宋代人口

宋代是中国人口增长的一个新高峰。在此之前，战国秦汉是中国人口的第一个高峰，到南北朝时人口下降。宋代时，人口增加。《宋会要辑稿·食货》记载，宋真宗景德三年（1006 年）全国在籍人口 16 280 254 人。《宋史·地理志》记载，宋徽宗大观四年（1110 年）人口达到 46 734 784 人。11 世纪初期，金人统治黄河流域，南宋迁都临安（今杭州），形成金宋南北对峙。据《文献通考·户口》等古籍，有学者统计在公元 1193—1195 年之间，宋金两朝在籍人口合计曾达 76 335 486 人。

宋史专家葛金芳有个统计：到 1029 年，赵宋辖区已恢复到 1016 万户，5080 万人。此时辽区人口达 288 万，西夏权按辽区人口的一半计，亦有 144 万。宋辽夏三方合计共 5512 万人。到 1109 年，宋区人口达 1.04 亿，加上辽、夏，人口超过 1.1 亿，相当于汉唐的二倍。从 10 世纪中叶即北宋初年到 12 世纪初，人口增长率为 14‰。[①]

有一种观点认为，宋朝太平兴国五年（980 年）有 3710 万人，至宣和六年（1124 年）增至 12600 万人。原因是：北宋时宋真宗从占城引进耐旱、早熟的稻种，由于推广了占城稻，解决了食物问题，使得人口迅速增长。靖康之难，中原动荡，北人大量南迁。南宋大臣魏了翁在《被召除吏部尚书内引奏事第四札》中曾说：“扬为淮东冲要，襄为湖北屏障，今降附之人居其太半。”[②] 宋人庄季裕在《鸡肋编》卷上也记载：“江、浙、湖、湘、闽、广，西北流寓之人遍满。”学者初步估计，宋金之际大约有 500 万北方移民迁入南方

---

① 葛金芳：《唐宋变革期研究》，湖北人民出版社 2004 年版，第 329 页。

②（宋）魏了翁：《鹤山先生大全文集》卷十九。

各地。

对于中国古代人口统计，学术界历来有争议。对宋代户口统计的对象，持论者的意见不一。有人认为，宋朝户口统计中包括女口，“户多口少”现象是“漏口”等原因造成的。[①] 有人则认为，宋代户籍“不计女口”。[②] 还有人认为，宋朝户口在一般情况下只统计成年男子。[③] 还有人认为，宋代户部仅仅统计男口中的成丁部分。[④] 有人却认为，宋朝户口登录原则则是“生齿毕登”。[⑤]

历史上各个朝代的人口都是动态的数字，有学者统计北宋时期的辽朝，圣宗统和十八年（1000 年）有约 600 万人，道宗中期有约 750 万人，天祚帝天庆元年（1111 年）有约 900 万人。辽朝鼎盛时期，人口数量约为 1056. 9 万。

西夏人口的变化，各家说法不同。赵文林与谢淑君在《中国人口史》中推算，西夏人口峰值在 1038 年，243 万人。1069 年，西夏建国后的人口峰值，230 万人。从 1131 年至 1210 年年间，西夏人口一直维持在 120 万左右。葛剑雄在《中国人口发展史》推算，西夏人口的峰值在景宗时超过 300 万。1127 年后，西夏人口一直未超过 300 万。吴松弟在《中国人口史》（第三卷）推算，西夏人口的峰值在 1100 年崇宗时期，大约 300 万人。西夏人口密度低于北宋各路与唐朝各道的人口密度，然而比唐朝的陇右道高。

金朝的人口，也有不同说法，并且有很大的差异。有说金朝鼎盛时期人口数量将近 500 万人，其中纯正的女真人约占五分之一，约 100 万人，其他都是投降的契丹人、渤海人以及一部分早期归附的汉人。还有说金朝鼎盛时期，人口数量约为 5400 万。

此外，大理国鼎盛时期，人口数量约为 850 万—900 万。

以上所述宋代人口，不一定确切，仅作为环境史研究参考。

---

① 袁震:《宋代户口》,《历史研究》1957 年第 3 期。

② 穆朝庆:《两宋户籍制度问题》,《历史研究》1982 年第 1 期。

③ 李宝柱:《宋代人口统计问题研究》,《北京大学学报》（哲学社会科学版）1982 年第 4 期。

④ 何忠礼:《宋代户部人口统计问题的再探讨》，载《宋史论集》，中州书画社 1983 年版。

⑤ 李德清:《宋代女口考辨》,《历史研究》1983 年第 5 期。

2. 元代人口

南宋末年至元代初年，由于战乱，全国户数锐减。《元史·地理志一》记载：元世祖至元二十七年（1290 年），“南北之户总书于策者，一千三百一十九万六千二百有六，口五千八百八十三万四千七百一十有一，而山泽溪洞之民不与焉”。到了文宗至顺元年（1330 年），“户部钱粮户数一千三百四十万六百九十九，视前又增二十万有奇，汉、唐极盛之际，有不及焉”。山区与边远地区的人口不在统计之列，而当时的统计难以周密，因此，《元史·地理志一》统计的人口只少不多，估计元代的人口应当突破 6000 万。由此可见，元代的人口呈现上升趋势，人口分布“南多北少”“东多西少”的现象日益明显。

当时突出的现象是北方长城以外的人口移居到长城以内。如，有许多随蒙古军南下的色目人遂定居当地。《西湖游览志》卷十八记载：“元时内附者，又往往编管江、浙、闽、广之间，而杭州尤夥，号色目种，隆准深眸，不啖豕肉。”还有许多西夏人因随军服役、任官、屯垦而移居中原，分布地相当广泛。在大都有 3000 多名西夏士兵，并立唐兀卫都指挥使。[①] 大量南征的蒙古将士多留居各地镇戍、屯垦。至元二年（1265 年），元世祖即下诏将河南、河北荒田分给当地蒙古人耕种。[②] 据《元史·世祖纪》等文献记载，今云南、河南、河北、安徽、四川、陕西等省区，当时都有蒙古人屯种，而且到处都可见到担任达鲁花赤及其他统治官吏的蒙古人。

另一个突出的现象是南人北迁、中原人外迁。元初，蒙古军多次以武力强迫鄂、蕲、黄、襄等州民户与江南匠户数十万北迁大都、河北等地。[③] 为恢复遭受严重破坏的边地经济，元统治者还将内地汉民迁至甘肃、宁夏等地屯垦。至元七年（1270 年），徙怀、孟州（今属河南）民千八百余户于西夏境。次年，徙鄂州（今属湖北）民万余于今宁夏屯种。[④] 按规定，元初还有属于新附

---

①《元史·百官志》。

②《元史·世祖纪》。

③《元史·世祖纪》。

④《元史·袁裕传》。

军的大量汉人或汉人囚犯被强迫居留在云南、奴儿干等地屯种。据《元史·兵志》等记载：至元年间，在云南新兴州（今玉溪）、乌蒙等处，有畏吾儿、新附军、汉军等五千余人于此屯种。[①] 在整个元代，依法律规定："诸流远囚徒，惟女直、高丽二族流湖广，余并流奴儿干及取海青之地。"[②] 而且当地也有不少汉人避难于此屯垦。

元朝初年，有北方人因逃避赋役或天灾而迁居南方，甚至连赴南方当官的人任期满了也不愿返回。至元二十年（1283 年），有人上书指出："内地百姓流移江南避赋役者，已十五万户。"[③] 这说明江南是很有吸引力的地区，生活与生产条件较好。

族群南移的情况一直在延续。延祐四年（1317 年），腹里地区百姓因饥荒而"流移的来江南隆兴、袁州、建康、太平、宁国等路分里，千百成群"[④]。

但是，到了元末，长江中游的两湖人口一度骤然减少。这主要是因为统治阶级的压迫，还有元末农民起义，导致两湖地区人口为之一空。到了明初，出现了"江西填湖广"的移民潮。元末明初，特别是明初，江西籍移民大量进入两湖。据清光绪年间刊刻之《永兴乡土志》记载，邓氏始祖兴二，元末由江西景德镇迁永兴，至今传二十八世。马氏始祖彦章，明洪武初由江西安仁县迁永兴，至今传二十三世。此外，廖氏、刘氏、彭氏等均由江西迁来。许多外地移民随着历史的潮起潮落，由客民变成土著。民国《醴陵县志·氏族志》记载："元明之际，土著存者仅十八户。湘赣接壤，故是时迁入者，以赣西赣南一带之人为多。明末清初，重罹浩劫，土旷人稀，播迁远来者，则什九为闽粤两省汀江、东江流域之人。……而赣人习商，后先以贸易至县，因而置产成家者亦不少。遂大别为建帮、广帮、西帮，皆有会馆以著其原籍。其来自前明者，至是转为土著。"据清宣统《黄安乡土志·氏族》，在明确记载来源地的 42 个族姓中，有 31 个来自江西，占 74%。

---

①《元史·兵志》。

②《元史·刑法志》。

③《元史·崔彧传》。

④《元典章·台纲·赈济灾伤》。

四、交通

这里关注的是宋元时期国家层面的交通。

1. 宋代交通

宋代的交通中心在都城。《宋史・食货志》记载："宋都大梁，有四河以通漕运：曰汴河，曰黄河，曰惠民河，曰广济河，而汴河所漕为多。"从汴河可通向全国各地，利用江河湖泊，特别是大运河，把全国联络在一起。

宋代，陆地上有规范的驿站，设有驿吏，负责过往人员的接待和传递官府公文。《梦溪笔谈・官政》记载，宋代的"驿传急脚递"驿传的公文传递有三个级别，分别叫作步递、马递、急脚递。急脚递是最快的，每天要行四百里，只在有战事时才使用。熙宁年间，又有金字牌急脚递，如同古代插羽毛的紧急军事文书。这种急脚递用红漆黄金字的木牌，光亮耀人眼目，随驿马飞驰有如闪电，望见的行人无不躲避，每天能行五百多里。

宋代，由于西夏等少数民族政权横亘在西北陆路，域外的陆路受到阻隔，宋朝的交通不得不转向海上。宋代东南沿海的港口增多，朝廷在广州、杭州、泉州、润州、苏州、温州、明州、嘉兴府（秀州）华亭县（松江）、澉浦镇（海盐）和嘉兴府上海镇（上海）等地设立市舶司专门管理海外贸易。泉州在海洋贸易的地理位置特别优越，在南宋晚期成为世界第一大港和海上丝绸之路的起点。

宋代对外贸易发达，和南太平洋、中东、非洲、欧洲等地区 50 多个国家通商。这就要求人们增加环境知识，在实践中又不断丰富环境知识。与唐代相比，宋代人的世界视野更加开阔、更加多元化。宋朝与占城、真腊、三佛齐、吉兰丹、渤泥、巴林冯、兰无里、底切、三屿、大食、大秦、波斯、白达、麻嘉、伊禄、故临、细兰、登流眉、中里、斯伽里野、木兰皮等欧亚地区许多国家有往来。宋代的商人把中国的丝绸、瓷器、糖、纺织品、茶叶、五金、药材、棉花、犀角带到各国，把象牙、珊瑚、玛瑙、珍珠、乳香、没药、安息香、胡椒、琉璃、玳瑁等带回中国。

因为交通的需要，宋朝的造船业发达。临安府（杭州）、建康府（江宁府，今南京）、平江府（苏州）、扬州、湖州、泉州、广州、潭州等成为新的造船中心。宋太宗时期，全国每年造船有三千三百余艘。这些船有的是在内河航行，有的是在海洋上航行。宋代的造船技术先进，宋神宗元丰元年（1078年），明州造出两艘万料（约600吨）神舟。1974年福建泉州出土一艘宋代古船，有13个隔水仓，如果有一两个隔水仓漏水，船也不会沉。周去非在《岭外代答·器用门》介绍："浮南海而南，舟如巨室，帆若垂天之云，柂长数丈，一舟数百人，中积一年粮，豢豕酿酒其中，置死生于度外。"这个材料可能有点夸张，但宋代有航海大船却是事实。

宋代，内河船只的数量与驾船技术也有提升。据陆游介绍，他在沿长江入蜀之时，经过了鄂州，"大军教习水战，大舰七百艘，皆长二三十丈，上设城壁楼橹，旗帜鞺鞳，破巨浪往来，捷如飞翔，观者数万人，实天下之壮观也"①。陆游的描述应是纪实，他所见到的应是水军训练。二三十丈长的大船之上有城楼模样的设置，航行起来也是很快的。这些船大致反映了当时造船的水平。如果说1宋尺约31厘米，那么二十丈当有60余米。农民起义军杨幺在洞庭湖与官兵打水仗，双方大量造船，并在船上安装了攻击性武器，推动了水上军事技术。

宋人沈括《梦溪笔谈·杂志》"江湖不遇风之术"条记载：在江湖上行船，就怕大风。商人掌握了大风的规律，避开暴风行船。"江湖间唯畏大风。冬月风作有渐，船行可以为备；唯盛夏风起于顾盼间，往往罹难。曾闻江国贾人有一术，可免此患。大凡夏月风景，须作于午后。欲行船者，五鼓初起，视星月明洁，四际至地皆无云气，便可行，至于巳时即止。如此，无复与暴风遇矣。"夏天的暴风必起于午后。行船的人，夜间五更就出行，而到中午以前（巳时）就停下来。这样，就不会再遇上暴风了。

宋人周去非在《岭外代答·外国门》记载了西南的交通情况，"中国通道南蛮，必由邕州横山寨。自横山一程至古天县，一程至归乐州，一程至唐与州，一程至睢殿州，一程至七源州，一程至泗城州，一程至古那洞，一程至龙安州，一程至凤村山獠渡江，一程至上展，一程至博文岭，一程至罗扶，一程至自杞之境名曰磨巨，又三程至自杞国。自杞四程至古城郡，三程至大理国之境名曰善阐府，六程至大理国矣。自大理国五程至蒲甘国，去西天竺不远，限

---

①（宋）陆游：《入蜀记》卷三。

以淤泥河不通，亦或可通，但绝险耳。凡三十二程。”这些记载对于官员赴任、商人贸易提供了帮助。

宋朝与辽、金的交往中，有些官员、商人熟悉交通路线。《辽史·地理志》记载，宋人王曾向朝廷报告到达契丹的路线：“出燕京北门，至望京馆。五十里至顺州。七十里至檀州，渐入山。五十里至金沟馆。将至馆，川原平旷，谓之金沟淀。自此入山，诘曲登陟，无复里堠，但以马行记日，约其里数。九十里至古北口，两傍峻崖，仅容车轨。又度德胜岭，盘道数层，俗名思乡岭，八十里至新馆。过雕窠岭、偏枪岭，四十里至卧如来馆。过乌滦河，东有滦州，又过摸斗岭，一名渡云岭，芹菜岭，七十里至柳河馆。松亭岭甚险峻，七十里至打造部落馆。东南行五十里至牛山馆。八十里至鹿儿峡馆。过虾蟆岭，九十里至铁浆馆。过石子岭，自此渐出山，七十里至富谷馆。八十里至通天馆。二十里至中京大定府。城垣卑小，方圆才四里许。门但重屋，无筑阇之制。南门曰朱夏，门内通步廊，多坊门。又有市楼四：曰天方、大衢、通阛、望阙。次至大同馆。其门正北曰阳德、阊阖。城内西南隅冈上有寺。城南有园圃，宴射之所。自过古北口，居人草庵板屋，耕种，但无桑柘；所种皆从垄上，虞吹沙所壅。山中长松郁然，深谷中时见畜牧牛马橐驼，多青羊黄豕。”①

宋朝官员刘敞知识渊博，对地理、道路非常熟悉。他出使到辽地，向导带路，而刘敞指出还有更方便的道路。《宋史·刘敞传》记载：“奉使契丹，素习知山川道径，契丹导之行，自古北口至柳河，回屈殆千里，欲夸示险远。敞质译人曰：‘自松亭趋柳河，甚径且易，不数日可抵中京，何为故道此?’译相顾骇愧曰：‘实然。但通好以来，置驿如是，不敢变也。’”

宋朝的地方官员不断为改进交通做积极的工作。《宋史·洪迈传》记载，洪迈知识渊博，注重水运环境改造。乾道六年（1170年），“洪迈任知赣州，建学校，造浮桥，士民恃之以安”。淳熙十一年（1184年），洪迈知婺州，上奏：金华土地多沙，不能积水，五天不下雨就干旱，因此境内陂湖最应当修缮

---

① 王曾关注环境，撰有《九域图》3卷、《契丹志》1卷、《景德农田敕》5卷、《祀汾阴仪注》、《导河形势图》等。王曾（978—1038年），字孝先。北宋名相。咸平年间，连中三元（即解试、省试、殿试皆第一），以将作监丞通判济州。

治理。命令耕者出力，田主出谷，凡是公私塘堰和陂湖，共修治八百三十七处。次年，洪迈向朝廷建议加强修建淮东的六处要地：一是海陵，二是喻洳，三是盐城，四是宝应，五是清口，六是盱眙。他建议在许浦开决河道三十六里，在梅里镇筑二大堰，建斗门，遇到行师用兵时，就决开堤坝运送船只。

契丹族统治的辽国对境内的交通不太重视。辽朝建国后，并未大力修建交通设施。契丹居地至南京、西京主要是骑马或驾牛车，有榆关路、松亭路、古北口路和石门关路四条通道。榆关至居庸关可以行车，松亭及古北口两路多是崎岖山道，只能骑马。西北各族往来和军需供应，采用马、骆驼。古北口路有驿馆，由民户供给，称“供亿户”。各地驿传，多随时征调营运，并无固定的制度。海路交通主要通过渤海地区。[①]

辽朝实行捺钵制度，皇帝根据不同的季节而选择不同的行宫办公。《辽史·营卫志》记载：“辽国尽有大漠，浸包长城之境，因宜为治，秋冬违寒，春夏避暑，随水草就畋渔，岁以为常。”因气候、自然条件的制约，辽宋之间有密切的贸易往来。宋方输出的商品有茶叶、瓷器、麻布、漆器、缯帛、香药、苏木等。辽方输出的商品有羊、马、骆驼等。

西夏处于宋、辽、金、回鹘、吐蕃交往的必经之地，且控制着当时最重要的中西陆路交通线。有学者指出西夏交通有三个特点：一是承前启后，新开辟的道路较多；二是重要交通干线都在监军司保护和控制之下；三是以兴庆府为中心，形成新的区域性交通网。[②] 西夏修筑驿道，东西二十五驿，南北十驿，从兴庆府东北行十二驿可至契丹。

党项族建立的西夏积极改革，主动汉化。经济上，他们农牧并重，发展农业，兴修水利，向汉人学习农业技术。西夏产食盐，他们把湖盐运到关中，换取食物。夏国的输出品还有羊、马、牛、骆驼、玉、毡毯、甘草、蜜、蜡、麝香、毛褐、羱羚角、硇砂、柴胡、苁蓉、大黄、红花、翎毛等。大黄最负盛名，商人远贩到各地。夏人换取的商品主要有缯、帛、罗、绮、香药、瓷器、漆器、姜、桂等，茶叶是最大宗的商品。

据《金史·太宗纪》记载，金朝建国初期就已经“始自京师至南京，每

---

①《中国大百科全书·辽宋西夏金史》，中国大百科全书出版社 1988 年版，第 16 页。

② 鲁人勇：《论西夏交通》，《固原师专学报》2001 年第 1 期。

五十里置驿”。以上京会宁府（在今黑龙江省）为中心，还开辟了通往辽东、燕京（今北京市）、朝鲜半岛以及今俄罗斯远东等地区的路段。

2. 元代交通

清代的魏源研究元史，著《元史新编》，他在《拟进呈〈元史新编〉叙》中说：“元有天下，其疆域之袤，海漕之富，兵力物力之雄廓，过于汉唐。”① 作为一个庞大的帝国，为了加强对地方上的统治，元朝统治者非常重视交通，其交通规模超过了其他朝代。

首先，元朝建立了中国历史上最发达的驿站制度。《元史·地理志六》“河源附录”条记载：“元有天下，薄海内外，人迹所及，皆置驿传，使驿往来，如行国中。”《元史·兵志》记载：“凡站，陆则以马以牛，或以驴，或以车，而水则以舟。……梯航毕达，海宇会同。元之天下，视前代所以为极盛也。”空间上，元代的驿站遍及各地，凡有人烟之处，都尽可能设驿站。驿站的交通方式是立体的，牛、马、驴与车船全都充分利用起来了。

元朝的驿站，有几条主要干线。由大都向东，通过通州、沈阳，可以到朝鲜半岛。由大都向北，经宣德、开平，可达和林。由居庸关，走大同，可到河套地区，再到河西走廊。由大都向南，更是分成若干条大道，直通南方各地。元代最重要的交通线是连接大都和上都的通道，驿路约有800余里，从居庸关西行到怀来，北上入草原。②

初步统计，元朝在全国有1500处驿站，站户30余万户。站户为驿站提供交通与食宿，享有政府的补助，减免部分税收与劳役。各地设有许多急递铺，用于传达信息。

元朝有些道路的开辟是为了统一战争的需要。《元史·李进传》记载：“宪宗西征，丞相史天泽时为河南经略大使，选诸道兵之骁勇者从，遂命进为总把。是年秋九月，道由陈仓入兴元，度米仓关，其地荒塞不通，（李）进伐木开道七百余里。”道路一旦开辟，就可以设置驿站了，可以进行实际上的军事用途，并对经济文化交流发挥作用。

---

①（清）魏源：《古微堂外集》卷三。

② 潘念慈：《关于元代的驿传》，《历史研究》1959年第2期。

其次，元朝进一步疏通大运河。元代运河全长 3000 里，由于都城与经济中心的江南有很远的距离，元统治者组织民力开凿或疏浚了济州河、会通河、通惠河等水道，采取南北取直的方略，使大都与杭州之间的大运河成为畅通便捷的漕运大动脉。

有人把元朝的大运河与隋代所修的以洛阳为中心的大运河比较，认为元朝大运河，从杭州到京城，大大地缩短了航线，为运输节省了大量的人力与物力。大运河对于维系都城的经济供给，加强对南方的统治起了重要作用。

此外，元朝进一步开辟了海道。元朝重视对海运的管理，把海运作为一项运输漕粮的常设制度，并且有实际的效果。英国学者汤因比在《人类与大地母亲》中说："欧亚大陆的东西两端只是在很久以后才相互建立了直接的联系——先是由于 13 世纪整个欧亚大陆平原全部结合在庞大而短暂的蒙古帝国之中，双方建立了暂时联系；随后是由于西欧民族从 15 世纪末以来征服了海洋，这使双方永久地建立了联系。"① 我国史学家陈登原对元朝的海运评价很高，他说："元人文物自有其不朽者在，海运是已。"②

元朝的这些措施有利于朝廷的统治和文化的传播。由于交通发达，使得元代的交流是广泛的，统一是真实的，管理是到位的。

与以前的朝代相比，元代的交通超过以往。宏大的版图，繁忙的事务，敞开的关隘，促进了元代交通的活跃。蒙古族统治者实行鼓励通商的开放政策，提供了便利的驿站交通，拉近了各地之间的距离。从世界而言，使各种文化之间的直接对话成为现实，缩短了欧亚大陆区域之间因发展不平衡以及由于地理空间和人为封闭造成的文明进程的差距。从中国本土而言，元代统治者精心构建了四通八达的陆路与水路网状通道。特别是发达的驿站制度，使中央政权有效地对各地进行管理。

元代设有各种形式的交通管理官员，如管理海运的官员。《元史·百官七》记载："海道运粮万户府，至元二十年置，秩正三品，掌每岁海道运粮供给大都。"又设有"海运千户所，秩正五品。达鲁花一员，千户二员，并正五品；副千户三员，从五品。若温台，若庆元绍兴，若杭州嘉兴，若昆山崇明、

---

①［英］汤因比：《人类与大地母亲》，上海人民出版社 2001 年版，第 24 页。

② 陈登原：《中国文化史》，辽宁教育出版社 1998 年版，第 532 页。

常熟江阴等处，凡五所，而平江又有海运香莎糯米千户所”。管理海运的官员从三品到五品不等，说明这类官员在元代经济生活中占有重要地位。

元朝是多民族共处的大家庭。如果从民族学的角度审视，元朝是以蒙古民族为主导的朝代，是中国历史上由游牧民族第一次建立的统一朝代。12—13世纪是蒙古族最强盛的时期，这一在马上引弓的游牧民族驰骋于欧亚大陆，谱写了恢宏的历史篇章。

传说蒙古人的祖先最早是在森林里狩猎，后来进入草原，发展游牧。蒙古铁骑英勇善战，1234 年灭掉金国。其后又占领了中亚、伊朗、阿富汗、波兰、匈牙利、奥地利的一些土地，范围到达今大马士革、基辅等名城，形成横跨欧亚大陆的四大汗国军事联合体。四大汗国是成吉思汗的后代所建，分别是钦察汗国、伊尔汗国、窝阔台汗国、察合台汗国，它们之间有密切联系，如伊尔汗国的新汗继位要经过元朝统治者认可，其国玺是由元朝赐予的汉字方印。汗国之间有认同感，有驿站相连。钦察汗国有许多汉人工匠，对当地的经济作出了贡献。显然，蒙古族是一个极富拓展的民族，由山谷到草原，由东方到中亚，乃至欧洲，由内陆的戈壁到中原农耕区，又到大海。

在中华民族大家庭中，蒙古族是一个贡献巨大的民族。元代结束了五代以来三百多年的割据状态，也可以说是唐安史之乱之后五百年未有之统一。元朝的统治者成吉思汗、窝阔台、蒙哥、世祖忽必烈，以及大臣耶律楚材等都是颇有作为的政治家，他们勇往直前、敢破敢立的精神，丝毫不亚于汉族的民族英雄。元朝取代宋朝，分裂的局面被统一的局面所替代，这是广大民众所盼望的。比起五代十国的社会动荡，元朝的统一是有利于社会进步的。蒙古族的具体贡献还在于：①发展畜牧业，并推进农业的发展。②创新适合特定历史条件下的社会制度。③传承与创造衣食住行、文学艺术等方面的文化。④塑造民族的阳刚精神。⑤传播东西南北地域之间的文化，改进人种体质，推动不同地区的文明相融合。

终元一代，虽然元代在中原占据了统治地位，被人数众多的汉族包围，但统治者始终认为他们的文化之根在草原，丝毫不否定其民族属性。他们把全国人民分为不平等的四个等级：蒙古人、色目人、汉人、南人。汉人与南人地位低下，受到严重的歧视。蒙古人作为第一等人，是受到优待的最可信任的人。可见，民族情结在蒙古人的心中是很深的。

元代的历史是中华民族先民共同造就的一段辉煌历史。崛起于草原的蒙古民族在这一个时间段占有主导作用：从横向看，在古代非洲、澳洲、美洲、欧洲，从来没有哪一个游牧民族的表演如此宏阔壮观；从纵向看，元代以前其他游牧民族（如匈奴、鲜卑）和元代以后的其他游牧民族（满族），都不曾具有蒙古族展现出来的巨大影响力。可以说，元代蒙古族在历史舞台的表现是空前绝后的，是人类游牧文明史上最大的一场有声有色的表演。

元代历史与蒙古历史一直是国内外学术界关注的显学。清丁谦撰《元史地理志西北地》《元史外夷传地理考证》，清李文田撰《元史地名考》。20世纪初，柯绍著《新元史》，将东西方史料对校互补。屠寄三赴漠北，撰成《蒙兀儿史记》（《辞海·历史分册》有“屠寄《蒙兀儿史记》”条，商务印书馆1960年）。此书不囿于有元一代，力图详述整个蒙古族的活动，堪称“治蒙兀史之正鹄”（详见《蒙兀儿史记》孟森序）。中华人民共和国成立后，国内学者推出了《元朝史》《蒙古族简史》《内蒙古历史概要》《蒙古民族通史》《成吉思汗传》等著作。

在国外蒙古史学界，西方蒙古史学家们先后撰写了一批通史性质的蒙古史著作，如德基涅的《蒙古史》、霍渥斯的《蒙古史》、格鲁塞的《蒙古帝国史》等。法国学者格鲁塞在《蒙古帝国史》一书专门研究欧亚大陆的游牧民族，其中讲了许多先后活跃于中国北部的游牧民族，是迄今为止关于草原民族最翔实的一部著作。书前有彼得·查拉尼斯写的序言，说：这些民族都是游牧民族，生息在欧亚大草原上……他们的历史重要性在于他们向东、向西运动时，对中国、波斯、印度和欧亚所产生的压力，这种压力不断地影响着这些地区历史的发展。格鲁塞说：蒙元帝国在文化传播方面对世界作出的贡献，只有好望角的发现和美洲的发现，才能够在这一点上与之比拟。①

日本的梅棹忠夫在1962年发表一部研究亚欧大陆区域文明史的著作《文明生态史观》。他把旧大陆分为两大区域：处于东、西两端日本、西欧为第一区域，其他如中国、印度、阿拉伯、俄国皆为第二区域。第一区域是森林地带，位于中纬度的温带，雨量适度，土地肥沃，生产力高，又处在大陆两端，可免遭游牧民族的破坏性侵袭。第二区域以大河为中心建立庞大帝国，但不断地受到沙漠与草原地带游牧民族的侵袭、破坏和征服，生产力浪费极大。按照

---

①［法］雷纳·格鲁塞：《蒙古帝国史》，商务印书馆1989年版。

梅棹忠夫的观点，中华民族在历史的空间上处于第二区域，必然经常受到游牧民族的侵袭。这似乎是不可回避的历史趋势。

从总体而言，中华文明不是单纯的农耕文明，还有一半是游牧文明。这两个文明是如何并存的？如何发生冲突的？两个文明又是如何融合的？从环境史角度而言，宋元时期是最值得观察与研究的阶段。

第二章 宋元的环境文献

了解宋元环境变迁史，必须从宋元时期的文献入手，并查阅已有的学术成果。

通观中华各民族传承下来的历史文献，我们注意到：农耕民族和游牧民族的文明模式是有差异的，定居的农耕民族注重文献，以文字形式传承历史信息；游走的少数民族不太重视用文献传承自己的历史与文化，少数民族的历史文献都是较少的，资料也是较混乱的。

我们还注意到：我国学者对游牧民族的关注是很不够的，对元代的历史文献缺乏全面的考证，这使我们的研究面临很多困难。即使传承下来的元代文献，也没有专门讲述环境的著作。在当时的历史条件下，人们不可能单独注重环境，也就没有这样的学术成果。

第一节 大型书籍

一、 宋代大型书籍

宋代有多部大型史书涉及环境史。如，南宋郑樵编撰大型通史著作《通志》200卷，记述历代史实，其中《二十略》概括了古代文化的各个方面，其中《氏族》《六书》《七音》《都邑》《昆虫草木》等五略为新创，而《天文》《地理》《都邑》《食货》《图谱》《金石》《灾祥》《昆虫草木》都与环境有关。南宋李焘仿司马光的《资治通鉴》体例，编《续资治通鉴长编》，这是中国古代私家著述中卷帙最大的断代编年史。原本980卷，今存520卷。从宋太祖赵匡胤建隆，迄于宋钦宗赵桓靖康，记北宋168年事，史料丰富，考证详慎，是研究辽、宋、西夏等史的基本史籍之一。

宋代编有一些典章体书籍。朝廷一直特设“会要所”，修撰《宋会要》。《宋会要》2200余卷，是当朝史官收集的当时诏书奏章原文，内容有瑞异、运历、食货、方域、蕃夷等，是研究宋代制度沿革的重要参考书，现有辑本。马端临编撰的《文献通考》348卷，其中有象纬、舆地、土贡等篇目可作为环境史研究的资料。

北宋编有四大类书《太平御览》《太平广记》《文苑英华》《册府元龟》。李昉等编的《太平御览》1000卷，以天、地、人、事、物为序，分成55部，包罗古今万象。李昉等编的《太平广记》500卷，按主题分92大类，又分150多小类，例如畜兽部下又分牛、马、骆驼、驴、犬、羊、豖等细目。李昉等编的《文苑英华》为古代诗文总集，所收唐代作品最多，对于研究宋代历史用处不大。王钦若等编的《册府元龟》有1000卷。此外，南宋王应麟编有《玉海》204卷，分为天文、地理、官制、食货等21门，其中记载了宋代皇帝的农事活动以及吟雪诗，是研究宋代气候的重要材料。

宋代编有许多志书。这一时期，方志书籍跳出地理书范畴，自成一系，如《咸淳临安志》、《四明六志》、乐史的《太平寰宇记》、王存的《元丰九域志》、欧阳忞的《舆地广记》、王象之的《舆地纪胜》。宋代人撰写的地方志书，有许多是与环境史相关的内容。许多郡志、县志记述了舆图、疆域、山川、名胜、建置、风俗等。例如，宋人叶隆礼于淳熙七年（1180年）编成《辽志》，[①] 此书又称《契丹国志》。其中记述了辽朝的地理、北方各国、礼仪风俗。

以宋代为对象的钦定正史是研究环境史的重要史书。元宰相脱脱担任总裁，组织30余名史官集体编撰纪传体史书《宋史》496卷，内容涉及天文、五行、律历、地理、河渠、食货等，贯通北宋与南宋，史料丰富，叙事详尽。元脱脱等还撰有《辽史》116卷，记载上自辽太祖耶律阿保机，下至辽天祚帝耶律延禧的辽朝历史（907—1125年），兼及耶律大石所建立之西辽历史。脱脱等撰《金史》135卷，反映女真族所建金朝的兴衰始末。其中记载了从金太祖完颜阿骨打出生（1068年），到金哀宗天兴三年（1234年）蒙古灭金，共166年的历史。学术界对《金史》的评价较高，认为它不仅超过了《宋史》《辽史》，也比《元史》高出一筹。《金史》中的《天文志》《历志》《五行志》《河渠志》《兵志》《刑志》《食货志》均含有丰富的环境史内容。

---

① 叶隆礼，字士则，号渔林，嘉兴人，宋理宗淳祐七年（1247年）进士，曾任两浙转运判官、朝奉大夫、知绍兴府。宋末谪居袁州。

徐梦莘的《三朝北盟会编》、熊克的《中兴小记》、元朝佚名的《宋史全文》中也有部分涉及环境史的内容。《宋史全文》比较详细地记载了两宋时期冬雷与春雷的时间。

《宋大诏令集》汇编了宋太祖至宋徽宗时期的诏令 3800 余条，其中有诸多涉及森林植被、水利建设以及动物的内容。

《宋会要辑稿》为清人徐松从《永乐大典》中辑录，是研究宋朝及其周边区域的重要资料，其中的《刑法》《食货》等部分有丰富的环境资料。

今人陈木述辑校的《全辽文》，阎凤梧主编的《全辽金文》，以及阎凤梧与康金声主编的《全辽金诗》，也是研究辽金环境变迁的大型资料。唐圭璋主编的《全宋词》，傅璇琮等主编的《全宋诗》，曾枣庄等主编的《全宋文》，都是研究宋史的大型资料。

此外，塔拉等主编的《中国藏黑水城汉文文献》、塔拉等主编的《中国藏黑水城民族文字文献》、杜建录主编的《中国藏黑水城汉文文献释录》、孙继民等编著的《英藏及俄藏黑水城汉文文献整理》也是涉及西夏以及宋代的大型文献。《正统道藏》以及《五灯会元》《景德传灯录》有道教与佛教关于环境保护的内容。

二、　元代大型书籍

元代及蒙古族留下来的历史文献是有限的。涉及元代的大型文献可以分为三个方面：一是少数民族文字文献，二是元人编的汉字文献，三是明清时期编的元代文献。元代有用少数民族文字写成的史籍，如用藏文写成的《善逝教法史》（1322 年），此书是藏传佛教夏鲁派创始人布敦·仁钦朱著，属于宗教史书籍，环境史资料较少。

1. 元人编的大型汉字文献

《大元一统志》

至元二十三年（1286 年），元世祖忽必烈批准了集贤大学士札马里鼎的上奏，决定编纂元代的《大一统志》。《大一统志》从至元二十三年（1286 年）起，到大德四年（1300 年）成书，共有 483 册，计 755 卷。后因继续得到云南、辽阳等处的材料，又进行了增补，在大德七年（1303 年）完成，编写成

600册，计1300卷，前后共经18年之久，这是中国古代史上篇幅最大的一部官修地理志书，是了解元代环境史的渊薮。此书于元至正六年（1346年）曾有刻本，后来散佚。今人从《永乐大典》辑佚《大元一统志》，1966年中华书局出版《元一统志》。

《元一统志》继承了唐代《元和郡县图志》，宋代《太平寰宇记》《舆地纪胜》等书体例。“所引资料，凡大江以南各行省，大半取材于《舆地纪胜》和宋、元旧志，北方等省则取材于《元和郡县图志》《太平寰宇记》和金、元旧志居多。”[①] 此书按州编写，每州约分十目，内容涉及建置沿革、坊郭乡镇、里至、山川、土产、风俗、形势、古迹、宦迹、人物、神仙释等。此书开创了官修地理志之先河，为明清两朝官修地理总志提供了范型。

清代藏书家吴骞评价说：“《大一统志》，秘书监岳铉等纂，其书于古今建置、沿革及山川、古迹、形势、人物、风俗、土产之类，网罗极为详备，诚可云宇宙之巨观、堪舆之宏制也。”[②] 金毓黻在他所著的《中国史学史》中说：“《大元一统志》1300卷，原书佚于明初，而大典中引用最多，借乾隆之世，得有徐松等辈，肯为一一抄出，则不难恢复旧观，可与《宋会要》两相辉映，乃竟任其亡佚而不知恤，良可惜矣。余曾由《满洲源流考》《热河志》诸书辑出《大元一统志》四卷，刊入《辽海丛书》第十集，而于分见《大典》残本各韵，尚未及一一辑出；又如元代之经世大典，亦可自《大典》残本辑出多卷，此又辑佚之有资于研史者也。”[③]

笔者翻检《大明一统志》，注意到其中也引用了《大元一统志》的材料，如湖北武昌东湖磨儿山的资料就基本上照搬了《大元一统志》。我们有理由说，《大元一统志》的一些重要内容也保存在《大明一统志》之中。《大元一统志》作为官方钦定的大型书籍，为明代以降的史书提供了素材，是研究元代历史最为重要的资料。

《元实录》

中国古代社会的中后期有编撰“实录”的传统，由专门的官员每天记录

---

① 赵万里校辑：《元一统志·前言》，中华书局1966年版。

② （清）吴骞：《愚谷文存》卷四《元一统志残本跋》。

③ 金毓黻：《中国史学史》，商务印书馆1957年版，第179页。

皇帝的活动，记录官员报告的各地大事，记录朝廷处理事务的过程，等等。这是官方文献，虽然其中有些溢美的文辞，但确实是了解元代上层社会动向、社会互动的重要资料。元代的灾害多，下层官员必须及时下情上达，朝廷必须及时给予回复，因此，《实录》中有不少环境史的材料，是研究历史最原始的材料。

元代原有系统的实录史料。元世祖中统二年（1261 年），根据王鹗的建议，忽必烈始设翰林国史院，开始纂辑国史。至元年间，又设立蒙古翰林院，专用蒙古文记录史事。这些机构的设立，使元朝除了元顺帝的实录缺失，其他皇帝都有较为完整的实录。可惜，元代的这些实录已经失传，其部分内容赖《元史》等书得以部分地保存下来。中国历史上，当后世的一部大书或文献集成编纂完成之后，原先所依赖的文献往往就被忽略，久而久之，先前的书籍就会丢失。

《皇朝经世大典》

元代有《皇朝经世大典》880 卷，是一部大型政书，原书久佚。就现存佚文分析，该书史料来源大致可以分为中央政府部门档案公文、元人著作与大臣献书、口头文献、前朝文献四类。所谓经世，就是政府对社会的管理。经世文献都是官方的、第一手的文献。此书对于研究元代典章制度、社会治理、环境状况等有很高的史学价值。《皇朝经世大典》已经失传，其部分内容赖《元史》等书得以部分地保存下来。明代陈子龙等人编有《明经世文编》，可能是受到元代《皇朝经世大典》的影响。

2. 明清时期编的元代大型文献

1368 年，明太祖朱元璋下诏编修《元史》。宋濂等人负责编纂《元史》。《元史》的志书记载了元朝的典章制度。《天文志》吸取了郭守敬的研究成果。《历志》是根据历算家李谦的《授时历议》和郭守敬的《授时历经》编撰的。《地理志》是根据《大元一统志》，《河渠志》是根据《海运纪原》《河防通议》等书编撰的。《地理志》附录了河源、西北地、安南郡县等，《祭祀志》附国俗旧礼，《食货志》增创岁赐一卷，这些都是根据元代实际情况保留下来的重要史料。由于《元史》不到一年就编成了，难免有许多问题。

《元史》中有许多关于环境的材料，如：“世祖即位之初，首诏天下，国以民为本，民以衣食为本，衣食以农桑为本。于是颁《农桑辑要》之书于民，俾民崇本抑末。其睿见英识，与古先帝王无异，岂辽、金所能比哉?”“凡荒闲之地，悉以付民，先给贫者，次及余户。每年十月，令州县正官一员，巡视境内，有虫蝗遗子之地，多方设法除之。其用心周悉若此，亦仁矣哉!”

明成祖时，解缙改修《元史》，他写了《元史正误》。后来，参加纂修《元史》的朱右撰《元史拾遗》，许浩撰《元史阐微》，都是对《元史》的订正和补充。

明代学者还编写了一些与元代相关的书籍，如成祖时的胡粹中编《元史续编》，这是一部编年体史书。永乐年间还编有《历代名臣奏议》，其中有元代的奏议。

清代毕沅等撰《续资治通鉴》220卷，以宋、辽、金、元四朝正史为经，按编年体记述历史。上起宋太祖建隆元年（960年），下迄元顺帝至正二十八年（1368年），共408年。著名史学家钱大昕、邵晋涵、章学诚、洪亮吉等均参与其事。

清代邵远平编有《元史类编》，此书仿《通志》体例。

今人李修生主持编纂的《全元文》与杨镰主持编纂的《全元诗》是大型的元代文献总汇，也是目前研究元代环境的重要参考文献。

第二节　专题著述

一、　宋代专题著述

宋代文人或官员热心于写作，产生了许多有专题特色的书籍，其中有些是关于环境史的资料。

1. 游记类文献

宋朝先后与辽、金、西夏以及元并立，双方除了短暂的战争之外，大部分时间是和平相处的，并且往来很频繁，宋朝不少官员在出使过程中记录了沿途的环境状况。宋朝官员长距离到各地为官，游历活动比较多，留下了大量的游记。这些游记中有大量反映沿途生态环境的内容。

澶渊之盟后，宋辽之间往来频繁，不少宋朝使辽官员以游记的形式记载了辽朝境内的环境状况。路振《乘轺录》记录了大中祥符年间使辽所见的环境状况。此外还有王曾的《上契丹事》、薛映的《辽中境界》、宋绶的《契丹风俗》以及沈括的《熙宁使契丹图抄》也反映了辽朝统治区域内的环境状况。宋人叶隆礼于淳熙七年（1180 年）编成《辽志》，此书又称《契丹国志》。其中记述了辽朝的地理、北方各国、礼仪风俗。如，“渔猎时候”条记载契丹统治者早期的生活。“每岁正月上旬，出行射猎，凡六十日。然后并挞鲁河凿冰、钓鱼水畔，即纵鹰鹘以捕鹅雁。夏居炭山或上京避暑。七月上旬，复入射鹿，夜半，令猎人吹角仿鹿鸣，鹿既集而射之。宋真宗时，遣使往贺生辰，还，言始至长泊，泊多野鹅、鸭，国主射猎，领帐下骑，击扁鼓绕泊，惊鹅、鸭飞起，乃纵海东青击之，或亲射焉。”

宋金和谈后，南宋官员使金途中，也以游记的形式记录了金朝境内的环境状况。楼钥的《北行日录》记录了乾道五年（1169 年）使金途中的天气与沿途景观，客观上能反映出南宋时期金朝统治区域内的环境状况。洪皓的《松漠纪闻》也反映了金人的生活习俗，不过环境方面的资料比较有限。范成大的《揽辔录》也记录了其使金见闻。

两宋时期，官员在赴任途中记载了诸多环境信息。欧阳修的《于役志》记录了他从开封到公安的沿途所见。陆游《入蜀记》记录了从江南到蜀地的气候、植被等状况，是研究南宋四川一带气候状况的重要资料。范成大的《吴船录》记录了四川至江苏沿江一带的物产、水环境等状况。“过州，入黔江泊。此江自黔州来合大江。大江怒涨，水色黄浊。黔江乃清泠如玻璃，其下悉是石底。自成都登舟，至此始见清江……自眉、嘉至此，皆产荔枝。唐以涪州任贡。杨太真所嗜，去州数里，有妃子园，然其品实不高。今天下荔枝，当以闽中为第一，闽中又以莆田陈家紫为最。川、广荔枝生时，固有厚味多液者，干之肉皆瘠，闽产则否。”“汉水自北岸出，清碧可鉴，合大江浊流，始不相入。行里许，则为江水所胜，浑而一色。”此外，范成大的《骖鸾录》记录了其从江苏到广西沿途所见的环境状况。周必大的《归庐陵日记》《泛舟游山录》《乾道壬辰南归录》等反映了江西一带的地理环境。

南宋乾道八年（1172 年），周去非[①]赴广西任钦州教授，后来曾经担任桂林通判。在所撰的《岭外代答》中记载了许多关于边疆或海外环境的信息。《岭外代答》于淳熙五年（1178 年）成书，共 10 卷，20 门，294 条，记载有南海诸国与麻嘉国（今麦加）、白达国（今伊拉克）、勿斯离国（今埃及）、木兰皮国（马格里布，即今北非一带）等国家和地区的情况。由此可知，中国人在宋代就对国外的环境有了一些了解。原本已佚，今本从《永乐大典》中辑出。书中的岭南，主要指今两广一带。

洪皓于高宗建炎三年（1129 年）奉命赴金，被羁留十余年。绍兴十二年（1142 年）被释归宋后撰写了《松漠纪闻》，载录了金朝的所见所闻。其中可见，金朝流行萨满教，部落有猛安谋克制。金熙宗时，推行“天眷新制”，实行汉化，促进了社会的进步。

此外，日本僧人在《参天台五台山记》中也记录了山西等地的环境状况。

---

① 周去非，字直夫，浙东路永嘉（今浙江温州）人。南宋隆兴元年（1163 年）进士。

2. 地方志文献

宋朝政治比较稳定，经济繁荣，文化发达，地方志编修比较多。据顾宏义《宋朝方志考》研究，两宋时期编修地方志有1031种，[①] 但保留到现在的仅有30种。北宋时期有宋敏求的《长安志》和《吴郡图经续记》，南宋时期有《东京梦华录》《乾道临安志》《淳祐临安志》《咸淳临安志》以及《梦粱录》《武林旧事》《淳熙三山志》《景定建康志》《嘉泰吴兴志》《咸淳毗陵志》《新安志》《嘉定镇江志》《剡嵊录》等25种。宋代地方志保留了大量环境史的资料。比如《宝庆四明志·奉化县志》记载："右山左海，土狭人稠，日以开辟为事。凡山巅水湄有可耕者累石堑土，高寻丈而延袤数百尺，不以为劳。"《嘉泰吴兴志》卷五（武康一带）记载："绍兴以来，民之匿户避役者多假道流之名，家于山中垦开岩谷，尽其地力，每遇霖潦，则洗涤沙石下注溪港，以致旧图经所载渚渎廞淤者，八九名存实亡。"这反映了南宋时期山地开发导致水土流失。

宋朝地方志大部分散佚，但一些文字在明清时期的地方志或者其他文献中得到保留。比如《菽园杂记·龙泉县志》记载了南宋时期炼铜工艺，而《龙泉县志》是南宋时期作品。

3. 地理类文献

宋代修撰了大量的全国性的地理文献，北宋时期有《太平寰宇记》《元丰九域志》《舆地广纪》，南宋时期有《舆地纪胜》《方舆胜览》。此外还有《桂海虞衡志》《岭外代答》等地理文献，记载了岭南地区的环境状况。

宋时，阴阳术书籍流行，虽然含有迷信的成分，但也反映了当时人们对人地关系的认识。王洙《地理新书》是北宋唯一官修阴阳术书，此外还有朱仙桃《地理赋诗论》等32种地理类以及《五音三元宅经》等11种宅经类著作。

4. 医学类文献

宋代医学注重人与环境的关系。北宋末年编有《经史证类备急本草》经过几次修订，后又改名为《经史证类大观本草》《政和新修证类备用本草》

---

① 顾宏义：《宋朝方志考》，上海古籍出版社2010年版。

《重修政和经史证类备用本草》。金朝名医刘完素提出火热致病的理论，主张多用寒凉药。张元素反对泥古不化，主张治病应考虑气候、环境与人的关系。宋慈的《洗冤集录》是世界上第一部司法检验专著。

宋代时期医学发达，政府重视医学，大量读书人在不第后也有不少转入医学，宋朝出现了“不为良相便为良医”的风气。随着医学的发展，医学出现了门派之分，所谓“医之门户分于金元”。医学著作中保留了大量的疫病以及地方病等材料，保留了药材产地的分布与变化。

宋代医学有许多本草类文献，如刘翰、马宝的《开宝本草》，李昉主编的《开宝重订本草》，唐慎微主编的《重修政和经史证类备用本草》，金朝张元素的《洁古本草》等。宋朝对病因的讨论，有韩祗和的《伤害微旨》，庞安时的《伤寒总病论》，杨介的《四时伤寒总病论》，成无己的《伤寒明理论》，等等。

5. 笔记类文献

宋朝有大量的笔记类文献，今人整理的《全宋笔记》收入宋人笔记 477 种。宋人的笔记中有大量的环境史资料。沈括撰的《梦溪笔谈》，简称《笔谈》，原有 26 卷，后来增加《补笔谈》3 卷，《续笔谈》1 卷，共计 30 卷。全书 10 多万字，以笔记体裁形式撰写，分成 17 类，内容涉及农学、天文学、物理学、数学、地学、医学、化学、水利学等许多方面。如农业方面记载了淤田法、蔬菜防病、种植茶叶。水利方面记载了堤防的修建、测量、合闸。天文历法方面记载了十二气历、天文仪器、岁差。数学方面记载了缀术、会圆术、十二律算法。物理方面记载了磁针、阳燧、应声。化学方面记载了石油、盐井、炼丹。地理方面记载了海陆变迁、地震、流沙。生物方面记载了鳄鱼、河豚、两头蛇。医学方面记载了草药、怪病。技术方面记载了锻钢、活字印刷、造船。①

---

① 沈括（1031—1095 年），字存中，杭州钱塘（今浙江杭州）人，嘉祐进士。1072 年（熙宁五年）提举司天监，上浑仪、浮漏、景表三议，次年赴两浙考察水利、差役。熙宁八年（1075 年）使辽，斥其争地要求。又图其山川形势、人情风俗，为《使契丹图抄》奏上。次年任翰林学士，权三司使，整顿陕西盐政。晚年居润州，筑梦溪园（在今江苏镇江东），撰《梦溪笔谈》。

李石撰有《续博物志》。对此书的成书时间，学术界有争论，但主要的观点认为李石是南宋人，《续博物志》是宋代的一本文言笔记小说。此书内容包罗万象，有天象、地理、奇闻趣事、人物逸事、鸟兽虫鱼、饮食民俗等。

《萍州可谈》《谈苑》《云麓漫钞》等记录了宋代的冶金情况。洪迈的《容斋随笔》有大量灾害方面的资料。《夷坚志》中记载了大量的动物分布，特别是老虎分布的资料。方勺的《泊宅编》记录了南方地区开发的材料，比如卷中记载："七闽地狭瘠而水源浅远，其人虽至勤俭，而所以为生之具，比他处终无有甚富者。垦山陇为田，层起如阶级。"

6. 文集类文献

宋人传世文集有740余家，很多文集中包含大量的环境史料。比如苏轼及其子苏过的文集中就包含宋代岭南尤其是海南一带的环境资料。北宋建立后，儒学逐渐讲究义理。宋儒在注释经典的过程中，发挥了自己的理解，故而保留了大量的有关生态环境的见解。邢昺在《论语注疏·公冶长》中就说："谓天之体性，生养万物，善之大者，莫善施生，元为施生之宗，故言元者善之长也。"朱熹在《论语集注》中指出："盖至诚无息者，道之体也，万殊之所以一本也。万物各得其所者，道之用也，一本之所以万殊也。"天地的本体就是理，就是仁。天地之仁即是天地之德。朱熹在《孟子集注·告子上》注孟子所说的人之性与牛、犬等动物之性时说："人物之生，莫不有是性，亦莫不有是气。然以气言之，则知觉运动，人与物若不异也，以理言之，则仁义礼智之禀，岂物之所得而全哉？此人之性所以无不善，而为万物之灵也。"

7. 法律类文献

宋、辽、金、西夏有诸多保护环境的法律条文。西夏《天盛改旧新定律令》涉及动物保护的条文与水利保护条文。《宋刑统》有保护墓林的条文。《天圣令》中有涉及疫病处理的条文。《庆元条法式类》卷八《采伐山林》中规定春夏不准伐木，卷四九《种植林木》规定要及时种植林木。《明公书判清明集》中有涉及环境保护的判例。此外，《宋会要》刑法部分中有保护林木的条文。

除了以上几类书籍，宋代的其他文献也有环境方面的信息。喻皓曾设计开封铁塔，撰有《木经》。现存的开封铁塔依照木塔样式建于1049年，经受住了多次地震、河患、雷电的袭击，表明建塔的高超技术。李诫撰的《营造法式》，全书34卷，标志着我国古代建筑已发展到较高水平，其中有涉及环境与建筑的信息。

二、　元代专题著述

元代有一本非常重要的蒙古族书籍《蒙古秘史》。《蒙古秘史》全面记述了13世纪以前蒙古族的历史，涉及经济、社会等。此书中有与环境相关的材料，可以称之为原生态的环境史文献。此书原名《忙豁·仑·纽察·脱察安》（“蒙古的秘史”之意），是13世纪时用畏吾儿体蒙古文书写的蒙古族古代史。《蒙古秘史》成书于1240年，它记述了公元700年至1240年间蒙古民族形成、发展、壮大的历程，在当时被称作“金册”，珍藏于皇宫之中，朱元璋是在攻占元大都后才得到此书的。

《蒙古秘史》的成书地点在克鲁伦河流域，但其记载范围却遍布蒙古高原的大部分河水流域，因此其中有关蒙古高原自然环境的资料较为丰富。蒙古族是一个以游牧业为主要生活来源的民族，而传统的游牧业是靠天吃饭的，这就造成了蒙古族人民对大自然无比地畏惧和崇拜。《蒙古秘史》中描述了蒙古族所崇拜的众多对象，既有山川江河，也有动植物，其中最典型的要数对天、狼和鹰的崇拜。

《蒙古秘史》记载了成吉思汗的三次季节性迁徙，分别是1201年迁至忽巴合牙过冬，1203年迁至阿阔迭格过冬，1226年移至雪山消夏。《蒙古秘史》中充满蒙古族对各种自然物的崇拜，这些崇拜让蒙古人具有感激自然、尊敬自然之情，从而减少了对草场、水等资源的破坏和对动物的杀害，形成了人与自然协调平衡的局面。无论是季节性的游牧方式，还是蒙古统治者因宗教信仰而对动物产生的恻隐之心，都是保护生态环境的方式。统治者也会颁布一些有利于环境保护的政令，在《蒙古秘史》中窝阔台曾历数自己在继承大位后值得炫耀的功绩，其中第三条就是合理开发水资源，“在无水之地掘井出水，满足了百姓的水草之需”。

显然，《蒙古秘史》是我们了解蒙古族发祥史、“前元代历史”的重要资料。它不仅是民族史资料，也是环境史资料。但是，此书最原始的版本已经失传，辗转翻译的文本在内容上混杂，加上区域之间的文化差异，很难完全依赖此书揭示我们需要了解的那段历史。

元代有许多与朝政相关的书籍。如：

苏天爵编的《国朝文类》。《国朝文类》，顾名思义就是把文章按类别编纂在一起的大型文献。作者多是元代的官员，也有文士。《国朝文类》70卷，资料丰富，有《四部丛刊》本传世。

《元代奏议集录》辑录了从元太祖至元顺帝时期150余年的奏议，既有名臣奏章，如耶律楚材、史天泽、王盘、伯颜等人，又有平民上书，包括表、奏议、上书、封事、弹章、对策等。能够作为奏议的，都是国家的大事，是朝廷上下关注的事情。此书主要辑自《历代名臣奏议》中的元人奏议和《元文类》、《元史》、其他相关文集及散见资料。

《元代史料丛刊》中有赵承禧编的《宪台通纪》（外三种）等书。《宪台通纪》编于元顺帝至元二年（1336年），系元代有关御史台典章制度的汇编，主要记载世祖至元五年到顺帝至元二年御史台建官定制、司属沿革、员额损益及有关诏敕等，有些内容涉及环境。原书早佚，现存于《永乐大典》中。

元代其他的专题著述还有以下种类。

1. 游记类文献

元朝地域广阔，人员交往频繁，故而保留有大量的游记类文献。

耶律楚材撰《西游录》。耶律楚材（1190—1244年）出生于契丹王族，《元史·耶律楚材传》记载耶律楚材博览群书，旁通天文、地理、律历、术数等。他在元初担任朝廷要职，为巩固元朝政权出谋划策，功莫大焉。元太祖于十三年（1218年）召见耶律楚材，耶律楚材从大都出发，经居庸关、云中（今大同），越阴山，到达成吉思汗的行宫，又随成吉思汗西征。《元史·耶律楚材传》没有提到《西游录》一书，但传闻《西游录》是耶律楚材所作，这是一个史学悬案，尚待考实。《西游录》是我们了解蒙古族早期的历史以及元代西北地理的文献。今人向达有校注本。

李志常撰《长春真人西游记》二卷。此书记载长春真人丘处机（1148—1227年）西行的事迹，并记录了沿途的环境。书中记载：丘处机于1220年出发，从山东莱州的昊天观出发，经潍阳、青州到燕京（今北京），然后出居庸关，走野狐岭（在今河北）、翠屏口（今张家口北）、抚州（今张北），北上至克鲁伦河畔。由此折向西，行至镇海城（在今蒙古哈腊乌斯及哈腊湖南岸）。

再向西南过阿尔泰山，越准噶尔盆地至赛里木湖东岸。南下穿经中亚到达兴都库什山西北坡之八鲁湾。丘处机在成吉思汗处讲道一年。东归时，丘处机一行至阿力麻里（今新疆霍城县境内）后，直向东至昌八剌（今新疆昌吉），经由别失八里（今新疆吉木萨尔附近）东面北上，过乌伦古河重归镇海城。此后，向东南直奔丰州（今内蒙古呼和浩特附近），过云中（今山西大同），至宣德（今河北宣化），居朝元观。1224 年春，丘处机与其弟子们同回燕京，居太极宫（今北京白云观）。[①]

丘处机带领 19 人随行，李志常为其中之一员。因此，李志常的记录是第一手材料，较为真实。《长春真人西游记》记录了丘处机西行给成吉思汗讲道的全过程，同时也记载了沿途的自然风貌和风俗人情。《长春真人西游记》所记载的风俗人情不是很多，最集中介绍的是河中地区，作者用了比较多的篇幅对他们的着装、打扮、生产工具、礼仪等方面进行了记录："男女皆编发，男冠则或如远山，帽饰以杂彩，刺以云雾，络之以缨。……衣与国人同，其首则盘以细么斯，长三丈二尺，骨以竹。"

书中有蒙古草原、天山、大雪山（今兴都库什）及中亚的天文、气候、植物、动物等环境资料。从此书可以看出，其一，道家人喜欢自然。书中对于自然景物记载很多，很详细，对于社会组织则涉及很少。在途中无论环境多么恶劣，都不忘描述遇到的好景色，不忘抒情表意一番，阐发对自然的感情。其二，把天象与人事联系起来。丘道长一行人出发至济阳时，那里的人们纷纷说上半个月有千百只鹤飞来，是因为师父出发了，鹤来报信；此外，还有师父醮事前，下大雨，等到师父赴坛将事时，俄而开霁；龙泉观中的井水，本来不够千人饮用，但师父讲道时，"前后三日，井泉忽溢，用之不竭"。书中说的原因是结善缘得天助，但字里行间却透露了自然的信息。候鸟的移动，晴雨的变化，井水的涸溢，都是西北地区民众当时最为注意的环境现象。

细读此书，不难发现此书既是一部游记，也是环境纪实的小说，其中的史料有助于我们研究当时的生态环境。此书撰成于 1228 年。虽然成书很早，但流传开来却是在清代钱大昕从苏州玄妙观《正统道藏》中发现并原文抄出来

---

① （元）李志常著，党宝海译注：《长春真人西游记》，河北人民出版社 2001 年版，第 6 页。

之后。此书原收入《道藏》之中，国内对于此书的研究著作主要有以下几部：丁谦的《长春真人西游记地理考证》、沈垚的《西游记金山以东释》、王国维的《〈长春真人西游记〉校注》、王汝棠的《〈长春真人西游记〉地理笺释》、陈正祥的《〈长春真人西游记〉选注》、杨建新的《古西行记选注》、纪流的《成吉思汗封赏长春真人之谜》等。

从蒙古族崛起到建立元朝，当时的世界是相互沟通的世界，从北到南，从西到东，文化加强了交流。元代，外国使节、旅行家、商人、传教士、工匠，纷纷由陆路、海路来到中国，他们当中的部分人长期旅居中国，有些人还担任政府官员。据统计，这些人分别来自波斯、伊拉克、阿速、康里、叙利亚、摩洛哥、高丽、不丹、尼泊尔、印度、波兰、匈牙利、俄罗斯、英国、法国、意大利、亚美尼亚、阿塞拜疆、阿富汗等国和地区。归国后，他们中的有些人撰写了在中国的见闻。

意大利旅行家马可·波罗（约1254—1324年）在13世纪来到蒙古族统治的中国。他从1275年抵达上都（今内蒙古自治区多伦县西北），受到忽必烈的器重，曾受命考察陕西、四川、云南、山东等地，担任扬州地方官，留在中国长达17年。1292年初，马可·波罗奉准回国，从福建泉州乘海船，1295年回到威尼斯。马可·波罗1298年在战争中被俘，狱中口述东方见闻，由同狱比萨人鲁思梯谦笔录成书，是为《马可·波罗行记》（亦作《马可·波罗游记》），也有人译为《马可波罗行纪》。

《马可·波罗游记》共分四卷，第一卷记载了马可·波罗诸人东游沿途见闻，直至上都止。第二卷记载了蒙古大汗忽必烈游猎等事；第三卷记载了沿岸及诸岛屿，第四卷记载了亚洲之史地。每卷分章，每章叙述一地的情况或一件史事，共有229章。书中记述的国家、城市的地名有100多个。[①] 其中包括元代大都的经济文化和民情风俗，以及西安、开封、南京、镇江、扬州、苏州、杭州、福州、泉州等各大城市和商埠的繁荣情况。对这本书，有人曾经怀疑其真伪，但中国当代学者把元代官修的《皇朝经世大典》残本与《马可·波罗游记》对照，证实了《马可·波罗游记》的可靠性。作为一名外国人，且不是一名史学家，通过回忆撰写其经历，目的不是为了存史，而是为了引起别人

① 申友良：《马可·波罗时代》，中国社会科学出版社2001年版，第36页。

的注意，因而书中难免失真或有错误。但是，我们不能因为书中存在这样或那样的问题，而对此书全盘否定。《马可·波罗游记》中有许多关于中国山川形胜、交通的资料，还记载中国人以“黑色石头”作为燃料，这些都是不可多得的环境史资料。

在马可·波罗之前，有意大利传教士普兰诺·卡尔平尼（1182—1252 年）奉罗马教皇之命，于 1246 年秋抵达蒙古大汗王庭和林，写了《蒙古纪行》。这份报告后来译成了中文，取名《柏朗嘉宾蒙古行纪》。

还有一位法国传教士威廉·鲁布鲁克（1215—1276 年），于 1253 年奉法国国王之命，到达和林，觐见蒙古大汗蒙哥。鲁布鲁克写了《东方行纪》，这份报告后来译成了中文，取名《鲁布鲁克东行纪》。

13 世纪的波斯人志费尼撰写了《世界征服者史》。志费尼曾经几次到达蒙古，他于 1252—1253 年住在蒙古汗国首都哈剌林，撰写了《世界征服者史》。此书被认为是记载 13 世纪上半期蒙古和中亚、西亚历史最权威的著作。1981 年，内蒙古人民出版社出版了何高济根据英译本翻译的中文本。

另一名波斯人拉施德丁撰写了《史集》，全书在 1310 年前后完稿，其中也有对中国的零散记载。

郭松年撰《大理行记》，虽然只有 1500 字左右，但记载了云南环境的信息。比如洱海地区，“若夫点苍之山，条冈南北，百有余里，峰峦岩岫，萦云载雪，四时不消，上则高河窦海，泉源喷涌，水镜澄澈，纤芥不容。佳木奇卉，垂光倒景”。

2. 法律文献

元朝法律文献比较多，这些法律文献包含诸多环境保护文献。比如《元史·刑法志四》要求：“诸郡县岁正月五月，各禁宰杀十日，其饥馑去处，自朔日为始，禁杀三日……诸每月朔望二弦，凡有生之物，杀者禁之。”

铁木真建国后，将蒙古族的习惯法汇编成《大札撒》，窝阔台、贵由、蒙哥统治时期，都沿用该法。《大札撒》中有诸多蒙古族对保护草原草场、水资源及动物等方面的内容。

《大元通制条格》成书于英宗至治三年（1323 年），汇集忽必烈以来的条格、诏令和断例，是元朝比较系统完备的法典，该法典有诸多关于禁屠、禁猎等环境保护的条例。

《元典章》中的《兵部卷》对野生动物禁猎期、禁猎区及禁猎种类作出了规定。

《黑鞑事略》也记载了元朝环境保护的习俗，比如："其国禁草生而剷地，遗火而爇草者，诛其家。"

3. 地方志与地理类文献

方志是中国古代以区域或事项进行分门别类的综合记录，反映社会生活、生产及天文、地理、自然等状况的历史文献，是了解环境史最具体的文献。

元朝有一些区域方志书籍。李好文编的《长安志图》，是元代西北地区比较重要的一部方志。此书分三卷：上卷收 14 幅图，其中《奉元州县之图》和《奉元城图》对研究元代长安州县建置及长安城镇布局、居民生活状况具有重要意义；中卷收有《咸阳古迹图》和唐昭陵、建陵和乾陵图，并附《昭陵图说》和《图志杂说》，这对研究唐代陵寝制度有重要价值；下卷记载元代泾渠流域的农田水利建设情况，计有《泾渠图说序》《泾渠总图》《富平县境石川溉田图》《渠堰因革》《洪堰制度》《用水则例》《设立屯田》《建言利病》《泾渠总论》等具体内容，其中《泾渠总图》和《富平县境石川溉田图》是作者绘制的反映元代泾渠和石川河水利灌溉情况的示意图。[①] 李好文，字惟中，自号河滨渔者，元东明（今山东东明）人，约生于元世祖至元中后期，卒于元顺帝至正末。

李好文之所以要编绘《长安志图》，是因为地方管理的需要，他在《长安志图・序》中自称到陕西赴任，"由潼关而西至长安，所过山川城邑，或遇古迹，必加询访。尝因暇日，出至近甸，望南山，观曲江，北至故汉城，临渭水而归。数十里中，举目萧然，瓦砾蔽野，荒基坏堞，莫可得究。稽诸地志，徒见其名，终亦不敢质其所处，因求昔所见之图，久乃得之。于是取《志》所载宫室、池苑、城郭、市井，曲折方向，皆可指识了然。千百世全盛之迹，如身履而目接之"。李好文认为，为官一任，就应造福一方，官员就职，首先就是通过志书了解当地的环境与历史，并给后人留下资料。

元代早中期的长安学者骆天骧在大元元贞二年（1296 年）编有《类编长

---

① 陈广恩：《〈长安志图〉与元代泾渠水利建设》，《中国历史地理论丛》2006 年第 1 期。

安志》。《类编长安志》是在宋人宋敏求《长安志》的基础上编写的，其中宋代以后的金元史料是骆天骧自己采集的。凡是他新采用的资料，一律以“新说曰”加以区分。此书于大德四年（1300 年）刊刻。元代刊刻本在元末即已失传，传抄本也极稀见，而明清两代，六百多年间没有重刻重印。20 世纪 90 年代，中华书局点校出版了《类编长安志》。

元代编修的方志达到 160 种，数量超过了宋代。如记载福州的方志，元代有《三山续志》《建宁志》等 11 种，现有目无书。由于时间的关系，元代的绝大多数方志都已失传了。元代方志也有幸存者，如：俞希鲁纂的《至顺镇江志》21 卷、张铉纂的《至正金陵新志》15 卷、袁桷等纂的《延祐四明志》等。朱思本写有《九域志》，绘有《舆地图》（今佚）。《舆地图·自序》附录在明代罗洪先《广舆图》和清代瞿镛的《铁琴铜剑楼藏书目》中。

不少地理类文献涉及域外环境。元贞二年（1296 年），温州永嘉（属今浙江）人周达观受朝廷派遣到达真腊（今柬埔寨）。当时的真腊处于兴盛时期，吴哥王朝（802—1431 年）创造了灿烂的吴哥文化。大德元年（1297 年），周达观回国。回国后，周达观撰写了《真腊风土记》，记述了柬埔寨的地理环境与风土人情。①

《真腊风土记》全文共四十章，涉及的范围广泛，记载的内容丰富。

第 13 章记载正朔时序：“国中人亦有通天文者。日月薄蚀，皆能推算。但是大小却与中国不同。中国闰岁，则彼亦必置闰，但只闰九月，殊不可晓。一夜只分四更。每七日一轮。亦如中国所谓开关建除之类。”

第 22 章记载草木：“唯石榴、甘蔗、荷花、莲藕、羊桃、蕉与中国同。荔枝、橘子，状虽同而味酸，其余皆中国所未曾见。树木亦甚多别，草花更多，且香而艳。水中之花，更有多品，皆不知其名。至若桃、李、杏、梅、松、柏、杉、桧、梨、枣、杨、柳、桂、兰、菊、芷之类，皆所无也。其中正月亦有荷花。”

第 23 章记载飞鸟：“禽有孔雀、翡翠、鹦鹉，乃中国所无。其余如鹰、鸦、鹭鸶、雀儿、鸬鹚、鹤、野鸭、黄雀等物皆有之。所无者，喜鹊、鸿雁、

---

① 元代的真腊，明代万历以后改称柬埔寨，沿用至今。元代真腊人的生活范围及其遗留下的文化遗址，大部分位于湄公河三角洲地带。

黄莺、杜宇、燕、鸽之属。”

第24章记载走兽：“兽有犀、象、野牛、山马，乃中国所无者。其余如虎、豹、熊罴、野猪、麋鹿、猿、狐之类甚多。所不见者，狮子、猩猩、骆驼耳。鸡、鸭、牛、马、猪、羊所不在论也。马甚矮小，牛甚多。生不敢骑，死不敢食，亦不敢剥其皮，听其腐烂而已。以其与人出力故也，但以驾车耳。在先无鹅，近有舟人自中国携去，故得其种。鼠有大如猫者；又有一等鼠，头脑绝类新生小狗儿。”

此书中所述中国所无的东西，未必就是中国所无。须知，庞大的中国，物产丰富，元代不可能有文献作全面记录，周达观等人的见闻未必就全面。因此，我们在采用此书时，有必要作出独到的抉择。

元代文宗到顺帝时期（1328—1368年），豫章（今江西南昌）人汪大渊随商船到达南洋和印度洋一带的岛屿，撰《岛夷志略》，记述了东南亚至阿拉伯半岛几十个国家的风土人情。全书一百个条目，记载了沿途的所见所闻，“皆身所游览，耳目所亲见，传说之事，则不载焉”。该书记录了数百个地名，以及各地的山川险要、气候物产、人物风俗，与我国的经济、文化交往情况等，多属前人未载内容。

4. 文集类文献

元代还有一些文集类文献，如：刘秉忠的《平沙玉尺》、许衡的《许文正公遗书》、刘敏中的《中庵集》、揭奚年的《揭奚年全集》、吴文澄的《吴文正集》。

元人有四十余种笔记传世。如周密撰《齐东野语》与《癸辛杂识》，陶宗仪撰《辍耕录》。《辍耕录》“万岁山”条描述了京城（今北京城）内的皇家苑囿景观。

《续修四库全书》还收录有元代张光大的《救荒活民类要》、刘佶的《北巡私记》。

5. 佛道类文献

元朝道教发达，道教重视自然与人文，《正统道藏》收录了大量元代道教文献。此外，陈垣收集了元代道教金石文献，编为《道教金石略》；此书后来经陈智超与曾庆瑛进行了增补。今人王宗昱编有《金元全真教石刻新编》。

6. 农业类文献

元朝重视农业，有元朝司农司编撰的《农桑辑要》、王祯编撰的《农书》以及鲁明善编撰的《农桑衣食撮要》，这些农书除了反映当时农业生产技术之外，也反映了当时的环境状况。

《农桑辑要》中说："大哉！造物发生之理，无乎不在。苎麻本南方之物，木棉亦西域所产，近岁以来，苎麻艺于河南，木棉种于陕右，滋茂繁盛，与本土无异……西川、唐、邓，多有栽种成就；怀州亦有旧日橘树。北地不见此种；若于附近地面访学栽植，甚得济用。"这反映了元朝初年气候比较温暖。

王祯《农书》中提出了改良土壤、改造自然环境的思想。《农桑辑要》提出了改造作物品质适应自然的思想。

7. 医学类文献

元朝医学发达，留下了丰富的医学文献。这些医学文献也包含着各种环境文献。本草类有朱震亨的《本草衍义补遗》、许国桢的《至元增修本草》、沈好问的《本草类要》、吴瑞的《日用本草》等。伤寒类有朱震亨的《伤寒论辨》、吴绶的《伤寒蕴要全书》等。

元代蒙古族医学家忽思慧撰写的《饮膳正要》，是一部汇集饮食、营养、药膳的专书，对于研究环境亦有专门的价值。忽思慧又作和斯辉，《元史》无传，生卒年月与医事活动无从详考。他在元仁宗延祐年间至元文宗时期担任宫廷的饮膳太医。

《饮膳正要》全书3万余字，共三卷。第一卷：三皇圣纪、养生避忌、妊娠食忌、乳母食忌、饮酒避忌、聚珍异馔（95种）。第二卷：诸般汤煎（56种）、诸水（3种）、神仙服食（27种）、四时所宜、五味偏走、食疗诸病（61种）、服药食忌、食物利害、食物相反、食物中毒、禽兽变异。第三卷：米谷品（43种）、兽品（35种）、禽品（18种）、鱼品（22种）、果品（39种）、菜品（46种）、料物（28种）。

全书内容分为三方面：一是养生避忌，妊娠、乳母、服药食忌，饮酒避忌，四时所宜，五味偏走及食物利害、相反、中毒等食疗基础理论；二是聚珍异馔、诸般汤煎等宫廷食谱和药膳方150余种，以及所谓神仙服食方20余则；三是食物本草，计米谷、兽、禽、鱼、果、菜、料物7类共230余种，并附本草图谱168幅，分别介绍其性味、主治，并重点论述食疗、食品制作和食饮宜忌等内容，主张重食疗而勿犯“避忌”。

蒙古人到了长城以内，只能根据中原的物产而生活。环境发生了变化，饮食方式也就相应地发生变化。《饮膳正要》记录了中原的许多农产品。在“米谷品”部分里，介绍了以米、面、豆、麻等为原料的23种食品的性质、味道及其对人体的作用等。在“果品”部分里，介绍了39种水果食品，如：“桃，味辛、甘，无毒。利肺气，止咳逆上气，消心下坚积，除卒暴击血，破症瘕，通月水，止痛。桃仁：止心痛。”“枣，味甘，无毒。主心腹邪气，安中养脾，助经脉，生津液。”香辛调料可以促进食欲，增加消化液的分泌和胃肠蠕动，从而促进营养物质的消化和吸收。

《饮膳正要》强调保养方法，其中记载：“保养之法，莫若守中，守中则无过与不及之病。调顺四时，节慎饮食，起居不妄，使以五味调和五脏，五脏和平，则血气资荣，精神健爽，心志安定，诸邪自不能入，寒暑不能袭，人乃怡安。”

8. 文学作品与绘画类文献

元代的文学作品是创作性的文献，缺乏历史真实性。但是，史学界一直提倡以文证史，从文学中找史料。元曲是元代的主要文学形式，元曲甚多，堪称资料库府。元曲与唐诗、宋词具有同等的时代地位，鼎足并举。元曲包括杂剧和散曲，杂剧属于戏剧，散曲属于诗歌。本书所引元曲，偏指散曲。元代不重视科举，比起其他朝代，读书人相对要闲适一些。于是，人人乐于作曲，散曲大多自然酣畅，轻松洒脱。

在元代，不仅文人闲士喜欢写曲，还有官员也喜欢写曲。关汉卿、白朴、马致远、卢挚、贯云石、乔石、张可久、徐再思等人都写过脍炙人口的元曲，其中不乏环境史的资料。如元好问《骤雨打新荷》：“绿叶阴浓，遍池塘水阁，偏趁凉多。海榴初绽，妖艳喷香罗。老燕携雏弄语，有高柳鸣蝉相和。骤雨过，珍珠乱糁，打遍新荷。”[1] 可见句句都有生态环境的信息。植物有绿叶、新荷、海榴、高柳，动物有老燕、鸣蝉，气候有阴浓、骤雨。这说明元人对环境的关注，喜好从环境抒发感情。

元代散文中也有环境史资料。元好问撰有《济南行记》，描述 1235 年秋与友人联袂游历济南的情况，济南的大明湖、泉水、树木、气候都跃然于纸上，这是了解济南环境的第一手资料。

元代杂剧中间接有些环境史材料。比如：关汉卿的《窦娥冤》、马致远的《青衫泪》、王实甫的《西厢记》、白仁甫的《东墙记》、无名氏的《陈州粜米》等。

元代的诗歌中也有环境史资料。如，杨维桢（1296—1370 年），绍兴会稽（今属浙江绍兴）人。泰定四年（1327 年）进士，授天台县尹，改绍兴钱清盐场司令。他写过不少诗歌，有求雨诗。《送邓炼师祁雨歌》：“东海水，枯沃焦，神工无处寻天瓢。松陵太平守，闵民苦疾呼。邓师诛寇妖，诛跛妖，役丁甲，蚩尤鼓风旗倒搜，插龙龙走白龙潭，迅霆夜擘干将匣。於乎县令不积薪，将军不拜井。炉烟一穗达丹诚，三日甘霖云万顷。君不见漕家粮船星火急，瓜州渡头河水涩。苍天苍天不悔祸，海民尽作枯鱼泣。邓师鬼工烦叱诃，稻田粒粒真珠多。松陵太守报新政，和气化作击壤尧民歌。”这是为松陵太守及民众排忧解患的诗歌，其中说到旱灾的严重：东海的水都枯焦了，海民尽作枯鱼泣，漕运的船只不能前行，河水甚至苦涩。民众没有办法，只好向天求助，多亏“邓师诛寇妖”，实现了连续三天的甘霖，浇透了万顷良田，取得了稻田的丰收。

除了文字的文献，还有图画也可以作为了解元代环境的资料。元时山水画以写意为主，元代画家绘画内容从早期赵孟頫画马、画山水、开创书法绘画等开始，竹、兰、梅、葡萄、界画、人物肖像等皆为元代画家所长。这些画作中最能够深远体现元代画家生态理想的无疑是山水画。[2]

---

① 本书多处引用元曲，主要出处是李世前、李朝辉的《元曲三百首正宗》（华夏出版社 2010 年版）。元好问，字裕之，号遗山，太原秀容（今山西忻州）人。金亡不仕，晚年专心写作。元初文士多经其指授。元世祖在藩邸闻其名，将以馆阁处之，未用而卒。

② 陈高华编著：《元代画家史料汇编》，杭州出版社 2004 年版，可以作为参考。

元代有四大画家，分别是王蒙、倪瓒、吴镇、黄公望。王蒙是浙江吴兴人，有《青卞隐居图》《花溪渔隐图》传世，图画有钓翁临流、山峦重叠、柳岸桃林。倪瓒是江苏无锡人，有《丛篁古木图》传世，此图虽画的是平常小景，但却是对当时自然的写生。吴镇是浙江嘉兴魏塘人，有《松泉图》传世，图画上有吴镇的自题诗："长松兮亭亭，流泉兮泠泠，漱白石兮散晴雪，舞天风兮吟秋声。景幽佳兮足静赏，中有人兮眉青青。松兮泉兮何作拟，研池阴兮清澈底，挂高堂兮素壁间，夜半风雷兮忽飞起。"黄公望是江苏常熟人，一生游历于苏州、杭州、松江。黄公望完成于1350年的传世巨作《富春山居图》，以浙江富春江的环境为背景，全图用墨淡雅，山和水的布置疏密得当，极富于变化，被称为中国十大传世名画之一。《富春山居图》中描绘从春景始，后入夏、进秋、归于冬，四季变换有无相生。从这些山水画中，可以解读文人隐士的生态观，也可以窥视当时的生态环境。

此外，元代还有其他不少民族的文字文献涉及了环境方面的内容，可供参考。道布主编的《回鹘式蒙古文文献汇编》，照那斯图主编的《八思巴字和蒙古语文献》，呼格吉勒图与萨如拉主编的《八思巴字蒙古语文献汇编》，蔡美彪主编的《八思巴字碑刻文物集释》，均已译成汉文。另外还有一些藏文文献需要进一步整理。

第三章 宋元的天文历法与气候

本章论述宋元的天文、历法、气候、物候，这些都是环境史最基本的内容，并影响环境的方方面面。与之相关的宋元时期的天人思想放在另外的章节论述，但建议结合起来阅读。

第一节　宋元天文历法与相关研究

一、宋元天文

中华民族长期信奉“天尊地卑”，先民认识到“天垂象，示吉凶”，所以非常重视观察天文。在环境史中，天文或天气是至关重要的决定性因素。其变化决定着历法，历法关系到人们的经济生活。

宋人重视天象，统治者认为天象关系到朝廷的兴衰。宋代一直实行敬天封禅制度，体现了统治者的天文观念与天象认知。李攸《宋朝事实》卷十一《封禅》记载封禅时的陈设：“设昊天上帝位于山上圜台，太祖、太宗配帝位于东方，西向，北上侧向，以申祖宗恭事之意。设五方帝、日月、天皇大帝、北极神座于山下，封祀坛之第一等，青帝于卯陛之北，赤帝于午陛之东，黄帝于午陛之西，白帝于酉陛之南，黑帝于子陛之西，大明于卯陛之南，夜明于酉陛之北，天皇大帝于戌陛之北，北极于丑陛之东。席皆以藁秸，上加席褥。设五星、十二辰、河汉及内官五十四座于第十有二陛之间，各依方面，几席皆内向，其内官、北斗于未陛之东，天一、太一皆在北斗之东，五帝内座在亥陛之西，帝座在卯陛之北。又设二十八宿及中宫一百五十八座于第三等，其二十八宿及大角、摄提、太微、太子、明堂、轩辕、三台、五车、诸王、月星、织女、建星、天纪等一十六座，并差在外位前。”封禅时星辰的布置、方位、层次都与等级礼制有关联，意在表达人事与天象的一致。

宋代注重天文异常现象变化，异常天象经常惊动朝野。司马光主张正确对待天象，对自然现象不要大惊小怪。宋仁宗的时候，京城出现日食，由于当时阴云密布，京城的人都没看见。掌管天文历法的官员乘机讨好皇帝，说日食是不祥之兆，可京城却没有看到，这说明皇帝吉祥，天下太平，理应大宴群臣。司马光认为，这种官场现象大可免去。他在嘉祐六年（1061 年）五月二十八日向皇帝奏《日食遇阴雨不见乞不称贺状》，提出不论在京师还是地方上见到日食遇阴雨不见，都不必称贺，朝廷应当把注意力放在政务方面，不要牵强附会于天象。[①] 此事亦见之于宋代王辟之《渑水燕谈录》卷二《谠论》："仁宗朝，司天奏：'月朔，日当食而阴云不见，事同不食，故事当贺。'司马光曰：'日食，四方皆见而京师独不见，天意若曰人君为阴邪所蔽，天下皆知而朝廷独不知，其为灾尤甚，不当贺。'诏嘉其言，后以为例。"宋仁宗听从了司马光的劝告，没有进行劳民伤财的祝贺仪式。

王辟之《渑水燕谈录》散见一些天文信息，如卷九《杂录》记载："建隆中，南都一夕星陨如雨，点或大或小，光彩煜然，未至地而灭。景祐初，忻州夜中星陨极多，明日视之，皆石。闻今忻民犹有蓄之。"[②]

宋朝注意天象与实际历法之间有没有不吻合的现象。《续资治通鉴长编》卷二记载：太祖建隆二年（961 年）五月，"乙丑，天狗堕西南，钦天历推验稍疏，诏司天少监洛阳王处讷等重加研核"。

宋代史书多次记载了彗星的出没轨迹。《续资治通鉴长编》卷九十二记载：真宗天禧二年（1019 年）六月辛亥，"有彗出北斗魁第二星东北，长三尺许，向北行，经天牢，拂文昌，长三丈余，历紫微、三台、轩辕速行而西，至七星，凡三十七日没"。宋仁宗要求基层官员定期报告雨雪信息。《续资治通鉴长编》卷一百二十二记载：宝元元年（1038 年）六月，"帝留意农事，每以水旱为忧。甲申，诏天下州郡每旬上雨雪状，著为令"。《续资治通鉴长编》卷十六还记载：开宝八年（974 年）六月，"甲子，彗出柳，长四丈，晨见东方，西南指，历舆鬼，距东壁，凡十一舍，八十三日乃没"。可见，当时的天文观察者对天象的观察是细致的。

---

① （宋）司马光：《司马光奏议》，山西人民出版社 1986 年版，第 25 页。

②《渑水燕谈录》所记大多是北宋开国（960 年）到宋哲宗绍圣年间约 140 余年的北宋杂事。王辟之，宋哲宗元祐年间（1086—1094 年）担任河东县（今山西省永济）知县。从知忠州任上致仕还乡，隐居在今山东省临淄一带的渑水河畔。

《续资治通鉴长编》卷四十四还记载，真宗咸平元年（999 年）京西转运副使朱台符上疏，以天象告诫真宗："夫灾变之来，必以类应，故彗星见者，兵之象也，时雨愆者，泽未流也。今北狄未宾，西羌作梗，荆蛮有猖狂之寇，江、浙多饥馑之民，虑其来犯边陲，变为盗贼，蜂屯蚁聚之众须俟讨平，鼠窃狗盗之群亦劳逮捕，此彗星之所以见也。……陛下宜深维二者之所以然，设备以御之，修政以厌之。不然，则事有可虑者。"

宋代一直注意网罗天文学方面的人才，《宋史·天文志》记载："宋之初兴，近臣如楚昭辅，文臣如窦仪，号知天文。太宗之世，召天下伎术有能明天文者，试隶司天台；匿不以闻者罪论死。既而张思训、韩显符辈以推步进。其后学士大夫如沈括之议，苏颂之作，亦皆底于幻眇。靖康之变，测验之器尽归金人。高宗南渡，至绍兴十三年，始因秘书丞严抑之请，命太史局重创浑仪。自是厥后，窥测占候盖不废焉尔。"

宋代学者张载把天看作是一个以恒星为中心的"运旋不穷"的整体，金、木、水、火、土诸星及地球，"恒星不动，纯系乎天……日月，五星逆天而行，并乎地者也……间有缓速不齐者，七政之性殊也"。这个观点突破了远古以来的地心说。张载还认为，天体不停地运行，日、月、星、辰（称之为"七政、七曜"）等天体各有自己的运动规律。《正蒙·参两》指出：日月星辰顺着天体左旋，只是旋转稍微迟缓一点，肉眼观察起来似乎向右旋转了，日行一度，月行三十度，故月"右行最速"而"日右行虽缓"。其运动的速缓升降皆取于自身的机制，而非外力使然。

近人谭嗣同对张载在天文学上的贡献有很高的评价，认为张载关于天文等自然现象的理论，不仅早于西方，而且高于西方。他说："地圆之说，古有之矣，惟地球五星绕日而运。月绕地球而运，及寒暑昼夜潮汐之所以然，则自横渠张子发之"，"今以西法推之，乃克发千古之蔽。疑者讥其妄，信者又以驾于中国之上，不知西人之说，张子皆以先之。今观其论，一一与西法合。可见西人格致之学（指西方近代自然科学），日新日奇，至于不可思议，实皆中国所固有。中国不能有，彼因专之。然张子苦心极力之功深，亦于是征焉。注家不解所谓，妄援古昔天文学家不精不密之法，强自绳律，俾昭著之。文晦涩难晓，其理不合，转疑张子之疏。不知张子，又乌知天?”[①]

宋代的沈括在天文方面有独到的见解与卓越贡献。据《梦溪笔谈》“极星测量”条记载：在编校昭文馆书籍时，有人问沈括：太阳和月亮的形状是像个圆球呢，还是像把扇子呢？如果像个圆球，那么它们相遇，又怎会不互相妨碍？沈括回答：“日月之形如丸。何以知之？以月盈亏可验也。月本无光，犹银丸，日耀之乃光耳。光之初生，日在其傍，故光侧而所见才如钩；日渐远，则斜照，而光稍满。如一弹丸，以粉涂其半，侧视之则粉处如钩，对视之则正圜。此有以知其如丸也。日、月，气也，有形而无质，故相值而无碍。”

可见，宋人已明确知道太阳和月亮的形状像个圆球。从月亮的盈亏就可以验证。月亮本来不发光，譬如一个银球，太阳照耀它，它才发光。月光初生的时候，是太阳在它旁边照射，所以光在它的侧面，人们能够看到的月光面就仅仅像个弯钩；太阳渐渐远离月亮，则斜照过来，月光就逐渐变得圆满。犹如一颗弹丸，用白粉把它的表面涂抹一半，从旁边看去则涂了粉的地方如同弯钩，对着涂粉的一半正面看去则还是正圆。由此可见太阳和月亮都像个圆球。太阳和月亮都是由气凝结而成的，有形状而无质体，所以相遇也没有妨碍。

还有人问沈括：为什么二十八宿之间的距离，多的有三十三度，少的只有一度？沈括回答：“天事本无度，推历者无以寓其数，乃以日所行分天为三百六十五度有奇。……循黄道日之所行一期，当者止二十八宿星而已，今所谓距度星者是也。非不欲均也，黄道所由，当度之星止有此而已。”二十八宿的每一宿实际上都表示一个星空区域，其中被选为测量标志的一颗星即被称距度星，也称距星。距星的距度（与相邻距星的度数之差）代表各宿星区的广度。并非天文学家不想均匀划分，而是在太阳所行经的黄道上，可以作为分度标志的星体只有这些罢了。

《梦溪笔谈·象数二》“五星行度”条记载：“予尝考古今历法，五星行度，唯留逆之际最多差。自内而进者，其退必向外；自外而进者，其退必由内。其迹如循柳叶，两末锐，中间往还之道相去甚远。故两末星行成度稍迟，以其斜行故也；中间行度稍速，以其径绝故也。历家但知行道有迟速，不知道径又有斜直之异。熙宁中，予领太史令，卫朴造历，气朔已正，但五星未有候

① (清) 谭嗣同：《石菊影庐笔识·思篇三》，《谭嗣同集》，岳麓书社2012年版，第135页。

簿可验。前世修历，多只增损旧历而已，未曾实考天度。其法须测验每夜昏、晓、夜半月及五星所在度秒，置簿录之，满五年，其间剔去云阴及昼见日数外，可得三年实行，然后以算术缀之，古所谓'缀术'者此也。是时司天历官皆承世族，隶名食禄，本无知历者，恶朴之术过己，群沮之，屡起大狱；虽终不能摇朴，而候簿至今不成。《奉元历》五星步术，但增损旧历，正其甚谬处十得五六而已。朴之历术，今古未有，为群历人所沮，不能尽其艺，惜哉！"由此可知，宋代以往历家只知道五星的运行有慢有快，而不知道它们行经的轨道还有斜直的差异。沈括考查了古今各种历法，发现有关五星运行的数据，以五星稽留和逆行之际误差最多。五星的轨迹如同沿着柳叶运行的椭圆形，在轨迹的两头，五星的运行速度稍慢，这是由于它们斜行的缘故；在轨迹的中间部分，五星的运行速度稍快，这是由于它们直行的缘故。

沈括担任太史令，聘淮南人卫朴制定历法，观测五星。沿用古代的"缀术"，必须是每天的黄昏、夜半和拂晓时分，测验月亮及五星所在的度数和时刻，专置记录簿记录下来，满五年，其间除去阴天及五星白天出现的天数，可得累计三年天数的五星实际运行数据，然后综合这些数据加以运算。当时司天监的其他历官大多是继承家族职业来的，徒隶名籍而坐吃俸禄，本无真懂历法的人，他们妒忌卫朴的本领超过自己，制造大案陷害卫朴，影响了天文观测事业。

沈括敬佩卫朴，说他精通历法，是不亚于唐僧一行的人物。《春秋》一书中记载了三十六次日食，历代历法学者通加验证，一般认为所记与实际天象密合的不过有二十六七次，只有一行证明有二十九次；而卫朴则证明有三十五次，只有庄公十八年的一次日食，与古今学者对日食发生日期的推算都不合，怀疑是《春秋》记错了。从夏代仲康五年癸巳岁到宋代熙宁六年癸丑岁，凡三千二百零一年，各种书籍所记载的日食共有四百七十五次，以往各种历法的推考检验虽各有得失，而卫朴所得出的合乎实际的结论要较前人为多。卫朴不用计算工具就能够推算古今的日月食，加减乘除都只用口算，却一个数都不会错。凡是正式制定的历法书，全都是一大堆计算程序和数字，卫朴叫人在耳边读一遍，就能够背下来；对于历表和各种年表，他也都能纵横背诵。他曾让人抄写历书，抄写完毕后，叫抄写的人贴着他的耳朵读一遍，有哪个地方错了一个数，读到那地方时，他就说"某字抄错了"，他的学问竟能精湛到这样的程度。熙宁年间制定《奉元历》，因为没有实际的观测记录，卫朴未能全部发挥他的才能和知识，他自己也说这部历法的可靠性大约只有六七成，然而已比其他历法要精密一些。①

《梦溪笔谈·神奇》记载了天降陨石。“治平元年（1064 年），常州日禺时，天有大声如雷，乃一大星，几如月，见于东南。少时而又震一声，移著西南。又一震而坠在宜兴县民许氏园中。远近皆见，火光赫然照天，许氏藩篱皆为所焚。是时火息，视地中有一窍如杯大，极深。下视之，星在其中，荧荧然。良久渐暗，尚热不可近。又久之，发其窍，深三尺余，乃得一圆石，犹热，其大如拳，一头微锐，色如铁，重亦如之。州守郑伸得之，送润州金山寺，至今匣藏，游人到则发视。”

《梦溪笔谈》记载了一批天文仪器。沈括大胆改进了浑仪结构，取消了浑仪上不能正确显示月球公转轨迹的月道环，放大了窥管口径，使其更便于观测极星，既方便了使用，又提高了观测精度。沈括还改进过壶漏、圭表等。通过这些仪器，他对天象进行了细致的观测，取得了一些新的发现与观测结果。例如，沈括用晷、漏观测发现了真太阳日有长有短。经现代科学测算，一年中真太阳日的极大值与极小值之差仅为 51 秒。

宋代天文学突出的成就是利用创新的观天仪器。《宋史·方伎传上·王处讷传》记载：宋初，方士王处讷精通天文历法，“至建隆二年（961 年），以《钦天历》谬误，诏处讷别造新历。经三年而成，为六卷，太祖自制序，命为《应天历》。处讷又以漏刻无准，重定水秤及候中星，分五鼓时刻。俄迁少府少监。太平兴国初，改司农少卿，并判司天事。六年，又上新历二十卷，拜司天监”。

《宋史·天文志一》记载：“太平兴国四年（979 年）正月，巴中人张思训创作以献。太宗召工造于禁中，逾年而成，诏置于文明殿东鼓楼下。其制：起楼高丈余，机隐于内，规天矩地。下设地轮、地足；又为横轮、侧轮、斜轮、定身关、中关、小关、天柱；七直神，左摇铃，右扣钟，中击鼓，以定刻数，每一昼夜周而复始。又以木为十二神，各直一时，至其时则自执辰牌，循环而出，随刻数以定昼夜短长。上有天顶、天牙、天关、天指、天抱、天束、天条，布三百六十五度，为日、月、五星、紫微宫、列宿、斗建、黄赤道，以

---

①《梦溪笔谈·技艺》“卫朴精于历术”条。

日行度定寒暑进退。开元遗法，运转以水，至冬中凝冻迟涩，遂为疏略，寒暑无准。今以水银代之，则无差失。冬至之日，日在黄道表，去北极最远，为小寒，昼短夜长。夏至之日，日在赤道里，去北极最近，为小暑，昼长夜短。春秋二分，日在两交，春和秋凉，昼夜平分。寒暑进退，皆由于此。并著日月象，皆取仰视。按旧法，日月昼夜行度皆人所运行。新制成于自然，尤为精妙。以思训为司天浑仪丞。”这座司天浑仪构制奇妙，部件繁复，是时人对天文知识的集大成结晶。

《宋史·天文志》还记载：“元祐间苏颂更作者，上置浑仪，中设浑象，旁设昏晓更筹，激水以运之。三器一机，吻合躔度，最为奇巧。宣和间，又尝更作之。而此五仪者悉归于金。”苏颂和韩公廉等人创造了世界上第一座结构复杂、自动运转的“天文钟”——水运仪象台，并写了说明书《新仪象法要》。仪象台高12米，分三层，下层是各种传动机械和报时装置；中层设浑象，表现出不同时刻的实际天象；上层装浑仪，观天象。这个仪器的贡献在于：“第一，为了观察的方便，它的屋顶做成活动的，这是今天天文台圆顶的祖先；第二，浑象一昼夜自转一周，不仅形象地演示了天象的变化，也是现代天文台的跟踪机械——转仪钟的祖先；第三，苏颂和韩公廉创造的擒纵器，是后世钟表的关键部件，因此，它又是钟表的祖先。”① 1093年，苏颂根据他的实践，撰写了《新仪象法要》，全书三卷，有60余幅图，绘有150余件机械零件。这是我们了解水运仪象台的重要著作。清代四库馆臣根据《宋史·艺文志》《读书敏求记》考察了其书的流传，在《四库提要》对此书进行评价，认为宋人“讲求制作之意，颇有足备参考者，且流传秘册阅数百年而摹绘如新则固宜为宝贵矣”。

《续资治通鉴长编》卷四百二十三记载，元祐四年（1089年）三月造出浑天仪。翰林学士许将等进言：“详定元祐浑天仪象所先被旨制造水运浑仪木样进呈，差官试验，如候天不差，即别造铜器。今周日严、苗景等昼夜校验，与天道已得参合，臣等试验，昼夜亦不差。”“诏以铜造，仍以元祐浑天仪象为名。”宋代曾经流行浑仪、浑象两种仪器，后来合二为一。“前所谓浑天仪者，其外形如丸，其内则有玑有衡。其外形如丸，即可遍布星度，大率若本所

① 张润生等编著：《中国古代科技名人传》，中国青年出版社1981年版，第222页。

造浑象之制；其内有玑有衡，即可仰窥天象，大率若本所造浑仪之制。若浑天仪，则兼二器有之，同为一器。既言浑天，则其为象可知，然于浑象中设玑、衡，使人内窥天象，以占测为主，故可总谓之浑天仪，其实兼仪、象而有之也。今所建浑仪、浑象，别为二器，而浑仪占测天度之真数，又以浑象置之密室，自为天运，与仪参合。若并为一器，即象为仪，以同正天度，则浑天仪、象两得之矣，此亦本朝备具典礼之一法也。”

曾敏行《独醒杂志》卷二记载：曾南仲擅长制造仪器，用于观察星象，确定时辰。“豫章晷漏，乃曾南仲所造。南仲自少年通天文之学，宣和初登进士第，授南昌县尉。时龙图孙公为帅，深加爱重。南仲因请更定晷漏，帅大喜，命南仲召匠制之。遂范金为壶，刻木为箭，壶后置四盆一斛，壶之水资于盆，盆之水资于斛，其注水则为铜虬张口而吐之。箭之旁为二木偶，左者昼司刻，夜司点，其前设铁板，每一刻一点，则击板以告。右者昼司辰，夜司更，其前设铜钲，每一辰一更，则鸣钲以告。又为二木图，其一用木，荐之以测日景。其一用水，转之以法天运。制器甚精，为法甚密，皆前所未有。南仲夜观乾象，每预言其迁移躔次。尝言有某星某夜当过某分，时穷冬盛寒，仰卧床上，彻其屋瓦以观之。偶睡著霜下，遂为寒气所侵而死。其学惜无传焉。独晷漏之制，其子尝闻其大概，今江乡诸县亦有令造之者。南仲，名民瞻，庐陵睦陂人也。”

对于天文，宋代有一些禁忌。《宋史・太祖纪三》记载，太祖“禁僧道习天文地理”。《续资治通鉴长编》卷十六记载，开宝八年（974 年）九月，“除名人宋惟忠弃市，坐私习天文，妖言利害，为其弟惟吉所告故也”。有人利用掌握的天文知识，“妖言利害”，必然受到惩罚。此外，家中也不允许有天文方面的书籍。《续资治通鉴长编》卷十三记载：开宝五年（972 年）九月，“禁玄象器物、天文、图谶、七曜历、太一雷公、六壬遁甲等不得藏于私家，有者并送官”。这年的十一月，又“禁释道私习天文、地理”。这说明朝廷意识到社会上学习天文的人有可能会用不正当的方法扰乱社会。

宋代时期的西夏、辽朝、金朝也重视天文。

《宋史・外国传》记载大中祥符元年，李德明为大夏国王。第二年，大夏“出侵回鹘，恒星昼见，德明惧而还”。

西夏人设置司天监以观察天文，设置“太史”“司天”和“占者”解释天文。在骨勒茂才的《番汉合时掌中珠・天相中》记载了天文星象，将天空分为青龙、白虎、朱雀、玄武等方位，每个方位设有7个星宿，与中原地区流行的二十八宿一致。气象方面有分类，如风有和风、清风、金风、朔风、黑风、旋风；雨有膏雨、谷雨、时雨、丝雨；云有烟云、鹤云、拳云、罗云、同云。

辽朝天文学已达到很高的水平。辽人重视天象观测，将天象与政事相联系。1971年在河北省宣化辽墓发现的彩绘星图绘有二十八宿、黄道十二宫。1989年在宣化辽墓又发现两幅星图，除与前图略同外，并有十二生肖，均作人形。

金朝也重视天文。《金史·天文志》记载太阳的信息颇多，且表述不一，如"日食"，"日中有黑子，斜角交行"，"日有晕珥，白虹贯之"，"昏雾四塞，日无光，凡十有七日乃霁"，"日中有黑子，状如人"，"日上有抱气二，戴气一，俱相连。左右有珥，其色鲜明"，"日晕不匝而有背气"，这些多样化的记载，表明官员对天象观察得很细致，且形成制度。

每到日食或太阳有什么变化，金朝就要作出相应的政务变化。《金史·天文志》记载世宗大定年间（1161—1189年），"二年正月戊辰朔，日食，伐鼓用币，命寿王京代拜行礼。为制，凡遇日月亏食，禁酒、乐、屠宰一日。三年六月庚申朔，日食，上不视朝，命官代拜。有司不治务，过时乃罢。后为常。四年六月甲寅朔，日食。七年四月戊辰朔，日食，上避正殿、减膳，伐鼓应天门内，百官各于本司庭立，明复乃止"。击鼓、禁酒、不上朝、减膳、庭立等，都是表示对日食的敬畏。

2. 元代天文

元代重视天文，在京城上都建有天文台和西域仪象，用于观察天象。

元代设有管理天文事务的官员司天监，秩正四品，掌凡历象之事。回回司天监，秩正四品，掌观象衍历。显然，元代设有两套天文管理机构，分别对不同的地区进行天文信息管理。

元代注重记录天象，《元史·天文一》记载了多次日食，如："世祖中统二年三月壬戌朔，日有食之。三年十一月辛丑，日有背气，重晕三珥。至元二年正月辛未朔，日有食之。四年五月丁亥朔，日有食之。五年十月戊寅朔，日有食之。七年三月庚子朔，日有食之。八年八月壬辰朔，日有食之。九年八月丙戌朔，日有食之。十二年六月庚子朔，日有食之。十四年十月丙辰朔，日有食之。十九年六月己丑朔，日有食之。七月戊午朔，日有食之。二十四年七月癸丑，日晕连环，白虹贯之。十月戊午朔，日有食之。二十六年三月庚辰朔，日有食之。二十七年八月辛未朔，日有食之。二十九年正月甲午朔，日有食之。有物渐侵入日中，不能既，日体如金环然，左右有珥，上有抱气。三十一年六月庚辰朔，日食。”这些日食记载，有详有略，弥足珍贵。

元代对天象记载得较为具体，如流星，《元史·天文一》记载至正十六年(1356年)，“十一月丁亥，流星如酒杯大，色青白，尾迹约长五尺余，光明烛地，起自西北，东南行，没于近浊，有声如雷”。

元人李志常撰《长春真人西游记》记载了与天文相关的史料。《长春真人西游记》记载有关天文的有两条信息，第一条是关于日食，“五月朔，日有食之。既众星乃见，须臾复明。时在河南岸”。第二条是关于测量日影，“又行十日，夏至。量日影三尺六七寸”[①]。在后来的行程中，丘处机又详细询问见过此次日食的其他人，这说明当时的人们对天文颇为关注。

类似的记载，邓玉宾在《雁儿落带过胜令·闲适》中记载有“乾坤一转丸，日月双飞箭”，反映了人们对宇宙的认识，天地就像旋转的弹丸，日月交替好像两支飞箭。

元代在天文方面有杰出人才与重大事件。郭守敬及其对天文的测量，就是值得大书特书的史实。《元史·天文志一》记载：“元兴，定鼎于燕，其初袭用金旧，而规环不协，难复施用。于是太史郭守敬者，出其所创简仪、仰仪及诸仪表，皆臻于精妙，卓见绝识，盖有古人所未及者。其说以谓：昔人以管窥天，宿度余分约为太半少，未得其的。乃用二线推测，于余分纤微皆有可考。而又当时四海测景之所凡二十有七，东极高丽，西至滇池，南逾朱崖，北尽铁勒，是亦古人之所未及为者也。自是八十年间，司天之官遵而用之，靡有差忒。而凡日月薄食、五纬凌犯、彗孛飞流、晕珥虹霓、精昆云气等事，其系于天文占候者，具有简册存焉。”这是说元朝初年，先是袭用金朝的那一套天文制度，但后来发现与实际情况不协调，难以应用。郭守敬主张重新测量天文，并采用了较新的设备。元朝在全国设有二十七个观测天文的景点，东边到了朝鲜半岛，西边到了云南，这是前所未有的测量壮举。由于仪器相对先进，通过

---

①(元)李志常著，党宝海译注：《长春真人西游记》，河北人民出版社2001年版，第31—32页。

实地测量之后建立了一套完整的天文制度，使得差错没有了，天文方面的事情理顺了。国家对日月星辰的信息都有记录，有文献传承。

对于郭守敬，《元史·郭守敬传》记载："初，秉忠以《大明历》自辽、金承用二百余年，浸以后天，议欲修正而卒。十三年（1276年），江左既平，帝思用其言，遂以守敬与王恂率南北日官，分掌测验推步于下，而命文谦与枢密张易为之主领裁奏于上，左丞许衡参预其事。守敬首言：'历之本在于测验，而测验之器莫先仪表。今司天浑仪，宋皇祐中汴京所造，不与此处天度相符，比量南北二极，约差四度；表石年深，亦复欹侧。'守敬乃尽考其失而移置之。既又别图高爽地，以木为重棚，创作简仪、高表，用相比覆。又以为天枢附极而动，昔人尝展管望之，未得其的，作候极仪。极辰既位，天体斯正，作浑天象。象虽形似，莫适所用，作玲珑仪。以表之矩方，测天之正圜，莫若以圜求圜，作仰仪。古有经纬，结而不动，守敬易之，作立运仪。日有中道，月有九行，守敬一之，作证理仪。表高景虚，罔象非真，作景符。月虽有明，察景则难，作窥几。历法之验，在于交会，作日月食仪。天有赤道，轮以当之，两极低昂，标以指之，作星晷定时仪。又作正方案、丸表、悬正仪、座正仪，为四方行测者所用。又作《仰规覆矩图》《异方浑盖图》《日出入永短图》，与上诸仪互相参考。"本传又记载十六年（1279年），郭守敬为同知太史院事。守敬因奏："唐一行开元间令南宫说天下测景，书中见者凡十三处。今疆宇比唐尤大，若不远方测验，日月交食分数时刻不同，昼夜长短不同，日月星辰去天高下不同，即目测验人少，可先南北立表，取直测景。"皇帝同意了他的建议。于是设置了14名监候官，分道而出，东至高丽，西极滇池，南逾朱崖，北尽铁勒，四海测验，凡二十七所。

由于郭守敬积极倡导，由政府组织了一系列大规模的天文实测活动，使元代在天文学领域有很多方面处于世界先进水平（如黄道夹角的科学数据、星辰的数量、历法等）。这次测量，对于制定历法也是有深远意义的。

元代的耶律楚材也精通天文。《元史·耶律楚材传》记载："西域历人奏五月望夜月当蚀，楚材曰：'否。'卒不蚀。明年十月，楚材言月当蚀，西域人曰不蚀，至期果蚀八分。"自唐宋以来，汉族地区发明了许多测量天象的仪器。到了元代，根据蒙古族的需求，又发明了一些有民族特色的仪器。《元史·天文志一》记载："世祖至元四年，札马鲁丁造西域仪象：咱秃哈剌吉，汉言混天仪也。……咱秃朔八台，汉言测验周天星曜之器也。……鲁哈麻亦渺凹只，汉言春秋分晷影堂。……鲁哈麻亦木思塔余，汉言冬夏至晷影堂也。……苦来亦撒麻，汉言浑天图也。”

从上文可见，元代有许多关于天文方面的仪器。《元史·天文一》记载这些仪器的样式与功能，如：“苦来亦阿儿子，汉言地理志也。其制以木为圆球，七分为水，其色绿，三分为土地，其色白。画江河湖海，脉络贯串于其中。画作小方井，以计幅圆之广袤、道里之远近。”又如：“兀速都儿剌不，定汉言，昼夜时刻之器。其制以铜如圆镜而可挂，面刻十二辰位、昼夜时刻，上加铜条缀其中，可以圆转。铜条两端，各屈其首为二窍以对望，昼则视日影，夜则窥星辰，以定时刻，以测休咎。背嵌镜片，三面刻其图凡七，以辨东西南北日影长短之不同、星辰向背之有异，故各异其图，以画天地之变焉。”从这段材料可见，元代的天文工作者已经猜测地球的形状是一个球体，七分水，三分地，与地球上水陆的分布情况接近。

二、宋元历法

人们的生活离不开历法的指导。历法乱，天下乱。因此，每个朝代都重视对历法的管理，以期用最准确的历法在民间施行。

1. 宋代历法

《宋史·律历志》记载：宋初用显德《钦天历》。建隆二年（961 年），别造新历，赐名《应天》，未几，气候渐差。其后，不断修改历法，“太平兴国四年，行《乾元历》，未几，气候又差。继作者曰《仪天》，曰《崇天》，曰《明天》，曰《奉元》，曰《观天》，曰《纪元》，迨靖康丙午，百六十余年，而八改历。南渡之后，曰《统元》，曰《乾道》，曰《淳熙》，曰《会元》，曰《统天》，曰《开禧》，曰《会天》，曰《成天》，至德祐丙子，又百五十年，复八改历”。古代反复修改的历法，始终与实际的天气有些微差别。宋人深深感受到天步惟艰，古今通患，天运日行，左右既分，不能无忒。“黄、赤道度有斜正、阔狭之殊，日月运行有盈缩、朏朒、表里之异。测北极者，率以千里差三度有奇，晷景称是。古今测验，止于岳台，而岳台岂必天地之中？余杭则东南，相距二千余里，华夏幅员东西万里，发敛晷刻岂能尽谐？”

宋宁宗庆元四年（1198 年）颁布的《统天历》。该历法由杨忠辅创制。

它与现代所测数值只相差 26 秒，而与现行的公历所采用的数据相同，比西方《格里历》的颁行早 383 年。但因推测日食等不验，《统天历》只使用到开禧三年。开禧三年又造《开禧历》，代替统天历，行用于世 45 年。

沈括《梦溪笔谈》记载了天文仪器、岁差。

《梦溪笔谈》提出了“十二气历”说，较好地解决了古代历法中一直存在着的阴阳历之间难以调和的矛盾。他在担任司天监职务期间，大胆起用布衣卫朴进行历法改革，也针对当时司天监、天文院存在的一些弊端进行过整肃。

沈括主张改革旧历法，倡议把四季二十四节气与十二个月完全统一起来。他在《梦溪笔谈·补笔谈》“十二气历”条，先是论述了时节出现的混乱：“凡日一出没，谓之一日；月一亏盈，谓之一月。以日月纪天虽定名，然月行二十九日有奇复与日会，岁十二会而尚有余日；积三十二月复余一会，气与朔渐相远，中气不在本月，名实相乖；加一月谓之闰，闰生于不得已，犹构舍之用橝楔也。自此气朔交争，岁年错乱，四时失位，算数繁猥。凡积月以为时，四时以成岁，阴阳消长，万物生杀，变化之节，皆主于气而已，但记月之盈亏，都不系岁事之舒惨。今乃专以朔定十二月，而气反不得主本月之政。时已谓之春矣，而犹行肃杀之政，则朔在气前者是也，徒谓之乙岁之春，而实甲岁之冬也；时尚谓之甲之冬矣，而已行发生之令，则朔在气后者是也，徒谓之甲岁之冬，而实乙岁之春也。是空名之正，二、三、四反为实。而生杀之实反为寓，而又生闰月之赘疣，此殆古人未之思也。”

沈括接着建议：“今为术，莫若用十二气为一年，更不用十二月，直以立春之日为孟春之一日，惊蛰为仲春之一日，大尽三十一日，小尽三十日，岁岁齐尽，永无闰余。十二月常一大一小相间，纵有两小相并，一岁不过一次。如此，则四时之气常正，岁政不相陵夺，日月五星亦自从之，不须改旧法。惟月之盈亏，事虽有系之者，如海、胎育之类，不预岁时寒暑之节，寓之历间可也。借以元祐元年为法：当孟春小，一日壬寅，三日望，十九日朔；仲春大，一日壬申，三日望，十八日朔。如此，历术岂不简易端平，上符天运，无补缀之劳？”沈括实际是建议用二十四节气的中气作为确定年份的基础，这是较为科学的方法。

西夏人沿袭古代北方民族的习惯，以十二生肖纪年。公元 1004 年，西夏从宋获得《仪天历》，开始沿用宋朝历法。立国后，西夏设“大恒历院”机构掌管历法的编制和颁行。宋朝每年要向西夏颁发新历，西夏采用番汉合璧历书与宋朝颁赐历书两类。

辽朝原使用后晋马重元的《调元历》，公元995年行用辽刺史贾俊的《大明历》。

金朝于1137年颁布杨级编写的《大明历》（与祖冲之的《大明历》不同）。而后赵知微于1180年修编成较精确的《重修大明历》，其精确度超过宋朝的历法《纪元历》。

2. 元代历法

元代在历法上最突出的成就是《授时历》。《元史·历志一》记载："元初承用金《大明历》。庚辰岁，太祖西征，五月望，月蚀不效；二月、五月朔，微月见于西南。中书令耶律楚材以《大明历》后天，乃损节气之分，减周天之秒，去交终之率，治月转之余，课两曜之后先，调五行之出没，以正《大明历》之失。且以中元庚午岁，国兵南伐，而天下略定，推上元庚午岁天正十一月壬戌朔，子正冬至，日月合璧，五星联珠，同会虚宿六度，以应太祖受命之符。又以西域、中原地里殊远，创为里差以增损之，虽东西万里，不复差忒。遂题其名曰《西征庚午元历》，表上之，然不果颁用。至元四年，西域札马鲁丁撰进《万年历》，世祖稍颁行之。十三年，平宋，遂诏前中书左丞许衡、太子赞善王恂、都水少监郭守敬改治新历。衡等以为金虽改历，止以宋《纪元历》微加增益，实未尝测验于天，乃与南北日官陈鼎臣、邓元麟、毛鹏翼、刘巨渊、王素、岳铉、高敬等参考累代历法，复测候日月星辰消息运行之变，参别同异，酌取中数，以为历本。十七年冬至，历成，诏赐名曰《授时历》。十八年，颁行天下。二十年，诏太子谕德李谦为《历议》，发明新历顺天求合之微，考证前代人为附会之失，诚可以贻之永久，自古及今，其推验之精，盖未有出于此者也。"

《元史·历志二》记载："今《授时历》以至元辛巳为元，所用之数，一本诸天，秒而分，分而刻，刻而日，皆以百为率，比之他历积年日法，推演附会，出于人为者，为得自然。"《授时历》后来施行了364年，是我国古代推算最精、使用最久的历法。据《元史·郭守敬传》，元世祖评论郭守敬说："任事者如此，人不为素餐矣。"有的学者认为，元代的天文历法测绘成就在古代是一个高峰。

在元代，齐履谦是一名精通历法的学者，并且卓有贡献。《元史·齐履谦传》记载："齐履谦，字伯恒。父义，善算术。履谦生六岁，从父至京师；七岁读书，一过即能记忆；年十一，教以推步星历，尽晓其法；十三，从师，闻圣贤之学。自是以穷理为务，非洙、泗、伊、洛之书不读。至元十六年，初立太史局，改治新历，履谦补星历生。同辈皆司天台官子，太史王恂问以算数，莫能对，履谦独随问随答，恂大奇之。新历既成，复预修《历经》《历议》。二十九年，授星历教授。都城刻漏，旧以木为之，其形如碑，故名碑漏，内设曲筒，铸铜为丸，自碑首转行而下，鸣铙以为节，其漏经久废坏，晨昏失度。大德元年，中书俾履谦视之，因见刻漏旁有宋旧铜壶四，于是按图考定莲花、宝山等漏制，命工改作，又请重建鼓楼，增置更鼓并守漏卒，当时遵用之。二年，迁保章正，始专历官之政。三年八月朔，时加巳，依历，日蚀二分有奇，至其时，不蚀，众皆惧，履谦曰：'当蚀不蚀，在古有之，矧时近午，阳盛阴微，宜当蚀不蚀。'遂考唐开元以来当蚀不蚀者凡十事以闻。六年六月朔，时加戌，依历，日蚀五十七秒。众以涉交既浅，且复近浊，欲匿不报。履谦曰：'吾所掌者，常数也，其食与否，则系于天。'独以状闻。及其时，果食。众尝争没日不能决，履谦曰：'气本十五日，而间有十六日者，余分之积也。故历法以所积之日，命为没日，不出本气者为是。'众服其议。"

历法直接决定农事。王祯在《农书·农桑通诀·授时》中说："万物因时受气，因气发生，时至气至，生理因之。"这说明了农业生产与时令的关系。其中又说道："盖二十八宿周天之度，十二辰日月之会，二十四气之推移，七十二候之变迁，如环之循，如轮之转，农桑之节，以此占之。"这里主要是观察天象以定历法，在历法上分成四时、十二月、二十四气节等段落，依靠这些段落来验应当进行哪些农事及其怎样进行，"即谓用天之道也"。

另外，王祯《农书·农桑通诀·授时》还说："四季各有其务，十二月各有其宜。先时而种，则失之太早而不生；后时而艺，则失之太晚而不成。故曰，虽有智者，不能冬种而春收。""不知阴阳有消长，气候有盈缩，冒昧以作事，其克有成者，幸而已矣。"也就是说，农业生产必须遵守农时，根据季节变化合理安排农业生产。先时、后时或者没有在适宜时期进行某种相应的农业生产，都会招致损失，甚至完全失败。就算是智者，也不能改变这种自然规律。

《农书·农桑通诀·播种》还记载："农书云，种植之事，各有攸叙，能知时宜，不违先后之序，则相继以为生，相资以利用，种无虚日，收无虚月，何匮乏之足患，冻馁之足忧哉?”意思是说，只要按照相应的时间播种相应的物种，做到不违农时，就不担心到时候会有饥寒之患。

第二节　宋元气候

气候泛指天气的综合状况。古代把农历年分成二十四节气，并细分为七十二候。气，是指节气时段；候，是指节气下的更小时段。气候是由太阳辐射、大气环流、海陆分布、地面性质等因素相互作用所决定的一个地区的多年天气特征。[①] 气候是环境的重要组成部分，是人类文明生存的自然条件，在一定程度上影响着人们的经济生活方式、人文气质、社会发展水平。气候学本是自然科学的范畴，但如果是研究气候史，那就是史学的分支，是交叉学科。从事地理学、气象学、物候学的学者都会涉猎这个领域。

由于中国地域辽阔，地势复杂，因而中国气候复杂，很难把每一个时期的气候梳理得很清晰。对于宋元的气候，竺可桢先生有一个大致的估计，他认为：宋初为第三个温暖期的晚期，随后相继进入了第三个寒冷期、第四个温暖期，分别大致相当于北宋前期至南宋时期、南宋末年至元代中期。接着，又开始了向新的寒冷期的转化。[②]

一、宋代气候

我国当代学者总结了历史上的气候规律，发现从隋唐五代到北宋初年是一个温暖期。其时间大致是公元 600 年到 1000 年。刘昭民根据《古今图书集成·庶征典》作了介绍：北宋太祖建隆三年（962 年）夏四月，延州、名州大雨雪，宁州大雨雪，沟洫冰，丹州雪二尺。反之，冬无雪的记录有四次之多，

---

① 王瑜、王勇主编：《中国旅游地理》，中国林业出版社、北京大学出版社 2008 年版，第 49 页。

② 竺可桢：《中国近五千年来气候变迁的初步研究》，《考古学报》1972 年第 1 期。

北宋太祖乾德二年（964 年）、乾德五年（967 年）、开宝元年（968 年）、开宝二年（969 年）记载冬季京师无雪，说明宋初气候尚属温暖，其年均温与唐代相当，即比现世年均温度要高出大约 1℃[①]。

自 11 世纪初前后开始，气候转寒。太宗雍熙二年（985 年）以后，“江淮一带漫天冰雪的奇寒景象再度出现，五千年来第三个小冰河期再度莅临中国，长安、洛阳一带在唐代以后可以种植、繁殖的柑橘等果树全部皆遭受冻死的命运，而淮河流域、江南、长江下游和太湖流域皆曾经完全结冰，车马可以在结冰的河面上通过。”[②] 据此，刘昭民认为从雍熙二年（985 年）到南宋光宗绍熙三年（1192 年），一直是寒冷期。

对于这一阶段的寒冷期，学者们对时间有不同的说法。有说是从公元 1050 年到 1350 年，有说是从公元 1000 年至 1200 年。总体而言，北宋中后期至南宋中期的一段时间，气候变冷，被称为中国历史上的寒冷期。

970 年至 1000 年，河南开封冬小麦收获期比现代迟 10 天左右。《宋史》卷四至卷五《太宗纪》记载：雍熙元年（984 年）、二年五月，甲子，太宗按例皆“幸城南观麦，赐刈者钱帛”；《宋史・真宗纪》记载：咸平三年（1000 年）五月丁卯，真宗“幸玉津园观刈麦”。当时华北已不知有野生梅树，梅树只能偶尔在培养园中生存。王安石嘲笑北方人到南方误认梅为杏，“北人初未识，浑作杏花看”[③]。苏东坡也叹息“关中幸无梅”[④]。从这种物候现象看，唐宋两朝的寒暖是不同的。

12 世纪初期，我国气候转寒的趋势更加明显。史书记载，北宋政和元年（1111 年），2000 多平方公里的太湖竟全部封冻，且湖面冰厚可以行车，湖中洞庭山的柑橘全被冻死。[⑤] 南宋初年，地处更南的都城临安（今杭州）降雪时间经常是由当年冬季延至次年暮春。公元 1131 年至 1200 年杭州终雪期为 3 月

---

① 刘昭民：《中国历史上气候之变迁》，商务印书馆（台湾）1982 年版，第 113 页。

② 刘昭民：《中国历史上气候之变迁》，商务印书馆（台湾）1982 年版，第 117 页。

③（宋）王安石：《临川先生文集》卷二十六《红梅》。

④（宋）苏轼：《苏轼诗集》卷三《杏》。

⑤（元）陆友仁：《研北杂志》卷上。

25日，现今为3月11日。[1] 公元1153年至公元1158年，苏杭运河冬天常常结冰，船夫不得不经常备铁锤破冰开路。[2]

12世纪时，寒冷气候也流行于我国华南和西南部。北宋时期，荔枝能生长于眉山（成都以南60公里）以南，到南宋时期四川眉山已不能生长荔枝，要在眉山更南的乐山及宜宾、泸州才能大量种植。[3] 福州是我国东海岸荔枝生长的北限，当地的荔枝曾两次全被冻死：一次在公元1110年，另一次在公元1178年，都属12世纪时期。[4]

从南宋宁宗时期开始，我国的气候又进入了一个温暖期。这个温暖期的气候较为明显。其时间大致是公元1200年至1300年。这个温暖期包括南宋后期至元代中期，当时的气候明显转暖。从13世纪初年，杭州的冬天气温就开始回暖。

《宋史·五行志》记载，有些年份暖和，京城无雪，如乾德二年（964年）、五年（967年），开宝元年（968年）、二年（969年），淳化二年（991年），至道元年（995年）、二年（996年），大中祥符二年（1009年），嘉祐六年（1061年），治平四年（1067年），元丰八年（1085年），元祐元年（1086年）、四年（1089年）、五年（1090年），绍兴三十一年（1161年），乾道三年（1167年）、五年（1169年）、六年（1170年），庆元元年（1195年）、二年（1196年）、四年（1198年）、六年（1200年），开禧三年（1207年）。可知，有些时候连续两三年都不下雪，天气异常。有些年份特别热，《宋史·五行志二》记载："绍兴五年（1135年）五月，大燠四十余日，草木焦槁，山石灼人，暍死者甚众。""绍熙三年（1192年）冬，潼川路不雨，气燠如仲夏，日月皆赤，荣州尤甚。"

据刘昭民的研究，自南宋光宗绍熙三年（1192年）至南宋端宗景炎二年（1277年）的85年中，冬燠、春燠及冬无雪的记录共有11年之多，而南宋

---

[1] 竺可桢：《南宋时代气候之揣测》，《科学》1924年第2期。

[2] 蔡皀：《撞冰行》，见元好问编《中州集》卷一（中华书局1962年版）。

[3] 王梨村：《中国古今物候学》，四川大学出版社1990年版，第152页。

[4] 李来荣：《关于荔枝龙眼的研究》，科学出版社1956年版，第66页。

150 年中冬无雪的记录则共有 15 年，可见绝大多数集中在南宋后半期。[①]

尽管天气寒热有明显变化，但宋代学者不以为奇。他们认为大自然的气候变化是客观存在的，不以人的意志为转移。邵雍《观物内篇》指出："日为暑，月为寒，星为昼，辰为夜。暑寒昼夜交，而天之变尽之矣。水为雨，火为风，土为露，石为雷。雨风露雷交，而地之化尽之矣。暑变物之性，寒变物之情，昼变物之形，夜变物之体。性情形体交，而动植之感尽之矣。雨化物之走，风化物之飞，露化物之草，雷化物之木。走飞草木交，而动植之应尽之矣。"[②]

天气寒热变化，宋人关注的是其对社会的影响。例如，宋太宗关注天气，担心冷暖导致疾疫。《续资治通鉴长编》卷二十五记载，雍熙元年（984 年）十二月甲辰，"大雨雪。先是，上谓宰相曰：'今冬气和暖，开春恐有疫疠。郊祀、酺宴之后，若得三五寸雪，大佳。'至是，阴云四合，积雪盈尺。"

寒冷的天气对民生有极大影响。《宋史·五行志》记载，宋代有些年份特别寒冷，造成灾害。

淳化四年（993 年）二月，商州大雪，民多冻死。

天禧元年（1017 年）十一月，京师大雪，苦寒，人多冻死，路有僵尸，遣中使埋之四郊。二年正月，永州大雪，六昼夜方止，江、溪鱼皆冻死。

靖康元年（1126 年）闰十一月，大雪，盈三尺不止。天地晦冥，或雪未下时，阴云中有雪丝长数寸堕地。二年正月丁酉，大雪，天寒甚，地冰如镜，行者不能定立。是月乙卯，车驾在青城，大雪数尺，人多冻死。

绍熙二年（1191 年）正月戊寅，大雨雹，震雷电以雨，至二月庚辰，大雪连数日。是月庚寅朔，建宁府大风雨雹，仆屋杀人。三月癸酉，大风雨雹，大如桃李实，平地盈尺，坏庐舍五千余家，禾麻、蔬果皆损；瑞安县亦如之，坏屋杀人尤甚。

辽朝，有时的气候异常寒冷，如《辽史·道宗本纪》记载：辽道宗大康九年（1083 年），"夏四月丙午朔，大雪，平地丈余，马死者十六七"。《辽

---

① 刘昭民：《中国历史上气候之变迁》，商务印书馆（台湾）1982 年版，第 128—129 页。

②（宋）邵雍著，郭彧、于天宝点校：《皇极经世书》，上海古籍出版社 2016 年版，第 1454 页。

史·天祚皇帝纪》记载天祚皇帝耶律延禧在位的乾统九年（1109年），“秋七月，陨霜，伤稼。……八月丁酉，雪，罢猎”。农历七八月有这样寒冷的天气就反常了，史官专门做了记录。

二、元代气候

《元史》本纪按月份记载的历史中，不乏环境资料，如《元史·泰定帝纪》记载：泰定二年正月，“乙丑，命整治屯田。河南行省左丞姚炜请禁屯田吏蚕食屯户，及勿务羡增以废裕民之意，不报。丁卯，中书省臣言：‘国用不足，请罢不急之费。’从之”。

1. 元代早期的北方天气

《蒙古秘史》记载了元代早期的北方天气，在其记载中草原上的天气多为晴朗，明确提到阴雨天气的只有一处，即成吉思汗封赏孛斡儿时，称赞他“在答阑捏木儿格地方与塔塔儿人相对抗而夜宿时，霖雨靡靡，下个不停”[1]，孛斡儿为成吉思汗挡雨。除此之外，只有阔亦田之战时有一处疑似对阴雨的描写，但因带有一定的神话色彩所以无法确定。

蒙古高原冬夏温度差异较大。《蒙古秘史》记载成吉思汗在冬天会迁徙到其他地方避寒，夏天又会去雪山避暑。《蒙古秘史》中这些对气候的描写与蒙古高原本身的气候特点是相一致的。因为蒙古高原常年受夏季风环流和西风环流的交替控制，加之地形的影响，使这里降水稀少，一年中，四季气温悬殊，最低气温为-50℃。[2]

李志常撰《长春真人西游记》也记载了元代早期的北方气候。关于天气状况的记载，按月份来说，北方的气候偏冷。书中有这样的记载，鱼儿泊（今内蒙古达来诺尔）“时已清明，春色渺然，凝冰未泮”，六月份的长松岭

---

① 佚名著，阿斯钢、特·官布扎布译：《蒙古秘史》，新华出版社2007年版，第186页。

② 马桂英：《论蒙古草原文化发展的自然环境特色》，《哈尔滨学院学报》2006年第5期。

（今蒙古国杭爱山一带）“天极寒，虽壮者不可当。时夕宿平地。十五日晓起，环帐皆薄冰。十七日宿岭西。时初付矣，朝暮亦有冰，霜已三降，河水有澌，冷如严冬。土人曰‘常年五六月有雪。今岁幸晴暖’”。十二月份，邪米思干城附近“雪寒。在路牛马多冻死者”。①

每到春天，北方有飞沙天气。《元史·宪宗纪》：“六年（1256 年）丙辰春，大风起北方，砂砾飞扬，白日晦冥。”

有时，天气寒冷，超乎人们的意料。元武宗时曾经发生突然变冷的情况，把参加祭祀的一些人给冻死了，以至于张养浩等朝臣认为这是天意，是违背了上苍而导致的。《元史·张养浩传》记载：“时武宗将亲祀南郊，不豫，遣大臣代祀，风忽大起，人多冻死。养浩于祀所扬言曰：‘代祀非人，故天示之变。’大违时相意。”

2. 元代曾经有一个短暂的温暖期

元朝气候一度回暖。《元史·世祖纪》记载，十四年（1277 年）“三月庚寅朔，以冬无雨雪，春泽未继，遣使问便民之事于翰林国史院”。

由于天气炎热，冬天不下雪，朝廷安排有关人员求神祭天，《元史·五行志一》记载：“皇庆元年（1312 年），冬无雪，诏祷岳渎。”然而，大自然并不因祷祭而改变气温，当时大都冬天的天气仍然温暖。史书记载，延祐元年（1314 年），大都檀、蓟等州冬无雪。

当时，京城大都在三月的气候十分暖和。明代蒋一癸《尧山堂外纪》记载了元人达兼善的一首诗《春日次宋显夫韵》：“帝城三月多春色，南陌风光画不如。踯躅花深啼杜宇，鸬鹚滩暖聚王余。玉楼似是秦宫宅，金水元非郑国渠。处处笙歌移白日，杨雄空读五车书。”达兼善，即泰不花，蒙古人，17 岁参加科举，江浙乡试第一，廷试赐进士及第，自号白野，世称白野状元。

从植物栽培的分布可以初步确定各地的气候状况。柑橘是亚热带多年生果树，喜温暖潮湿，害怕寒冻。元代官方颁布的《农桑辑要》卷五记载，在西川、唐、邓等地栽有橘树。13 世纪柑橘的种植北界在今河南邓州、唐河一线。

---

①（元）李志常著，党宝海译注：《长春真人西游记》，河北人民出版社 2001 年版，第 28、35、85 页。

元代官方颁布的《农桑辑要》记载，在河南的陈州、蔡州一带种有苎麻，“每岁可割三镰”，即五月初一、六月半、八月半分别收割，苎麻每斤卖到三百文。今人满志敏认为，苎麻对气候有一定的要求，如果一年收三次，就需要有效积温高，否则只能收割两次。目前，年收割三次的北界在南阳、驻马店、阜阳一带，而元代在今河南的陈、蔡之间可以收割三次，说明苎麻年收割三次的种植界限比现代向北移了一个纬度。[1] 13世纪苎麻年收三次的种植地区已推进到河南汝阳至淮阳一带。可见，当时这一地区的气候较现代温暖。

对于元代的气候，当代学者满志敏认为13世纪处于温暖气候，他根据种植分界线得出结论说：“13世纪初茶树、橙树等南方作物和冬麦种植地区的北移，其北界都越过现代气候条件下的位置，并由此可以推测我国的暖温带北界和亚热带北界这两条重要的气候界线出现了北移，表明五代中叶至元前期中的第三个温暖阶段的到来。从现有的资料来看，整个13世纪大部分时间都是处在温暖气候下。”[2]

3. 元末气候渐趋寒冷

13世纪末，中国大地的气候逐渐寒冷。换言之，元代后期的气候发生了新的变化。有许多材料可以证明这种变化，此以时间为序加以说明。

元代大德八年（1304年）八月，太原之交城、阳曲、管州、岚州，大同之怀仁，雨雹、陨霜杀禾，天气异常。

元代大德十年（1306年），大同路有大暴风雪，天气奇寒。在接下来的几年间，北边的流民不断南移。

《元史·武宗纪》记载：至大二年（1309年），“和林贫民北来者众，以钞十万济之，仍于大同、隆兴等处籴粮以济，就令屯田”。从这条史料可知，有大批从北边移到大同一带的民众，朝廷拨出专款安置他们，让他们屯田。

元代传世的郭畀《郭天锡日记》（又称《云山日记》）记载了从元至大元年（1308年）八月二十七日到第二年的十月三十日的事情。《云山日记》记载了至大元年闰十一月中下旬的一次江南寒潮：十九日这天，早晨从无锡出

---

① 满志敏：《中国历史时期气候变化研究》，山东教育出版社2009年版，第201页。

② 满志敏：《中国历史时期气候变化研究》，山东教育出版社2009年版，第240页。

发，“舟过毗陵，东北风大作，极冷不可言”。这是寒潮的前奏。到了晚上，作者的船停在新开河口，“三更，舟篷淅淅，乃知雪作也”。第二天，到吕城东堰，“船上篙橹皆坚冰”。到二十二日这天，天放晴，但“冰厚，舟不可行，滞留不发”。这种寒冷天气，甚至影响到行船，即使是现在的淮河一带也不多见。日记的文献特点是真实具体，作伪的可能性较小。如果我们的先民能用日记的方式把每天的气候记述下来，无疑是很有价值的。

卜天璋在皇庆年间（1312—1313 年）到广东担任廉访使，其间在广东出现了严寒天气。《元史 · 卜天璋传》记载：“岭南地素无冰，天璋至，始有冰，人谓天璋政化所致云。”岭南地区是很少下雪的，元代竟然在广州出现结冰的天气，说明天气是很冷的。

《元史 · 拜住传》记载：“延祐间（1314—1320 年），朔漠大风雪，羊马驼畜尽死，人民流散，以子女鬻人为奴婢。”北方大漠天气寒冷，冷得令人无法生存，甚至把亲生子女卖为奴婢，说明气候之恶劣。

《元史 · 泰定帝纪》记载：至治三年（1323 年），大宁蒙古大千户部，“比岁风雪毙畜牧”。

《元史 · 五行志》记载：泰定二年（1325 年），云需府（今内蒙古多伦以南）“大雪，民饥”。

《元史 · 泰定帝纪》记载：致和元年（1328 年），草原地区“风雪毙畜牧，士卒饥”。

元代陆友仁《研北杂志》卷上记载：“天历二年（1329 年）冬，大雨雪，太湖冰厚数尺，人履冰上如平地，洞庭柑橘冻死几尽。”

《元史 · 文宗纪》记载：至顺二年（1331 年），兴和路等地“鹰坊及蒙古民万一千一百余户大雪，畜牧冻死”。

《元史 · 顺帝纪》记载：后至元元年（1335 年），河州路“大雪十日，深八尺，牛羊驼马冻死十九，民大饥”。至元五年（1339 年）草原地区“大风雪，民饥”。至元六年（1340 年）草原地区“大风雪，羊马尽死”。

《元史 · 五行志》记载：至正九年（1349 年）三月，“温州大雪”。

至正十年（1350 年），是春，彰德大寒，近清明节，雨雪三尺，民多冻馁死。

蒙古族诗人乃贤（1309—1352 年）在《金台集》卷二《新堤谣》的诗中，描写 1351 年山东白茅黄河堤岸维修时说：“分监来时当十月，河冰塞川天雨雪。”可知当年山东黄河在农历十月就已经出现冰块，而我们现在一般是在农历十一月才出现这种情况。①

元代陶宗仪《南村辍耕录》卷一一《雷雪》记载了元代浙江的一场大雪，“至正庚子（1360年）二月六日，浙西诸郡震霆掣电，雪大如掌。顷刻，积深尺许，人甚惊异”。

由于纬度的原因，大漠气候寒冷的时间很长。元人张养浩在《上都道中二首》诗中说：“六月亦冰霜。”②

浙江的冬季也出现冰天雪地的现象。张可久撰有《红绣鞋·天台瀑布寺》，其中描述浙江天台县的天台山，“绝顶峰攒雪剑，悬崖水挂冰帘，倚树哀猿弄云尖。血华啼杜宇，阴洞吼飞廉。比人心未险！”堆着白雪的山峰如寒剑，悬崖上挂着一道道冰帘。这就是元代在天台山出现过的寒冷天气。

由此可见，不论是北方还是南方，我国气候在经过一个多世纪短暂的温暖期之后，自14世纪初的元代中后期开始，再次出现了缓慢的变化，逐渐进入历史上又一个寒冷期。③

有关研究成果表明，年平均气温降低1℃—2℃。这样，人们的生存条件无形中也发生了变化，住在寒冷地区的人也就会相应地向南移动，文化也会相应地变化。公元100年至600年，东汉魏晋南北朝时期，北方大旱，匈奴分别西迁和南迁，因此出现“五胡乱华”局面。公元1050年至1350年，宋辽金元时期，蒙古高原寒冷，迫使少数民族向西向南发展。公元1600年至1850年，明清之际，塞外酷寒，灾害频仍，蒙古人不断骚扰中原，满族乘中原内乱而进关。

元代出现了一些异常的天象与气候。

火山爆发时会有大量火山灰尘飘扬于空中，遇雨或其他情况会落到地面上，叫作雨粟。这是一种地质现象。元代有许多雨粟记载。据学者统计，如顺帝元统二年（1334年）春正月庚寅朔，雨血于汴梁，着衣皆赤。至元四年

---

① 竺可桢：《中国近五千年来气候变迁的初步研究》，《考古学报》1972年第1期。

②（元）张养浩：《上都道中二首》，《归田类稿》卷十八。

③ 满志敏：《黄淮海平原北宋至元中叶的气候冷暖状况》，《历史地理》第十一辑，上海人民出版社1992年版。

（1338年）夏四月辛未，京师天雨红沙，昼晦。至正五年（1345年）四月，镇江丹阳雨红雾，草木叶及行人衣裳皆濡成红色。十二年（1352年）三月二十三日，黑气亘天，雷电以雨，有物若果核与雨杂下，五色相间，光莹坚固，破其实食之，似松子仁。杭州、湖州均有。十四年（1354年）十二月辛卯，绛州北方有红气如火蔽天。十八年（1358年）三月己亥朔，日色如血；辛丑，大同路夜黑气蔽四方，有声如雷，少顷，东北方有云如火，交射中天，遍地俱见火，空中有兵戈之声。

元代有不少雨土记载，雨水中夹带着泥土，如：

元世祖至元五年（1268年）二月，信州雨土。

元成宗大德十年（1306年）二月，大同平地县雨沙，黑霾，毙牛马2000头。

黄土吹向空中，遇雨便会降落地上，这就叫作雨土现象。

元英宗至治三年（1323年）二月丙戌，雨土。

元文宗天历二年（1329年）三月丁亥，雨土，霾。

元文宗至顺二年（1331年）三月丙戌，雨土，霾。

元顺帝至元五年（1339年）二月庚寅（朔），信州雨土。

六月天下雪。《元史·耶律楚材传》记载："己卯夏六月，帝西讨回回国。祃旗之日，雨雪三尺，帝疑之，楚材曰：'玄冥之气，见于盛夏，克敌之征也。'"

《元史》还记载了北京的沙尘天气。如：至治三年（1323年）二月丙戌，"雨土"；致和元年（1328年）三月壬申，"雨霾"；天历二年（1329年）三月丁亥、至顺元年（1330年）三月丙戌，"雨土，霾"（《元史·五行志》）。至元四年（1338年）四月辛未，"天雨红沙，昼晦"（《元史·顺帝纪》）。至正二十七年（1367年）三月庚子，"大风自西北起，飞沙扬砾，白日昏暗"（《元史·顺帝纪》）。沙尘天气能够被正史记载，说明当时的沙尘天气发生比较多，给人印象很深。

第三节　宋元物候

一、宋代物候

宋代出现了汇编成册的气象谚语流传于世。气象谚语是一种有关气象、气候预报的富有哲理而又通俗易懂的民间歌谣。元末人娄元礼的《田家五行》，便是集中当时流行在太湖流域、后来流传天下的天气、气候谚语专集。

据《宋史·艺文志》《通志·艺文略》等文献记载，当时曾有《日月气象图》五卷、《云气图》十二卷、《气象图》一卷、《日月城寨气象灾祥图》一卷、《占风云气象日月星辰图》七卷、《占风云气图》一卷、《日月晕珥云气图占》一卷等日月风云雨气象图行世，像《云气图》之类的著作有四五种之多。还有许多预测天气变化与总结观察气候的经验方面的民谚集，如《云气测赋候》一卷、《占候云雨赋》一卷、《占雨晴法》一卷、《云气形象玄占》三卷等。

宋初的抗辽将领符彦卿著有《新集行军月令》四卷、《云气图》十二卷、《行军气候秘法》三卷、《预知歌》三卷、《从军占》三卷等，而南宋孝宗时任兵部侍郎的章颖著有《兵书气候旗势图》等数十种兵书或与军事气候相关的书。

沈括《梦溪笔谈·杂志》记载了他根据太行山一带的螺蚌壳分布，推测古气候的变化以及海陆变迁，根据风云的变化而预测天气变化："江湖间唯畏大风，冬月风作有渐，船行可以为备。唯盛夏风起于顾盼间，往往罹难。……大凡夏月风景，须作于午后，欲行船者，五鼓初起，视星月明洁，四际至地，皆无云气，便可行。至于巳时即止。如此无复与暴风遇矣。国子博士李元规云：'平生游江湖，未尝遇风，用此术。'"

沈括《梦溪笔谈·象数》记载："熙宁中，京师久旱"，随之"连日重阴，人谓必雨"，可是并未下雨，且次日"骤晴，炎日赫然"。当天，沈括"因事入对。上问雨期，予对曰：‘雨候已见，期在明日。’众以谓频日晦溽，尚且不雨，如此旸燥，岂复有望？次日果大雨”。沈括解释说：连日天阴，说明云多、水汽含量高，但因当时风大，所以“未能成雨”。次日云散天晴，烈日蒸烤地面，在地面热力和水汽作用下具备了成雨条件，“以是知其必雨”。沈括提出，应“皆视当时当处之候，虽数里之间，但气候不同，而所应全异。岂可胶于一定？”

在《田家五行》和《吴下田家志》等书中，保存有大量的气象、气候谚语。《田家五行》卷一记载辨别云雨之间的变化关系：“云行东，雨无踪，车马通；云行西，马溅泥，水没犁；云行南，雨潺潺，水涨潭；云行北，雨便足，好晒谷。”卷一还对虹、霞、日、月与雨之间的变化关系有记载：“虹食雨主晴，雨食虹主雨。”

罗大经《鹤林玉露·占雨》记载，“朝霞不出门，暮霞行千里”，“日出早，雨淋脑。日出晏，晒杀雁”，“月如悬弓，少雨多风。月如仰瓦，不求自下”。

王禹偁《小畜集·黄州新建小竹楼记》中记载：“夏宜急雨，有瀑布声；冬宜密雪，有碎玉声。”意为：夏天宜有急雨，楼中可闻瀑布声；冬天遇到大雪飘零也很相宜，好像碎琼乱玉的敲击声。

北方与南方的物候有所不同。南宋陈善《扪虱新话·北人不识梅南人不识雪》记载：“北人不识梅，南人不识雪，盖梅至北方则变而成杏。今江湖二浙四五月之间，梅欲黄而雨，谓之梅雨。转淮而北则否，亦地气然也。语曰：‘南人不识雪，向道似杨花。’然南方杨实无花，以此知北人不但不识梅，而且无梅；南人不但不识雪，则亦不识杨花矣。”

周去非对广西的气候有详细记载，也是他切身感受。他在《岭外代答·风土门》记载：钦阳雨则寒气淅淅袭人，晴则温气勃勃蒸人，阴湿晦，一日数变，得顷刻明快，又复阴合。冬月久晴，不离葛衣纨扇；夏月苦雨，急须袭被重裘。大抵早温，昼热，晚凉，夜寒，一日而四时之气备。九月梅花盛开，腊夜已食青梅，初春百卉荫密，枫槐榆柳，四时常青。草木虽大，易以蠹腐。五谷涩而不甘，六畜淡而无味，水泉腥而黯惨，蔬茹瘦而苦硬。人生其间，率皆半羸而不耐作苦，生齿不蕃，土旷人稀，皆风气使然也。北人至其地，莫若少食而频餐，多衣而屡更，惟酒与色不可嗜也。如是则庶免乎瘴。然而腑脏日与恶劣水土接，毒气浸淫，终当有疾，但有浅深耳，久则与之俱化。

广西桂林的气候，周去非在《岭外代答·风土门》记载："盖桂林尝有雪，稍南则无之。他州土人皆莫知雪为何形。钦之父老云，数十年前，冬常有雪，岁乃大灾。盖南方地气常燠，草木柔脆，一或有雪，则万木僵死，明岁土膏不兴，春不发生，正为灾雪，非瑞雪也。若春夏有雹，岁乃大熟。盖春夏热气，能抑之反得和平，而百物倍收，非若中土春夏遇雹而阳气微也。天地之间，气异乃尔！"从中可知，在周去非到桂林任职之前，桂林曾经有过寒冷时期，形成灾害。

宋淳祐七年（1247年）出现世界最早的雨量器天池盆，各州郡均用作测雨量。是年秦九韶著《数书九章》，提出了新的计算雨量方法。

中医认为气候对人的疾病有一定的影响，沈括《梦溪笔谈·象数》曾指出："医家有五运六气之术，大则候天地之变，寒暑、风雨、水旱、螟蝗率皆有法；小则人之众疾，亦随气运盛衰。"

二、元代物候

元代的一些文学作品间接记录了当时的物候现象，这是我们观察元代时令与气象的宝贵资料。

1. 按四季描述的物候

元代文学家周文质在其作品《四景》中记载江南四季的物候："春寻芳竹坞花溪边醉，夏乘舟柳岸莲塘上醉，秋登高菊径枫林下醉，冬藏钩暖阁红炉前醉。快活也末哥，快活也末哥，四时风月皆宜醉。桃花开院宇中欢欢喜喜醉，芰荷香池沼边朝朝日日醉，金菊浓篱落畔醺醺沉沉醉，蜡梅芳庾岭前来来往往醉。醉来也末哥，醉来也末哥，醉儿醒醒儿醉。"①

周文质还分别写了关于四景的作品，对春夏秋冬作了描述。

《春》："衮香绵柳絮飞，飘白雪梨花淡。怨东风墙杏色，醉晓日海堂酣。景物偏堪，车马人游览，赏清明三月三。绿苔撒点点青钱，碧草铺茸茸翠毯。"

《夏》："蔷薇满院香，菡萏双池锦。海榴浓喷火，萱草淡堆金。暑气难

---

①周文质，字仲彬，其先为建德（在今浙江省）人，后移居杭州。

禁，天地炎蒸甚，闲行近绿阴。清风台榭开怀，傍流水亭轩赏心。”

《秋》：“金风凋杨柳衰，玉露养芙蓉艳。竹轻摇苍凤尾，松密长老龙鳞。残暑都潜，爽气被楼台占，称情怀景色添。火龙鳞红叶萧萧，金兽眼黄花苒苒。”

《冬》：“青山失翠微，白玉无瑕玷。梨花和雨舞，柳絮带风捋。泼粉堆盐，祥瑞天无欠，丰年气象添。乱飘湿僧舍茶烟，密洒透歌楼酒帘。”

元曲有佚名氏撰写了《咏四景》，其中的《寨儿令》有对季节的描述，如《春》：“水绕门，树围村，雨初晴满川花草新。鸡犬欣欣，鸥鹭纷纷，占断玉溪春。”《夏》：“爱绰然，靠林泉，正当门满池千叶莲。”《秋》：“水影寒，藕花残。”

张养浩作有《探春》，反映了元代春季的北方物候：“梅花已有飘零意，杨柳将垂袅娜枝，杏桃仿佛露胭脂。残照底，青出的草芽齐。”

2. 按月份描述的物候

元人马致远有《小令·十二月》，是按十二个月进行写作的，从中可以见到每个月的气候以及生态人文变化。如农历二月，前村梅花开尽，看东风桃李争春。五月，榴花葵花争笑，卧看风檐燕垒巢。七月，梧桐初雕金井，月纤妍人自娉婷。九月，前年维舟寒濑，对蓬窗丛菊花开。十月，玄冥偷传春信，只多为腊蕊冰痕。十二月，隆冬寒严时节，爱惜梅花积下雪。

孟日方撰写了十三首小令，分别歌颂了十二个月加一个闰月。如《天净沙》：“星依云渚溅溅，露零玉液涓涓，宝砌衰兰剪剪。碧天如练，光摇北斗阑干。”[①] 这首小令描述的是夏历七月的夜景，说天空中的流星划过了银河，天气清凉，天空如同绸练一样，北斗星已开始西斜。

乔吉撰写了《山坡羊·冬日写怀》：“冬寒前后，雪晴时候，谁人相伴梅花瘦？……风，吹破头；霜，皴破手。”[②] 这首曲子描述南方在冬时也有“风，吹破头；霜，皴破手”的天气。

元代佚名氏撰《自然集》，其中的《迎仙客》记载：正月“春气早，斗回

---

① 孟日方是西域的回族人，在元惠帝时担任过江南行台监察御史。

② 乔吉，即乔吉甫（？—1345 年），一生寓寄杭州。

杓”。二月“春日暄，卖饧天”。三月“修禊潭，水如蓝”。四月“红渐稀，绿成围，串烟碧纱窗外飞。洒蔷薇，香透衣。煮酒青梅，正好连宵醉”。五月“结艾人，赏蕤宾，菖蒲酒香开玉樽。彩丝缠，角粽新。楚些招魂，细写怀沙恨”。六月“庭院雅，闹蜂衙，开尽海榴无数花。剖甘瓜，点嫩茶。笋指韶华，又过了今年夏”。九月“湘水长，楚山花，染透满林红叶霜。采秋香，糁玉觞。好个重阳，落帽龙山上”。十月“万木枯，早梅疏，天气小春十月初。酒频沽，橙羡刳。暖阁红炉，胜有风流处”。十二月“春未回，雪成堆，新酿瓮头泼绿醅”。

元代赵孟頫撰《题耕织图二十四首奉懿旨撰》，其中也有每个月的气候与物候，如农历二月，“东风吹原野，地冻亦已消。早觉农事动，荷锄过相招”，“仲春冻初解，阳气方满盈。旭日照原野，万物皆欣荣。是时可种桑，插地易抽萌。列树遍阡陌，东西各纵横”。三月，“时至万物生，芽蘖由地中。秉耒向畎亩，忽遍西与东。举家往于田，劳瘁在尔农。春雨及时降，被野何蒙蒙。乘兹各播种，庶望西成功”，“蚕始生，纤细如牛毛”。四月，“孟夏土加润，苗生无近远。漫漫冒浅陂，芃芃被长阪。嘉谷虽已殖，恶草亦滋蔓”。五月，“仲夏苦雨干，二麦先后熟。南风吹陇亩，惠气散清淑”，“田家五六月，绿树阴相蒙”。七月，“大火既西流，凉风日凄厉”，“嘤嘤时鸟鸣，灼灼红榴吐”。八月，“白露下百草，茎叶日纷委。是时禾黍登，充积遍都鄙”。十月，“弥望四野空，藁秸亦在场”。十一月，“冬至阳来复，草木渐滋萌。君子重其然，吾道自此亨”。十二月，“寒风吹桑林，日夕声飕飗。墙南地不冻，垦掘为坑沟。斫桑埋其中，明年芽早抽”。这些气象与我们现在的气象大同小异。

《元好问集》中有《秋望赋》①，是对秋天气候的解读：“步裴回而徙倚，放吾目乎高明。极天宇之空旷，阅岁律之峥嵘。于时积雨收霖，景气肃清。秋风萧条，万籁俱鸣。菊鲜鲜而散花，雁杳杳而遗声。下木叶于庭皋，动砧杵于芜城。穹林早寒，阴崖昼冥。浓澹霏拂，绕白纡青。纷丛薄之相依，浩霜露之已盈。送苍苍之落日，山川郁其不平。瞻彼镮，西走汉京。虎踞龙蟠，王伯所凭。云烟惨其动色，草木起而为兵。望崧少之霞景，渺浮丘之独征。汗漫之不

① 元好问（1190—1257年），字裕之，号遗山，金代太原秀容（今山西省忻州市）人。祖先为北魏鲜卑族贵族拓跋氏（后改汉姓“元”），唐诗人元吉后裔。

可与期，竟老我而何成。挹清风于箕颍，高巢由之遗名。悟出处之有道，非一理之能并。繄南山之石田，维景略之所耕。老螭盘盘，空谷沦精。非云雷之一举，将草木之偕零。太行截天，大河东倾。邈神州于西北，恍风景于新亭。念世故之方殷，心寂寞而潜惊。激商声于寥廓，慨涕泗之缘缨。吁咄哉，事变于已穷，气生乎所激。豫州之土，复于慷慨击楫之誓；西域之侯，起于穷悴佣书之笔。谅生世之有为，宁白首而坐食。且夫飞鸟而恋故乡，嫠妇而忧公室。岂有夷坟墓而剪桑梓，视若越肥而秦瘠？天人不可以偏废，日月不可以坐失。然则时之所感也，非无候虫之悲，至于整六翮而睨层霄，亦庶几乎鸷禽之一击。"

元末人娄元礼编写的《田家五行》，将物候与信风结合。《田家五行》记载："凡春有二十四番花信风，梅花风打头，楝花风打末。"此书还记载了寒潮或北方冷空气南下的情况，如"九月中气前后起西北风，谓之霜降信。有雨谓之湿信，未风光雨谓之料信雨"，"霜降前来信，易过而善；霜降后来信，了信必严毒。此信干湿，后信必如之"。书中还记载东南或东北信风伴随着天空多淡积云的气候可能会出现天旱："东南风及成块白云起，主半月舶风，水退兼旱。"[①] 这些都是劳动人民生活经验的总结。

农耕文明与游牧文明都需要不断获取天文、历法、物候知识，宋元时期的天文知识仍是处在传承"古已有之"的知识系统，但是，宋代观察天文的仪器却有新的发明，而游牧民族的天文知识丰富了中华民族的天文知识。寒冷的天气，使人们对历法与物候出现新的认知，气候的变化在很大程度上影响着宋元环境的方方面面。

---

①（宋）罗大经：《鹤林玉露》丙编卷三《占雨》。

第四章 宋元的土壤与农业

大地是人们赖以生存的基础。地理环境有一定的稳定性，但在每一个具体的时段中也会发生局部或细微的变化。宋元的地情如何？土地的利用如何？农业的发展如何？这是本章将要叙述的内容。

第一节 宋元的地情

一、地理变迁

我国地域辽阔，地质构造有多样性特征。全国面积的33%是山地，主要的山脉有阿尔泰山、天山、昆仑山、祁连山、冈底斯山、大兴安岭、横断山等，其中喜马拉雅山的珠穆朗玛峰是世界最高峰。秦岭是我国南北的分界线。山脉主要分布在西部、北部、南部。全国面积的12%是平原，主要有东北平原、华北平原、长江中下游平原。全国面积的26%是高原，主要有青藏高原、云贵高原、内蒙古高原，高原宜于从事游牧业。全国面积的19%是盆地，主要盆地有塔里木盆地、准噶尔盆地、柴达木盆地、四川盆地。这样一些地理常识，在地理教科书中均有系统介绍，本节不再赘述。

从总体而言，地理环境是相对稳定的客观存在，宋元时期的山川、河流、原野不会有大的改变。但是，自然界始终处在运动变化之中，这种变化既有在漫长的时间中慢慢变化的，也有突然发生的。长时段的变化，沈括在《梦溪笔谈·杂志》中介绍："余奉使河北，边太行而北，山崖之间，往往衔螺蚌壳及石子如鸟卵者，横亘石壁如带。此乃昔之海滨，今东距海已近千里。所谓大陆者，皆浊泥所湮耳。尧殛鲧于羽山，旧说在东海中，今乃在平陆。凡大河、漳水、滹沱、涿水、桑乾之类，悉是浊流。今关、陕以西，水行地中，不减百余尺，其泥岁东流，皆为大陆之土，此理必然。"

在中华大地，大的自然环境变化比较微小，但小环境在短时间内还是有局部变化的。如宋代陆游的《老学庵笔记》卷七记载："熙宁癸丑（1073年），华山阜头峰崩。峰下一岭一谷，居民甚众，皆晏然不闻。乃越四十里外，平川土石杂下如簸扬，七社民家压死者几万人，坏田七八千顷，固可异矣。”清人潘永因在《宋稗类钞》下册转录了这条材料，并补充了一些相关的材料，如：“绍兴间，严州大水。寿昌县有一小山，高八九丈，随水漂至五里外，而四傍草木庐舍，比水退，皆不坏，则此山殆空行而过也。”①

周去非在《岭外代答·古迹门》介绍古城变为了古迹。“湘水之南，灵渠之口，大融江、小融江之间，有遗堞存焉，名曰秦城，实始皇发谪戍五岭之地。秦城去静江城北八十里，有驿在其旁。张安国纪之以诗曰：‘南防五岭北防胡，犹复称兵事远图。桂海冰天尘不动，谁知垄上两耕夫！’北二十里有险曰岩关，群山环之，鸟道微通，不可方轨，此秦城之遗迹也。形势之险，襟喉之会，水草之美，风气之佳，真宿兵之地。据此要地，以临南方。水已出渠，自是可以方舟而下；陆苟出关，自是可以成列而驰。进有建瓴之利势，退有重险之可蟠，宜百粤之君，委命下吏也。”

宋人张芸叟写过一篇《河中五废记》记载环境变迁：“河之中泠一洲岛，名曰中潬，所以限桥。不知其所起，或云汾阳王所为。以铁为基，上有河伯祠，水环四周，乔木蔚然。嘉祐八年秋，大水冯襄，了无遗迹。中潬自此遂废。”这段文字说的是黄河之中曾有一个小岛，连接两岸的桥从上面搭建，有以铁为基的桥墩，传闻是唐郭子仪所建，岛上还有祭祀河伯的祠庙。然而，到了宋英宗嘉祐八年（1063年）秋的一场大水，整个小岛都不见了。

宋洪迈很欣赏张芸叟这段文字，将其收录于《容斋随笔》之《续笔》专门写了一条“古迹不可考”，说：“郡县山川之古迹，朝代变更，陵谷推迁，盖已不可复识。如尧山、历山，所在多有之，皆指为尧、舜时事，编之图经。会稽禹墓，尚云居高丘之颠，至于禹穴，则强名一罅，不能容指，不知司马子长若之何可探也？”

洪迈进一步论述了不同的环境有不同的物产，他在《容斋随笔》之《四笔》“禽畜菜茄色不同”条记载：“禽畜、菜茄之色，所在不同，如江、浙间，猪黑而羊白，至江、广、吉州以西，二者则反是。苏、秀间，鹅皆白，或有一斑褐者，则呼为雁鹅，颇异而畜之。若吾乡，凡鹅皆雁也。小儿至取浙中白者

---

①（清）潘永因编：《宋稗类钞》下册，书目文献出版社1985年版，第647页。

饲养，以为湖沼观美。浙西常茄皆皮紫，其皮白者为水茄。吾乡常茄皮白，而水茄则紫。其异如是。”

小块地区的环境变迁，史书经常有记载。如《续资治通鉴》记载：至正十五年（1355 年），陕西有一山，西飞十五里，山之旧基，积为深潭。

陕西华山也发生了环境变迁。《续资治通鉴长编》卷二百三十九记载，熙宁五年（1072 年）十月戊寅，知华州吕大防言：“九月丙寅，少华山前阜头谷山岭摧陷，其下平地东西五里、南北十里，溃散坟裂，涌起堆阜，各高数丈，长若堤岸，至陷居民六社凡数百户，林木庐舍亦无存者。并山之民言，数年以来，谷上常有云气，每遇风雨即隐隐有声。是夜初昏，略无风雨，山上忽雾起，有声渐大，地遂震动，不及食顷，即有此变。”

元代，黄河泛滥，改变了山东的地理面貌。至正四年（1344 年），黄河灌注梁山泊，据《元史·河渠志》记载：“河徙后，遂涸为平陆。”曾经有过八百里水面的梁山泊被夷为平地而成为历史的陈迹。现钻探证明：梁山泊被淤平的湖底，最深处距地面大约有 19 米。①

以江苏泰州的环境变迁为例。泰州原来称为“海陵”。海，是大海；陵，为高地。海陵，意为海边的高地。汉代班固在《汉书·地理志》记述临淮郡下有海陵县，下注“有江海会祠”。学者推理，这时黄海已从海陵南面渐渐东退，长江水已在这里开始与海水汇合。从汉武帝元狩六年（前 117 年）起，海陵县登上中国历史舞台，至今已有 2100 多年。

泰州的自然环境变化是一个不断变迁的过程。泰州处于长江尾闾、淮河下游、大海之滨。长江上游泥沙的下泄、淤涨，淮水汛期的漫溢带来浮土、有机质的沉淀、冲积，大海的潮汐相拥、推托，使泰州大地逐渐增高。因而，在泰州有许多湖泊，有湿地，有茂密的植被，有许多珍禽异兽，这些构成了环境的自然元素。一万年前，泰州为海水环绕。古长江口在今镇江与扬州之间。七千年前，泰州一带由浅海淤积成滩涂和小沙洲，已经有古人类居住。其地势为东南高，西北低。西北是水泽之地，东南是田畴。五千年前，泰州这里有成群的麋鹿，先民在此打猎放牧，高墩上有了人类居住。在泰州城东约三十余里的海安青墩，曾发现过新石器时代的遗址。青墩遗址发现的麋鹿角上有神秘的刻画

① 马正林：《中国历史地理简论》，陕西人民出版社 1987 年版，第 145 页。

符号，有人认为与文字的雏形有关。四千年前，泰州、扬州、宜陵连成一片。泰州东乡有一处天目山。天目山比平原要高出二丈余，天然就是先民选择作为居住的地方。考古工作者在天目山发现了春秋时期的古城址，这个遗址有江淮地区早期城建的信息，已经被国务院确定为第六批全国重点文物保护单位。战国时期，泰州称为海阳。因为这里面海朝阳，所以称为“阳”。汉代，泰州是海陵县，“傍海而高，为海渚之陵”，是盛产食盐、大米的地方。宋代，泰州有一座泰堂，现在已经不复存在。与泰堂相关的文献仍然传世，那就是宋代陈垓撰写的《泰堂记》。陈垓在泰州做地方官，当泰州的泰堂落成时，乡贤请他写《泰堂记》。《泰堂记》字里行间写尽了泰州的变迁。泰州一直有座望海楼，在楼上曾经可以望见大海。然而，现在早已看不到大海了。

二、对地情的认识

（一）宋代对地情的认识

每个王朝的统治者对自己管辖的地理范围都必须有清楚的了解，宋代亦然。《宋史·地理志》有六卷，对各地的地情有详细记载。如：“江南东、西路，盖《禹贡》扬州之域，当牵牛、须女之分。东限七闽，西略夏口，南抵大庾，北际大江。川泽沃衍，有水物之饶。永嘉东迁，衣冠多所萃止，其后文物颇盛。而茗荈、冶铸、金帛、粳稻之利，岁给县官用度，盖半天下之入焉。”“荆湖南、北路，盖《禹贡》荆州之域。当张、翼、轸之分。东界鄂渚，西接溪洞，南抵五岭，北连襄汉……大率有材木、茗荈之饶，金铁、羽毛之利。其土宜谷稻，赋入稍多。”广州“贡胡椒、石发、糖霜、檀香、肉豆蔻、丁香母子、零陵香、补骨脂、舶上茴香、没药、没石子。元丰贡沉香、甲香、詹糖香、石斛、龟壳、水马、鼊皮、藤簟”。广南东、西路，南滨大海，西控夷洞，北限五岭，“有犀象、玳瑁、珠玑、银铜、果布之产”。《宋史》虽是元人所修，但资料源自宋代。从中可见，各个地区的历史，对应的天象、人文及特产，都有记载。当时南方经济占全国过半，输送给朝廷的赋税逐年增多。

宋人对地理或地情的认识，莫过于对农田的认识。南宋农学家陈旉在所撰《农书·地势之宜》中系统地提出了“地力常新壮”的治土学说，还介绍了一些具体的方法。他指出：对于高田、谷地，秋收后要深耕，把水排干，让冰雪低温反复冻结融化，使其“土壤酥碎”。对于平坦低洼之田，秋收后可犁田泡冬，使杂草不能生长，而残草杂物在水中沤烂，“水亦积肥矣”，这样田也变肥了。

朱熹曾对改良土壤提出过自己的看法或要求。南宋孝宗淳熙六年（1179年），朱熹在任知南康军（治今江西星子）时，根据当地农田多处山区的实际，对改良土壤提出了深耕防旱、使用粪肥、适时因地栽种农作物、反复除草、及时收割、兴办水利、适宜间作套种等一系列的治土、劝农措施。他在《劝农文》榜谕中指出：“大凡秋间收成之后，须趁冬月以前，便将户下所有田段，一例犁翻，冻令酥脆；至正月以后，更多著遍数，节次犁耙，然后布种，自然田泥深熟，土肉肥厚，种禾易长，盛水难干。耕田之后，春间须是拣选肥好田段，多用粪壤，拌和种子，种出秧苗。其造粪壤，亦须秋冬无事之时，预先铲取土面草根，晒曝烧灰。……其畔斜生茅草之属，亦须节次芟削，取令净尽，免得分耗土力。”①

宋神宗时，派遣刘彝等人到基层调查，制置三司条例司颁《农田利害条约》，鼓励民众报告土地、水利的实际情况，以便开发利用。《宋史·河渠志》载录其文：“凡有能知土地所宜种植之法，及修复陂湖河港，或元无陂塘、圩埠、堤堰、沟洫而可以创修，或水利可及众而为人所擅有，或田去河港不远，为地界所隔，可以均济流通者；县有废田旷土，可纠合兴修，大川沟渎浅塞荒秽，合行浚导，及陂塘堰埭可以取水灌溉，若废坏可兴治者，各述所见，编为图籍，上之有司。”

当然，宋人绝不局限于对农田的认识。宋人视野开阔，还注意到大自然中的美景。雁荡山的美景就是宋人发掘出来的。沈括《梦溪笔谈·杂志》记载：“温州雁荡山，天下奇秀，然自古图牒，未尝有言者。祥符中，因造玉清宫，伐山取材，方有人见之，此时尚未有名。……此山南有芙蓉峰，峰下芙蓉驿，前瞰大海，然未知雁荡、龙湫所在。后因伐木，始见此山。山顶有大池。相传以为雁荡。下有二潭水，以为龙湫。又以经行峡、宴坐峰，皆后人以贯休诗名之也。谢灵运为永嘉守，凡永嘉山水，游历殆遍，独不言此山，盖当时未有雁荡之名。余观雁荡诸峰，皆峭拔崄怪，上耸千尺，穷崖巨谷，不类他山。皆包

① (宋) 朱熹：《朱文公文集》卷九十九《劝农文》。

在诸谷中，自岭外望之，都无所见；至谷中，则森然千霄。原其理，当是为谷中大水冲激，沙土尽去，唯巨石岿然挺立耳。如大小龙湫、水帘、初月谷之类，皆是水凿音漕，去声之穴。”雁荡山，在今浙江省东南部的乐清市东北。宋代以前的人们忽略了此山的美景。到了宋代，人们伐木进山，才发现其风景绝佳。文中提出“原其理，当是为谷中大水冲激，沙土尽去，唯巨石岿然挺立耳”，这个观点被地质学界称为“流水侵蚀”理论，西方直到18世纪末英国的赫顿在《地球理论》一书中才提及此理论，比沈括晚了约700年。

沈括还注意到其他自然现象，他在《梦溪笔谈·辩证》中介绍了流沙河流，他说他曾经过无定河，穿越过活沙，人马走在上面百步以外都动起来，晃晃荡荡就像走在帐幕上一样。落脚的地方虽然比较坚硬，但如果一遇到塌陷，人、马、驼、车立刻就会陷没，甚至有好几百人全被淹没，而没有一个剩下的。有人说这就是流沙，也有人说沙随着风流动叫作流沙。无定河在今陕西省北部，流经沙漠地带，东入黄河。以泥沙混流、湍急而深浅无定得名。

沈括很注意研究地理的方法与手段，他在《梦溪笔谈·补笔谈》中介绍自制《守令图》(又称《天下郡县图》)，以地图上的二寸表示百里的实际距离，又测定方位、边界和道里，并以地形高下、方向斜正、道路曲直为验证，凡用七种方法，以推求各地间的直线距离。地图绘成后，天下郡县的方位和远近皆得其真实情况，于是施用飞鸟法，细分为二十四至，并以十二地支，甲、乙、丙、丁、庚、辛、壬、癸八个天干名和乾、坤、艮、巽四个卦名为二十四至的名称。即使后世郡县地图亡佚了，只要得到这套飞鸟图，按二十四至在上面填布郡邑，马上就可以绘制出新图，丝毫不会有差错。

沈括在实地调查中制作木制的地理模型。沈括《梦溪笔谈·杂志》“边州木图”条记载：“予奉使按边，始为木图，写其山川道路。其初遍履山川，旋以面糊、木屑，写其形势于木案上。未几寒冻，木屑不可为，又镕蜡为之。皆欲其轻，易赍故也。至官所，则以木刻上之。上召辅臣同观，乃诏边州皆为木图，藏于内府。”沈括奉命出使河北边地，用木板制作地图，受到皇帝的肯定，朝廷推广这种做法，要求各个边地都要制木板地图，放在宫中备查。

(二) 元代对地情的认识

蒙元的发祥地是蒙古高原。祁连山、贺兰山以北的甘肃北部、宁夏西部和内蒙古中西部地区是内蒙古高原，海拔高度一般为1000—1500米。这里地势和缓，有广阔的草原，分布着众多的沙漠，还分布着著名的农业区河西走廊、宁夏平原与河套平原。

金末元初之际的文人麻革在蒙古灭金之后，迁居代北，住在居延（今内蒙古自治区额济纳旗），他撰写了《游龙山记》，对代北的环境作了描述："革代以来，自雁门逾代岭之北，风壤陡异，多山而阻，色往往如死灰，凡草木亦无粹容。尝切慨叹南北之分，何限此一岭，地脉遽断，绝不相属如是耶？"[①] 代北，一般泛指今山西恒山及河北小五台山以北地区，治所在代州（今山西代县）。麻革《游龙山记》所述地域，当为山西到内蒙古一带的环境。在麻革看来，代岭以北的环境相当恶劣，与代岭以南相差甚大。由此可见，在元代，代岭以北的环境不太适合人的生存。麻革解释造成这种环境差异的原因是"地脉遽断"，地脉突然中断了，地气中断了，这是一种朴素的环境观念。

元末儒士宋濂在《送天台陈庭学序》中对西南山水有描述，他说："西南山水，惟川蜀最奇。然去中州万里，陆有剑阁栈道之险，水有瞿塘、滟预之虞。跨马行则竹间，山高者累旬日不见其巅际。临上而俯视，绝壑万仞，杳莫测其所穷，肝胆为之悼栗。水行则江石悍利，波恶涡诡，舟一失势尺寸，辄糜碎土沉，下饱鱼鳖。"[②] 这一段话描写了今重庆与宜昌之间的三峡地区，与今天我们所见到的三峡相似。

元末霅川（今浙江吴兴）人娄元礼编写了《田家五行》。该书分上、中、下三卷，每卷分若干类。上卷为正月至十二月类，中卷为天文、地理、草木、鸟兽、鳞虫类，下卷为三旬、六甲、气候类。其中包括天气、气候、农业气象、物候等方面的谚语共500多条，而用天象、物象预测天气的则有140多条。《田家五行》还收录了当时长江下游流行的辨别云雨的农谚，如卷一有"云行东，雨无踪，车马通；云行西，马溅泥，水没犁；云行南，雨潺潺，水涨潭；云行北，雨便足，好晒谷"，"虹食雨主晴，雨食虹主雨"，"朝霞不出门，暮霞行千里"，"日出早，雨淋脑；日出晏，晒杀雁"，"月如悬弓，少雨多风。月如仰瓦，不求自下"。[③]

---

① 李修生主编：《全元文》（二），江苏古籍出版社1999年版，第233页。

②《文宪集》卷八。

③（宋）罗大经：《鹤林玉露》丙编卷三《占雨》。

（三）土地崇拜

宋代流行五行学说，五行之中，土为中心。宋人以农耕经济生活为主，土地是农业的根本。土地对于农民来说，是立家之本；对于国家来说，是立国之本。因此，人们寄居于土地，崇敬土地。宋代李觏的《李觏集·平土书序》指出："生民之道，食为大。有国者未始不闻此论也，顾罕知其本焉。不知其本而求其末，虽尽智力，弗可为已。是故土地，本也。……古之行王政，必自此始。"

朱熹的《文集》中即收录有《祭土地文》4篇、《后土祝文》2篇、《谒社稷文》2篇和《时祭祝文》《岁祭祝文》等。《祭土地文》载：敢昭告于土地之神，仲秋之月，万宝将成，蒙神之休，幸兹遣免，式陈菲荐，用以揭虔，尚其顾歆，永垂庇祐。《又祭土地文》载：维此仲春，岁功云始，若时昭事，敢有弗钦，蘋藻虽微，庶将诚意，惟神监享，永奠厥居。夏云：仲夏应期，时物畅茂。秋云：维此仲秋，岁功将就，若时报事。冬云：维此仲冬，岁功告毕，若时报事。岁云：岁律将更，幸兹安吉，若时报事。①

南宋大臣范成大于乾道六年（1170年）出使金国，把每天的所见所闻记录下来，写成一本《揽辔录》。范成大见到开封城旁有扁鹊墓，"墓上有幡竿，人传云：'四旁土，可以为药。'或于土中得小团黑褐色，以治疾。伏道艾，医家最贵之"。宋人认为扁鹊墓旁边的土壤都可以治病，这是对土壤的神化。

辽朝有祭山的习惯，对本土内的黑山尤其崇敬。沈括《梦溪笔谈·杂志》记载："昔人文章用北狄事，多言黑山。黑山在大幕之北，今谓之姚家族，有城在其西南，谓之庆州。余奉使，尝帐宿其下。山长数十里，土石皆紫黑，似今之磁石。有水出其下，所谓黑水也。胡人言黑水原下委高，水曾逆流。余临视之，无此理，亦常流耳。山在水之东。大底北方水多黑色，故有卢龙郡。北人谓水为龙，卢龙即黑水也。黑水之西有连山，谓之夜来山，极高峻。"黑山即今内蒙古巴林右旗北罕山。《辽史·营卫志》记载："黑山在庆州北十三里，上有池，池中有金莲。"

---

① 此两篇均载于《朱文公文集》卷八十六。

三、地理方位与指南针

生活在自然界的人们一定要了解方位知识。如何确定东南西北方位，先民有许多办法。

宋代，燕肃和吴德仁等人试制出指南车。《宋史·舆服志》把指南车的制造方法和内部结构记载下来，才使这一技术得以保存。

早在宋代初年，曾公亮（999—1078年）编写《武经总要》，其中记载了指南鱼及其制作方法："夜色螟黑，又不能辨方向……或出指南车或指南鱼以辨所向。指南车世法不传。鱼法以薄铁叶剪裁二寸，阔五分，首尾锐如鱼形，置炭火中烧之。候通赤，以铁钤钤鱼首，出火，以尾正对子位，蘸水盆中，没尾数分则止，以密器收之。用时，置水碗于无风处，平放鱼在水面令浮，其首常南向午也。"可知这是水罗盘。当时用锻烧热处理的形式，使鱼首保持朝南。

宋代政和五年（1115年），寇宗奭在《本草衍义》中明确提出："以针横贯灯心，浮水上，亦指南，然常丙位。"这说明，宋代已对磁偏角有了确切的认知。

宋代文献还介绍了利用罗盘的方法。庆历元年（1041年），司天监杨惟德撰成《茔原总录》，今有元代刊本藏于北京图书馆。杨惟德大约在1010年至1060年间研习天文、风水，他在书中记载了看指南针的方法和磁偏角：当取丙午针于其正处中而格之，取方直之正也。盖阳生于子，自子至丙为顺；阴生于午，自午至壬为之逆；故取丙午壬子之间是天地中，得南北之正也。今人史箴认为《茔原总录》有重要的科技史价值，从中可知磁偏角在沈括之前的半个世纪中就发现了。

宋代指南针的运用方法，大致有四种形式：一是将针搁在指甲上，二是把针搁在碗沿上，三是以针横贯灯心草浮在水面，四是以独股的茧丝用少许蜡粘于针腰悬在无风的地方。沈括在他的《梦溪笔谈》中提到四种试验，即指甲法、碗唇法、水浮法、缕悬法。其文如下：

方家以磁石磨针锋，则能指南，然常微偏东，不全南也。水浮多荡摇。指爪及碗唇上皆可为之，运转尤速，但坚滑易坠，不若缕悬为最善。其法取新纩中独茧缕，以芥子许蜡缀于针腰，无风处悬之，则针常指南。其中有磨而指北者。予家指南、北者皆有之。磁石之指南，犹柏之指西，莫可原其理。[①]

文中的“指甲法”，就是把钢针放在手指甲面上，轻轻转动，由于手指甲的光滑，磁针就和司南一样也能发生指南作用。“碗唇法”是把磁针放在光滑的碗边上，转动磁针，磁针便和指甲法一样发生指南作用。“水浮法”是把指南针放在有水的碗里，使它浮在水面上，指示方向。水浮法指南针在航海中运用得最多，从两宋到明代，一直流行水浮法。水浮法，据宋代寇宗奭的《本草衍义》、元代程棨的《三柳轩杂记》，是用灯芯或其他比较轻的物体做浮标，让磁针贯穿而过，使它浮在水面而指南。“缕悬法”就是在磁针中部涂上一些蜡，上面粘一根丝线，把丝线悬在木架上，针下安放一个标有方位的圆盘，静止时钢针就指示南北。沈括认为“缕悬为最善”，这是因为这种方法最灵敏。

宋代航海必用指南针。《萍洲可谈》记载：宋人于1119年在广州看见中国海船上的舟师，“识地理，夜则观星，昼则观日，阴晦观指南针”。宋人在日月星辰见不到的时候使用指南针，这是世界上关于航海使用指南针的最早记录。宋代许兢的《宣和奉使高丽图经》也有类似的记载：“惟视星斗前迈，若晦冥则用指南浮针，以揆南北。”南宋吴自牧在《梦粱录》中也记载了航行用指南针：“风雨冥晦时，惟凭针盘而行，乃火长掌之，毫厘不敢差误，盖一舟人命所系也。”

为什么磁石能吸引铁呢？宋代的陈显微和俞琰都作过探讨，他们认为是“神与气合”，是“阴阳相感，阻碍相通之理”。这是一种朴素而模糊的解释。从科学的角度看，铁是一种强磁体，铜、金等金属和非金属都是弱磁体。只有铁被磁石的磁场作用后，才会感应出很大的附加磁场，被磁石吸引。

宋代在民间有一些相地师。赖文俊就是其中颇有名声的一个。传说赖文俊，字太素，处州人，曾在福建的建阳县当过官，喜好相地术，浪迹江湖，自号布衣子，世称赖布衣。赖文俊撰有《绍兴大地八铃》及《三十六铃》，此书分布龙穴砂水四篇，各为之歌。今佚。

《夷坚志》记载：“临川罗彦章酷信风水，有闽中赖先知山人长于水城之学，漂泊无家，一意嗜酒，罗敬爱而延馆之。会丧妻，命卜地，得一处，其穴

---

① 这段话中的“不全南”，说的是指南针不是精确地指向南方，这说明当时的人们已经发现了磁偏角现象。

前小涧水三道，平流，唯第三道不过身而入田，赖咤曰：‘佳哉！此三级状元城也。恨第三不长，如子孙他年策试，正可殿前榜眼耳。’其子邦俊挟十三岁儿在傍，立拊其顶而顾赖曰：‘足矣，足矣，若得状元身边过也得。’所谓儿者，春伯枢密也，年二十六，延唱为第二人。赖竟没于罗氏，水城文字虽存，莫有得其诀者。”此处赖先知山人，大概就是赖文俊，如前所述，赖文俊在福建活动，弃官浪游，“先知山人”是他的别号。

第二节　农耕为本

一、宋代的农业与管理

宋朝皇帝重视农业。宋代王辟之《渑水燕谈录》卷一《帝德》记载："明道二年（1033 年）二月十一日，仁宗行籍田礼。就耕位，侍中奉耒进御。上搢圭秉耒三推，礼仪使奏礼成，上曰：'朕既躬耕，不必泥古，愿终亩以劝天下。'礼仪使复奏，上遂耕十有二畦。翌日，作《籍田礼毕诗》赐宰臣已下和进。寻诏吕文靖公编为《籍田记》。"

宋仁宗时，王安石上万言书，力倡变法。宋神宗即位后，任命王安石主持变法。王安石推行的措施有方田均税法、农田水利法等，侧重于经济制度的改革。新法实行了十六年，各地兴修了一万多处农田水利设施，政府财政增加。

宋代，各个地区对本地区的农田有初步的统计。宋人梁克家撰《淳熙三山志》卷第十《版籍类二》记载福建的田地统计：州境分划，自萧梁始。前望建安，后抵南安，则今郡界也。垦田：四万二千六百三十三顷一十八亩二角三十三步。园林、山地、池塘、陂堰等：六万二千五百八十八顷五十一亩二角四十五步。(宋代以"步"为计算土地面积之最小单位，60 步为 1 角，4 角为 1 亩，100 亩为 1 顷。)

宋代有识之士倡导发展农业，加强水利，广积粮食。《续资治通鉴长编》卷三十七记载，至道元年（995 年）度支判官陈尧叟、梁鼎上言："唐季以来，农政多废，民率弃本，不务力田，是以家鲜余粮，地有遗利。臣等每于农亩之业，精求利害之理，必在乎修垦田之制，建用水之法，讨论典籍，备穷本末。自汉、魏、晋、唐以来，于陈、许、邓、颍暨蔡、宿、亳至于寿春，用水利垦田，陈迹具在。望选稽古通方之士，分为诸州长吏，兼管农事，大开公田，以通水利，发江、淮下军散卒及募民以充役。每千人人给牛一头，治田五万亩，虽古制一夫百亩，今且垦其半，俟久而古制可复也。亩约收三斛，岁可得十五万斛，凡七州之间，置二十屯，岁可得三百万斛，因而益之，不知其极矣。行之二三年，必可致仓廪充实，省江、淮漕运。其民田之未辟者，官为种植，公田之未垦者，募民垦之，岁登所取，其数如民间主客之例，此又敦本劝农之要道也。”宋太宗认为此建议甚好，派遣官员“往诸州按视，经度其事”。

欧阳修主张发展边地的农业经济，《续资治通鉴长编》卷一百五十四记载，庆历五年（1045 年）二月，欧阳修奉使河东还，进言：“河东之患，在尽禁缘边之地，不许人耕，而私籴北界粟麦，以为边储，其大利害有四。以臣相度，今若募人耕植禁地，则去四大害而有四大利。……臣谓禁地若耕，三二岁间，可使不籴北界粟麦，则边民无争籴引惹之害；我军无饥饱在敌之害；缘边有定主，无争界之害；边州自有粟，则内地之民无远输之害。是谓去四大害而有四大利。今四州军地可二三万顷，若尽耕之，则岁可得三五百万石。”朝臣对此事展开讨论，以为岢岚、火山军其地可耕，而代州、宁化军去敌近，不可使民尽耕也。“于是诏并代经略司，听民请佃岢岚、火山军间田在边壕十里外者。然所耕极寡，无益边备，岁籴如故。”

《续资治通鉴长编》卷一百五十九记载，庆历六年（1046 年）九月戊寅朔，“知并州郑戬言麟、府二州有并塞闲田，可招弓箭手一二万人，计口给田，以为疆埸之防。从之”。

宋代重视农业，鼓励官员开垦荒田，安抚百姓。《续资治通鉴长编》卷一百九十二记载：“初，天下废田尚多，民罕土著，或弃田流徙为闲民。自天圣初下赦书，即诏民流积十年者，其田听人耕，三年而后收赋，减旧额之半。……又尝诏：‘州县长吏令佐，能劝民修起陂池沟洫之久废者，及垦辟荒田，增税及二十万以上，议赏。监司能督部吏经画，赏亦如之。’……知州事、比部员外郎赵尚宽曰：‘淮安古称膏腴，今田独芜秽，此必有遗利。且土旷可益垦辟，民稀可益招徕，何必废郡也？’乃案图记，得召信臣故迹，益发卒复三大陂、一大渠，皆溉田万余顷。又教民自为支渠数十，转相浸灌。而四方之民来者云集，尚宽复请以荒地计口授之，及贷民官钱买牛。比三年，废田尽为膏腴，增户万余。”

1. 宋代的土地情况

宋代，张耒曾在鄂东为官，他在《明道杂志》[①] 记载黄州情况，颇为写实："黄州盖楚东北之鄙，与蕲、鄂、江、沔、光、寿一大薮泽也。其地多陂泽丘阜，而无高山，江流其中，故其民有鱼稻之利，而深山溪涧往往可灌溉，故农惰而田事不修。其商贾之所聚而田稍平坦，辄为丛落，数州皆大聚落也。而黄之陋特甚，名为州而无城郭，西以江为固，其三隅略有垣，壁间为藩篱，因堆阜揽草蔓而已。城中民居才十二三，余皆积水荒田，民耕渔其中。"

农民发现了空旷之地，可以自行开垦，定居下来。《宋史·地理志》记载："荆湖……南路有袁、吉壤接者，其民往往迁徙自占，深耕概种，率致富饶。"

宋代耕地面积增加，当时出现了一些新型田地，如梯田（在山区出现）、淤田（利用河水冲刷形成的淤泥地）、沙田（海边的沙淤地）、架田（在湖上做木排，上面铺泥成地）等。至道二年（996 年），全国耕地面积为三百一十二万五千两百余顷，到天禧五年（1021 年）增加到五百二十四万七千五百余顷。

南方有许多圩田。南宋诗人杨万里《圩丁词十解》记载："圩者，围也。内以围田，外以围水，盖河高而田反在水下，沿堤通斗门，每门疏港以溉田，故有丰年而无水患。"

南方的圩田，实际上是人对环境改造的成果，是发挥主观能动性调控农业环境的表现。旱灾时引水入农田，洪灾时闭闸挡水，确保庄稼在正常的水环境中生长。范仲淹称赞说："旱则开闸引江水之利，潦则闭闸拒江水之害。旱涝不及，为农美利。"[②] 宋代江东一带，大圩田有几十里或上百里，面积达千顷以上。

《宋史·河渠志》记载：北宋末年太平州沿江圩田，"自三百顷至万顷者凡九所，计四万二千余顷，其三百顷以下者又过之"。这些圩田，皆"自古江水浸没膏腴田"。

---

①《全宋笔记》（第二编第七册），大象出版社 2006 年版，第 18 页。

② 范仲淹：《答手诏条陈十事》，载《范文正公集》。

李心传的《建炎以来系年要录》甲集卷十六《圩田》也记载："凡圩岸皆为长堤，植榆柳成行，望之如画云。"可见，这些肥田沃土，经过多年整治耕种，呈现出一片美景。

宋代，在太湖地区，农民把许多精力放在排水工程上。疏浚河渠，打通水道，把多余的水排入到长江。只有防止水漫农田，才能确保农业丰收。

北宋时期出现了大规模引浑淤灌，这是我国有史以来第一次大范围、有意识地利用水沙资源改良土壤性能的活动。大规模引浑淤灌，范围涉及京东、京西、河北、河东地区，面积之广不仅宋代之前所未有，宋以后也罕见。所引都是多泥沙河流，如黄、汴、漳、滹沱、汾、泾、惠民等河。沈括《梦溪笔谈》说："深、冀、沧、瀛间，惟大河、滹沱、漳水所淤，方为美田，淤淀不至处，悉是斥卤。"

人们注意合理选择淤灌。《宋史·河渠志》记载，黄河"小退淤淀，夏则胶土肥腴，初秋则黄灭土，颇为疏壤，深秋则白灭土，霜降后皆沙也"。因季节的不同，河流所含泥沙的成分也不同，直接影响引浑淤灌质量。宋熙宁五年（1072年），侯叔献等人说："见淤官田，今定赤淤地每亩价三贯至二贯五百，花淤地价二贯五百至二贯。"[①] 可见，淤地的肥力有所不同，赤淤地比花淤地更优良。

民间通过在海边淤田，扩大农田面积。梁克家撰《淳熙三山志》卷第十二《版籍类三》记载，福州沿海的民众在海边的泥淤之处，筑捍为田"一千二百三十顷有奇，外长五千六百二十丈"，"田家率因地势筑捍，动联数十百丈。御巨浸以为限堰，又砌石为斗门，以泄暴水"。然而，"地舄卤，损多而丰少"，"海门卤入，盖不可种。暴雨作，辄涨损"。

民间围湖造田的现象非常普遍。由于影响了农业生态，有识之士请限田还湖。《宋史·食货志》记载：咸淳年间，谏议大夫史才奏言："浙西民田最广，而平时无甚害者，太湖之利也。近年濒湖之地，多为兵卒侵据，累土增高，长堤弥望，名曰坝田。旱则据之以溉，而民田不沾其利；涝则远近泛滥，不得入湖，而民田尽没。望尽复太湖旧迹，使军民各安，田畴均利。"

---

①（宋）李焘：《续资治通鉴长编》卷二百三十。

2. 宋代的农业技术推广

为了改善农业，宋朝在农村选择了一批农师，协助地方官员指导农民从事生产。这些农师熟悉季节与农时，通晓栽培技术，在农村有一定的威信。朝廷还刻印《四时纂要》等农业技术书，发放给农民。《宋史·食货志》记载："太宗太平兴国中，两京、诸路许民共推练土地之宜、明树艺之法者一人，县补为农师，令相视田亩肥瘠及五种所宜，某家有种，某户有丁男，某人有耕牛；即同乡三老、里胥召集余夫，分画旷土，劝令种莳，候岁熟共取其利。为农师者蠲税免役。"

宋英宗时，李周担任施州通判，重视推广农业技术。史书记载："州介群獠，不习服牛之利，为辟田数千亩，选谪戍知田者，市牛使耕，军食赖以足。"①

鄂州江陵府驻扎郭杲注重推广农业技术，他在任时"招召佃客，收买耕牛，置造农具，添修庄寨，增筑堤堰，浚治陂塘，垦辟荒田"②。这些措施，调动了农民从事农业生产的积极性，增加了粮食产量。

苏轼在武昌曾经见到过插秧用的秧马，并写了《秧马歌》，在《秧马歌》中加了一段文字，称赞这种新的工具缓解了辛苦的劳动，值得推广。其文曰："予昔游武昌，见农夫皆骑秧马，以榆枣为腹欲其滑，以楸桐为背欲其轻。腹如小舟，昂其首尾；背如覆瓦，以便两髀。雀跃于泥中，系束藁其首以缚秧，日行千畦，较之伛偻而作者，劳佚相绝矣。"③ 苏轼注意到制作秧马的材质，木材决定功用；还注意到秧马的形状，形状在宜于劳作者舒畅并方便移动。秧马的发明，应当比苏轼看到的时间要早，否则在武昌等地流行。苏轼认为秧马是很好的工具，就在江西推广，并写诗、撰文、作图，倡导采用。他说："吾尝在湖北见农夫用秧马，行泥中极便。顷来江西，作《秧马歌》以教人，罕有从者。"④

---

①《宋史·李周传》。

②（清）徐松辑：《宋会要辑稿·食货》，上海古籍出版社 2014 年版，第 7643 页。

③（清）王文诰辑注：《苏轼诗集》，中华书局 1982 年版，第 2051 页。

④（宋）苏轼：《东坡志林》卷六。

在《丛书集成初编》收录有南宋时的鄂州知州罗愿的《鄂州劝农》书，鼓励农民日出当作，日入乃息，用天分地，以足衣食。其文曰：

国有四民，各分一职。农次于士，盖尊稼穑。日出当作，日入乃息。用天分地，以足衣食。菖叶初生，于是始耕。务限既入，农事转急。禾当播种，乘雨接湿。高田大豆，榆荚为候。三月区处，油麻穄黍。时当警窃，图葺墙宇。蚕沙麦种，四月收贮。开渠决窦，以待暴雨。月建在午，秧苗入土。女工织作，三伏炎暑。七月芟草，烧治荒田。大麦小麦，上戊社前。禾欲上场，九月涂仓。缉绩布缕，十月多霜。冬至埋谷，预试五种。不宜者轻，宜者则重。腊月粪地，治碓雕桑。修治农器，向春则忙。四时之务，展转相寻。既有常产，当有常心。鸡豚兼蓄，枣栗成林。我念此州，土多冒占。纷纷划请，扰扰定验。雨泽空过，失天之时。生意不发，失地之脂。身力不出，枉堕四肢。于私无益，于官亦亏。耕既不深，难行根脉。耘既不勤，众草之宅。粪若不施，谷不精泽。收若不速，风雨狼藉。若能开垦，处处良田。若能灌溉，岁岁丰年。古来开亩，广尺深尺。长亩三条，于中种植。渐锄陇草，爬土亩中。苗根日深，耐旱与风。又有区种，与亩不同。方深六寸，种禾一丛。七寸一区，匀如棋局。区收三升，亩号百斛。用力既到，所收亦多。比之漫撒，效验如何。凡苗之长，全在粪壤。器欲巧便，牛须肥健。其或无牛，以人牵犁。彼此换工，惟在心齐。①

二、游牧民族与农业

西夏、辽朝、金朝、元朝的统治者有较多游牧民族的特征，他们对农业的重视有一个逐渐认识的过程。

（一）西夏、辽朝、金朝的农业

西夏虽然在西北干旱地区，但有一些局部的河谷湿润土地适宜发展农业。

①（宋）罗愿：《鄂州小集》，载《丛书集成初编》卷一。此处引用省略了后一部分文字。

《宋史·外国传》记载西夏“其地饶五谷，尤宜稻麦”。

辽朝发展农业。《辽史·营卫志》记载：“长城以南，多雨多暑，其人耕稼以食，桑麻以衣，宫室以居，城郭以治。大漠之间，多寒多风，畜牧畋渔以食，皮毛以衣，转徙随时，车马为家。此天时地利所以限南北也。辽国尽有大漠，浸包长城之境，因宜为治。秋冬违寒，春夏避暑，随水草就畋渔，岁以为常。”辽太宗虽然经常有征战事，但从没放松农事。《辽史·食货志》记载：太宗“诏有司劝农桑，教纺绩。以乌古之地水草丰美，命瓯昆石烈居之，益以海勒水之善地为农田”。

宋神宗时，苏颂出使辽朝，见到辽中京奚人地区“耕种甚广，牛羊遍谷，问之，皆汉人佃奚土，甚苦输役之重”（《苏魏公集》卷一三《牛山道中》）。

宋金战争期间，金朝的大量土地抛荒。宋代曹勋《北狩见闻录》记载了金兵胁迫宋徽宗，于靖康二年（建炎元年，1127 年）三月二十七日裹挟北上，到过真定府的时间段内的记事。在从浚州往真定府的路上，路不成路，人烟也不多。“步人斫窠木，骑军曳枝梢，水浅则填以为柴路，深则叠以为甬道。跋涉荒迥，旬月不见屋宇。夜泊荆榛或桑木间，艰难不可言。虽大雨亦行，泥深没胫。车牛皆屡死，坏亦不容补，死就脔其肉而去。”

金朝统治者起初优先发展游牧，后来注意到农业是安定社会的必要基础，于是不断调整国策，把农民留在土地上。《金史·食货志》记载：“世宗大定五年（1165 年）十二月，上以京畿两猛安民户不自耕垦，及伐桑枣为薪鬻之，命大兴少尹完颜让巡察。十年（1170 年）四月，禁侵耕围场地。十一年（1171 年），谓侍臣曰：‘往岁，清暑山西，傍路皆禾稼，殆无牧地。尝下令，使民五里外乃得耕垦。今闻其民以此去之他所，甚可矜悯。其令依旧耕种，毋致失业。凡害民之事患在不知，知之朕必不为。自今事有类此，卿等即告毋隐。’”

（二）元代的农业

在元代，有占主导地位的农耕经济生活方式。也有令统治者眷念的游牧生活方式，还有日益增多的半农半牧生活方式。亦有固守传统的狩猎生活方式。

元代的主要经济支撑是农业，农业人口占绝大多数人口，农业税收是国家的主要财富来源，国家的政策主要是维系农耕经济的。起初，窝阔台等人并不知道农业对于国家的重要性，当耶律楚材从农业区征收到大量赋税时，窝阔台喜出望外，开始逐渐重视农业。

从空间面积看，元代还有一大半地区不适合农耕，在草原上仍有游牧经济生活方式存在。游牧民族的财富主要是羊、马、牛，其民众的生存靠的是羊、马、牛。因此，羊多、马壮、牛肥，这是游牧民族的生存基础所在，是物与物交易的本钱所在，是游牧文明得以传承的希望所在。然而，这种情况完全是靠大自然的恩赐，只有风调雨顺，水草肥美，才可能有利于牛、马、羊的生存与繁殖。如果天气太冷或雪水太大则冻死牛、马、羊，雪水太小又会导致水草不肥。如农耕民族一样，牧民生活也是非常被动的。

游牧民族在草原上游移不定，他们不能生产粮食、盐、酒、茶叶、纺织品、瓷器、铁器等，但这些又是生活的必需品，因此，他们必然要向农耕社会取得。也就是说，游牧民族对农耕民族有很大的依赖，正如有的学者所说："作为一种通例，游牧社会是不能生产他们在生产和生活中的全部必需品的，他们所需要的粮食和衣着、工具等许多手工业产品都是靠从农业区取得的。取得的方法可以有两种：一种通过战争进行掠夺；一种是通过交易，以牲畜和各种畜产品换取粮食和手工业产品。"① 游牧地区有小范围的农业，但这些农业是不能解决游牧民族巨大的需求。相反，在农耕民族与游牧民族交往的过程中，定居的农耕民族对游牧民族的依赖要小得多，农耕民族需要的仅是牲畜，牲畜是有用的，但牲畜在生活中往往又是可有可无的。

历史上，许多游牧民族都有从游牧经济转为半农半牧经济的历史，或在局部地区以农业经济为主。元代，在长城沿线有半农半牧生活区，人们亦农亦牧，采用二元生活方式。这些地区的人有较强的生活适应能力，是特定环境下的"两栖群体"。

1. 元代的农业管理

元代以农立国，虽然游牧文明在空间上占有很大的领域，统治者是来自游牧区，但农耕文明仍然是根本的文明。国家的财政主要是依靠农业，国家的绝大多数人口都是农民，国家的兴衰取决于农作物收成。因此，元代是重视农

---

① 谷苞：《论充分重视和正确解决历史研究中的民族问题》，《新疆社会科学》1981年第1期。

业的。

至元元年（1264 年），元世祖忽必烈即位。为了发展农业，忽必烈在第二年便设置了专管农业的“劝农司”，后来又改为“司农司”。《元史·百官志三》记载：“大司农司，秩正二品，凡农桑、水利、学校、饥荒之事，悉掌之。”大司农司的级别高，正二品，说明皇帝对农业的高度重视。

元代还设有分司农司。《元史·百官志八》记载：“至正十三年（1353 年）正月，命中书右丞悟良哈台、左丞乌古孙良桢兼大司农卿，给分司农司印。西自西山，南至保定、河间，北至檀、顺州，东至迁民镇，凡系官地，及元管各处屯田，悉从分司农司立法募民佃种之。”司农司对地方上的农业能够实行更加具体的管理，保证了元朝的粮食供给。

元代又设大兵农司。《元史·百官志八》记载：“至正十五年（1355 年），诏有水田去处，置大兵农司，招诱夫丁，有事则乘机招讨，无事则栽植播种。所置司之处，曰保定等处大兵农使司、河间等处大兵农使司、武清等处大兵农使司、景蓟等处大兵农使司。其属，有兵农千户所，共二十四处；百户所，共四十八处；镇抚司各一。”大兵农司是设置在带有军事性质的农业区，兵农合一的经济实体。平时，农夫种树种田，如有战事则参与“招讨”。这种体制符合元代的实际状况，有利于统治稳定。

元朝把农业生产作为考核地方官的重要指标。《元史·食货志一》记载：“中统元年（1260 年），命各路宣抚司择通晓农事者，充随处劝农官。二年，立劝农司，以陈邃、崔斌等八人为使。至元七年（1270 年），立司农司，以左丞张文谦为卿。司农司之设，专掌农桑水利。仍分布劝农官及知水利者，巡行郡邑，察举勤惰。所在牧民长官提点农事，岁终第其成否，转申司农司及户部，秩满之日，注于解由，户部照之，以为殿最。又命提刑按察司加体察焉。其法可谓至矣。是年，又颁农桑之制一十四条，条多不能尽载。”

元代又颁布了《农桑辑要》，作为国家推行的纲领性文献，指导民众从事农事。在地方官员与社长的督促下，农民依照《农桑辑要》，种桑树，植五谷，纳税收，修水利，年复一年地厮守在土地上，安分守己于农业。

元代统治者重视农业技术方面的文献，并不遗余力地推行。《元史·仁宗纪》记载：“大司农买住等进司农丞苗好谦所撰《栽桑图说》，帝曰：‘农桑衣食之本，此图甚善。’命刊印千帙，散之民间。”作为游牧民族转化过来的统治者，能够如此重视农耕，实在是难得。

元代对于扰农之事严格制止。《元史·食货志一》记载成宗大德十一年(1307年),“申扰农之禁,力田者有赏,游惰者有罚,纵畜牧损禾稼桑枣者,责其偿而后罪之”。

由于重视农业,元朝出现过经济较好的时期,如《元史·太宗纪》记载窝阔台执政时,起用得力的契丹大臣耶律楚材,“量时度力,举无过事,华夏富庶,羊马成群,时称治平”。

元代定鼎大都,京城周围出现了圈地现象,皇亲国戚占有周围的农田,五百里之内成为皇族天然猎场。当时的一些蒙古族将领,提出将长城以内新征服地区的农田全部改为牧地,引起了一些不同的意见,最后采用了耶律楚材的建议,奖励这些地方的农民继续从事农业生产,供纳赋税,这个办法果然取得了好的效果。

元代,黄河夺淮,大量泥沙被沉淀在广袤的黄淮平原上,造成了“河水走卧无常,今日河槽,明日退滩”的局面,[①] 形成了大面积的旧河道及河滩。旧河道一旦形成,两岸滩区百姓纷纷开荒耕种,甚至连官府也煞有介事地成立管理机构,在黄河废旧河道周边大兴农业。“秋七月……壬戌,请立总管府,领提举司四,括河南归德、汝宁境内濒河荒地约六万余顷,岁收其租,令河南省臣高兴总其事。”[②]

元朝对西北开发也比较重视。《元史·袁裕传》记载:“时徙鄂民万余于西夏,有司虽与廪食,而流离颠沛犹多。(袁)裕与安抚使独吉请于朝,计丁给地,立三屯,使耕以自养,官民便之。又言:‘西夏羌、浑杂居,驱良莫辨,宜验已有从良书者,则为良民。’从之,得八千余人,官给牛具,使力田为农。”

地方官员董文用重视农业,尤其重视农时。《元史·董文用传》记载:“八年,立司农司,授(文用)山东东西道巡行劝农使。山东自更叛乱,野多旷土,文用巡行劝励,无间幽僻。入登州境,见其垦辟有方,以郡守移剌某为能,作诗表异之。于是列郡咸劝,地利毕兴,五年之间,政绩为天下劝农使之最。……十三年,出文用为卫辉路总管,佩金虎符。郡当冲要,民为兵者十之

①(元)王恽:《秋涧文集·定夺黄河退滩地》。

②《元史·武宗纪》。

九，余皆单弱贫病，不堪力役。会初得江南，图籍、金玉、财帛之运，日夜不绝于道，警卫输挽，日役数千夫。文用忧之曰：'吾民弊矣，而又重妨耕作，殆不可。'乃从转运主者言：'州县吏卒，足以备用，不必重烦吾民也。'主者曰：'汝言诚然，万一有不虞，则罪将谁归！'文用即手书具官姓名保任之。民得以时耕，而运事亦不废。"

元朝时期，农牧分界线北移，长城以北有不少小范围的农业区。周伯绮在《扈从集》记载今沽源以西的鸳鸯泺"两水之间，壤土隆阜，广袤百余里，居者三百余家"。这条材料很有分析的价值，说明在长城以外有水源之处，特别是两条小河之间的绿洲"壤土隆阜"，适合于定居。由于面积有百余里，按居住生态的定则，可以容纳三百户生存。不可能有更多的人居住，这是生态环境所决定的。这样的地方，只要有水源，就可以长期作为人类的一个家园。

史卫民著的《元代社会生活史》（中国社会科学出版社 1996 年版）第一章论述行政区划与生态环境，分别论述了牧业、农业、狩猎渔业三个类型经济地区的生态环境，从而为其后十五个章节的内容作铺垫。书中认为，元代的牧业经济地区约占全国疆土面积的六分之一，主要集中在漠北和漠南，即中书省北部的岭北行省南部地区。农业经济区域的面积约占三分之二，包括中原、江南、陕川、辽东、云南、吐蕃等地区。狩猎经济地区约占六分之一，主要是岭北行省和辽阳行省北部的森林地区、云南等地的森林地区。

2. 元代的屯田

元代的农业，从纵向而言，农田有一个从荒芜到开垦的过程，农业越来越发达。从横向而言，南方农田与北方农田略有不同。南方的经济较发达，土地有些紧张，于是，富户占水占山，围田造田。北方是政治统治的中心，皇亲国戚大量占地，国家普遍推行屯田。

元代初年，由于战争的原因，北方的抛荒之地较多，于是，朝廷在北方推行屯田，《元史·兵志三》记载："古者寓兵于农，汉、魏而下，始置屯田为守边之计。有国者善用其法，则亦养兵息民之要道也。国初，用兵征讨，遇坚城大敌，则必屯田以守之。海内既一，于是内而各卫，外而行省，皆立屯田，以资军饷。或因古之制，或以地之宜，其为虑盖甚详密矣。大抵芍陂、洪泽、甘、肃、瓜、沙，因昔人之制，其地利盖不减于旧；和林、陕西、四川等地，则因地之宜而肇为之，亦未尝遗其利焉。至于云南八番，海南、海北，虽非屯田之所，而以为蛮夷腹心之地，则又因制兵屯旅以控扼之。由是而天下无不可屯之兵，无不可耕之地矣。”

北方边疆地区的自然环境有些改变，主要原因是农业的发展。统治者在游牧区屯田，如蒙古地区的怯绿连（今克鲁伦河）、吉利吉思、谦谦益、益兰州（今叶尼塞河上游）、杭海（今杭爱山）、五条河、称海、和林、上都等地，东北的金复州（今辽宁大莲金州区）、瑞州（今辽宁绥中西南）、咸平（今辽宁开原北老城镇）、茶刺罕（今黑龙江绥化、安庆一带）、剌怜（今黑龙江阿城南）等地，西北的忽炭（今新疆和田）、可失哈耳（今新疆喀什）、别失八里、中兴、甘州、肃州、亦集乃等地，云南的威楚（今云南楚雄）、罗罗斯等十二处。[①]

元代的屯田，各有所属。如枢密院辖有中卫、左卫、右卫、前卫、后卫屯田，所辖的河北军屯，一度垦田有1.4万余顷。《元史·兵志·屯田》记载中卫屯田，“世祖至元四年，于武清、香河等县置立。十一年，以各屯地界相去百余里，往来耕作不便，迁于河西务、荒庄、杨家口、青台、杨家白等处。其屯军之数，与左卫同，为田一千三十七顷八十二亩”。

《长安志图》记载了陕西屯田总管府下辖终南、渭南、泾阳、栎阳、平凉五所司属，共立屯数48处，并于每所之后录有具体屯名。[②]

屯田不限于北方，南方也有大量屯田。

宣徽院所辖屯田有多处，《元史·兵志·屯田》记载淮东、淮西屯田打捕总官府的屯田情况是：“世祖至元十六年（1279年），募民开耕涟、海州荒地，官给禾种，自备牛具，所得子粒官得十之四，民得十之六，仍免屯户徭役，屡欲中废不果。二十七年，所辖提举司一十九处并为十二。其后再并，止设八处，为户一万一千七百四十三，为田一万五千一百九十三顷三十九亩。”

《元史·地理志二》记载：今安徽寿春一带的屯田，“至元二十一年（1284年），江淮行省言：‘安丰之芍陂可溉田万顷，若立屯开耕，实为便益。’从之。于安丰县立万户府，屯户一万四千八百有奇”。

元代，南方的屯田受到环境的限制。《元史·兵志·屯田》记载海南岛一

---

① 吴宏岐：《元代农业地理》，西安地图出版社1997年版。

② 吴宏岐：《元代前期泾渠灌溉面积考证》，《唐都学刊》1998年第2期。

带的屯田就因为瘴气而缩小规模，“世祖至元三十年（1293 年），召募民户并发新附士卒，于海南、海北等处置立屯田。成宗元贞元年，以其地多瘴疠，纵屯田军二千人还各翼，留二千人与召募民之屯种”。南方不仅屯田，还大面积造田。王祯《农书》记载江南地区出现造田的情况，有的是与水争田，有的是变山为田。在山区，人们开垦梯田。

三、宋元的农书与环境

宋元时期的农书与环境有密切关系。农书的内容源自环境，且对环境有一定的关注与指导意义。

宋朝，人们开始从理论上对森林与水土保持关系进行系统的研究与科学的阐述。其中，较典型的人物是南宋的魏岘，他以浙江四明它山树木竹林的存在与否对水土的影响为内容，写成《四明它山水利备览》一书，全面地论证了森林对水土保持的作用。

金朝与西夏等地区有名的农书有《务本新书》《士农必用》等，可惜现已失传。

元代重视农业，涌现了一些农学作品。如：元代浦阳（今浙江浦江县）人柳贯撰写了《打枣谱》，全文不足 500 字，前一部分记载枣的名称、用途、掌故，后一部分记载枣的 73 种名称。这说明元人对于具体的经济作物的关注。

元代有三部重要的农学著作《农桑辑要》《农书》《农桑衣食撮要》流行于世。

1.《农桑辑要》

《农桑辑要》7 卷，约 6 万字，包括典训、耕垦、栽桑、养蚕、瓜菜、果实、竹木、药草、孳畜等内容，以通俗易懂的语句总结农业经验，其中提供了元代北方的环境资料。由于此书是世祖至元十年（1273 年）编纂的，且多次印刷，因此对整个元代的农业都有指导性的意义。

《农桑辑要》主要总结了元代以前北方农业的生产经验，用于指导元代农业生产实践。书成于世祖忽必烈至元十年（1273 年）。最初的编辑人为畅师文，后又经苗好谦、孟祺等人修订补充。他们都是元朝的农官，是奉命编写此书的。此书栽桑养蚕的内容占全书比重较大，所以书名为《农桑辑要》。据王磐《序》称："大司农司，不治他事，而专以劝课农桑为务，行之五六年，功效大著。民间垦辟种艺之业，增前数倍。农司诸公，又虑夫田里之人，虽能勤身从事，而播殖之宜，蚕缫之节，或未得其术，则力劳而功寡，获约而不丰矣。于是，遍求古今所有农家之书，披阅参考，删其繁重，摭其切要，纂成一书，目曰《农桑辑要》。"此书成书于至元十年（1273年），其时元已灭金，尚未并宋。正值黄河流域多年战乱、生产凋敝之际，此书编成后颁发各地作为指导农业生产之用，所以本书侧重反映的是黄河流域的农业生态环境。

《农桑辑要》卷一"典训"，讲述农桑起源及经史中关于重农的言论和事迹，相当于全书的绪论；卷二"耕垦、播种"，内容包括整地、选种，论及大田作物的栽培等。卷三"栽桑"；卷四"养蚕"，讲述种桑养蚕；卷五"瓜菜、果实"，讲的是园艺作物，但和以前的农书一样，不包括观赏植物方面的内容；卷六"竹木、药草"，记载多种林木和药用植物，兼及水生植物和甘蔗；卷七"孳畜、禽鱼、蜜蜂"，讲动物饲养，但不采相马、相牛之类的内容，取舍较以前的农书不同。

《农桑辑要》继承了《齐民要术》的内容，所引《齐民要术》的内容有两万多字，约占全书的31%。《农桑辑要》增加了一些新的资料。如苎麻、木棉、西瓜、胡萝卜、茼蒿、人苋、莙荙、甘蔗、养蜂等，都注明了"新添"。尽管新添的内容不多，仅占全书的7%，但这些添加的内容显然是总结当时的经验写出的第一手材料。从中可以看出，《农桑辑要》迈出了《齐民要术》原有的范围，大大丰富了古代农书的内容。

《农桑辑要》将蚕桑生产放在与农业同等重要的地位，这从书名中就可以看出来，从篇幅来看，虽然栽桑养蚕，各占其中的一卷，但这两卷的篇幅却将近占全书的三分之一。篇幅之大，和《齐民要术》有明显的不同，在《齐民要术》中，养蚕没有列为专篇，而仅在"种桑柘"篇中作为附录，篇幅仅相当于《农桑辑要》的十分之一。《农桑辑要》中以大量的篇幅介绍了当时栽桑养蚕的成就。

《农桑辑要》提倡向北方推广苎麻和棉花种植。在卷二的后面新添了苎麻和木棉两项内容，详细地记载了这两种作物的种植、管理、加工以及应用的方法，接着又新添两段"论九谷风土及种莳时月"和"论苎麻、木棉"，阐述了向北方推广木棉和苎麻的可能性，强调发挥人的主观能动性和聪明才智，成为农学思想史上的一个里程碑。根据同一理论，《农桑辑要》还提出从西川（今四川)，唐、邓（今河南南阳唐河、邓州一带）等地将柑橘类果实向北方移植，试图打破自古以来就一直存在的“桔逾淮北而为枳”的论断。①

《农桑辑要》除了辑录了《齐民要术》和新添许多新的内容以外，还辑录了《士农必用》《务本新书》《四时类要》《博闻录》《韩氏直说》《农桑要旨》和《种莳直说》等农书。由于这些农书的大多数现已失传，而只有通过《农桑辑要》的辑录，才能部分地了解其中的一些内容，因此，本书在客观上起到了保留和传播古代农业科学技术的作用。

《农桑辑要》虽然主要总结的是元代以前北方农业生产经验，但对后世乃至对当今农业生产都有着重要的指导和借鉴意义。其所体现的生态环境思想，对我们保护自然环境、发展生态农业和指导农业生产有着极为重要的借鉴意义。

2.《农书》

元代《农书》的作者王祯，字伯善，元代东平（今山东东平）人，生于元至元八年（1271 年），卒于明洪武元年（1368 年）。元成宗时曾任宣州旌德县（今安徽旌德县）尹、信州永丰县（今江西上饶广丰区）尹。在为官期间，他“亲执耒耜，躬务农桑”，积累了丰富的农业经验，于元皇庆二年（1313 年）编撰成了《农书》。

《农书》正文共计 37 集，371 目，约 13 万字。分《农桑通诀》《百谷谱》和《农器图谱》三大部分，最后所附《杂录》包括了两篇与农业生产关系不大的《法制长生屋》和《造活字印书法》，全书的各个部分分别论述了农业的不同方面。

《农桑通诀》是王祯《农书》中作为农业总论的部分，概述了我国农事、牛耕、蚕事的起源，阐发了天时、地利、人事与农业生产的关系，它将耕、耙、种、锄、粪、灌、收各个环节加以归纳总结，同时对各种树木的种植和嫁接，马、牛、羊、猪、鸡、鸭、鹅家禽的饲养以及养鱼、养蚕等生产技术知识也作了介绍。其中以《授时》《地利》两篇来论述农业生产根本关键所在的时宜、地宜问题，再就是以从《垦耕》到《收获》等 7 篇来论述开垦、土壤、

①《周礼·冬官·考工记》。

耕种、施肥、水利灌溉、田间管理和收获等农业操作的共同基本原则和措施。

《地利》篇记载："土性所宜，因随气化，所以远近彼此之间，风土各有别也"，"九州之内，田各有等，土各有产，山川阻隔，风气不同，凡物之种，各有所宜。故宜于冀兖者，不可以青徐论；宜于荆扬者，不可以雍豫拟"，"江淮以北，高田平旷，所种宜黍稷等稼。江淮以南，下土涂泥，所种宜稻秫。又南北渐远，寒暖殊别，故所种早晚不同。淮东西寒暖稍平，所种杂错，然亦有南北高下之殊"。

王祯在前人对土地研究的基础上，在《农书》中提出了许多关于土地的认识，如《垦耕》篇中说："天气有阴阳寒燠之异，地势有高下燥湿之别，顺天之时，因地之宜，存乎其人。"这就是说，天气与地势都是农业环境的重要因素，由于各地气候、地理环境各有不同，就要协调农作物与天地之间的关系，使农作物的生长发育和自然规律相适应。

《垦耕》篇还提到了休耕、轮耕的土地思想，主张保持地力的常新。其中说道："农书云，古者分田之制，一夫一妇，受田百亩，以其地有肥饶，故有不易、一易、再易之别。不易之地，家百亩，谓可以岁耕之也；一易之地，家二百亩，谓间岁耕其半也；再易之地，家三百亩，谓岁耕百亩，三岁而一周也。"意思是说，把地按照其肥沃贫瘠分为三等，即不易之地为上，一易之地为中，再易之地为下。不易之地可以每年都进行耕种，一易之地是每年只耕种一半，再易之地是把地分为三等份，每年耕种一份，三年一轮。这种休耕和轮耕可以使地力不够的土地得到休息，地力得以恢复，以保持地力的常新与生态的平衡。

王祯在《地利》篇中强调了"风土"观念："风行地上，各有方位，土性所宜，因随气化，所以远近彼此之间风土各有别也。""风土"观念中的"风"代表气候条件，而"土"则代表土壤条件。不同的地区之间，气候不一样，土壤环境也不一样，适宜生长的物种也就各有差异。王祯引用古代的农书说："谷之为品不一，风土各有所宜。《周礼·职方氏》云，扬州，其谷宜稻……雍州，其谷宜黍稷；青州，其谷宜稻麦等。"所谓"谷"，就是种植五谷。扬州适合种稻，雍州适合种黍稷，青州适合种稻麦。王祯接着又说："江淮以北，高田平旷，所种宜黍稷等稼，江淮以南，下土涂泥，所种宜稻秫，又南北渐远，寒暖殊别，故所种早晚不同。"由是观之，九州之内，田各有等，土各有差，山川阻隔，风气不同，凡物之种，各有所宜。此外，王祯在《播种》

篇中也有类似的思想，他说："地有肥瘠，能者择焉，时有先后，勤者务焉。"土地的肥力有差等，要根据土质决定种植的庄稼。

《百谷谱》介绍了80多种粮食作物和经济作物的起源、品种和栽种方法，并将农作物分成若干类，一一列举各类的具体作物。其中谷类有粟、水稻、旱稻、大小麦、黍、粱、大豆、小豆、荞麦、胡麻、麻子等，蓏类有甜瓜、黄瓜、西瓜、冬瓜、芋、蔓菁、茄子、莲藕等，蔬类有葵、芥、菌、蒜、葱、韭、茼蒿、芹等，水果有梨、桃、李、梅、杏、栗、桑葚、柿、荔枝、龙眼、橄榄、木瓜、银杏、橘、柑、橙等，竹木类则介绍了竹、松、杉、柏、桧、榆、柳、柞、皂荚、漆树等树木。杂类有木棉、枸杞、茶、红花、蓝、紫草等。其中还有"授时指掌活法之图"。

《农器图谱》占全书的五分之四，用306幅图形象地记录了宋代以来农业生产工具、农产品加工机械和各种生活器具，并绘出古代已经失传的机械复原图，是该书最有特色和价值的内容。

《农书》全面反映了农业综合环境，即农业与天、地、人以及与经济、政治、技术、自然的关系的内容。其中既有南方的资料，也有北方的资料，我们在其他章节还将作专门介绍。

3.《农桑衣食撮要》

《农桑衣食撮要》，维吾尔族学者鲁明善编。鲁明善生活在元代后期，生卒年不详，《元史》中无传。鲁明善的父亲迦鲁纳答思是通晓多种语言的翻译家，在元世祖忽必烈时由西域进入大都（今北京）。迦鲁纳答思学识渊博，担任过皇太子的辅导教师，历仕四朝，由翰林学士官至大司徒。鲁明善自幼受其熏陶，汉文化素养很高。鲁明善仕途较为通畅，他曾任靖州路（治今湖南靖县）、安丰路（治今安徽寿县）达鲁花赤。延祐元年（1314年），鲁明善出任安丰肃政廉访使，兼劝农事。在安丰任上，他视察江淮地区农情，研讨诸农书，编纂刊印了《农桑衣食撮要》。

《农桑衣食撮要》分上下卷，约计15000字，通过岁时的角度，按月记述了农事活动，内容涉及耕作、水利、气象、瓜菜、果树、竹木、药草、桑蚕、养蜂、畜牧等。书中讲到的动植物就有120多种。鲁明善认为："农桑是衣食之本。务农桑，则衣食足；衣食足，则天下可久安长治。”①

《农桑衣食撮要》重点记载了淮河下游地区的农业。当时当地的农村有家畜家禽牛、马、骡、鸡、鸭、鹅、兔等，有蔬菜黄瓜、茄子、葱、蒜、芋头、韭菜等，有树木柳树、松树、桑树等，有经济作物木棉、麻等，有粮食作物大麦、小麦、豌豆、黄豆、水稻等。这些多样化的动植物生态，构成了一幅和谐的农村图式。

《农桑衣食撮要》的重要贡献是对农业季节的陈述，倡导因时制宜，不违农时。第一章讲到正月的时候，说：“宜斋戒，焚香点烛，拜谢天地、日月星辰、国王、水土、祖宗父母、社稷六神，勿与恶念，每月若遇朔望之日，依上焚香拜谢，福德必厚。”这种农业民俗反映了人们对时间的尊重与对自然的敬畏。书中讲到农历三月种芝麻，“宜肥地内种，此月为上时。每亩用子三升。上半种者荚多，频锄草净，收割、束欲小，大则难干。以五六束为一攥，斜倚之，则不被风雨所倒。侯口开、抖下，依旧攥抖之，三日一次敲打。白者油多，四五月间，亦可种之，为之胡麻”。

《农桑衣食撮要》与官颁的《农桑辑要》以及王祯所作的《农书》成为元代的三大农书。清代《四库全书总目提要》评价《农桑衣食撮要》时说：“明善此书，分十二月令，件系条别，简明易晓，使种艺敛藏之节，开卷了然，以补《农桑辑要》所未备，亦可谓能以民事讲求实用者矣。”此书对于元代的人们利用天时地利从事农业、牧业、手工业提供了帮助，同时，对于我们了解元代农业环境，特别是岁时农业是宝贵的资料。

① (元) 鲁明善:《农桑衣食撮要》，中华书局 1979 年版，第 15 页。

第五章

宋元的水环境

本章记载宋元的江河湖海，讲述宋元的水文状况，以及宋元的水利工程建设。宋元时期对黄河的治理取很了很大成就，对海疆也进行了充分利用。因此，本章把这两个问题专门论列。

第一节 水环境及其认识

人类离不开水，任何一个民族共同体都离不开水资源。水资源的状况，决定着民族生存的状况。中华水环境，是中华民族赖以生存的基础。黄河、长江、淮河、海河、珠江、辽河、黑龙江、雅鲁藏布江、塔里木河、澜沧江、怒江等河流，都是中华文明的摇篮。以江河湖海为载体的水环境，是中华环境史最值得关注的重点。

一、宋代的水环境

1. 长江与云梦泽

长江进入湖湘平原，由于地势很低，河道弯曲，湖泊众多，形成一大片泽地。

长江的荆江段水流缓慢，挟沙能力降低，使泥沙在河床中沉积为日益增多的江中沙洲，以致北宋时期形成了许多分汊型河道，而且在江汉出现江心洲。南宋时由于江堤的修筑和穴口的堵塞，使西起湖北枝城、东到石首藕池口的上荆江，其弯曲分汊型河道由此发展得更加迅速。① 当时，自藕池口到湖南城陵矶的下荆江河段变得更加蜿蜒曲折。这段直线仅 80 公里的下荆江，河道因曲

① 林承坤：《长江中下游河谷、河床的形成与演变》，中国地理学会编：《1960 年全国地理学术讨论会议论文选集 · 地貌》，科学出版社 1962 年版。

折而长达 270 公里。

长江在湖湘之间形成积水。每当夏天泛洪时，汪洋一片。每到冬季，水退地显，出现沼泽或湿地。放眼望去，如云如梦，水天一色。湖湘平原上最大的湖是洞庭湖，其在先秦时是一个小湖，到 6 世纪已成水面广阔的大湖。宋以前的洞庭湖指青草湖。唐代《初学记》记载“青草湖一名洞庭湖”[①]。《水经注·湘水》称它“广圆五百余里，日月若出没于其中”。《元和郡县图志·江南道三》记载，洞庭湖周回 260 里，青草湖周回 265 里。至宋时，这一带的许多湖泊，如洞庭、青草、赤沙诸湖已连为一体。《巴陵志》记载：“洞庭湖在巴丘西，西吞赤沙，南连青草，横亘七八百里。”[②]

根据谭其骧的研究，[③] 古代的云梦泽是一个烟波浩渺、方圆数百里的大湖泊。秦汉时代，由于长江分流泥沙的堆积，原华容县南（今湖北潜江东南）的云梦泽主体已向下游方向的东部转移。至魏晋南北朝时代，云梦泽已经解体，华容县东的云梦泽主体已被分割成许多湖泊，如大湖（今湖北仙桃西）、太白湖（今武汉蔡甸南）和马骨湖（今湖北洪湖西）等。而原来华容县南的云梦泽，则被新扩展的三角洲平原所代替，云梦泽已经不存在了。至唐宋时期，大湖、太白湖和马骨湖已不见于记载，偶尔可见的马骨湖只是夏秋泛涨时成形，到了冬春时节就水涸，变为平田。[④] 宋代，云梦泽被泥沙淤积填平，变为被开垦的耕地，洪迈《容斋随笔》之《四笔》卷一说：“云梦，楚泽薮也。”

宋代地理志书《太平寰宇记》与《元丰九域志》“荆湖北路安陆郡”有“云梦泽”的记载，但学者们认为原处于华容一带的古云梦泽与安陆所属之云梦泽在地理上实相距遥远。正因为如此，王象之的《舆地纪胜》“荆湖北路德安府”条下把云梦泽列入“古迹”栏，而不入“景物”栏。

宋人曾经称长江以北的沼泽地为云，以长江以南的沼泽地为梦。沈括《梦溪笔谈·辩证二》“云梦考”记载：“元丰中，予自随州道安陆入于汉口，有景陵主簿郭思者，能言汉沔间地理，亦以谓江南为梦，江北为云。予以

---

①《初学记》卷七《地部·湖》。

②《舆地纪胜》卷六十八引《巴陵志》。

③ 谭其骧：《云梦与云梦泽》，《复旦学报》（社会科学版）1980 年（S1）。

④《元和郡县志·沔阳县》。

《左传》验之，思之说信然。江南则今之公安、石首、建宁等县，江北则玉沙、监利、景陵等县。乃水之所委，其地最下，江南二浙，水出稍高，云方土而梦已作乂矣。此古本之为允也。”郭思是景陵县（治今湖北天门）管文书的地方官，他对江汉间的地理情况颇为熟悉，对云梦的地理范围有明晰的看法。沈括与他交谈，也认同郭思的见解。

2. 其他

《辽史·地理志》记载了辽朝的主要河流：“涞流河自西北南流，绕京三面，东入于曲江，其北东流为按出河。又有御河、沙河、黑河、潢河、鸭子河、他鲁河、狼河、苍耳河、辋子河、胪河、阴凉河、猪河、鸳鸯湖、兴国惠民湖、广济湖、盐泺、百狗泺、火神淀。”

《金史·五行志》记载黄河之水清澈了两年。卫绍王大安元年（1209年），徐、邳界黄河清五百余里，几二年，以其事诏中外。临洮人杨珪上书曰：“河性本浊，而今反清，是水失其性也。正犹天动地静，使当动者静，当静者动，则如之何，其为灾异明矣。且《传》曰：‘黄河青，圣人生。’假使圣人生，恐不在今日。又曰：‘黄河清，诸侯为天子。’正当戒惧，以销灾变，而复夸示四方，臣所未喻。”

宋代梁克家撰《淳熙三山志》，其中的地理门“桥梁”条附录有赵汝愚知福州，重浚福州西湖的事情。淳熙十年（1183年），待制赵汝愚奏请兴复开浚，奏文大意为：福州原有西湖，在城西三里。迤逦并城南流，接大壕，通南湖。潴滀水泽，灌溉民田。《闽中记》记载甚详。父老相传：旧时湖周回十数里。天时旱暵，则发其所聚，高田无干涸之忧；时雨泛涨，则泄而归浦，卑田无淹浸之患。民不知旱涝，而享丰年之利。后来，地方官员疏忽了治理，岁月浸久，填淤殆尽。豪民猾户各立封畛，以为己物。或塞为鱼塘，或筑成园圃，甚至于违法立券相售，如祖业然。西湖、南湖不复相通，虽潮水不住往来，而上下阻隔，无由通济。本州地狭民贫，全仰岁事丰登，田畴广殖，小有荒歉，难以枝梧。况田并湖，弥望尽是负郭良田，自从水源障塞之后，稍遇旱干，则西北一带高田，凡数万亩皆无从得水。至春夏之交，积雨霖淫，则东南一带低田，发泄迟滞，皆成巨浸。致使一方人户白纳税租，而所谓池户者，公然坐享重利。其为利害，大不相侔矣。今来，若不申明，则诚恐向后转见湮废，难以兴复。

周去非在《岭外代答·地理门》中记载了广西水系的来龙去脉，说得非常清楚："凡广西诸水，无不自蛮夷中来。静江水曰漓水，其源虽自湘水来，然湘本北行，秦史禄决为支渠南注之融江，而融江实自猺峒来。汉武帝平南越，发零陵，下漓水，盖溯湘而上，沿支渠而下，入融江而南也。漓水自桂历昭而至苍梧。融州之水，牂牁江是也。其源自西南夷中来。武帝发夜郎，下牂牁，即出此也。宜州之水，自南丹州合集诸蛮溪谷而来，东合于牂牁，历柳历象而至浔。邕州之水，其源有二：一为左江，自交阯来；一为右江，自大理国威楚府大槃水来。江合于邕，历横历贵，与牂牁合于浔而东行，历藤而与漓水合于苍梧。苍梧者，诸水之所会，名曰三江口，实南越之上流也。水自是安行，入于南海矣。"

宋代的人们以物候现象议论黄河水文。《宋史·河渠志》记载：以黄河随时涨落，故举物候为水势之名：自立春之后，东风解冻，河边入候水，初至凡一寸，则夏秋当至一尺，颇为信验，故谓之"信水"。二月、三月桃华始开，冰泮两积，川流猥集，波澜盛长，谓之"桃华水"。春末芜菁华开，谓之"菜华水"。四月末垄麦结秀，擢芒变色，谓之"麦黄水"。五月瓜实延蔓，谓之"瓜蔓水"。朔野之地，深山穷谷，固阴沍寒，冰坚晚泮，逮乎盛夏，消释方尽，而沃荡山石，水带矾腥，并流于河，故六月中旬后，谓之"矾山水"。七月菽豆方秀，谓之"豆华水"。八月菼乱华，谓之"荻苗水"。九月以重阳纪节，谓之"登高水"。十月水落安流，复其故道，谓之"复槽水"。十一月、十二月断冰杂流，乘寒复结，谓之"蹙凌水"。水信有常，率以为准；非时暴涨，谓之"客水"。其水势，凡移谼横注，岸如刺毁，谓之"扎岸"。涨溢逾防，谓之"抹岸"。埽岸故朽，潜流漱其下，谓之"塌岸"。浪势旋激，岸土上隤，谓之"沦卷"。水侵岸逆涨，谓之"上展"；顺涨，谓之"下展"。或水乍落，直流之中，忽屈曲横射，谓之"径（穴叫）"。水猛骤移，其将澄处，望之明白，谓之"拽白"，亦谓之"明滩"。湍怒略渟，势稍汩起，行舟值之多溺，谓之"荐浪水"。水退淤淀，夏则胶土肥腴。初秋则黄灭土，颇为疏壤，深秋则白灭土，霜降后皆沙也。

《宋史·外国传》记载西夏的水利："甘、凉之间，则以诸河为溉，兴、灵则有古渠曰唐来，曰汉源，皆支引黄河。故灌溉之利，岁无旱涝之虞。"

辽圣宗统和十一年（993 年）六七月发大水，《辽史·圣宗本纪》记载："六月，大雨。秋七月己丑，桑乾、羊河溢居庸关西，害禾稼殆尽，奉圣、南京居民庐舍多垫溺者。”第二年春又有大水，“十二年春正月癸丑朔，阴镇水，漂溺三十余村，诏疏旧渠”。圣宗太平十一年（1031年），“夏五月，大雨水，诸河横流，皆失故道”。

宋人认为，湖泊用于调剂江河之水，不应忽略其生态功能。宋代王辟之《渑水燕谈录》卷十《谈谑》记载：“往年士大夫好讲水利。有言欲涸梁山泊以为农田者，或诘之曰：‘梁山泊，古钜野泽，广袤数百里。今若涸之，不幸秋夏之交行潦四集，诸水并入，何以受之。’贡父适在坐，徐曰：‘却于泊之傍凿一池，大小正同，则可受其水矣。’坐中皆绝倒，言者大惭沮。”此文中的贡父，即刘攽（1023—1089年），北宋史学家，刘敞之弟，字贡夫，号公非。庆历进士，历任曹州、兖州、亳州、蔡州知州。

宋人关注温泉水。周密《齐东野语》卷一“温泉寒火”条记载：“今汤泉，往往有之。如骊山、尉氏、骆谷、汝水、黄山、佛迹、匡庐、闽中等处，皆表表在人耳目。”

二、元代的水环境

蒙元发祥的蒙古高原上，虽然有草原、沙漠，但也有河流与湖泊。内蒙古西部原有居延海。居延海的来水来自祁连山的冰雪融水和降雨，古称上游为黑水，中游为弱水，其下游流入内蒙古西部的额济纳，注入居延海。历史上，弱水沿岸或居延海地区享有“居延大粮仓”的美名。西夏时期，这里设有黑水镇燕军司，并在汉代城廓遗址上建有著名的黑城。这里是丝绸之路上重要的交通枢纽，东西商贾往来不断，人口众多，城邑繁荣。13世纪，马可·波罗前往元大都路经黑城时，他所看到的是“水源充足，松林茂密，野驴和各种野兽经常出没其间”的生态环境良好、农牧兼宜的千里沃野。

在河西走廊，古代流经武威地区的石羊河下游曾有一休屠泽，西汉时在这里设有武威郡，下辖姑藏、武威、休屠等10县。随着陇东南与祁连山地区森林的严重破坏和石羊河中游不断的垦荒开发，到了元代，休屠泽水源减少。

在河西走廊，嘉峪关外敦煌地区有疏勒河。它发源于祁连山西北坡，北流至今玉门关西北后左拐西流，经安西等县至古玉门关一带注入罗布泊。它与弱水、石羊河一起是河西走廊的三大河流。

在青海，其境内分布着柴达木盆地和祁漫塔格山、布尔汗布达山、巴音山等众多高山。柴达木盆地是我国地势最高的内陆大盆地，降雨很少，地面多为荒漠。但其周边山脉的冰雪融水和山麓地带的地下水较为丰富。在盆地周围的高原上，是并列的山岭、宽谷和众多的湖泊，或为宽阔的高原草原。高原上的高山终年积雪，冰川分布很广。冰川融水是许多河湖水源的主要补给来源，因此这里成为我国长江、黄河等著名大江大河的发源地，其北部山脉的北坡，也是河西走廊等地灌溉农业的主要水源补给地。

《元史·河渠志》记载了中华大地上的河流与水渠，分别介绍了通惠河、坝河、金水河、隆福宫前河、海子岸、双塔河、卢沟河、浑河、白河、御河、滦河、河间河、冶河、滹沱河、会通河、黄河、济州河、滏河、广济渠、三白渠、洪口渠、扬州运河、练湖、淀山湖、吴淞江、盐官州海塘、龙山河、蜀堰、泾渠、金口河等河渠的情况，是我们了解元代水环境的重要资料。

元代李志常撰《长春真人西游记》，记载了北方及域外的水环境，如当时的中亚有四大河流，分别是陆局河（克鲁伦河）、答刺速没辇（伊犁河）、霍阐没辇（锡尔河）和阿姆没辇（阿姆河）。李志常对这些河流有所记载，为后世留下了可供比较的资料。又如，李志常还记载了“石河长五十余里，岸深十余丈，其水清泠可爱，声如鸣玉”。“玉虚井水尽咸苦，甲申、乙酉年西来道众甚多，水味变甘。”① 这些材料较为真实地反映了蒙古高原的水环境。

元代的江南，因为围湖造田而影响了水环境。《元史·河渠志二》“淀山湖”条记载了太湖被围的情况。太湖为浙西巨浸，上受杭、湖诸山之水潴蓄之，分汇为淀山湖，东流入海。元世祖末年，江浙行省参政梁温都尔言：“此湖在宋时，委官差军守之，湖旁余地，不许侵占，常疏其壅塞，以泄水势。今既无人管领，遂为势豪绝水筑堤，绕湖为田，湖狭不足潴蓄，每遇霖潦，泛溢为害。”由此可知，太湖在元代被围垦，面积有所缩小。

元曲中有关于农业饮水灌溉的内容，卢挚的《闲居》里写道：“雨过分畦种瓜，旱时引水浇麻。”汪元亨的《闲乐》也说：“烹茶扫叶，引水通渠。”

元代，水环境有异常现象。《元史·河渠志二》记载民众因饮用水质不好的井水致病：至元五年（1268年）十月，洺磁路进言：“洺州城中，井泉咸

① (元) 李志常著，党宝海译注：《长春真人西游记》，河北人民出版社2001年版，第35、106页。

苦，居民食用，多作疾，且死者众。请疏涤旧渠，置坝闸，引滏水分灌洺州城濠，以济民用。”朝廷应允。

《元史·五行志一》记载泉水暴增：至元十四年（1277年）九月，湖州长兴县金沙泉大量涌水，“溉田可数百顷”。在此之前，泉水不常有。

《元史·五行志一》记载黄河清澈：“至元十五年（1278年）十二月，河水清，自孟津东柏谷至汜水县蓼子谷，上下八十余里，澄莹见底，数月始如故。元贞元年（1295年）闰四月，兰州上下三百余里，河清三日。”

元代中期，太湖地区的水文环境发生变化。满志敏认为：这时期，“昆山一带的河港受潮汐阻水的压力减小，古娄江排水通道得以重新开通的条件成熟，刘家港在人力的疏导下则迅速发育成一条排水要道，也担任起太湖地区航运的重任。海平面的下降造成吴淞江出现严重淤浅，河道排水的功能大大下降，太湖地区东南方向的排水由黄浦江河道取代，这就形成了今天黄浦江水系的发育成熟。刘家港的开通和黄浦江水系的发育成熟标志着太湖地区排水格局的重新建立，直到今天仍然维持着这一基本的格局”。为什么会出现这些变化，满志敏认为：“海平面变化引起的太湖地区水文环境变化的最终原因仍然是气候的变迁。元代中叶以后中国气候向寒冷方向转变，淮河以南出现严重的河湖结冰现象，华北地区的霜冻频率则加大……与世界气候背景一致的中国中世纪温暖期结束，是海平面下降的根本原因，也是太湖地区一系列变化的最终肇事者。”①

三、人物·书籍·见识

1.《梦溪笔谈》笔下的水文

宋代沈括在《梦溪笔谈》中涉及的信息非常丰富，其中有不少水文方面的材料。

古时，济水与长江、黄河、淮河并称“四渎”。沈括在《梦溪笔谈·辩证》介绍了济水在历下（今山东济南）伏流，说：“古说济水伏流地中，今历

① 满志敏：《中国历史时期气候变化研究》，山东教育出版社2009年版，第430页。

下凡发地皆是流水，世传济水经过其下。东阿亦济水所经，取井水煮胶，谓之阿胶；用搅浊水则清。人服之，下膈、疏痰、止吐，皆取济水性趋下、清而重，故以治淤浊及逆上之疾。”

沈括在《梦溪笔谈·辩证》中指出：“水以漳名、洛名者最多，今略举数处：赵、晋之间有清漳、浊漳，当阳有漳水，赣上有漳水，鄣郡有漳江，漳州有漳浦，亳州有漳水，安州有漳水。洛中有洛水，北地郡有洛水，沙县有洛水。”沈括接着说：“予考其义，乃清浊相蹂者为漳。章者，文也，别也。漳谓两物相合，有文章，且可别也。清漳、浊漳，合于上党。当阳即沮、漳合流，赣上即漳、赣合流，漳州予未曾目见，鄣郡即西江合流，亳漳即漳、涡合流，云梦即漳、郧合流。此数处皆清浊合流，色理如螮蝀，数十里方混。……洛与落同义，谓水自上而下，有投流处。今淝水、沱水，天下亦多，先儒皆自有解。”

《梦溪笔谈·杂志》记载：“漳州界有一水，号乌脚溪。涉者足皆如黑。数十里间，水皆不可饮，饮则病瘴，行人皆载水自随。梅龙图公仪宦州县时，沿牒至漳州；素多病，预忧瘴疠为害，至乌脚溪，使数人肩荷之，以物蒙身，恐为毒水所沾。兢惕过甚，瞧盱矍铄，忽坠水中，至于没顶。乃出之，举体黑如昆仑，自谓必死。然自此宿病尽除，顿觉康健，无复昔之羸瘵。又不知何也？”文中的梅龙图，即梅挚，字公仪，成都新繁人，官至龙图阁学士。

《梦溪笔谈》有许多条目记述古代水利的技术创新与发明，如《巧堵河堤决口》《测量汴渠》《制作木地图》《修建船闸》《水运仪像台》等。

2. 王安石与水利

宋代王安石在庆历七年（1047年）任鄞县（今宁波市）知县，他用13天时间对鄞县的14个乡做调查研究，然后给两浙转运使（浙江地区行政长官）杜杞写了一封信《上杜学士言开河》，建议在鄞县发动群众兴修水利、对付随时可能发生的旱灾。王安石《上杜学士言开河》一文记载：“鄞之地邑，跨负江海，水有所去，故人无水忧。而深山长谷之水，四面而出，沟渠浍川，十百相通。长老言，钱氏时置营田吏卒，岁浚治之，人无旱忧，恃以丰足。营田之废，六七十年，吏者因循，而民力不能自并。向之渠川，稍稍浅塞，山谷之水，转以入海而无所潴。幸而雨泽时至，田犹不足于水；方夏历旬不雨，则众川之涸，可立而须。故今之邑民，最独畏旱，而旱辄连年。是皆人力不至，而非岁之咎也。”据这段文字可知，鄞县跨江负海，水要流出去很容易，因此人们没有洪涝的忧患。然而，当地父老反映，五代时的吴越王钱镠执政时，这里驻有屯垦农田的官兵，每年疏浚河道，人们不必担忧干旱，因而丰衣足食，安居乐业。可是营田制度的废除，已过了六七十年，做官的因循苟且、无所作为，以致百姓不能自行组织起来致力修河，使原先的河道渐渐淤塞了，山谷的水，都流到海里去而没有储存。即使侥幸有雨，农田仍然缺水。如果到了夏季有十天不下雨，那么河流的干涸就立刻显现。因此鄞县的百姓，最怕的是旱灾，而这里一闹旱灾，又每每连年不断。这都是人力没有做到位的事情，而不是什么天时不利的问题。因此，在鄞县开河兴修水利是十分重要和必要的。

3. 王祯《农书》中的水利思想

元代王祯以重视农业著称，但他也非常重视水环境。《农书·灌溉》记载：“夫海内江淮河汉之外，复有名水万数，枝分派别，大难悉数，内而京师，外而列郡，至于边境，脉络相通。”

王祯特别强调水利的地位。他在《农书·灌溉》中提出：“旱则灌溉，涝则泄水。”还说：“庶灌溉之事，为农务之大本，国家之厚利。”在王祯看来，国家之本在农业，农业之本在灌溉，国家应当把水利建设放在极其重要的地位。

《农书·灌溉》主张尽量兴修水利工程，根据各地水文状况，“或通为沟渠，或蓄为陂塘，以资灌溉”，“若沟渠陂堨，上置水闸，以备启闭，若塘堰之水，必置洞实，以便通泄，此水在上者。若田高而水下，则设机械用之，如翻辛、筒轮、戽斗、桔槔之类，挈而上之。如地势曲折而水远，则为槽架、连筒、阴沟、浚渠、陂栅之类，引而达之”，“如遇旱涸，则撤水溉田，民赖其利，又得通济舟楫，转激碾硙，实水利之总揆也”。修建陂塘，不仅可以灌溉田地，还可以“畜育鱼鳖，栽种菱藕之类”，获得丰厚的利益。这样才能做到旱涝无虞，地无遗利。

王祯强调人的主观能动性。他认为天时不如地利，地利不如人事，此水田灌溉之利也。通过兴修水利基础设施的建设，可以改变农业靠天吃饭的被动局面，大大提高农业生产的效率，保障了农业生产的安全。

4. 郭守敬的水利思想与实践

元代的郭守敬是中国历史上难得的水利学家。据《元史·郭守敬传》可知郭守敬的父亲精于算数、水利，有家学。郭守敬又向当时的大学问家刘秉忠、张文谦等人学习，“文谦荐守敬习水利，巧思绝人”。可见，郭守敬的水利思想深受前辈的影响。

中统三年（1262年），元世祖召见郭守敬，郭守敬“面陈水利六事：其一，中都旧漕河，东至通州，引玉泉水以通舟，岁可省雇车钱六万缗。……其二，顺德达泉引入城中，分为三渠，灌城东地。其三，顺德沣河东至古任城，失其故道，没民田千三百余顷。此水开修成河，其田即可耕种，自小王村经滹沱，合入御河，通行舟伐。其四，磁州东北滏阳、邯郸、名州、永年下经鸡泽，合入沣河，可灌田三千余顷。……其六，黄河自孟州西开引，少分一渠，经由新、旧孟州中间，顺河古岸下，至温县南复入大河，其间亦可灌田二千余顷”。郭守敬在论述这六条水利措施时，还是涉世未深的年轻人，而他却对国家的水利有全面的考虑，并且是从发展农业出发的。“每奏一事，世祖叹曰：‘任事者如此，人不为素餐矣。’授提举诸路河渠。（中统）四年，加授银符、副河渠使。”郭守敬担任了水利方面的官员，使他有机会施展自己的理想。

至元元年（1264年），郭守敬跟从张文谦到宁夏考察。“先是，古渠在中兴者，一名唐来，其长四百里，一名汉延，长二百五十里，它州正渠十，皆长二百里，支渠大小六十八，灌田九万余顷。兵乱以来，废坏淤浅。守敬更立闸堰，皆复其旧。”郭守敬兴修宁夏水利，恢复原来各条水渠功能，使黄河水灌溉面积超过九万顷。

至元二年（1265年），郭守敬担任都水少监。他建议修理古渠，使水得畅通，上可以致西山之利，下可以广京畿之漕。郭守敬进言：“舟自中兴沿河四昼夜至东胜，可通漕运，及见查泊、兀郎海古渠甚多，宜加修理。”又言：“金时，自燕京之西麻峪村，分引卢沟一支东流，穿西山而出，是谓金口。其水自金口以东，燕京以北，灌田若干顷，其利不可胜计。兵兴以来，典守者惧有所失，因以大石塞之。今若按视故迹，使水得通流，上可以致西山之利，下可以广京畿之漕。”又言：“当于金口西预开减水口，西南还大河，令其深广，以防涨水突入之患。”皇帝认为言之有理。

至元三年（1266年），郭守敬主持疏浚大都（今北京）金口河，引卢沟水，运输西山木石。

至元十二年（1275 年），郭守敬勘测卫、泗、汶、济等河，规划运河河道。他测量孟门以东黄河故道，规划黄河分洪及灌溉。

至元二十八年（1291 年）十二月乙丑，恢复都水监。郭守敬主张："大都运粮河，不用一亩泉旧源，别引北山白浮泉水。西折而南，经瓮山泊，自西水门入城，环汇于积水潭，复东折而南，出南水门，合入旧运粮河；每十里置一闸，比至通州，凡为闸七。距闸里许，上重置斗门，互为提阏，以过舟止水。"皇帝认为可行，让郭守敬负责此事。

至元二十九年至三十年（1292—1293 年），郭守敬主持开凿惠通河，引昌平、白浮等泉，经玉河至城内积水潭，东流至通州会白河，全长一百六十四里，设闸 11 处，共 24 座，至此京杭运河全线完工。运河由弯变直，从杭州到大都的距离拉近，比隋代的运河大大缩短。

郭守敬是个全才，虽然在元代发挥过一定的作用，但史学家仍然认为未能尽其才。《续资治通鉴》卷一百九十九记载："太史令郭守敬历数、仪象之学，并为时用，其尤济时者为水利之学。决金口以下西山之伐，而京师财用饶；复三白渠以溉濒河之地，而灵夏军储足；引汶、泗以接江、淮之派，而燕、吴漕运通；建斗闸以开白浮之源，而公私陆费省。其在西夏，尝挽舟溯流而上究所谓河源者；又尝自孟门以东，循黄河故道，纵广数百里间，皆为测量地平，或可以分杀河势，或可以溉灌田土，具有图志；又尝以海百较京师至汴梁地形高下之差，或汴梁之水去海甚远，其流峻，而京师之水去海至近，其流甚缓。其言皆有征验，论者惜其未尽见用云。"

第二节　治水实践

宋元重视治水，以水利作为国家经济之命脉，对于环境改造与保护作出了新贡献。

一、宋代治水

宋太宗重视水利调研，能听取群臣的建议，并爱惜民生。《续资治通鉴长编》卷二十四记载，太平兴国八年（983 年）郭守文塞决河堤，久不成。宋太宗建议调查古代的遥堤，希望能借用以防水。他对宰相赵普说："今岁秋田方稔，适值河决，塞治之役，未免重劳。言事者谓河之两岸，古有遥堤以宽水势，其后民利沃壤，或居其中，河之盛溢，即罹其患。当令按视，苟有经久之利，无惮复修。"

赵普派国子监丞赵孚等人沿着黄河南岸，西自河阳，东至于海，调查遥堤旧址，凡十州二十四县，回奏太宗："访遥堤之状，所存者百无一二，完补之功甚大。臣闻尧非洪水不能显至圣，禹非导川不能成大功。古者派为九河，始能无患，臣以谓治遥堤不如分水势。自孟至郓虽有堤防，惟滑与澶最为隘狭。于此二州之地，可立分水之制，宜于南北岸各开其一，北入王莽河以通于海，南入灵河以通于淮，节减暴流，一如汴口之法。其分水河，量其远近作为斗门，启闭随时，务平均济，通舟运，溉农田。如此，则惟天惠民，茂宣于德泽，分地之利，普洽于膏腴，既防水旱之灾，可获富庶之资也。"赵孚等人的新建议来自对民间的调查，符合实情，有可操作性。然而，朝议时，以河决未平，重惜民力，搁置了建议。终宋一代，治河的建议有许多，多因国家财力有限而不能实施。

当时，天天阴雨，太宗以河决未塞，很担忧，对赵普说："修防决塞，盖不获已，而秋霖荐降，役民滋苦，岂朕寡德，致其作沴乎？"赵普对曰："尧水汤旱，时运使然，陛下劳谦勤恤，过自刻责，下臣恐惧无所措，望少宽宸虑，以俟天灾弭息。”

宋代重视管理水情，设置专门的官员。《续资治通鉴长编》卷一百八十八记载，嘉祐三年（1058年）十一月，己丑，宋仁宗下诏：“天下利害，系于水为深，自禹制横溃，功施于三代，而汉用平当领河堤，刘向护都水，皆当时名儒，风迹可观。近世以来，水官失职，稽诸令甲，品秩犹存。今大河屡决，遂失故常，百川惊流，或致冲冒，害既交至，而利多放遗，此议者宜为朝廷讲图之也。朕念夫设官之本，因时有造，救弊求当，不常其制。然非专置职守，则无以责其任，非遴择才能，则无以成其效，宜修旧制，庶以利民。其置在京都水监，凡内外河渠之事，悉以委之，应官属及本司合行条制，中书门下裁处以闻。其罢三司河渠司，以御史知杂吕景初判监盐铁判官，领河渠司事杨佐同判，河渠司勾当公事孙琳、王叔夏知监丞事。”

1. 修渠

宋代，围绕土地开展农田水利工程，不断改善水环境。

为了提高水上运输能力，宋代官员注意兴修漕渠。宋太宗太平兴国三年（978年），西京转运使程能献建议给朝廷：“自南阳下向口置堰，回水入石塘、沙河，合蔡河，达于京师，以通湘、潭之漕。”到了端拱元年（988年），朝廷计划对这个宏大的漕渠分两段实施，一段“开荆南城东漕河，至狮子口入江”，开辟的水路“可通荆、峡漕路至襄州”；另一段是“开古白河，可通襄、汉漕路至京”。[①] 今陕西有白河县，与湖北相连接。古白河当为汉水支流。这项工程初步完成了荆南漕河到汉江的部分路段，对当时的社会经济发展起到了一定的作用。

宋治平四年（1067年），福建长乐女子钱四娘创修莆田木兰陂，两次失败，改动坝址，于熙宁八年（1075年）由李宏修成，号称灌田万顷，沿用至近代。

宋皇祐年间（1049—1054年），江淮发运使许元自淮阴向西，接沙河开运渠至洪泽长49里，后马仲甫开洪泽渠60里。至元丰六年（1083年）更向西

---

①《宋史·河渠志六》。

开龟山运河长 57 里。淮水南岸运河完成，自汴渠至邗沟不再行淮水中，只横过淮水。

宋大观元年（1107 年），改修陕西三白渠，名丰利渠，号称灌田二万顷。

宋仁宗至和二年（1055 年），宜城县令孙永组织民众修复长渠，清理淤积，加固渠岸，恢复机关，使之蓄水，为民田供水，民受其益。为了保证长渠的长效机制，孙永又制订了管理制度。后来，曾巩调任襄州知州，专门写了《襄州宜城县长渠记》，称赞孙永的功绩。其文曰："长渠至宋至和二年，久隳不治，而田数苦旱，川饮食者无所取，令孙永曼叔率民田渠下者，理渠之坏塞，而去其浅隘，遂完故堨使水还渠中。自二月丙午始作，至三月癸未而毕，田之受渠水者，皆复其旧。曼叔又与民为约束，时其蓄泄，而止其侵争，民皆以为宜也……溉田三千余顷，至今千有余年，而曼叔又举众力而复之，使并渠之民，足食而甘饮，其余粟散于四方。盖水出于西山诸谷者其源广，而流于东南者其势下，至今千有余年，而山川高下之形势无改，故曼叔得因其故迹，兴于既废。使水之源流，与地之高下，一有易于古，则曼叔虽力，亦莫能复也。"① 据此可知，地方官员不仅领导修复水渠，还参与科学管理，以便更好发挥水渠的作用。南宋时也修过长渠。绍兴三十二年（1162 年），朝廷派京西运判姚岳治理长渠，姚岳经过实地考察，召集两万役夫对长渠进行治理，使长渠的水利功能更加完善。

宋嘉祐五年（1060 年），河东多引雨洪浊水淤灌，绛州淤田五百余顷，其他州县亦推广，凡 9 州 26 县。是年毕工，编成《水利图经》（已佚），这是浊水灌溉总结专著。

宋熙宁二年（1069 年），十一月颁布《农田水利约束》，大兴全国水利。

宋熙宁二年至元丰二年（1069—1079 年），引北方多沙河流水，汴、黄、漳、滹沱等淤两岸农田，利用泥沙，放淤肥田。当时上奏淤田几万顷。

宋政和年间（1111—1118 年），大兴水利，围湖造田，于是太湖始见围田之名，浙东则为湖田，江东为圩田。

宋政和六年至宣和二年（1116—1120 年），赵霖开太湖流域港浦，置闸，围湖造田，修塘岸堤圩。庆元元年（1195 年）新知通州李辑反映浙西围湖垦

① (宋) 曾巩：《元丰类稿》卷十九。

田情况严重："近年以来，浙西诸郡围田之利既行，而陂塘淹渎皆变为田。……潴水之地，百不存一，水无所取。雨则易潦，晴则易旱者，皆四田有以致之也。"①

宋绍定元年至淳祐元年（1228—1241 年），大兴襄阳、江陵间水利屯田；立军民屯数十处，开田近 20 万顷，兴建一批农田水利工程。

《续资治通鉴长编》卷五记载：宋太祖乾德二年（964 年）二月，"命右神武统军陈承昭帅丁夫数千凿渠，自长社引溵水至京，合闵河。溵水出密之大隗山，历许田，会春夏霖雨则大溢害稼。及渠成，民无水患，闵河之漕益通流焉"。

《续资治通鉴长编》卷十九记载，宋太平兴国三年（978 年），"京西转运使程能献议，请自南阳下向口置堰，回白河水入石塘、沙河，合蔡河，达于京师，以通襄、潭之漕。上壮其言而听之。戊戌，诏发唐、邓、汝、颍、许、蔡、陈、郑丁夫及诸州兵凡数万人，以弓箭库使阳武王文宝、六宅使李继隆、内作坊副使李神祐、刘承珪等护其役。崭山堙谷，历博望、罗渠、小祐山，凡百余里。逾月，抵方城，地高，水不能至，又增役人以致水，然终不可通漕。会山水暴涨，石堰坏，河不克就，卒废焉。承珪，山阳人也。"这是一桩"南水北调"的水利工程，说明宋人在改造环境的过程中是有经验教训的。

凡是有利于农业的水利，总是得到民众的支持与文人的点赞。宋英宗时，朱纮为宜城县令，在治平二年（1065 年）修复了当地木渠。木渠经宜城县东北而流注汉水，年久失修，朱纮发动民众，有钱出钱，有力出力，三个月就完成了工程。木渠把若干个陂塘、支流连接成一个灌溉网，改善了农业生态环境，民众长期受益。安陆人郑獬在治平四年（1067 年）撰写了《襄州宜城县木渠记》。《襄州宜城县木渠记》记载："治平二年（1065 年），淝川朱君为宜城令。治邑之明年，按渠之故道，欲再凿之。曰：此令事也，安得不力？即募民治之。凡渠所渐及之家，皆授功役锸杵，呼跃而从之，惟恐不及，公家无束薪斗米之费。不三月，而数百岁已坏之迹，俄而复完矣。"② 郑獬又写了一首

①《宋会要辑稿·食货》。

②《木渠碑记》，石洪运、洪承越点校：《荆州记九种　襄阳四略》（此处引自《襄阳四略》），湖北人民出版社 1999 年版，第 421 页。

《木渠》诗，诗赞："木渠远自西山来，下溉万顷民间田。谁谓一石泥数斗，直是万顷黄金钱。去年出谷借牛耕，今年买牛车连连。须知人力夺造化，膏雨不如山下泉。雷公不用苦震怒，且放乖龙闲处眠。安得木渠通万里，坐令四海成丰年。"① 其中说到"人力夺造化"，是对这项水利工程功能的高度评价。朱绂复修木渠，不需要政府出钱，百姓乐而趋功，渠成灌田六千多顷，数县农民得利，朝廷奖励此事，提升朱绂为大理寺丞。

宋熙宁三年（1070年）十二月，梓州路转运判官李竦上《乞兴江淮荆楚水利奏》，建议朝廷命湖北境内地方官员"访求境内古来陂堰积年毁坏荒废者"，抓紧时间修复。② 太平兴国年间，陈咏担任崇阳县县令，带领民众在白泉上修筑堰坡，凿山为渠，引水灌溉农田，使几百顷农田旱涝保收。③

周去非对宋代仍在发挥灌溉、运输作用的灵渠作了介绍，对灵渠的结构与功能作了充分肯定。他在《岭外代答·地理门》说："禄之凿渠也，于上流砂碛中叠石作铧觜，锐其前，逆分湘水为两，依山筑堤为溜渠，巧激十里而至平陆，遂凿渠绕山曲，凡行六十里，乃至融江而俱南。……自铧觜分水入渠，循堤而行二里许，有泄水滩。苟无此滩，则春水怒生，势能害堤，而水不南。以有滩杀水猛势，故堤不坏，而渠得以溜湘余水缓达于融，可以为巧矣。渠水绕迤兴安县，民田赖之。深不数尺，广可二丈，足泛千斛之舟。渠内置斗门三十有六，每舟入一斗门，则复闸之，俟水积而舟以渐进，故能循崖而上，建瓴而下，以通南北之舟楫。"

《金史·食货志》记载：金统治者鼓励开水渠灌田，提拔有政绩的官员。章宗明昌五年（1194年）闰十月，皇帝下诏：有河者可开渠，引以溉田。安肃、定兴二县等地响应，引河溉田四千余亩。六年（1195年）十月，定制：县官任内有能兴水利田及百顷以上者，升本等首注除。谋克所管屯田，能创增三十顷以上，赏银绢二十两匹，其租税止从陆田。宣宗兴定五年（1221年）五月，南阳令李国瑞开创水田四百余顷，诏升职二等。

由于农村开垦出大片土地，且官方重视水利，必然增加了粮食产量。宋

①（宋）郑獬：《郧溪集·木渠》。

②（清）徐松辑：《宋会要辑稿》，上海古籍出版社2014年版，第7505页。

③ 李怀军主编：《武汉通史·宋元明清卷》，武汉出版社2006年版，第29页。

代，芜湖（属今安徽）一带开垦出约12万亩圩田，加上政府推广种植占城稻，使农作物产量大大提高。南方成为天下的粮仓，民谣有“苏（州）湖（州）熟，天下足”。

2. 栽树

宋代朝廷倡导地方上种树，很重要的原因就是因为有水患，试图通过植树加强水土涵养。《宋史·河渠志》记载：“开宝四年（971年）十一月，河决澶渊，泛数州。官守不时上言，通判、司封郎中姚恕弃市，知州杜审肇坐免。五年正月，诏曰：‘应缘黄、汴、清、御等河州县，除准旧制种艺桑枣外，委长吏课民别树榆柳及土地所宜之木。仍案户籍高下，定为五等：第一等岁树五十本，第二等以下递减十本。民欲广树艺者听，其孤、寡、茕、独者免。’”

宋初，杭州的西湖水质下降，湖区甚至被圈占为农田。《宋史·河渠志七》记载：“至宋以来，稍废不治，水涸草生，渐成葑田。”元祐中，知杭州苏轼向朝廷报告杭州的水环境，担心西湖环境恶化：“杭之为州，本江海故地，水泉咸苦，居民零落。自唐李泌始引湖水作六井，然后民足于水，井邑日富，百万生聚，待此而食。今湖狭水浅，六井尽坏，若二十年后，尽为葑田，则举城之人，复饮咸水，其势必耗散。又放水溉田，濒湖千顷，可无凶岁。今虽不及千顷，而下湖数十里间，茭菱谷米，所获不赀。”为了保护西湖水环境，苏轼“既开湖，因积葑草为堤，相去数里，横跨南、北两山，夹道植柳，林希榜曰苏公堤，行人便之，因为轼立祠堤上”。

西夏在河套地区的兴州、灵州修复了汉唐以来建筑的水渠，引灌黄河水，并加强对水渠的管理。从《天盛律令》可知12世纪下半叶银川平原的河渠格局、渠道形制及相关的管理制度。如，对水渠有专门人员管理，渠的维修、放水事宜都有律令条款，甚至规定沿渠栽树，保护水土环境。《地水杂罪门》中记载：“当沿所属渠段植柳、柏、杨、榆及其他种种树，令其成材，与原先所植树木一同监护，除依时节剪枝条及伐而另植外，不许诸人伐之。”①

宋太平兴国六年（981年），王延德出使西昌，见到当地合理利用水资源，发展农业生产。“高昌即西州也。其地南距于阗，西南距大食、波斯，西距西

---

① 史金波等译注：《天盛改旧新定律令》，法律出版社2000年版，第509页。

天步路涉、雪山、葱岭，皆数千里。地无雨雪而极热，每盛暑，居人皆穿地为穴以处。飞鸟群萃河滨，或起飞，即为日气所铄，坠而伤翼。屋室覆以白垩……有水源出金岭，导之周围国城，以溉田园，作水磴。地产五谷，惟无荞麦。贵人食马，余食羊及凫雁。乐多琵琶、箜篌。出貂鼠、白毡、绣文花蕊布。俗好骑射。妇人戴油帽，谓之苏幕遮。用开元七年历，以三月九日为寒食，余二社、冬至亦然……好游赏，行者必抱乐器。"①

宋代治水，官员能根据实际情况，调整渠道路线，达到较好的效果。《宋史·河渠志》记载："景德三年（1006年），盐铁副使林特、度支副使马景盛陈关中河渠之利，请遣官行郑、白渠，兴修古制。乃诏太常博士尚宾乘传经度，率丁夫治之。宾言：'郑渠久废不可复，今自介公庙回白渠洪口直东南，合旧渠以畎泾河，灌富平、栎阳、高陵等县，经久可以不竭。'工既毕而水利饶足，民获数倍。"

3. 其他

宋哲宗元祐末年、绍圣初年，邹浩担任襄州州学教授，注意到襄阳白沙湖边有一座水转五磨，用于加工麦子。这种靠水流为动力的粮食加工机械，有轮有轴，相衔接，巧夺天工，极大减轻了劳动力。于是，邹浩在给友人端夫的诗中表达了赞叹之情。这首诗就是《次韵端夫闻江北水磨》，其文节录如下："白沙湖边更湍急，五磨因缘资养生。城中鞭驴喘欲死，亦或人劳僵自横。借令麦破面浮玉，青蝇遽集争营营。乃知此策最长利，朱墨岂复嗤南荣。天轮地轴驰昼夜，彷佛飓扇吹苍瀛。游江夫人俨然坐，蛟龙不动如石鲸。只应神物亦持护，我辈何妨双耳清。"② 诗中说到靠人力拉磨，累得"驴喘欲死"；对机械五磨，应当"持护"。虽然我们现在看不到五磨原物，史书也没有留下绘图，但可以想象这是一个机械，在当地可能不止一个。能够引起邹浩大发诗兴，说明五磨确实是神奇的。其实，龙骨水车在宋代已普遍采用脚踏，利用人体重量比起用手挽动省力得多。所以宋人常咏踏车，如南宋范成大《石湖诗集·田园杂兴》云："下田戽水出江流，高垅翻江逆上沟。地势不齐人力尽，丁男常

---

①《宋史·高昌传》。

②（宋）邹浩：《道乡集》卷四。

在踏车头。”

值得注意的是：地方官员兴修水利，有的是为了邀功请赏，因而出现了不尊重自然规律的现象。针对这种情况，有些正直的官员上书提出了批评：“河北州郡，多建请筑城凿河，所役皆数十万工，冀贝之间尤甚，百姓失业可哀，而吏以此邀赏。苟不禁止，后将放效，竞事土功，因缘致他变，宜著令城非隊顿不得擅请增广；河渠非可通漕省大费者，毋议穿凿。当修城浚渠者，虽能省功亦不加赏，如此自止矣。又言，澶魏塞河堤，当霜降水落，治之是也。今失其时，春水日生，农事方急，而十余万人不得缘南亩。其取土处去河三十里以上，恐终不能成工，就能成之，功必不坚。盛夏水涨，乃甫可忧。”①《宋史·河渠志》记载宋钦宗即位时，御史中丞许翰上言，弹劾负责治水的一些官员妄设堤防之功，穷竭民力，聚敛金帛。

4. 西夏与金的治水

唐代设有夏州，当地沙漠化严重。到了宋代，夏州被沙漠包围，夏州城被废弃。从《宋史·高昌传》可知，吐鲁番一带沙漠化加剧。王延德出使高昌，说“沙深三尺，马不能行，行者皆乘橐驼”。

西夏管辖的范围以沙漠居多，水资源较少。甘州境内有黑水。横山地区有无定河、白马川。统治者重视水利设施，在兴州修建汉源渠和唐徕渠。夏景宗时兴修从今青铜峡至平罗的灌渠，世称“昊王渠”“李王渠”。在甘州、凉州一带，利用祁连山雪水，疏浚河渠，引水灌田。黄河西岸有渠全长300余里。黄河东岸也修有渠，这对于发展黄河两岸的农业提供了保证。

金泰和五年（1205年），金开通济河（又称闸河）通运，以高梁河为源，自中都至通州。后废。

二、元代治水

元代治水，有三个突出特点，其一，年年都在兴修水利工程，不断改善水上运输与取水环境。其二，特别重视京城周边的水环境。如至元十三年（1276

---

①（宋）刘敞：《公是集》卷五十一。

年)，开济州河，自济宁至安山，长 130 多里，通漕运。至元十八年（1281 年)，开凿胶莱运河，自山东胶县至海沧口入海，沟通了胶东半岛莱州湾与胶州湾水运。其三，加强相关机构的设置与官员的任派。

水利是环境的重要组成部分，管理好了水利，就构建了和谐的农耕环境，使社会能够持续发展。《元史・水利志》记载："元有天下，内立都水监，外设各处河渠司，以兴举水利、修理河堤为务。决双塔、白浮诸水为通惠河，以济漕运，而京师无转饷之劳；导浑河，疏滦水，而武清、平滦无垫溺之虞；浚冶河，障滹沱，而真定免决啮之患。开会通河于临清，以通南北之货；疏陕西之三白，以溉关中之田；泄江湖之淫潦，立捍海之横塘，而浙右之民得免于水患。当时之善言水利，如太史郭守敬等，盖亦未尝无其人焉。一代之事功，所以为不可泯也。"

元朝在中央设监察水利的官员，在地方各处设管理河渠事务的官署，并以兴修水利、修筑河渠为任务。中央有都水监，地方上有河渠司，以兴修水利、修理河渠为务。《元史・百官志六》记载："都水监，秩从三品，掌治河渠并堤防水利桥梁闸堰之事。"都水监的级别不低，秩从三品，说明统治者对水利的重视。地方上，如山东、河南，根据需要也设有都水监，以便切实管理好水利。《元史・百官志八》记载："河南山东都水监。至正六年五月，以连年河决为患，置都水监，以专疏塞之任。……至正八年二月，河水为患，诏于济宁郓城立行都水监。九年，又立山东河南等处行都水监。十一年十二月，立河防提举司，隶行都水监，掌巡视河道。"

元代还有一些与水利相关的官员。如："都水庸田使司。至元二年正月，置都水庸田使司于平江，既而罢之。至五年，复立。至正十二年，因海运不通，京师阙食，诏河南洼下水泊之地，置屯田八处，于汴梁添都水庸田使司，正三品，掌种植稻田之事。"

1. 北方的各项水利工程

《元史・河渠志》叙述了对各条河渠的治理，[①] 主要有以下河渠。

卢沟河

---

① 此节未标出处的资料，均出自《元史・河渠志》。

卢沟河，其源出于代地，又因为水较浑浊，故称小黄河。自奉圣州界流入宛平县境，至都城四十里东麻谷，分为两派。《元史·河渠志一》记载，太宗七年（1235 年），刘冲禄进言，说卢沟河若不修堤固护，“恐不时涨水冲坏，或贪利之人盗决溉灌，请令禁之”。于是，朝廷任命刘冲禄负责治理，“毋致冲塌盗决，犯者以违制论，徒二年，决杖七十。如遇修筑时，所用丁夫器具，应差处调发”。

三白渠

三白渠，在京兆地区。自元伐金，渠堰缺坏，土地荒芜。陕西之人虽欲种莳，不获水利，赋税不足，军兴乏用。《元史·河渠志二》记载，太宗十二年（1240 年），梁泰奏：“请差拨人户牛具一切种莳等物，修成渠堰，比之旱地，其收数倍，所得粮米，可以供军。”太宗准奏。

广济渠

广济渠在怀孟路，引沁水以达于河。元世祖中统二年（1261 年），提举王允中、大使杨端仁奉诏开河渠，渠四道，长阔不一，计 677 里，经济源、河内、河阳、温、武陟五县，村坊计 463 处，渠成甚益于民，名曰广济。“设官提调，遇旱则官为斟酌，验工多寡，分水浇溉，济源、河内、河阳、温、武陟五县民田三千余顷咸受其赐。”《元史·河渠志二》记载，过了二十余年后，“（广济渠）因豪家截河起堰，立碾磨，壅遏水势，又经霖雨，渠口淤塞，堤堰颓圮。河渠司寻亦革罢，有司不为整治，因致废坏”。于是，怀庆路同知阿合马进言：“依前浚治，引水溉田，于民大便。可令河阳、河内、济源、温、武陟五县，使水人户自备工力，疏通分水渠口，立闸起堰，仍委谙知水利之人，多方区画。遇旱，视水缓急，撤闸通流，验工分水以灌溉；若霖雨泛涨，闭闸退还正流。禁治不得截水置碾磨，栽种稻田。如此，则涝旱有备，民乐趋利。”

双塔河

双塔河，源出昌平县孟村一亩泉，经双塔店而东，至丰善村，入榆河。《元史·河渠志一》记载，至元三年（1266 年）四月六日，巡河官为防患于未然而进言：“双塔河时将泛溢，不早为备，恐至溃决，临期卒难措手。乃计会闭水口工物，开申都水监，创开双塔河，未及坚久。今已及水涨之时，倘或决坏，走泄水势，误运船不便。”朝廷同意马上治理，并取得了实效。

御河

御河，自大名路魏县界经元城县泉源乡于村度，南北约十里，东北流至包家渡，下接馆陶县界三口。御河上从交河县，下入清池县界。又永济河在清池县西三十里，自南皮县来，入清州，称之为御河。《元史·河渠志一》记载，至元三年（1266年）七月六日，都水监言："运河二千余里，漕公私物货，为利甚大。自兵兴以来，失于修治，清州之南，景州以北，颓阙岸口三十余处，淤塞河流十五里。至癸巳年，朝廷役夫四千，修筑浚涤，乃复行舟。今又三十余年，无官主领。沧州地分，水面高于平地，全藉堤堰防护。其园圃之家掘堤作井，深至丈余或二丈，引水以溉蔬花。复有濒河人民就堤取土，渐至阙破，走泄水势，不惟涩行舟、妨运粮，或致漂民居、没禾稼。其长芦以北，索家马头之南，水内暗藏桩橛，破舟船，坏粮物。"部议以滨河州县佐贰之官兼河防事，于各地分巡视，如有缺破，即率众修治，拔去桩橛，仍禁园圃之家毋穿堤作井，栽树取土。

《续资治通鉴·元纪七》记载了与御河相关的水利。至元二十六年（1289年）春，正月，己亥，因河道航行条件差废弃，开安山渠，引汶水以通运道。先是寿张县尹韩仲晖、太史院令史边源，相继建言："请自东昌路须城县安山之西南开河置闸，引汶水达舟于御河，以便公私漕贩。"尚书省遣漕副马之贞与源等按视地势，商度工用。于是图上可开之状，僧格以闻，言："开浚之费，与陆运亦略相当；然渠成乃万世之利，请以今冬备粮费，来春浚之。"诏出楮币一百五十万缗、米四百石、盐五万斤，以为傭直，备器用；征帝郡丁夫三万，驿遣断事官猛苏尔、礼部尚书张孔孙、兵部尚书李处巽等董其役。是日兴工，起于须城之安山，止于临清之御河，长二百五十余里，建闸三十有一，度高低，分远近，以节蓄泄。

济州河

济州河，新开通的通漕运河。《元史·河渠志二》记载，元至元十三年（1276年），开济州河，自济宁至安山，长一百三十多里，通漕运。

胶莱运河

元至元十八年（1281年）开凿胶莱运河，自山东胶县至海沧口入海，沟通了胶东半岛莱州湾与胶州湾水运。至元二十六年（1289年）因河道航行条件差废弃。

会通河

会通河，起东昌路须城县安山之西南，由寿张西北至东昌，又西北至于临清，以逾于御河。《元史·河渠志一》记载：至元二十六年（1289年），寿张县尹韩仲晖、太史院令史边源相继建言，开河置闸，引汶水达舟于御河，以便公私漕贩。省遣漕副马之贞与源等按视地势，商度工用，于是施工。马之贞等主持开会通河，南自安山，北至临清，长265里，用工250多万。

通惠河

《元史·河渠志一》记载：通惠河，其源出于白浮、瓮山诸泉水也。世祖至元二十八年（1291年），都水监郭守敬奉诏兴举水利，因建言："疏凿通州至大都河，改引浑水溉田，于旧闸河踪迹导清水，上自昌平县白浮村引神山泉，西折南转，过双塔、榆河、一亩、玉泉诸水，至西水门入都城，南汇为积水潭，东南出文明门，东至通州高丽庄入白河，总长一百六十四里一百四步。塞清水口一十二处，共长三百一十步。坝闸一十处，共二十座，节水以通漕运，诚为便益。"世祖同意了，从至元二十九年之春兴役，"役兴之日，命丞相以下皆亲操畚锸为之倡"。郭守敬主持开凿惠通河，引昌平、白浮等泉，经玉河至城内积水潭，东流至通州会白河，全长164里，设闸11处，共24座。由于测量精确，所以在施工过程中，"置闸之处，往往于地中得旧时砖木，时人为之感服"。第二年秋季通惠完工，顿时就收到成效，"船既通行，公私两便。先时通州至大都五十里，陆挽官粮，岁若千万，民不胜其悴，至是皆罢之"。

此役亦见之于《元史·月赤察儿传》：至元二十八年（1291年），"都水使者请凿渠西导白浮诸水，经都城中，东入潞河，则江淮之舟既达广济渠，可直泊于都城之汇。帝亟欲其成，又不欲役其细民，敕四怯薛人及诸府人专其役，度其高深，画地分赋之，刻日使毕工。月赤察儿率其属，著役者服，操畚锸，即所赋以倡。趋者云集，依刻而渠成，赐名曰通惠河，公私便之。帝语近臣曰：'是渠非月赤察儿身率众手，成不速也。'"其后，不断续修通惠河闸。《元史·英宗纪》记载：英宗至治三年（1323年）二月，"修通惠河闸十有九所"。

金水河

金水河，其源出于宛平县玉泉山，流至和义门南水门入京城，故得金水之名。《元史·河渠志一》记载，至元二十九年（1292年）二月，中书右丞马速忽等进言，说："金水河所经运石大河及高良河、西河俱有跨河跳槽，今已损坏，请新之。"于是，当年六月就开始了水利工程，第二年二月工毕。至大四年七月，朝廷又下旨引金水河水注之光天殿西花园石山前旧池，置闸四以节水。闰七月兴工，九月完成。

滦河

滦河，源出金莲川中，由松亭北，经迁安东、平州西，濒滦州入海。滦河过乌滦河，东有滦州，因河为名。《元史·河渠志一》记载：大德五年（1301年）八月十三日，平滦路进言："六月九日霖雨，至十五日夜，滦河与淝、洳三河并溢，冲圮城东西二处旧护城堤、东西南三面城墙，横流入城，漂郭外三关濒河及在城官民屋庐粮物，没田苗，溺人畜，死者甚众，而雨犹不止。至二十四日夜，滦、漆、淝、洳诸河水复涨入城，余屋漂荡殆尽。"

坝河

坝河，亦名阜通七坝。《元史·河渠志一》记载，成宗大德六年（1302年）三月，京畿漕运司进言，由于坝河水涨，冲决坝堤六十余处，请加修理。于是，朝廷同意根据坝河水流的情况，对其进行维护。当时动用了一万多人修整坝河，使其更加畅通。

浑河

浑河，本卢沟水，从大兴县流至东安州、武清县，入漷州界。《元史·河渠志一》记载，至大二年（1309年）十月，浑河水决左都威卫营西大堤，泛溢南流，淹没左右二翊及后卫屯田麦，由是左都威卫进言，浑水西南漫平地流，恐来春冰消，夏雨水作，冲决成渠，军民被害。请"多差军民修塞，庶免垫溺"。到了皇庆元年、延祐元年，因为霖雨，决堤数处，又进行了修治。

泾渠

延祐元年（1314年），陕西行台监察御史王琚建议引泾灌渠丰利渠，渠口上移，新渠名王御史渠。《长安志图》记载了陕西泾渠各处用来均水的斗门共有135个，今人陈广恩有专门研究，他认为：在泾渠的水利建设方面，元朝政府主要采取了两项措施，加强水利建设的力度。[1] 第一，开凿新渠，导引泾水。泾渠"初凿之时，渠与河平，势无龃龉；岁月激涤，河低渠高，遂不可用"[2]。泾水河道日趋低下和引水渠口日渐高出的矛盾，是历代解决引泾入渠的焦点问题。至元代，这一矛盾更为突出，于是元朝政府只好于宋渠之上再开

---

① 陈广恩：《〈长安志图〉与元代泾渠水利建设》，《中国历史地理论丛》2006年第1期。

②《长安志图》卷下《泾渠总论》。

新渠。至大元年（1308 年），陕西诸道行御史台监察御史王琚建议，于宋代丰利渠之上再开凿引水石渠。新石渠和宋丰利渠之间的距离是五十六步，解决了引泾入渠的问题。第二，加强对除泾水之外其他灌溉水源的建设力度。元时，用来灌溉的泾水流量比以前有所减少。因此，为了解决泾水灌溉用水水源不足的问题，元朝政府又加大了对其他水源的开发利用力度。将冶谷水引入云阳，修成七条灌溉渠道，分别是天井渠、王公渠、成渠、海西渠、通利渠、盐渠、仙里渠，加大了引水量。

滹沱河

滹沱河，源出于西山，在真定路真定县南一里，经藁城县北一里，经平山县北十里，《太平寰宇记》载经灵寿县西南二十里。此河连贯真定诸郡，经流去处，称为滹沱水。滹沱河的北边堤防经常破裂，数年修筑，皆取土于北岸，使得堤岸南高北低。朝廷多次派官员踏勘，提出解决方案，一方面加固北堤，另一方面分散水流，确保其长久之治。《元史·河渠志一》记载，延祐七年（1320 年）十一月，真定路进言："真定县城南滹沱河，北决堤，浸近城，每岁修筑。闻其源本微，与冶河不相通，后二水合，其势遂猛，屡坏金大堤为患。……数年修筑，皆于堤北取土，故南高北低，水愈就下侵啮。"都水监与真定路官相互商量考察之后，认为："夫治水者，行其所无事，盖以顺其性也。闸闭滹沱河口，截河筑堤一千余步，开掘故河老岸，阔六十步，长三十余里，改水东南行流，霖雨之时，水拍两岸，截河堤堰，阻逆水性，新开故河，止阔六十步，焉能吞授千步之势？上咽下滞，必致溃决，徒糜官钱，空劳民力。若顺其自然，将河北岸旧堤比之元料，增添工物，如法卷扫，坚固修筑，诚为官民便益。"

白河

白河，在漷州东四里，北出通州潞县，南入于通州境，又东南至香河县界，又流入于武清县境，达于静海县界。《元史·河渠志一》记载："通州运粮河全仰白、榆、浑三河之水，合流名曰潞河，舟楫之行有年矣。"由于河道浅涩，夏天旱，有止深二尺处，粮船不通，改用小料船搬载，淹延岁月，致亏粮数。于是，朝廷决定"自积水处由旧渠北开四百步，至乐岁仓西北"，使白河得以重新发挥运输功能。

元代治水实践中也有不成功的案例，如至正年间，治河出现了一件教训很深的事情。至正二年（1342 年）春，正月，有人主张在都城外开河置闸，引金口浑河之水，东达通州以通舟楫，深五十尺，广一百五十尺，役夫十万人。当时，廷臣多持反对意见，左丞相许有壬进言：浑河之水，湍悍易决，足以为害；淤浅易塞，不可行舟。况西山水势高峻，金时在城北，流入郊野，纵有冲决，为害亦轻。今则在都城西南，若霖潦涨溢，加以水性湍决，宗社所在，岂容侥幸！即成功一时，亦不能保其永无冲决之患。宰臣托克托终不听，坚持要开河置闸。四月，金口河工程完毕，启闸放水，湍急少壅，船不可行。而开掘的过程中，“毁民庐舍与坟茔，夫丁死伤甚众，又费用不赀，卒以无功”。于是有御史纠劾，都水傅佐皆因此而被诛。

为了扩大生活空间，对付旱灾，元代在漠北大力推行人工水井。窝阔台执政时，在“无水处教穿井”。至元二十五年（1288 年），“发兵千五百人诣汉（漠）北浚井”。[①] 这样大规模的掘井行为并不多见。

哈剌鲁（葛逻禄）族诗人乃贤撰《河朔访古记》。原书已佚。清代修《四库全书》时从《永乐大典》中辑出 124 条，编成三卷，分为上卷真定路、中卷彰德路、下卷河南路。此辑本在《守山阁丛书》中保存。

2. 南方的各项水利工程

在南方，一方面出现人为地破坏环境，另一方面是积极地改造环境。

运河

扬州运河在扬州之北，宋时曾经派军队疏浚河道。元世祖占领扬州之后，河渐壅塞。《元史・河渠志二》记载，仁宗延祐四年（1317 年）十一月，两淮运司进言：“盐课甚重，运河浅涩无源，止仰天雨，请加修治。”于是，扬州运河得到了治理。

练湖

练湖在镇江。元有江南之后，豪势之家于湖中筑堤围田耕种，侵占既广，不足受水，遂致泛溢。《元史・河渠志二》记载，世祖末年，参政暗都剌奏请依宋例，安排人员提调疏治，其侵占者验亩加赋。至治三年（1323 年）十二月，省臣奏：“江浙行省言，镇江运河全藉练湖之水为上源，官司漕运，供亿京师，及商贾贩载、农民来往，其舟楫莫不由此。宋时专设人夫，以时修浚。

①《元史・世祖纪》。

练湖潴蓄潦水，若运河浅阻，开放湖水一寸，则可添河水一尺。近年淤浅，舟楫不通，凡有官物，差民运递，甚为不便。委官相视，疏治运河，自镇江路至吕城坝，长百三十一里，计役夫万五百十三人，六十日可毕。又用三千余人浚涤练湖，九十日可完，人日支粮三升、中统钞一两。行省、行台分官监督。所用船物，今岁预备，来春兴工。合行事宜，依江浙行省所拟。”朝廷移文江浙行省，委派参政董中奉率合属正官亲临督役。

吴淞江

浙西诸山之水受之太湖，下为吴淞江，东汇淀山湖以入海，而潮汐来往，逆涌浊沙，上泾河口，宋代设置撩洗军人，专掌修治。元既平宋，军士罢散，有司不以为务，势豪租占为荡为田，州县不得其人，辄行许准，以致湮塞不通，公私俱失其利。《元史·河渠志二》记载了江浙省的水利情况，至治三年(1323年)，“上海、嘉定连年旱涝，皆缘河口湮塞，旱则无以灌溉，涝则不能疏泄，累致凶歉，官民俱病。……由是议，上海、嘉定河港，宜令本处所管军民站灶僧道诸色有田者，以多寡出夫，自备粮修治，州县正官督役。其豪势租占荡田、妨水利者，并与除辟。本处民田税粮全免一年，官租减半。今秋收成，下年农隙举行，行省、行台、廉访司官巡镇”。

元代的水利工程，有的见之于史籍，有的见之于考古实物。2001年5月在上海发现志丹苑元代水闸遗址，据考证为元代水利专家任仁发于泰定二年(1325年)治理吴淞江时所建，是已发现的同类遗址中规模最大、做工最精、保存最好的一处，被评为2006年全国十大考古发现之一。当代学者对志丹苑水闸遗址地区全新世以来沉积环境演变做了高分辨率的研究，恢复了近1500年来古吴淞江的古水文数据，并结合该地区全新世以来气候、海平面、地貌演变过程，探讨志丹苑水闸遗址建设与废弃的原因。[①] 王昕认为由于长江口不断南移，近1500年以来丰富的长江泥沙到达上海地区，为遗址区陆地的扩张提供了大量的泥沙来源。在潮流作用下，大量的长江泥沙向古吴淞江倒灌。受本区沿海高、内地低的碟形洼地地貌的影响，古吴淞江水沙下泄困难，使原本宽广的古吴淞江下游及河口日益淤塞。排水困难、潮沙倒

---

① 华东师范大学2008届硕士研究生王昕撰有《上海志丹苑元代水闸兴废的古环境控制因素探讨》，未刊。

灌给本地区人民生活带来极大的不方便。这种情况到元朝时尤其严重，“江湖泛涨，海潮带沙入港，易于淹塞”，因此泰定二年（1325 年）任仁发等在古吴淞江和其支流赵浦附近建造了赵浦闸，即志丹苑水闸，企图“潮来则闭闸而拒之，潮退则开闸而放之”。

龙山河道

龙山河在杭州城外，岁久淤塞。《元史・河渠志二》记载，武宗至大元年（1308 年），江浙省令史裴坚言：“杭州钱塘江，近年以来为沙涂壅涨，潮水远去，离北岸十五里，舟楫不能到岸。商旅往来，募夫搬运十七八里，使诸物翔涌，生民失所，递运官物，甚为烦扰。访问宋时并江岸有南北古河一道，名龙山河，今浙江亭南至龙山闸约一十五里，粪坏填塞，两岸居民间有侵占。迹其形势，宜改修运河，开掘沙土，封闸搬载，直抵浙江，转入两处市河，免担负之劳，生民获惠。”后来，朝廷下决心治理龙山河道，丞相脱脱总治其事，于仁宗延祐三年（1316 年）三月兴工，至四月完成。

其他

太湖：元成宗大德八年至十年（1304—1306 年），任仁发治理太湖，疏浚吴淞江及其支流。《元史・成宗纪》记载，置浙西平江湖渠闸堰凡七十八所。

元至元元年（1335 年）佥四川廉访司事吉当普大修都江堰，各工程改竹笼工为砌石工，铸铁龟为都江分水鱼嘴；又修灌区主要堰、堤及渠道，使著名的都江堰更好地发挥各项功能。

云南的地方官员注重建设当地的水利。至元十三年至十五年（1276—1278 年），云南行省平章政事赛典赤・赡思丁筑昆明盘龙江上的松花坝，分水入金汁河溉田。

第三节 黄河问题

黄河是中华民族的母亲河，流经青海、四川、甘肃、宁夏、内蒙古、陕西、山西、河南、山东九个省区，在山东省北部入渤海。全长5464千米，流域面积达75.24万平方千米。黄河自河源至内蒙古托克托县河口一段为上游，河道全长3472千米，占全河流域面积的将近一半。从河口到郑州桃花峪为中游，长1122千米，流域面积比上游小一点。桃花峪以下为下游，长870千米。下游黄河的支流少，故流域面积比较小。

一、考察河源

黄河发源于青海高原巴颜喀拉山北麓海拔4500米的约古宗列盆地，元代进行了历史上第一次大规模的河源考察，朝廷派达实（或称都实）三次到达吐蕃考察黄河的源头。

至元十七年（1280年）十月，朝廷命令达实为招讨使，佩戴金虎符，前往西北考察河源。《续资治通鉴·元纪三》记载：

达实受命而行，四阅月始抵其地。还，图其形势来上，言：河出吐蕃朵甘思西鄙，有泉百余泓，沮洳散涣，弗可逼视，方可七八十里，履高山下瞰，灿若列星，以故名鄂端诺尔。鄂端，译言星宿也。群流奔凑，近五七里，汇为二巨泽，名鄂博诺尔。自西而东，连属吞噬，行一日，迤逦东骛成川，号齐必勒河。又二三日，水西南来，名伊尔齐，与齐必勒河合。又三四日，水南来，名呼兰。又水东南来，名伊拉齐，合流入齐必勒。其流浸大，始名黄河，然水犹清，人可涉。又一二日，岐为八九股，名也孙斡伦，译言九渡，通广五七里，可度马。又四五日，水浑浊，土人抱革囊骑过之。自是两山峡束，广可一里、二里或半里，其深叵测。……昆仑以西，山皆不穹峻。其东，山益高，地益渐下，岸狭隘，有狐可一跃而越之外。行五六日，有水西南来，名纳邻哈喇，译言细黄河也。又两日，水南来，名奇尔穆苏。二水合流入河，河水北行，转西，流过昆墰北，向东北流，约行半月，至贵德州，地名笔齐里，始有州治、官府。又四五日，至积石，即《禹贡》之积石也。自发源至汉地，南北涧溪，细流傍贯，莫知纪极。山皆草石，至积石方林木畅茂。世言河九折，盖彼地有二折焉。

达实等考察河源，还报称黄河上游有两大湖（合称“阿剌脑儿”，即今鄂陵湖、扎陵湖）和星宿海（“火敦脑儿”）。

此后，翰林学士潘昂霄从达实之弟阔阔那里得到一些资料，撰写了《河源志》。《河源志》首次对河源的地形、水系植被、民俗作了比较全面的介绍。

《元史·地理志五》有《河源附录》，摘录如下：

至元十七年（1280年），命都实为招讨使，佩金虎符，往求河源。都实既受命，是岁至河州。州之东六十里，有宁河驿。驿西南六十里，有山曰杀马关，林麓穹隘，举足浸高，行一日至巅。西去愈高，四阅月，始抵河源。是冬还报，并图其城传位置以闻。其后翰林学士潘昂霄从都实之弟阔阔出得其说，撰为《河源志》……自洮水与河合，又东北流，过达达地，凡八百余里。过丰州西受降城，折而正东流，过达达地古天德军中受降城、东受降城凡七百余里。折而正南流，过大同路云内州、东胜州与黑河合。黑河源自渔阳岭之南，水正西流，凡五百余里，与黄河合。又正南流，过保德州、葭州及兴州境，又过临州，凡一千余里，与吃那河合。吃那河源自古宥州，东南流，过陕西省绥德州，凡七百余里，与黄河合。又南流三百里，与延安河合。延安河源自陕西芦子关乱山中，南流三百余里，过延安府，折而正东流三百里，与黄河合。又南流三百里，与汾河合。汾河源自河东朔、武州之南乱山中，西南流，过管州，冀宁路汾州、霍州，晋宁路绛州，又西流，至龙门，凡一千二百余里，始与黄河合。又南流二百里，过河中府，遇潼关与太华大山绵亘，水势不可复南，乃折而东流。大概河源东北流，所历皆西番地，至兰州凡四千五百余里，始入中国。又东北流，过达达地，凡二千五百余里，始入河东境内。又南流至河中，凡一千八百余里。通计九千余里。

二、黄河的水患

元代时黄河决口泛滥，河水流向东南夺淮入海就成为自然之势。由于此前蒙古军与金、宋交战之际，曾人为地多次决河，以致中原一带天灾人祸肆虐，生态环境变得极其脆弱且不断恶化。《元史·河渠二》记述了元代黄河的情况。

1. 黄河的水患

黄河的水患，主要是黄河夺淮，即黄河夺取淮河河道入海。元代，黄河扩大了其下游河道的摆动范围，多次发生重大改道，先后夺濉河、涡河、颍河入淮水，东从濉河夺淮入海，南从颍河夺淮入海，在今河南、山东、安徽、江苏等广大地区造成了长时间持续性的水患。

金朝、元朝以前，黄河的干流从山西经今河南折向北，分流先后从河北和山东入渤海，但金元之后，黄河一改北徙的惯例，将淮河河道变成了自己的出海水道。

黄河夺淮入海是自然因素的必然结果：首先是气候异常，气候异常就可能带来雨水的泛滥。根据竺可桢先生研究得出，元朝处在气候冷暖交织的时期，元初气候由冷转暖，而元末就迎来了较为严寒的天气①。其次是河淤严重，作为世界上含沙量最高的黄河，其下游河道由于水流减缓而出现了河床升高的必然结局，久而久之原来通行河北、山东的故道使得流经之地河床抬高，黄河水决口流向地势低洼的淮河流域也就不足为奇了；元朝时期淮河几大支流都源自黄河河道附近，濉河、涡河等淮河支流每每在黄河决口时成为后者的分洪河道，最后直接被黄河干流夺取。

黄河夺淮入海还有人为因素。自古以来黄河就被兵家所利用，金、宋在抵抗蒙古南征的时候都曾打过以水代兵的主意，而蒙古人自然也学会了这种方式。《禹贡锥指》记载："元太宗六年（1234年），赵葵入汴，蒙军决祥符县北寸金淀水灌之。"②

终元一代，黄河从未停止过水患。岑仲勉著《黄河变迁史》，其中的《元代河事简表》③，记载了从元太宗六年（1234年）到至正二十六年（1366年）

---

① 竺可桢：《中国近五千年来气候变迁的初步研究》，《考古学报》1972年第1期。

②（清）胡渭著，邹逸麟编：《禹贡锥指》，上海古籍出版社2006年版。

③ 岑仲勉：《黄河变迁史》，中华书局2004年版，第424页。

132 年间发生的 72 次大水患。如：

《元史·河渠志二》记载：世祖至元九年（1272 年）七月，“卫辉路新乡县广益仓南河北岸决五十余步。八月，又崩一百八十三步，其势未已”。

至元二十三年（1286 年），十月，辛亥，河决开封、祥符、陈留、杞、太康、通许、鄢陵、扶沟、洧川、尉氏、阳武、延津、中牟、原武、睢州十五处，成为元代最严重的一次河害。据有关史料推测，当时黄河在今河南原阳境内分成三股：一股经陈留等由徐州入泗；一股在中牟境内折西南流经尉氏等由颍水入淮；一股在开封境内折而南流，经通许等由涡入淮。

《元史·河渠志二》记载：至（延祐）五年正月，河北河南道廉访副使奥屯言：“近年河决杞县小黄村口，滔滔南流，莫能御遏，陈、颍濒河膏腴之地浸没，百姓流散。”

《元史·河渠志三》记载：至正四年（1344 年），正月，黄河在曹州决口……是月，河又决汴梁。五月，大霖雨二十余日，黄河暴溢，北决白茅堤。六月，黄河又北决金堤，曹、濮、济、兖皆被灾，民老弱昏垫，壮者流离四方。水势北侵安山，沿入会通、运河，延袤济南、河间，将坏两漕司盐场。

黄河南岸的陈州、亳州等地是黄河的散漫之所。大德十一年（1307 年），黄河决原武县，东南注汴，官吏具舟为避走计，放任自流。

2. 水患的危害

黄河决口或河道的变化，给下游沿岸的生态环境带来了多方面的影响。

第一，水环境的变化。元代黄河的入侵，使得淮河不再拥有独立的水系，颍河、涡河、泗河、濉河等淮河支流也发生了变化。黄河夺淮后，由于黄河的泥沙汇集在淮河下游，逐渐抬高了河床，阻塞的出海河道，形成了烟波浩渺的洪泽湖。位于鲁西南兖州地区的大野泽（又名巨野泽），形成已久，黄河决口使得大野泽湖底抬升，逐渐湮灭，“自隋以后，济流枯竭，巨野渐微。元末为河所决，河徙后，遂涸为平陆”[①]。和大野泽的消失一样，微山湖等南四湖的形成也是黄河泛滥造成的。南四湖位于古泗水河道上，由微山湖、昭阳湖、独山湖、南阳湖相连组成，金元时期黄河南泛，侵夺了泗水河道，因排水不畅而

---

①《读史方舆纪要》卷三十三。

潴积成湖。淮河流域的最大支流泗水最终成为独立的南四湖水系。

第二，土壤的变化。夺淮入海增高了沿岸地势，改变了土壤土质。由于黄河水富含泥沙，流到哪里就淤积到哪里，使得两岸的地形地貌改变，土质发生变化。蒙哥时期，忽必烈接受分封时，姚枢进言："南京河徙无常，土薄水浅，泻卤生之。"①

第三，城镇的变化。黄河水患贻害无穷，对城市的损害尤为巨大。《元史·成宗纪》记载："七月癸巳，汴梁等处大雨，河决，坏堤防，漂没归德数县禾稼庐舍。"《元史·五行志》记载："延祐二年（1315年）六月，河决郑州，坏汜水县治。""至正五年（1345年）七月，河决济阴，漂官民亭舍殆尽。""二十三年七月，河决东平寿张县，圮城墙、漂屋庐，人溺死者甚众。"《元史·英宗纪》记载："是岁，河决汴梁原武，浸灌诸县。"鲁西南定陶城曾经繁华一时，元文帝至顺二年（1331年）一场大水淹没了整座城市，定陶城被埋到地下8米处。② 至元初期，黄河夺淮，沿途的涡河、颍河一线的项城、汝阳、太和、沈丘等县，因为人口过少而一度被废除。城镇的消失和人口的迁移一直延续到明朝初年，"今克复之地，悉为荒墟，河南提封三千余里，郡县星罗棋布，岁输钱谷数百万计，而今所存者，封丘、延津、登封、偃师三四县而已"③。

第四，社会经济的变化。黄河水患使黄河中下游地区的农业生产和经济生活遭到了很大的破坏。《元史·河渠志》记载元至正四年（1344年）白茅决口，曹州、东明、钜野、郓城、嘉祥、汶上、任城等处皆罹水患，民众流离四方。黄河下游地区出现流民，流民主要向淮河干流南岸的长江流域迁移。《元史》记载，天历二年（1329年）六月，"时陕西、河东、燕南、河北、河南诸路流民数十万，自嵩、汝至淮南，死亡相籍"④。至元二十年（1283年）崔彧上书言事提及"内地百姓流移江南避赋役者"达15万户。⑤ 吴松弟编著的《中国人口史》第三卷中写道："山东西南部的济宁路（治今巨野县）、归德府

---

①《元史·姚枢传》。

② 辛德勇：《黄河史话》，中国大百科全书出版社1998年版，第95页。

③《元史·张桢传》。

④《元史·文宗纪》。

⑤《元史·崔彧传》。

(治今河南商丘南)都属于人口下降幅度较大的单位，黄河的决溢泛滥是导致其人口下降的主要原因。”[①] 至元二十三年（1286 年）黄河大决口后形成了三大河道，使得泗水、颍河、涡河流域城邑被破坏，人口或大量转移，或丧失于滔滔洪水。正因如此，《元史·地理志》记载这一时期河患多发地归德府“壤地平坦，数有河患，历代民不安居”。

三、黄河的治理

宋代治理黄河，不断投入人力物力。《续资治通鉴长编》卷二百六十五记载，熙宁八年（1075 年）六月己酉，命同管句外都水监丞程昉、权知都水监丞刘璯提举开广沙河。起初，程昉、刘璯进言：“王供埽下有沙河故迹，可开广，取黄河水灌之，转入枯河，下合御河，即黄河堤置斗门启闭，其利有五：王供乃向着埽，免河势变移，别开口地，一也；漕舟出汴，对过沙河，免大河风涛之患，二也；沙河分水一支入御河，大河涨溢，沙河自有节限，三也；御河涨溢，有斗门启闭，无冲注填淤之忧，四也；德、博舟运免数百里大河之险，五也。开河用工五十六万七千四百九十三，请发卒万人，役一月可成。”神宗从其请，而有是命。

宋元时代，水利建设的布局有以下几个特点：黄河中下游地区大量修建引黄河水系灌溉工程，而黄河下游地区则开展大规模淤灌实践；淮河下游地区注意发展排涝工程；江南地区则侧重于圩田水利的整体性治理；东南沿海地区大力发展拒咸蓄淡工程和修筑海塘，山区则偏重灌溉梯田的修建；四川地区的水利灌溉则向多样性方面发展。

宋代，黄河河患加重，华北地区生态环境趋于恶化。北宋的都城紧靠黄河，黄河含沙量太大，影响航运。黄河经常发生水患，引起社会不安。朝廷注重保护与治理黄河，采取了多种较为有效的治理措施。

《宋史·河渠志》记载宋朝建立之始，就面临着水患与治水问题。“太祖乾德二年，遣使案行，将治古堤。议者以旧河不可卒复，力役且大，遂止。但诏民治遥堤，以御冲注之患。其后赤河决东平之竹村，七州之地复罹水灾。三

---

① 吴松弟：《中国人口史》，复旦大学出版社 2000 年版。

年秋，大雨霖，开封府河决阳武，又孟州水涨，坏中禅桥梁，澶、郓亦言河决，诏发州兵治之。”宋建隆二年（961年），开东京（开封）供水河道金水河，百余里，引京水入城。

由于黄河经常泛滥，朝臣官员提出了治水方案。《宋史·河渠志》记载，大中祥符八年（1015年），著作佐郎李垂（字舜工，宋真宗咸平年间进士）上《导河形胜书》三篇并图，提出治理黄河新思路：“自汲郡东推禹故道，挟御河，较其水势，出大伾、上阳、太行三山之间，复西河故渎，北注大名西、馆陶南，东北合赤河而至于海。因于魏县北析一渠，正北稍西迳衡漳直北，下出邢、洺，如《夏书》过洚水，稍东注易水、合百济、会朝河而至于海。”具体做法是：“其始作自大伾西八十里，曹公所开运渠东五里，引河水正北稍东十里，破伯禹古堤，迳牧马陂，从禹故道，又东三十里转大伾西、通利军北，挟白沟，复西大河，北迳清丰、大名西，历洹水、魏县东，暨馆陶南，入屯氏故渎，合赤河而北至于海。”李垂认为，这样就可使黄河“载之高地而北行，百姓获利，而契丹不能南侵矣”。

李垂的方案是经过深思熟虑的，是个大手笔的方案。宋真宗要求朝臣商议。大臣们都认为这个方案“详垂所述，颇为周悉”，但有不周密之处，何况要“筑堤七百里，役夫二十一万七千，工至四十日，侵占民田，颇为烦费”。于是，没有实施这个方案。

宋庆历八年（1048年），黄河决澶州商胡埽北流合永济渠注乾宁军，或称黄河第三次大改道，宋人称为北流。黄河决口，如何堵口？沈括《梦溪笔谈·官政》“水工高超”条记载，庆历年间，黄河在北京大名府的商胡决口，久未能堵住，三司度支副使郭申锡负责堵塞黄河决口。此时合龙门的埽长六十步（三丈六尺），有水工高超提出建议，应该把六十步的埽分成三截，每截埽长二十步，中间用绳索连接起来。施工时先下第一层，等埽沉到水底，再压第二层、第三层。旧水工和他争辩，以为这样做不行，说二十步的埽不能截断水流使它不漏，白白用三层，花费将增加一倍，而决口还是堵不住。高超对他们说：“第一埽水信未断，然势必杀半。压第二埽，止用半力，水纵未断，不过小漏耳。第三节乃平地施工，足以尽人力。处置三节既定，即上两节自为浊泥所淤，不烦人功。”而郭申锡仍按旧水工的方案实施，结果合龙的埽被冲走，黄河的决口更加严重。最后还是用高超的计策，商胡的决口才被堵住了。

宋至和二年（1055年），从李仲昌议，开广六塔河挽黄河回故道，是人工改河的第一次尝试。次年堵商胡决口失败，回河不成功。

宋嘉祐五年（1060 年），黄河决魏州第六埽下为二股河、四界首河，历魏、恩、博、德等州入海。宋人称为东流。任河北流或挽河东流，是宋人的主要治河议题。

苏辙《龙川略志》卷七《议修河》记载：元丰年间，黄河决口。朝廷围绕如何治河争论不休。苏辙也参加了议论。苏辙“言河上三事：其一，乞存东岸清丰口；其二，乞存西岸披滩水出去处；其三，乞除去西岸激水锯牙”。当时有大臣主张黄河分流。苏辙认为：“分流有利有害。何者？每秋水泛涨，分入两流，一时之间，稍免决溢，此分水之利也；河水重浊，缓则生淤，既分为二，不得不缓，故今日北流淤塞，此分水之害也。然将来涨水之后，河流向东、向北，盖未可知。”

元朝代宋，从未停止对黄河的治理。《元史·世祖纪》记载，忽必烈时期重视治河，多次征役夫修筑河堤。

回族人赡思撰写了《河防通议》，这是有关黄河水利的重要文献。赡思，字得之，《元史·儒学》有传。《河防通议》分为河议、制度、料例、功程、输运、算法六门，每门之下又分有目。书中引用了以前的水利文献，是治河文献的总结。

《元史·尚文传》记载：成宗大德元年（1297 年）七月，丁亥，黄河在杞县决口，朝廷命廉访司尚文相度形势，为久利之策。尚文，字周卿，世为祁州深泽人，后徙保定，遂占籍焉。尚文巡视黄河之后，写了一篇长文，提出了自己的看法。尚文说：

长河万里西来，其势湍猛，至盟津而下，地平土疏，移徙不常，失禹故道，为中国患，不知几千百年矣。自古治河，处得其当，则用力少而患迟；事失其宜，则用力多而患速。此不易之定论也。今陈留抵睢，东西百有余里，南岸旧河口十一，已塞者二，自涸者六，通川者三，岸高于水，计六七尺，或四五尺；北岸故堤，其水比田高三四尺，或高下等，大概南高于北，约八九尺，堤安得不坏，水安得不北也！蒲口今决千有余步，迅疾东行，得河旧渎，行二百里，至归德横堤之下，复合正流。或强湮遏，上决下溃，功不可成。揆今之计，河北郡县，顺水之性，远筑长垣，以御泛滥；归德、徐、邳，民避冲溃，听从安便。被患之家，宜于河南退滩地内，给付顷亩，以为永业；异时河决他所者，亦如之。信能行此，亦一时救荒之良策也。蒲口不塞便。朝廷从之。会河朔郡县、山东宪部争言："不塞则河北桑田尽为鱼鳖之区，塞之便。"帝复从之。明年，蒲口复决。塞河之役，无岁无之。是后水北入复河故道，竟如文言。

《元史·河渠志二》记载：武宗至大三年（1310年）十一月，河北河南道廉访司对黄河的治理有一段全面的论述：

黄河决溢，千里蒙害，浸城郭，漂室庐坏禾稼，百姓已罹其毒。然后访求修治之方，而且众议纷纭，互陈利害，当事者疑惑不决，必须上请朝省，比至议定，其害滋大，所谓不预已然之弊。大抵黄河伏槽之时，水势似缓，观之不足为害，一遇霖潦，湍浪迅猛。自孟津以东，土性疏薄，兼带沙卤，又失导泄之方，崩溃决溢，可翘足而待。近岁亳、颍之民，幸河北徙，有司不能远虑，失于规画，使陂泺悉为陆地。……今之所谓治水者，徒尔议论纷纭，咸无良策，水监之官，既非精选，知河之利害者百无一二。虽每年累驿而至，名为巡河，徒应故事，问地形之高下，则懵不知；访水势之利病，则非所习。既无实才，又不经练。乃或妄兴事端，劳民动众，阻逆水性，翻为后患。为今之计，莫若于汴梁置都水分监，妙选廉干、深知水利之人，专职其任，量存员数，频为巡视，谨其防护，可疏者疏之，可堙者堙之，可防者防之。职掌既专，则事功可立。较之河已决溢，民已被害，然后卤莽修治以劳民者，乌可同日而语哉？

延祐年间，黄河问题日益突出，治河仍然是朝廷关注的大事。《元史·河渠志二》记载：延祐元年（1314年），河南行省进言："黄河涸露旧水泊污池，多为势家所据，忽遇泛溢，水无所归，遂致为害。由此观之，非河犯人，人自犯之。拟差和水利都水监官与行省廉访司同相视，可以疏辟堤障，比至泛溢，先加修治，用力少而成功多。又汴梁路睢州诸处，决破河口数十，内开封县小黄村计会月堤一道，都水分监修筑障水堤堰，所拟不一。宜委请行省官与本道宪司、汴梁路都水分监官及州县正官，亲历按验，从长讲议。"由此段材料可知，黄河的水患，一方面是天成，另一方面是人为。黄河用于泄水的地方被"势家所据"，使得黄河涨水需要地点缓冲时，"水无所归"，于是为害很深。

朝廷立即派遣太常丞郭奉政、前都水监丞边承务、都水监卿多尔济等人到达河阴、陈州等地与当地官员沿河考察。考察注意到开封县小黄村河口，测量比旧浅减六尺，陈留、通许、太康旧有蒲苇之地，后因闭塞西河、塔河诸水口，连年溃决。官员们得出的结论是："治水之道，惟当顺其性之自然。尝闻大河自阳武、胙城，由白马河间，东北入海。历年既久，迁徙不常。每岁泛溢两岸，时有冲决，强为闭塞，正及农忙，科椿梢，发丁夫，动至数万，所费不可胜纪，其弊多端，郡县嗷嗷，民不聊生。盖黄河善迁徙，惟宜顺下疏泄。今相视上自河阴，下抵归德，经夏水涨，甚于常年，以小黄口分泄之故，并无冲决，此其明验也。详视陈州，最为低洼，濒河之地，今岁麦禾未收，民饥特甚。欲为拯救，奈下流无可疏之处。若将小黄村河口闭塞，必移患邻郡。决上流南岸，则汴梁被害；决下流北岸，则山东可忧。势难两全，当遗小就大。如免陈村差税，赈其饥民，陈留、通许、太康县被灾之家，依例取勘赈恤。其小黄村河口仍就通流外，当修筑月堤并障水堤。闭河口，别难拟议。"考察的官员们注意到工程浩大，难以扭转黄河造成的局面，主张暂时顺其自然，不要堵塞决口，以待来时。

由于黄河的决口仍然存在，使得当地民众难以生存。《元史·河渠志二》记载，延祐五年（1318年）正月，河北、河南道廉访副使鄂啰进言："方今农隙，宜为讲究，使水归故道，达于江、淮，不惟陈、颍之民得遂其生，而汴城亦可恃以无患。"朝廷下诏，命都水监与汴梁路利用农闲时期，分监修治，使决口得到堵塞。《元史·河渠志二》记载，延祐七年（1320年）七月，汴梁路进言，说荥泽县河决塔海庄东堤十步余，横堤两重，又缺数处。开封县苏村及七里寺复决二处。平章站马赤亲率本路及都水监官，并工修筑，于至治元年（1321年）正月兴工，修堤岸四十六处。

至正十一年（1351年），皇帝任命贾鲁为工部尚书兼总治河防使，派遣十五万民工，二万军士，全力治河，堵其决口，使"河乃复故道，南汇于淮，又东入海"。经贾鲁治理的河道，行经原武（今原阳西南）黑洋山、阳武（今原阳）、封丘荆隆口、中滦镇，至开封陈桥镇，又经仪封黄陵冈（今兰考东北、曹县西南鲁豫交界的一片岗地），又经曹县新集，商丘丁家道口，虞城马牧集，夏邑司家道口、韩家道口，经萧县赵家圈，出徐州小浮桥入运（即泗水）①。贾鲁治河挖掘新河道，加固旧堤，遏制黄河，取得一定的成效。

总体说来，元代河患频仍，黄河下游河段逐步南移、西移。元朝统治者担

① 邹逸麟主编：《黄淮海平原历史地理》，安徽教育出版社1993年版，第109页。

心北决会影响到会通河的正常运行，故南岸多留水口，听任黄河水在涡、颍及濉等河穿行。治河方案是保北不保南。直到至正十一年（1351 年），元政府始任命贾鲁治河，才有所改观。不过，元代对黄河的治理相对简单，很少采用疏导、分洪的方法，多是采用堵塞的方式，此塞彼决，周而复始，直到干流再度更易。

第四节　海洋问题

中国是一个以农业为主的国度，有 18400 多公里的海岸线，有 6500 多个岛屿。我国的辽宁、河北、山东、江苏、浙江、福建、广东、广西等省区都是滨海省份。在长达近万年的农耕文明中，中华先民也创造了海洋文明。

一、对海洋的认识

大海对人类文化是有影响的：首先，大海给人类提供了无穷的资源，使人们能够依海而生。其次，大海给人类提供了便利的交通，使人们能够从事贸易，并培养出冒险精神。宋代，人们与海洋的关系密切了许多，对海洋的关注增多。如《宋史·仁宗纪》记载："沧州海潮溢，诏振恤被水及溺死之家。""筑泰州捍海堰。""登州地震，岠嵎山摧，自是屡震，辄海底有声如雷。"再看《宋史·理宗纪》，也有一些海洋方面的信息，如："以浙江潮患，告天地、宗庙、社稷。""诏沿海沿江州郡，申严水军之制。""诏海神为大祀，春秋遣从臣奉命往祠，奉常其条具典礼来上。""诏京湖、沿江、海道严备舟师防遏。""诏申严倭船入界之禁。""海州石湫堰成。"

周去非对南海的洋流有记载，他在《岭外代答·地理门》说："海南四郡之西南，其大海曰交阯洋。中有三合流，波头濆涌而分流为三：其一南流，通道于诸蕃国之海也。其一北流，广东、福建、江浙之海也。其一东流，入于无际，所谓东大洋海也。南舶往来，必冲三流之中，得风一息，可济。苟入险无风，舟不可出，必瓦解于三流之中。传闻东大洋海，有长砂石塘数万里，尾闾所泄，沦入九幽。昔尝有舶舟，为大西风所引，至于东大海，尾闾之声，震汹无地。俄得大东风以免。"

宋末元初，周密《武林旧事》卷三《观潮》记载："浙江之潮，天下之伟观也，自既望以至十八日为最盛。方其远出海门，仅如银线，既而渐近，则玉城雪岭，际天而来，大声如雷霆，震撼激射，吞天沃日，势极雄豪，杨诚斋诗云‘海涌银为郭，江横玉系腰’者是也。”

沈括《梦溪笔谈·补笔谈》论述“海潮”，先是批驳了唐代卢肇的海潮观点，卢肇曾作《海潮赋》，序谓：“日激水而潮生，月离日而潮大。”沈括说：“以谓日出没所激而成，此极无理。”沈括论述说：“若因日出没，当每日有常，安得复有早晚？予尝考其行节，每至月正临子、午则潮生，候之万万无差。（此以海上候之，得潮生之时，去海远即须据地理增添时刻。）月正午而生者为潮，则正子而生者为汐；正子而生者为潮，则正午而生者为汐。”月正临子、午，指月亮正处在“上中天”和“下中天”的位置上。由于月亮每天东移，它与太阳通过“上中天”和“下中天”的时间就不一致。这也影响到海潮发生的时间，使海潮的高潮每天延后约50分钟。

关于钱塘江潮定期出现的原因，吴自牧在《梦粱录》卷十二《浙江》有独到见解，比起各种迷信的解释，要更接近科学。其文曰：“诸家所说甚多，或谓天河激涌，亦云地机翕张。又以日激水而潮生，月周天而潮应。或以挺空入汉，山涌而涛随；析木大梁，月行而水大。源殊派异，无所适从，索隐探微，宜伸确论。大率元气嘘吸，天随气而张敛；溟渤往来，潮随天而进退者也。盖日者重阳之母，阴生于阳，故潮附之于日也。月者，太阴之精，水属阴，故潮依之于月也。是故随日而应月，依阴而附阳，盈于朔望，消于魄，虚于上下弦，息于辉，故潮有大小焉。但月朔夜半子，昼则午刻，潮平于地。次日潮信稍迟一二刻。至望日，则潮亦如月朔信，复会于子午位。若以每月初五、二十日，此四日则下岸，其潮自此日则渐渐小矣。以初十、二十五日，其潮交泽起水，则潮渐渐大矣。初一至初三、十五至十八，六日之潮最大，银涛沃日，雪浪吞天，声若雷霆，势不可御。进退盈虚，终不失期。且海门在江之东北，有山曰赭山，与龛山对峙，潮水出其间也。”

吴自牧在《梦粱录》卷十二《江海船舰》记载了人们航海的一些经验：浙江乃通江渡海之津道，且如海商之舰，大小不等，大者五千料，可载五六百人；中等一千料至二千料，亦可载二三百人；余者谓之“钻风”，大小八橹或六橹，每船可载百余人。自入海门，便是海洋，茫无畔岸，其势诚险。盖神龙怪蜃之所宅，风雨晦冥时，惟凭针盘而行，乃火长掌之，毫厘不敢差误，盖一舟人命所系也。远见浪花，则知风自彼来；见巨涛拍岸，则知次日当起南风。相水之清浑，便知山之近远。大洋之水，碧黑如淀；有山之水，碧而绿；傍山之水，浑而白矣。有鱼所聚，必多礁石，盖石中多藻苔，则鱼所依耳。

宋代，人们的海洋意识增强，活动空间增大。洪迈《夷坚志》补卷二十一记载：“金陵商客富小二，以绍兴间泛海，至大洋，觉暴风且起，唤舟人下碇石整帆樯以为备，未讫而舟溺。富生方立蓬顶，与之俱坠，急持之，漂荡抵绝岸。行数十步，满目皆山峦，全无居室。饥困之甚，值一林，桃李累累垂实，亟采食之。俄有披发而人形者，接踵而至，遍身生毛，略以木叶自蔽。逢人皆喜，挟以归，言语极啁啾，亦可晓解。每日不火食，唯啖生果。环岛百千穴，悉一种类，虽在岩谷，亦秩秩有伦，各有匹偶，不相揉杂。众共择一少艾女子以配富，旋诞一男。”①

宋代梁克家撰《淳熙三山志》卷六《地理类六》记载了福州的江潮与海道：循州境东出，涨海万里，潮随月长，昼夜至如符契。江潮常缓海潮三刻，至入河，则又少迟耳。自迎仙至莆门平行用退潮十有五，迎仙港乘半退，里碧头。迎仙港源自兴化三百里，合桃源水为大溪，过迎仙市，为子鱼潭。历福清黄茅墩，合蒜溪东流，过浮山三里，合径江入海。

《淳熙三山志》卷十六《版籍类七》记载了长乐县的水利事宜：“盖长乐滨海，山浅而泉微，故潴防为特多，大者为湖，次为陂、为圳；捍海而成者为塘，次为堰；毋虑百五十余所。每岁蓄溪涧，虽不泄涓滴，亦不足用，必时雨滂澍，乃获均洽。农事毕，天雨止，向数十里皆为无用之地；以是狡民或侵或请，不知水利之所系。咸平、熙宁，屡有讼者。建炎初，陈可大宰是邑，大修塘、埕、陂、湖。后四十八年，当乾道九年，知县徐谟延耆老讲究水利，为斗门及湖、塘、陂、堰百四所，溉田二千十三顷。”

宋朝拥有庞大的帆船舰队和商船队，频繁远航至阿拉伯，至东非，至印度，至东南亚和东亚的日本与朝鲜。

1296—1297 年间，周达观等人组成的使团奉旨出使真腊。他们于 1296 年 2 月从浙江明州出发，在温州会合，接着使团驶入闽粤也就是现在的福建广州辖区的诸港口，汇入七洲洋以及交趾洋，同年的 3 月 15 日抵达占城，到达当时的真腊境内真蒲。这之后，由于途中逆风不顺，行程颇费周折，历经重重困难，周达观等人饱受艰苦，终于在 1296 年的夏季完成 140 余天的艰辛行程，

① (宋) 洪迈：《夷坚志》，中华书局 2006 年版，第 1742 页。

抵达真腊。周达观的《真腊风土记》记载了这一段海上航行。

宋代与海外贸易增多，瓷器是一大宗。当时，海上航行时常有沉船事件发生，2007 年 12 月，国家文物局组织打捞了 800 年前的宋代沉船“南海一号”。“南海一号”整船文物有 6 万至 8 万件，足以“武装”一个省级博物馆。“南海一号”上最多的文物品种是瓷器，瓷器大部分是产自浙江龙泉、福建德化、江西景德镇等南宋几大名窑的瓷器，品种超过 30 种，多数可定为国家一级、二级文物。

二、海患

宋元时期，沿海灾害增多。例如，宋高宗绍兴末，因钱塘石岸毁裂，潮水漂涨，民不安居，令转运司同临安府修筑。孝宗乾道九年（1173 年），钱塘庙子湾一带石岸，复毁于怒潮。诏令临安府筑填江岸，增砌石塘。

宋代有了海上巡防制度。宋代梁克家撰《淳熙三山志》卷十九《兵防类二》记载，嘉祐四年（1059 年），蔡密学襄奏：“沿海州、军兵士不习舟船，无以备海道。福州钟门巡检一员，掌海上封桩舶船，其令出海巡警。”

元代的海患海灾日益突出。《元史》记录“海溢”“海水溢”“海潮溢”“海水大溢”“潮水大溢”“海潮涌溢”“海水日三潮”等现象多达 16 起。

“海啸”一名的出现至迟在元代。1344 年，发生了海啸，《元史》记为“海水溢”。地方志记载这次海水溢，如《嘉靖宁波府志》《康熙台州府志》等，已用“海啸”一词。[①] 清人陈元龙《格致镜原》卷五引《野史》：“至正戊子年（1348 年），永嘉大风，海舟吹上高坡十余里，水溢数十丈，死者数千。谓之‘海啸’也。”这次“海啸”，不见于《元史》。

《元史 · 地理志五》记载海宁州的情况说：“海宁东南皆滨巨海，自唐、宋常有水患，大德、延祐间亦尝被其害。泰定四年（1327 年）春，其害尤盛。”至正元年（1341 年），六月，扬州路崇明、通、泰等州，海潮涌溢，溺死一千六百余人。

《元史 · 赵宏伟传》记载：大德五年（1301 年），“大风海溢，润、常、

---

① 宋正海等：《中国古代海洋学史》，海洋出版社 1989 年版，第 292 页。

江阴等州庐舍多荡没，民乏食。（赵）宏伟将发廪以赈，有司以未得报为辞，宏伟曰：‘民旦暮饥，擅发有罪，我先坐。’遂发之，全活者十余万”。

海潮成为东南沿海地区关注的话题。陶宗仪在《辍耕录》“浙江潮”记载元军占领临安，军队驻扎在钱塘江边，宋人祈祷，希望钱塘江如期起潮，卷走元军，宋太皇太后望祝曰：“海若有灵，当使波涛大作，一洗而空之。”然而，“潮汐三日不至，军马宴然”。宋人以为元军有神助，只好心甘情愿地投降了。

海灾对沿海的经济造成影响，引起人们的担忧。《续资治通鉴·元纪十三》记载大德八年（1304 年）五月壬申，中书省言：“吴江、松江，实海口故道，潮水久淤，凡湮塞良田百有余里，况海运亦由是而出，宜于租户役万五千人浚治，岁免租人十五石，仍设行都水监以董其程。”《元史·泰定帝纪》记载：泰定三年（1324 年）八月，“作天妃宫于海津镇。……盐官州大风，海溢，坏堤防三十余里，遣使祭海神，不止，徙居民千二百五十家”。

三、治理海疆环境

滨海之处，经常受到海洋灾害，水患威胁人民的生活环境。

宋代，吴地泰州的地方官员重视修建海堤，泰州一带兴修海堤长达 150 里。宋天圣五年（1027 年），张纶负责泰州的捍海堰工程，他度量环境，因地制宜，修成捍海堰，人们修建生祠纪念他。范仲淹撰写了《泰州张侯祠堂颂》，赞述说：“生祠，民报德也。……海陵嗷嗷，古防弗牢。万顷良膏，岁凶于涛。民焉呼号，不粒而逃。”正是在张纶的治理下，“民有复诸业、射诸田者共一千六百户，将归其租者又三千余户。抚之育之，以简以爱，优优其政，洽于民心”[①]。范仲淹也曾担任泰州盐官，他再三向朝廷上表，获准修复了从泰州到海盐的捍海大堤，史称“范公堤”。还有陈垓，他在南宋理宗宝庆二年（1226 年）在泰州担任地方官，直到嘉熙、淳祐年间，他组织民众开掘东西北外濠，并疏浚南濠，使州治城区外围的濠沟成为畅通的水道，并成为护城河。

宋景祐三年（1036 年），工部侍郎张夏在杭州筑浙江海塘，修建石堤 12

---

① 常康等：《泰州文选》，江苏文艺出版社 2007 年版，第 1 页。

里，此为石塘之始。此前的石塘多为土、埽、竹笼砌成。

元代，不断有官员建议治理海边的环境。《续资治通鉴·元纪二十一》记载，泰定二年（1325年）四月，以虞集为翰林学士兼国子祭酒。虞集注意到京师依恃东南海运，“实竭民力以航不测，非所以宽远人而因地利也”。他向朝廷进言：“京师之东，濒海数千里，北极辽海，南滨青齐，萑苇之场也，海潮日至，淤为沃壤。用浙人之法，筑堤捍水为田，听富民欲得官者，合其众，分授以地，官定其畔以为限，能以万夫耕者，授以万夫之田，为万夫之长，千夫、百夫亦如之，察其惰者而易之。一年勿征也，二年勿征也，三年视其成，以地之高下定额于朝廷；以次渐征之，五年有积蓄，命以官，就所储，给以禄；十年佩之符印，得以传子孙，如军官之法。则东方民兵数万，可以近卫京师，外御岛夷，远宽东南海运以纾疲民，遂富民得官之志而获其用，江海游食盗贼之类，皆有所归。”因为大臣们有不同意见，虞集的建议没有被采纳。

元代对沿海地区加大了治理的力度。《元史·河渠志二》记载，朝廷多次讨论海塘事务，“盐官州去海岸三十里，旧有捍海塘二，后又添筑咸塘，在宋时亦尝崩陷。成宗大德三年，塘岸崩，都省委礼部郎中游中顺，洎本省官相视，虚沙复涨，难于施力。至仁宗延祐己未、庚申间，海汛失度，累坏民居，陷地三十余里”。其时，省宪官共议，“宜于州后北门添筑土塘，然后筑石塘，东西长四十三里，后以潮汐沙涨而止”。至泰定即位之四年二月间，风潮大作，冲捍海小塘，坏州郭四里。杭州路言：“与都水庸田司议，欲于北地筑塘四十余里，而工费浩大，莫若先修咸塘，增其高阔，填塞沟港，且浚深近北备塘濠堑，用桩密钉，庶可护御。”江浙省准下本路修治。都水庸田司又言：“宜速差丁夫，当水入冲堵闭，其不敷工役，于仁和、钱塘及嘉兴附近州县诸色人户内斟酌差倩，即日沦没不已，旦夕诚为可虑。”工部议：“海岸崩摧重事也，宜移文江浙行省，督催庸田使司、盐运司及有司发丁夫修治，毋致侵犯城郭，贻害居民。”后来，朝廷同意整治海塘。经过几任皇帝的努力，海患有所减少，水息民安。朝廷改盐官州为海宁州。

《元史·地理志五》亦记载，泰定四年（1327年）春，“命都水少监张仲仁往（海宁一带）治之，沿海三十余里下石囤四十四万三千三百有奇，木柜四百七十余，工役万人。文宗即位，水势始平，乃罢役，故改海宁”。海宁有独特的地理条件，钱塘江到杭州湾外宽内窄，外深内浅，呈现出喇叭状海湾，是观看钱塘潮的最佳处。

乌古孙泽治理沿海的田地。《元史・乌古孙泽传》记载：乌古孙泽担任广西两江道宣慰副使时，“雷州地近海，潮汐啮其东南，陂塘碱，农病焉。而西北广衍平袤，宜为陂塘，泽行视城阴，曰：‘三溪徒走海，而不以灌溉，此史起所以薄西门豹也。’乃教民浚故湖，筑大堤，堨三溪潴之，为斗门七，堤堨六，以制其嬴耗；酾为渠二十有四，以达其注输。渠皆支别为闸，设守视者，时其启闭，计得良田数千顷，濒海广潟并为膏土。民歌之曰：‘舄卤为田兮，孙父之教。渠之泱泱兮，长我粳稻。自今有年兮，无旱无涝。’”

这些治理，改善了沿海地区人们的生存环境，有利于当地社会经济的发展。

四、海运

元朝奠都大都之后，全国的政治中心在北方，但经济中心则在长江以南地区。当时全国每年粮赋收入共1211多万石，其中约有1000万石来自江南。所以当元朝定都燕京以后，内外官府、大小官吏以及诸工百姓，都仰仗东南各省的粮米。这样，如何解决南粮北运，便成为元朝廷的头等大事。元初，南粮北运仍靠原来的运河作为主要通路，中路加上陆路作为辅助。但是由于道路迂回，并且车船倒驳几经装卸，倍加周折艰难。由于河漕运输困难，海运便应运而生。[①]

《元史纪事本末》记载：至元十九年（1282年），丞相伯颜主持把江南粮食从长江口刘家港启航，沿海岸北行，经海门、盐城、登州，抵达杨村码头（今天津武清区）。过了十年，至元二十九年（1292年），漕运尝试外洋航道，从刘家港出发，经青水洋、黑水洋，走芝罘岛、沙门岛，到达天津港。第二年又进一步探索了外洋通道，走刘公岛，使海道航线不断改进。元武宗时，在崇明、杭州等地设立了11处海运千户所，其后还设有运粮万户府等机构。海运从江苏的刘家港到天津，减轻了陆地上漕运的压力。

《元史》卷九十三《食货志一》记载：“初，海运之道，自平江刘家港入

---

① 中国航海学会：《中国航海史（古代航海史）》，人民交通出版社1988年版，第245页。

海，经扬州路通州海门县黄连沙头、万里长滩开洋，沿山嶼而行，抵淮安路盐城县，历西海州、海宁府东海县、密州、胶州界，放灵山洋投东北，路多浅沙，行月余始抵成山。计其水程，自上海至杨村马头，凡一万三千三百五十里。至元二十九年，朱清等言其路险恶，复开生道。自刘家港开洋，至撑脚沙转沙觜，至三沙、洋子江，过匾担沙、大洪，又过万里长滩，放大洋至青水洋，又经黑水洋至成山，过刘岛，至芝罘、沙门二岛，放莱州大洋，抵界河口，其道差为径直。明年，千户殷明略又开新道，从刘家港入海，至崇明州三沙放洋，向东行，入黑水大洋，取成山转西至刘家岛，又至登州沙门岛，于莱州大洋入界河。当舟行风信有时，自浙西至京师，不过旬日而已，视前二道为最便云。然风涛不测，粮船漂溺者无岁无之，间亦有船坏而弃其米者。至元二十三年始责偿于运官，人船俱溺者乃免。然视河漕之费，则其所得盖多矣。”

《元史·世祖纪》记载，二十二年，“二月乙巳，驻跸柳林。增济州漕舟三千艘，役夫万二千人。初，江淮岁漕米百万石于京师，海运十万石，胶、莱六十万石，而济之所运三十万石，水浅舟大，恒不能达，更以百石之舟，舟用四人，故夫数增多。塞浑河堤决，役夫四千人。诏改江淮、江西元帅招讨司为上中下三万户府，蒙古、汉人、新附诸军相参，作三十七翼。上万户：宿州、蕲县、真定、沂郯、益都、高邮、沿海七翼；中万户：枣阳、十字路、邳州、邓州、杭州、怀州、孟州、真州八翼；下万户：常州、镇江、颍州、庐州、亳州、安庆、江阴水军、益都新军、湖州、淮安、寿春、扬州、泰州、弩手、保甲、处州、上都新军、黄州、安丰、松江、镇江水军、建康二十二翼。翼设达鲁花赤、万户、副万户各一人，以隶所在行院……丙辰，诏罢胶、莱所凿新河，以军万人隶江浙行省习水战，万人载江淮米泛海由利津达于京师”。

官修《大元海运记》（载入《学海类编》）是了解元代海运的一手资料。《五杂俎·地部一》记载：“元时海运有三道，而至正十三年，千户殷明略所开新道，自浙西至京师，不旬日，尤为便者。”

《元史·食货志一》记载：

至大四年（1311年），遣官至江浙议海运事。时江东宁国、池、饶、建康等处运粮，率令海船从扬子江逆流而上，江水湍急，又多石矶，走沙涨浅，粮船岁有损坏。又湖广、江南粮运至真州泊入海船，船大底小，亦非江中所宜。于是以嘉兴、松江秋粮并江淮、江浙财赋府岁办粮充海运。

《续资治通鉴·元纪十五》对海运的过程也有记载：

初，海运之道，自平江刘家港入海，经扬州路通州海门县黄连沙头、万里长滩开洋，沿山屿而行，抵淮安路盐城县，历西海州、海宁府东海县、密州、胶州界，放灵山洋投东北，路多浅沙，行月余始抵成山。计其水程，自上海至杨村码头，凡一万三千三百五十里。至元二十九年，硃清等言："其路险恶，复开生路，自刘家港开洋，至撑脚沙转沙觜，至三沙、扬子江，过匾担沙、大洪，又过万里长滩，放大洋至清水洋，又经黑水洋至成山，过刘家岛，至之罘、沙门二岛，放莱州大洋，抵界河口，其道差为径直。"明年，千户殷明略又开新道，从刘家港入海，至崇明三沙放洋，向东行，入黑水大洋，取成山，转西至刘家岛，又至登州沙门岛，于莱州大洋入界河。当舟行风信有时，自浙西至京师，不过旬日而已，视前二道为最便云。然风涛不测，粮船漂溺者，无岁无之。间亦有船坏而弃米者，后乃责偿于运官；人船俱溺者始免。然视河漕之责，则其所得盖多矣。

海运缓解了漕运的压力，促进了人们对海洋的认识，扩大了人们的视野，增加了人们征服海洋与利用海洋的决心。元朝交往的国家和地区由宋代的50多个增加到140多个。

第六章 宋元的植被环境

宋元时期的气候偏冷，那时植物与生态环境是什么样的关系？植物及植被的状况如何？本章介绍宋元时期的植被、花卉以及与经济相关的植物、人们对植物的认识与保护等。

第一节 种树与植被

一、宋代的种树与植被

1. 种树

宋太祖开创宋朝基业，虽然国家还没安定，百废待兴，但他深知树木对于民生与生态环境的重要性，多次要求各地种树，增加植被。《宋史·河渠志三·汴河上》记载，建隆三年（962年）十月，诏“缘汴河州县长吏，常以春首课民夹岸植榆柳，以壮堤防”，或“每岁首令地方兵种榆柳以壮堤防”。[①]《续资治通鉴长编》卷三记载：太祖建隆三年（962年）九月“禁民伐桑枣为薪。又诏黄河、汴河两岸，每岁委所在长吏课民多栽榆柳，以防河决”。《宋史·太祖本纪》记载：“乾德四年（968年）八月乙亥，诏：民能树艺、开垦者不加征，令、佐能劝来者受赏。”“自今百姓广植桑枣开荒田者，并令只纳旧租，永不通检。”[②] 植树而不增税，有利于调动广大农民造林的积极性。

宋朝的边疆地区北有契丹、西有西夏等少数民族政权。为阻止游牧民族的骑兵，宋朝在边防地区兴建国防林，其中，一条在今天津的海河、河北霸县至山西雁门关一带，一条在界河（海河）以南至沧州一带。史载，这里“遍植

①《宋会要辑稿·方域》。

②《宋会要辑稿·食货》。

榆柳于西山，冀其成长，以制藩骑”[1]。

《宋史·河渠志》记载：开宝五年（972年），诏令：“缘黄、汴、清、御等河州县，除准旧制种艺桑枣外，委长吏课民别树榆柳及土地所宜之木。”并仍按户等高下定植树数量，以明奖惩。

宋真宗大中祥符七年（1014年）六月，“诏缘广济河并夹黄河县分，令往栽种榆柳”[2]。《宋史·谢德权传》记载，谢德权“提总京城四排岸，领护汴河兼督辇运……植树数十万以固岸”。

宋徽宗在位时提倡植树，《宋史·河渠志》记载：重和元年（1118年）三月诏，沿黄河“滑州、浚州界万年堤全籍林木固护堤岸，其广行种植以壮地势”。《东京梦华录》记载，当时汴梁城内街上栽有柳树、樱桃和石榴等树种。

宋代，湖北山区有厚实的植被，地方官员经常植树。如，鄂陕川交界地区人烟稀少，森林密布。《方舆胜览》记载：房州（今房县）“邑舍稀疏殆若三家市”[3]。施州（今恩施）地区也是“林木深茂”[4]。鄂东黄州（今黄冈）一带的丘陵地区，“乔木苍然”[5]。《宋史·袁枢传》记载，荆湖北路江陵府“濒大江，岁坏为巨浸，民无所托”，知府袁枢调兵民“种木数万，以为捍蔽，民德之”。

南宋时，由于人口的急剧增长和北方人大量南迁，南方大量的山林被开辟为农田，森林和草原日益减少，因此执政者重视造林事业，提倡和鼓励造林。

南宋魏岘撰《四明它山水利便览》，记载浙江鄞县“四明水陆之胜，万山深秀，昔时巨木高森，沿溪平地竹木蔚然茂密”。自然植保存好，“虽遇暴雨湍激，沙土为木根盘固，流下不多，所淤亦少”。

宋代周去非在《岭外代答·器用门》介绍，广西滨海之地生长有质地细密而坚实的特殊木材。“钦州海山，有奇材二种：一曰紫荆木，坚类铁石，色

---

①《宋史·韩琦传》。

②《宋会要辑稿·食货》。

③《方舆胜览·湖北路房州》。

④《方舆胜览·施州》。

⑤《苏轼文集·秦太虚题名记》。

比燕脂，易直，合抱。以为栋梁，可数百年。一曰乌婪木，用以为大船之柂，极天下之妙也。蕃舶大如广厦，深涉南海，径数万里，千百人之命，直寄于一柂。他产之柂，长不过三丈，以之持万斛之舟，犹可胜其任，以之持数万斛之蕃舶，卒遇大风于深海，未有不中折者。唯钦产缜理坚密，长几五丈。虽有恶风怒涛，截然不动，如以一丝引千钧于山岳震颓之地，真凌波之至宝也。此柂一双，在钦直钱数百缗，至番禺、温陵，价十倍矣。然得至其地者，亦十之一二，以材长，甚难海运故耳。"

宋代梁克家撰《淳熙三山志》，其中的《土俗类三》记载了许多树木，如：松树、柏树、相思树、胡椒树、樟树、桧树、金荆树、黄杨树、檗树、槚树、榼树、桂树、朴树、楠树、楮树、楝树、椿树、樗树、梓树、橡树、石南树、桄榔树、榉柳树、柽树、加条树、青刚树、棕榈树、檀树、枫树、杉树、桐树、槐树、皂荚树、槠树、白牙树、水杨树、柳树、桑树。其中，相思树木坚有文，堪作器用、几案、棋局、书筒、拍板之属。樟树可用作造大舟。榼树，不中绳墨，名以"榼"。荫覆宽广，宜以"榕"名。福州以南为多，至剑、建，则无之。桄榔树似棕榈，有节，叶亦如之，实外坚中虚，内有面，大者数斛，紫黑色，有纹理，可以制器。皂荚树有雌雄，雄者不实，凿木干方寸，以雌木填之，乃实。蔡襄知建州时，令诸邑道旁种植松树，自大义渡夹道达于泉、漳，人称颂之。诗曰："夹道松，夹道松，问谁栽之我蔡公。行人六月不知暑，千古万古摇清风。"

宋代曾敏行《独醒杂志》卷七记载：方腊起兵反宋，与漆树有关。"方腊家有漆林之饶，时苏杭置造作局，岁下州县征漆千万斤，官吏科率无艺，腊又为里胥，县令不许其雇募。腊数被困辱，因不胜其愤，聚众作乱。先诱杀县令，兵吏无与抗者，遂陷睦州。"

宋朝鼓励植树造林，农民有种树的义务，主要种植与经济相关的树。居民根据种树的多少分成五等，第一等每年种树百棵，其他各等以二十递减。树种以桑树和枣树各半，农户每年种桑十棵，榆树和枣树各十棵以上。从树种来看，主要是解决衣食问题。

2. 护树

宋代对于破坏经济林木的行为，有严厉的惩罚，甚至执行死刑。《续资治通鉴长编》卷一百十记载：天圣九年（1031 年）夏四月乙巳，"祖宗时重盗剥桑柘之禁，枯者以尺计，积四十二尺为一功，三功已上抵死。殿中丞于大成请得以减死论，下法官议，谓宜如旧，帝特欲宽之”。

《续资治通鉴长编》卷一百十三记载，明道二年（1033 年）十月丙申，宋仁宗“诏天下山林，自天圣七年以来，为豪民规占其利者，悉还官，与百姓共之”。

宋朝以林业业绩考核官员。“劝课种艺，郡县之政经”①。“对应课植桑枣而不值”的失职人员予以“笞四十”不等的处罚。② 在这种制度下，当时产生了许多因领导植树造林成绩卓著而被载入史册的官吏。如宋真宗时，澧州刘仁霸以造林为内容编歌十首，教民歌唱，普及造林知识，宣传造林的意义，受到群众拥戴。宋真宗下诏：“奖知澧州刘仁霸，仍留再任。”③

为砍树发生边界纠纷。《续资治通鉴长编》卷三记载，建隆三年（962 年）六月，“秦州夕阳镇，古伏羌县之地也，西北接大薮，材植所出，戎人久擅其利。及尚书左丞高防知秦州，因建议置采造务，辟地数百里，筑堡据要害，戍卒三百人，自渭而北则属诸戎，自渭而南则为吾有，岁获大木万本，以给京师。于是西戎酋长尚波于帅众来争，颇杀伤戍卒”。

砍伐树木，大兴土木，受到有识之士批评。《续资治通鉴长编》卷一百九记载，天圣八年（1030 年）三月，“三司言方建太一宫及洪福等院，计须材木九万四千余条，乞下陕西市之。诏可”。通判河中府范仲淹上书反对，说：“昭应、寿宁，天戒不远，今复侈土木，破民产，非所以顺人心合天意也。宜罢修寺观，减定常岁市木之数，蠲除积负，以彰圣治。”

有识之士倡导节省木材。《续资治通鉴长编》卷一百八十记载，至和二年（1055 年）七月，翰林学士欧阳修尝奏疏言：“开先殿初因两条柱损，今所用材植物料，共一万七千五百有零。睦亲宅神御殿所用物料，又八十四万七千。又有醴泉、福胜等处功料，不可悉数。此外军营、库务，合行修造者，又有百余处。使厚地不生他物，惟产木材，亦不能供此广费。自古王者尊祖事神，各有典礼，不必广兴土木，然后为能。”

---

①《宋大诏令集》卷一八二。

②《宋大诏令集》卷一八三。

③《续资治通鉴长编》卷七七。

宋朝大臣余良肱在汴河司任职，多次倡导保护沿河树木。当时，汴水淀污，流且缓，执政主挟河议。余良肱说："善治水者不与水争地。方冬水涸，宜自京左浚治，以及畿右，三年，可使水复行地中。"执政者不听，又议伐汴堤木以资挟河。余良肱说："自泗至京千余里，江、淮漕卒接踵，暑行多病暍，藉荫以休。又其根盘错，与堤为固，伐之不便。"① 余良肱与执事的官员屡次争论，其建议没被采纳，于是请求离开汴河司。

宋代统治者为了保护皇室脉系，禁伐皇陵林木，对皇帝出生地区的林木也实行禁伐。辽穆宗因其父辽太宗出生建州，曾诏令建州四面各三十里禁樵采放牧。

二、元代的种树与植被

1. 各地的植被

蒙元发祥地蒙古高原的植被如何？在《蒙古秘史》中有关于植物的记载，可以大致推测蒙古草原局部地区在13世纪的植被覆盖情况。书中有关树木以及密林的记载共有十余次，其中大多是对斡难河（今鄂嫩河）流域的密林记载，并且还对这些密林中植被的密度作了描写。如在铁木真十岁左右时，他被泰亦赤兀惕人追捕，情急中"铁木真急忙钻进了高山密林。泰亦赤兀惕人未能穿入林中，无奈之下包围了密林在四周看守着"②。书中记载："饱蛇都难以钻行密林。"③《蒙古秘史》中提到的植物有柳树、桦树、山桃等。这些植物渗入到了蒙古人民生活的各个角落。就像书中提到的那样：他们住着"柳条小屋"，用着"桦皮箭筒"，就连打仗时也形象地希望让军队"进如山桃丛"。④

从李志常撰《长春真人西游记》，亦可捕捉一些北方草原植物（包括农作物）的信息。其一，书中记载了矮榆、柳树、野薤、松树、大葱、杉树、韭、

---

①《宋史·余良肱传》。

② 佚名著，阿斯钢、特·官布扎布译：《蒙古秘史》，新华出版社2007年版，第29页。

③ 佚名著，阿斯钢、特·官布扎布译：《蒙古秘史》，新华出版社2007年版，第41页。

④ 佚名著，阿斯钢、特·官布扎布译：《蒙古秘史》，新华出版社2007年版，第158页。

葡萄、西瓜、苹果、杷揽、杏、芦苇、茄子、竹。其二，书中记载了高原植物的特点，如：“峭壁之间有大葱，高三、四尺……涧上有松，高十余丈。”[1]“其蒲萄经冬不坏。”[2]“渠边芦苇满地，不类中原所有。其大者经冬叶青而不凋，因取以为杖，夜横辕下，辕覆不折。其小者叶枯春换。”[3]其三，高原有些河谷地带亦有农作物。“河中壤地宜百谷，惟无荞麦、大豆。”[4]其四，中原的有些植物在高原上没有。当丘处机一行到达蒙古境地，蒙古人献黍米，“师以斗枣酬之。渠喜曰：‘未尝见此物。’”[5]这就说明蒙古草原当时没有枣树，环境不适合枣树的生长。

《马可波罗行纪》有关于植物的记载。书中提到哈马底城一带的植物，由于此地温度较高，“出产海枣、天堂果及其他寒带所无之种种果实”[6]。海枣可以酿酒，是民间的美肴。在此书的三十六章，马可·波罗记载了忽鲁模思城一带的农作物：“每年11月播种小麦、大麦及其他诸麦，次年3月收获，除海枣延迟至5月外，别无青色植物，盖因热大，植物俱干也。”[7]从这段材料中我们可以发现，当时在中亚地区小麦的种植情况已经非常普遍，由于此地的温度比较高，小麦可以过冬。在植物供水方面，该地有山川冰雪所融化的水流供给植物生长。《马可·波罗行纪》还记载：在出了忽必南城后，便进入了一片沙

---

① (元) 李志常著，党宝海译注：《长春真人西游记》，河北人民出版社2001年版，第35页。

② (元) 李志常著，党宝海译注：《长春真人西游记》，河北人民出版社2001年版，第60页。

③ (元) 李志常著，党宝海译注：《长春真人西游记》，河北人民出版社2001年版，第67页。

④ (元) 李志常著，党宝海译注：《长春真人西游记》，河北人民出版社2001年版，第75页。

⑤ (元) 李志常著，党宝海译注：《长春真人西游记》，河北人民出版社2001年版，第32页。

⑥ 冯承钧译：《马可波罗行纪》，上海书店出版社1999年版，第58页。

⑦ 冯承钧译：《马可波罗行纪》，上海书店出版社1999年版，第58页。

漠，沙漠中环境十分恶劣，完全干旱，绝无果木。但是沙漠中却生长着一种名叫“枯树”或者叫作“太阳树”的植物，“树高大，树皮一部分绿色，一部分白色。出产子囊，如同栗树，惟子囊中空。树色黄如黄杨，甚坚”。此树类似于现在戈壁中的胡杨树等耐旱树种。

1215年，长城沿线的居庸关一带曾有茂密的树林。史书记载：蒙古自居庸关攻金中都时，札八儿导蒙古骑兵出居庸关东面之间道，人马在仅可行一人的黑松林中行进了一夜。[①] 城镇周围也有一些树林，《元史·五行志一》记载：“至治三年（1323年）五月庚子，柳林行宫大木风拔三千七百株。”由此可以推测，柳林行宫栽有成千上万株树木。东至六盘山、西至玉门关的河西走廊地区自古就是宜农宜牧的天然粮仓和牧场。汉代以前，河西走廊周边的祁连山、胭脂山、黑松山、大松山、青山和柏林山，松柏茂密，是著名的林区。

《马可波罗行纪》对关中地区的植被环境作了如下的描述：“盖其地有不少森林，中有无数猛兽，若狮、熊、山猫及其他不少动物。”[②] 这里所言的关中地区，可能包括秦岭地区。总之，当时秦地森林茂盛，物种丰富，生态环境保持得比较好。

元代以前，四川盆地的土地开垦不多，原生态的植被覆盖率一直较高。元代以降，四川盆地的平原地区有大量的城邑、交通要道、煮盐冶炼地，使得森林受到一定的破坏。

2. 相关的风气

宋代流行在道路两侧栽树的风气，所以驿站沿线都有树木。元代传承宋风，朝廷要求从大都到各行省之间修筑驿道，驿道的两旁要栽树，“城郭周围并河泊两岸，急递铺道店侧畔各随风土所宜，栽植榆、柳、槐树，令各处官司护长成树”[③]。

元代确定植树造林为农民法定义务，以植树造林考核地方政绩。

元代，蒙古人视其发源地的森林为“神林”“神木”，严禁砍伐。《元史·

---

①《元史·札八儿传》。

②冯承钧译：《马可波罗行纪》，上海书店出版社1999年版，第269页。

③《元典章·户部九·农桑》。

刑法志》规定："盗伐人材木者"，"计赃科断"。

人们有种树的风气，并以植物作为居家的环境要素。元好问《卜居外家东园》云："窗中远岫，舍后长松。十年种木，一年种谷。"

元代的水上运输业较发达，因此，需要大量巨型木材造船。为了造船，不得不砍伐大树。至元二十年（1283 年）正月丁卯，巴约特等伐船材于烈埚、都山、乾山，凡十四万二千有奇，起诸军贴户年及丁者五千人、民夫三千人运之。

三、对植物的认识与保护

元朝曾经颁发《农桑辑要》一书，介绍了栽桑植果和种植竹木的先进经验，自至元十年起多次重印，为普及林业知识与推动造林事业起到了很好的作用。

元代的植物品种很多，有学者把元代的《农桑辑要》《农书》《农桑衣食撮要》这三本书与北朝贾思勰的《齐民要术》相比较，发现元代记载的植物多出了蜀黍、荞麦、苎麻、木棉、苇、蒲、靛、卜萝、菌子、莴苣、茼蒿、人苋、蓝菜、笋、甘露子、苕蒂、西瓜、银杏、橙、桔、荔枝、龙眼、橄榄、余甘子、茶、茴香、枸杞、菊花、苍术、百合、决明、甘蔗、藤花、薄荷、罂粟、松、杉、柏、桧、椿、樗等。其中有些资源是新生的资源。但是，这并不是说北朝时就没有这些资源，而是说元代的农书中提供了更多的信息。[①]

《农桑辑要》记载："概则移栽，稀则不须。每步只留两苗，稠则不结实。"植物之间的疏密对植物的生长有重要影响。

《农桑辑要》卷二附有《论苎麻木棉》，介绍植物的传播不受发源地的限制，如："苎麻本南方之物，木棉亦西域所产。近岁以来，苎麻艺于河南，木棉植于陕右，滋茂繁盛与本土无异。二方之民，实荷其利，遂即已试之效，令所在种之。悠悠之论，率以'风土不宜'为解，盖不知中国之物，出于异方者非一。以古言之，胡桃西瓜，是不产于流沙葱岭之外乎？以今言之，甘蔗茗

---

① 师道刚等：《从三部农书看元朝农业生产》，南京大学历史系元史研究室编：《元史论集》，人民出版社 1984 年版，第 287 页。

芽是不产于羊可邛筰之表乎？然皆为中国所珍用；奚独至于棉麻而疑之？”这段话说明，到了元代初年，西域的胡桃与西瓜，云贵的甘蔗与茶叶已经传播到中国其他地区，因地而种植。

王祯《农书》记载：植物的生长发育与生存环境（包括阳光、水分、土壤、气候以及植物相互间的状况等）有十分密切的关系。《农书》指出：“天下地上，南北高下相半。且以江淮南北论之，江淮以北，高田平旷，所种宜黍稷等稼；江淮以南，下土涂泥，所种宜稻秫。又南北渐远，寒暖殊别，故所种早晚不同。惟东西寒暖稍平，所种杂错，然亦有南北高下之殊。”①

宋人注意到植物交叉嫁接现象，但认为这不正常，如《宋史·五行志》记载：“淳熙十六年（1189 年）三月，扬州桑生瓜，樱桃生茄，此草木互为妖也。”

《元典章》卷五十七载有“禁毒药”，对有毒性的植物严格管理，如对巴豆、乌头、附子、天雄等中药加以管制。这说明人们对植物的认识加深，管理也到位了。

周去非在《岭外代答·花木门》介绍桄榔木的用途。“桄榔木似棕榈，有节如大竹，青绿耸直，高十余丈。有叶无枝，荫绿茂盛，佛庙神祠，亭亭列立如宝林然。结子叶间，数十穗下垂，长可丈余。翠绿点缀，有如璎珞，极堪观玩。其根皆细须，坚实如铁，镞以为器，悉成孔雀尾斑，世以为珍。木身外坚内腐，南人剖去其腐，以为盛溜，力省而功倍。溪峒取其坚以为弩箭，沾血一滴，则百裂于皮里，不可撤矣。不惟其木见血而然，虽木液一滴，着人肌肤，即遍身如针刺，是殆木性攻行于气血也欤？凡木似棕榈者有五：桄榔、槟榔、椰子、夔头、桃竹是也。槟榔之实，可施药物；夔之叶，可以盖屋；桃竹可以为杖；椰子可以为果蓏；若桄榔则为器用而可以永久矣。”

---

①（元）王祯著，缪启愉、缪桂龙译注：《农书译注》，齐鲁书社 2009 年版，第 17 页。

第二节　经济相关的植物

为了发展经济，宋、金、辽等政权都重视推广与经济相关的植物。

金朝采取了“教民种桑麻”的政策，在经济林木和防护林的栽培方面取得过一些成效。

辽朝境内农作物品种齐全，从洪皓《松漠纪闻》可知，有粟、麦、稻、穄等粮食作物，还有蔬菜瓜果。辽人从回鹘引进了西瓜、回鹘豆等瓜果品种。辽圣宗曾下过保护果树的诏令。在东北地区，辽朝时曾“桃李之类皆成园”。

金朝建国时，已经学会“种植五谷”。[①]

元代重视种植有经济效益的植物，《农桑之制》十四条规定：“种植之制，每丁岁种桑枣二十株，土性不宜者，听种榆柳等，其数如之。种杂果者，每丁十株，皆以生成为数，愿多种者听。其无地及有疾者不与，所在官司申报不实者罪之。仍令各社布种苜蓿，以防饥年。近水之家，又许凿池养鱼并鹅鸭之数，及种莳莲藕、鸡头、菱角、蒲苇等，以助衣食。”[②] 由此可见，元代统治者提倡种植经济类植物，诸如桑、竹、枣等。种植这些经济植物，一方面是为了改进民生，另一方面是为了防灾。

一、与饮食相关的植物

随着经济重心南移，北方的一些农作物粟、麦、黍、豆被引种到南方。

宋代，民间几乎年年有进献吉瑞谷穗的现象，以多为吉，有嘉禾一本九十茎，有一苗九穗，有一茎二十四穗，等等。地方官还奉上《嘉禾合穗图》《瑞

---

①（宋）徐梦莘：《三朝北盟会编》，上海古籍出版社 1987 年版，第 127 页。

②《元史·食货志》。

谷图》《瑞麦图》。对这种风气，皇帝有两种态度，一是当作奉承行为，二是当作对农作物的重视。《宋史·五行志》记载："绍兴元年七月乙未，浙西安抚大使刘光世以枯秸生穗奏瑞。高宗曰：'朕在潜邸，梁间生芝草，官僚皆欲上闻，朕手碎之，不欲宝此奇怪。'乃却之。"皇祐三年（1051年）五月，彭山县上《瑞麦图》，凡一茎五穗者数本。帝曰："朕赏禁四方献瑞，今得西川麦秀图，可谓真瑞矣！其赐田夫束帛以劝之。"这种进献谷穗风气推动了人们对异常谷穗的关注，或许有利于选择优良品种。

1. 水稻

宋代在南方大量种水稻，而且引进了一些域外的作物，如稻种、西瓜、棉花。

宋代水稻有不同的品种，并不断改良。宋代从越南引进了占城稻，《宋史·食货志》记载：宋真宗大中祥符四年（1011年），"帝以江、淮、两浙稍旱即水田不登，遣使就福建取占城稻三万斛，分给三路为种，择民田高仰者莳之，盖旱稻也。内出种法，命转运使揭榜示民。后又种于玉宸殿，帝与近臣同观；毕刈，又遣内侍持于朝堂示百官。稻比中国者穗长而无芒，粒差小，不择地而生。"占城稻又称旱禾或占禾，属于早籼稻。占城稻生长期短，自种至收仅五十余日，一年可有两熟，甚至三熟。史书记载占城稻"比中国者穗长而无芒，粒差小，不择地而生"①。占城稻适应性强，可以普遍种植，能够抗旱，而且对防止饥荒有重要作用，使得南方种植业上了新台阶。

占城稻起初是在江南、淮南、两浙推广，其产量比一年一熟的小麦要高一倍，于是很快就广泛地流行于长江流域，从而引发了一场"粮食革命"。湖北的稻谷产量有明显提高，南宋王炎记载："湖右之田……计其所得于田者，膏腴之田，一亩收谷三斛，下等之田，一亩二斛。"② 在此之前，湖北的稻谷很难达到亩产二三斛的。

据《宋代经济史》作者漆侠的计算，宋代垦田面积达到了7.2亿亩，南方水稻亩产约353市斤，北方小麦亩产约178市斤，无论是面积还是亩产都远

---

①（宋）马端临：《文献通考》卷四《田赋考四》，中华书局2011年版，第95页。

②（宋）王炎：《双溪类稿》卷十九《上林鄂州》。

远超过前代。自水稻被广泛引进之后，粮食产量的增长以及人口的膨胀，为工商经济的繁荣创造了无比宽阔的市场空间，其结果是，适合种植的江南地区终于确立了经济中心的地位，而宋代的文明水平达到前所未见的高度。

周去非在《岭外代答·花木门》记载：广西农民种谷，与内地农民有所不同，采取了间套复种的办法，在用地上创始了水稻一年三熟制的种植方法。"钦州田家卤莽，牛种仅能破块，播耕之际，就田点谷，更不移秧，其为费种莫甚焉。既种之后，不耘不灌，任之于天地。地暖，故无月不种，无月不收。正二月种者曰早禾，至四月五月收。三月四月种曰早禾，至六月七月收。五月六月种曰晚禾，至八月九月收。而钦阳七峒中，七八月始种早禾，九十月始种晚禾，十一月十二月又种，名曰月禾。地气既暖，天时亦为之大变，以至于此!"

南宋时太湖地区稻米产量居全国之首，有"苏常熟，天下足"之称。

水稻产量高，农民有丰收的喜悦。宋范成大《四时田园杂兴》云："新筑场泥镜面平，家家打稻趁霜晴。笑歌声里轻雷动，一夜连枷响到明。"意为：新筑的泥面晒谷场像镜面一样平，家家户户趁霜后的晴天抢打稻谷。笑语歌声里滚动着像轻雷一般的声响，打稻脱粒的连枷声昼夜不停，通宵达旦。

元代，水稻种植区域向北推进。王祯《农书·百谷谱》记载：元代"稻谷之美种，江淮以南，直彻海外，皆宜此稼"。水稻的种植在元代也不同程度地推广到北方的大都、河北、山西、关中、河南等地。

2. 麦子

宋元时期，特别是南宋时期，随着北方人口南移，南方旱作农业进一步发展，南方已经可以种麦、麻、豆、粟、桑、蔬等农作物。《宋史·五行志》记载湖北种麦，"施州，麦并秀两歧"，"黄州，麦秀二三穗"。由此可见，朝廷以麦收作为可喜的现象。由于种麦普及，有的地方甚至可以麦稻并种，形成麦稻两作制，提高了亩产量。宋淳熙十三年（1186 年）十一月，湖广总领赵彦逾等委托襄阳通判朱佾到宜城一带的木渠核实农作物产量，朱佾调查了大片土地的产量，得出结论"田亩一亩夏收麦租三升，秋收粳粟三升"。朱佾甚至建议："异时民力富足，耕垦如法，增收租子，可以此类施行。"①

---

①《宋会要辑稿·食货》。

宋代，知荆州军陆九渊说："荆襄之间，沿汉沔上下，膏腴之地七百余里，土宜麻麦。"[①] 这说明，人们根据土壤而选择农作物种植。

湖北农民重视把优良农作物作为谷种，或作为祥瑞。南宋庆元五年（1199年）郑延年到竹山县担任知县，农历四月十六日，有农民李祖振在田间发现不同寻常的两枝麦子。正常的是一茎一穗，而异常的麦子"其一五穗，其一两岐。父老惊喜，叹未曾有此"，"是岁二麦大熟，兆不虚矣"。[②] 郑延年专门写了《瑞麦记》，以纪念此事。

宋代梁克家撰《淳熙三山志》卷四十一《土俗类三》记载：福州不仅种稻谷，还有麦、麻、豆、粟、穄等。麦有大麦、小麦。凡麦，秋种、冬长、春秀、夏实，具四时中和之气，故为五谷之贵。又有一种，秋花、冬收，名荞麦。麻有胡麻，有大麻。胡麻即油麻也，以其压油，以油麻名之。豆有黑者、紫者、白者、绿者、红者、羊角者、虎爪者、如钱片者。又有扁豆，种于篱落间。有蚕豆，蚕熟时有之。粟，粒细者香美。南地以稻灰种之，不必锄治。江东呼粟为粢。粢，稷也，即此。穄米，与黍米相似而粒大。薏苡，春生苗，茎高三四尺，叶如黍，开红、白花，作穗，五六月结实，形如珠子而稍长，故名薏珠。

农作物品种方面，南北略有不同。元代仍然是北麦南稻。麦子耐寒，稻谷喜水，因而南北的庄稼不同。

北方流行以麦、粟和荞麦为主要的粮食作物。王祯《农书·百谷谱》记载：元代"大、小麦，北方所种极广"。卢挚《田家》说："看荞麦开花，绿豆生芽。"

忽思慧编《饮膳正要》，记载了许多食物，涉及诸多农业资源。

元人想方设法扩大食物资源，《元史·伯颜传》记载：伯颜统军时，为防饥饿，要士兵储存野菜。"令军中采蔑怯叶儿及蓿敦之根贮之，人四斛，草粒称是。盛冬雨雪，人马赖以不饥。"[③]

---

①《建炎以来朝野杂记》甲集卷十六《屯田》。

②（明）徐学谟等撰，潘彦文等校，万历《郧阳府志》卷三十《艺文》（长江出版社 2017 年版，第 363 页）。

③《元史·伯颜传》。

《元史·王荐传》记载：“王荐，福宁人。性孝而好义。……母沈氏病渴，语荐曰：‘得瓜以啖我，渴可止。’时冬月，求于乡不得，行至深奥岭，值大雪，荐避雪树下，思母病，仰天而哭。忽见岩石间青蔓离披，有二瓜焉，因摘归奉母。母食之，渴顿止。”

3. 茶叶

宋代，茶叶遍及今苏、浙、皖、闽、赣、鄂、渝、湘、川等地。

茶叶已经成为商品。北宋在江陵、蕲州等处设置榷茶税务官员，征收茶税作为国库收入。江陵府受本府及潭、赣、澧、鼎、归、峡州茶，蕲州蕲口受洪、潭、建、剑州、兴国军茶，茶价总额各有具体的规定。终宋一代，管理茶叶的办法屡变，各地各时期亦不尽相同。宋代产茶州郡近百个，出现了专以经营茶园为生的园户。

沈括在《梦溪笔谈》卷二十五专门论述了阳羡茶，欧阳修在《归田录》卷一论述了腊茶。先民制茶，茶作为产品，形制有多元性。宋代有“研膏”“腊面”“京挺”“龙凤团”“茶囊”等各种形式，类似于现在流行的云南陀茶。

王安石的《临川先生文集》卷七十有《议茶法》，主张让民众自由贩茶。

元代，湖北仍是重要的产茶区，宜都有峡茶，远安有鹿苑茶，荆门有凤山茶，武昌有云雾茶，大冶有桃花茶，巴东有真香茶，荆州有仙人掌茶，来凤有仙峒茶，蕲春有松萝茶，崇阳有黑茶，归州有白茶。制茶技术更加精湛，许多茶叶都列为贡品。

周去非在《岭外代答·食用门》中介绍广西茶叶，“静江府修仁县产茶，土人制为方铸。方二寸许而差厚，有‘供神仙’三字者，上也；方五六寸而差薄者，次也；大而粗且薄者，下矣。修仁其名乃甚彰。煮而饮之，其色惨黑，其味严重，能愈头风。古县亦产茶，味与修仁不殊”。

宋代，在福建建州建安县（今建瓯）有建溪（闽江上游），溪旁的北苑凤凰山产茶。北宋太平兴国二年（977 年）在北苑设御焙，制作龙凤团茶上贡。北苑御焙是宋代贡茶最大的贡茶产制中心，辖建阳、建安、南剑州、政和四县。拥有官私茶焙一千三百三十六，其中官焙三十二。御茶园有内园三十六，外园三十八。宋徽宗的《大观茶论》、蔡襄的《茶录》、熊蕃的《宣和北苑贡茶录》都曾论及北苑贡茶。

淳熙十三年（1186年），赵汝砺为从政郎、福建转运司司账，撰《北苑别录》一卷，有开焙、采茶、拣茶、蒸茶、榨茶、研茶、造茶、过黄等章节。书中对茶园的环境有记载，如《序》中说："建安之东三十里，有山曰凤凰。其下直北苑，帝联诸焙。厥土赤壤，厥茶惟上上。"《御园》中记载茶园共有"四十六所，广袤三十余里。自官平而上为内园，官坑而下为外园"。他在《开焙》中讲述了采摘的时间及缘由："惊蛰节万物始萌，每岁常以前三日开焙。遇闰则反之，以其气候少迟故也。采茶之法，须是侵晨，不可见日。侵晨则露未晞，茶芽肥润。见日则为阳气所薄，使芽之膏腴内耗，至受水而不鲜明。"可知，宋人重视产茶的时空环境，以之作为茗茶的首要条件。

元代的福建建宁、浙江的湖州、江苏的常州都产茶叶。王祯《农书·百谷谱》记载茶叶"闽、浙、蜀、荆、江湖、淮南皆有之"。元至元二十三年（1286年）二月，设立常德、澧州榷茶提举司。元元统元年（1333年）十月，复立湖广榷茶提举司。

4. 果蔬

宋代梁克家撰《淳熙三山志》卷四十一《土俗类三》记载的水果有龙眼、橄榄、杨梅、枇杷、甘蔗、蕉、枣、栗、蒲萄、莲、芰、樱、木瓜、杏、石榴、梨、桃、李、榅桲、茨菰等。其中，柑类有朱柑、乳柑、黄柑、罗浮柑、镜柑、石柑、沙柑、洞庭柑。桔类有蜜桔、朱桔、乳桔、踏桔、山桔、黄淡子、金桔、绿桔、宜母子。橙子类极多，有佛头橙、蜜橙、青橙、皱橙、栾橙、香绵橙。柿有花柿、卯柿、乌柿、朱柿。荔枝的品种有江家绿、绿核、圆丁香、虎皮、牛心、玳瑁红、硫黄、朱柿、蚶壳、白蜜、小丁香、大丁香、双髻小红、真珠、十八娘红、将军红、钗头、粉红、中元红、一品红、状元红、驼蹄、金粽、栗玉、洞中红、星球红。荔枝的种植，有区域之别。不是福建全境都适合种植荔枝，如：北自长溪、宁德、罗源至连江北境，西自古田、闽清，皆不可种，以其性畏高寒。连江之南虽有种植者，其成熟已差晚半月。直过北岭，官舍、民庐及僧、道所居，至连山接谷，始大蕃盛。然而，闽中霜雪寡薄，温厚之气盛于东南。故闽中所产荔枝比巴蜀、南海尤为殊绝。

北宋时流行一本《格物粗谈》，旧题苏轼撰。苏轼在黄州生活一段时间，当时的湖北盛产柑橘。对于如何贮藏柑橘，《格物粗谈》有一段介绍："地中掘一窖，或稻草，或松茅铺厚寸许，将剪刀就树上剪下橘子，不可伤其皮，即逐个排窖内，安二三层，别用竹作梁架定，又以竹篦阁上，再安一二层。却以缸合定，或用乌盆亦可。四围湿泥封固，留至明年不坏。”[①] 今湖北山区的果农仍然在采用这种传统方法为柑橘保鲜。

吴地部分地区，人们的生存对商品化农业依赖很大。有的地区出现了柑橘专业种植户，粮食靠其他地方贩来。庄季裕《鸡肋编》卷中记载：太湖洞庭山区“地方共几百里，多种柑橘桑麻，糊口之物，尽仰商贩”，以至于“米船不到，山中小民多饿死”。

《元史·张庭瑞传》记载：“庭瑞初屯青居，其土多橘，时中州艰得蜀药，其价倍常。庭瑞课闲卒，日入橘皮若干升储之，人莫晓也。贾人有丧其资不能归者，人给橘皮一石，得钱以济，莫不感之。”表明当时四川地区橘树种植比较广。

《农桑辑要》中，有关于柑橘类种植北移至南阳盆地一带的记载。[②]

宋代，甘蔗种植遍布苏、浙、闽、广等省，糖已经被广泛使用，出现世界上第一部关于制糖术的专著，即王灼的《糖霜谱》。

宋元时期福建盛产荔枝。沈括《梦溪笔谈·杂志》记载：“闽中荔枝，核有小如丁香者，多肉而甘。土人亦能为之，取荔枝木去其宗根，仍火燔令焦，复种之，以大石抵其根，但令傍根得生，其核乃小，种之不复牙。正如六畜去势，则多肉而不复有子耳。”据此可知，福建的树农在种植荔枝时，把普通荔枝树的老本和主根取下来，又用火把它烤得焦煳煳的，再栽到地里去，并用大石头压住它的根，只让它从旁边生根，这样长出来的荔枝核小、果肉多。

《马可·波罗行纪》第一〇六章记载：太原府的农村种植葡萄，当地葡萄园很多，而且已经开始酿制葡萄酒了，同时该地也种植桑树养蚕。太原的葡萄酒在唐代已知名，在元代则传播更广。

唐五代时期，西瓜从国外传入到中国。到了南宋时，湖北已经能够种植西瓜。在鄂西南的施州，咸淳六年（1270 年）立了一块碑，记载了西瓜的传播

---

① (宋) 苏轼著，李之亮笺注：《苏轼文集编年笺注》，巴蜀书社 2011 年版，第 538 页。

② 满志敏：《黄淮海平原北宋至元中叶的气候冷暖状况》，《历史地理》第十一辑，上海人民出版社 1992 年版。

过程，是国内所见最早的西瓜栽培资料。西瓜碑，又称南宋引种西瓜摩崖石刻，位于今湖北省恩施市舞阳坝街道办事处周河村二台坪。石刻文字记载了郡守秦姓将军到此栽养万桑及种西瓜事，并对西瓜的种类、引种时间、培植方法等进行了重点介绍。碑文从右至左竖刻10行，每行17字，共169字。1917年，恩施县知县郑永禧著《施州考古录》时，发现并存录了这段西瓜碑的碑文：

郡守秦将军到此栽养万桑，诸果园开修莲花池，创立接客亭及种西瓜。西瓜有四种，内一种云头蝉儿瓜、一种团西瓜、一种细子儿名曰御西瓜，此三种在淮南种食八十余年矣。又一种回回瓜，其身长大，自庚子嘉熙北游带过种来。外甜瓜、梢瓜有数种。咸淳五年在此试种，种出多产，满郡皆兴，支送其味甚加，种亦遍及乡村处。刻石于此，不可不知也。其瓜于二月尽则，此种须是三五次埯种，恐雨不调。咸淳庚午孟秋朐山秦□伯玉谨记。①

宋代梁克家撰《淳熙三山志》卷四十一《土俗类三》记载了菜蓏，如菘、凫葵、白苣、莴苣、芸台、蕹菜、水鄞、菠薐、苦荬、莙荙、东风菜、茄子、苋、胡荽、茼蒿、蕨、姜、葱、韭、薤、葫、冬瓜、瓠、白蘘荷、紫苏、薄荷、马芹子、茵陈、海藻、紫菜、鹿角菜、芋、枸杞。苋有六种，有人苋、赤苋、白苋、紫苋、马苋、五色苋。

二、与日用相关的植物

1. 棉花

周去非在《岭外代答·服用门》介绍广西吉贝木，“吉贝木如低小桑，枝萼类芙蓉，花之心叶皆细茸，絮长半寸许，宛如柳绵，有黑子数十。南人取其茸絮，以铁筋碾去其子，即以手握茸就纺，不烦缉绩。以之为布，最为坚善”。现在看来，这种吉贝木其实就是棉花。

南宋时，棉花已在广东、福建等地种植，到元代时进入到湖广、浙江、江东等地，朝廷在有的地方还设置了木棉提举司。元代是棉花栽种技术得到普遍

---

① 碑文原文有不清晰处，仅供参考。

推广的时期，盛行时期，政府向民间征收木棉。

元代棉纺业以东南的松江为中心，当地有 1000 多户人家从事棉布生产，形成规模效应。元初黄道婆改进了从轧花到织布的工具，并采用新方法织染图案，对于传播纺织技术方面的知识有重要贡献。

中国历史上有先农、先蚕之祀，到元代又有了先棉之祀。《辍耕录》卷二十四《黄道婆》记载："国初有一老妪，名黄道婆者，自崖州来，乃教以仿造捍弹纺织之具，至于错纱配色，综线挈花，各有其法，人受其教，竞相作为。转货他郡，家既就殷切，未几妪卒，莫不感恩洒泣，而共葬之，又为立祠，岁时享之。"可见，黄道婆是从外地来到松江的，是一位手工技术的传播者，又是一位使农民致富的能人，还使得女性在家庭的经济生活中有了更重要的地位。

《农桑辑要》讲到关于木棉的栽种方法：新添"栽木棉法"，于正月地气透时，深耕三遍，然后作成畦畛。每畦，长八步，阔一步，内半步作畦面，半步作畦背……稠则移栽，稀则不须。每步只留两苗，稠则不结实。关于木棉播种中种子的处理，《农桑辑要》提出，种子处理，"用水淘过子粒，堆于湿地上，瓦盆覆一夜，次日取出，用小灰搓得伶俐"。《农桑辑要》中说"先将种子用水浸，灰拌匀，后生芽"，再播种。

周去非在《岭外代答·服用门》中介绍广西苎麻，"邕州左、右江溪峒，地产苎麻，洁白细薄而长，土人择其尤细长者为练子。暑衣之，轻凉离汗者也"。

2. 桑

北宋中晚期，先民已经能够开展桑树嫁接技术，这对于改良桑树品种，提高桑树存活率，都具有重要意义。

北宋名臣范纯仁（范仲淹次子）在襄城任知州时，注意到百姓生活穷困，于是号召百姓种桑树。政令发出很久，百姓仍习惯于种植粮食，不接受种桑养蚕。范纯仁决定巧妙解决种桑难题：凡犯罪较轻者可在家种桑代替坐牢，根据罪行程度确定种桑数量。根据桑树生长情况，可减罪或免罪。此法推行几年后，襄城很快就流行种桑养蚕的风气，桑树种植增加了，百姓的经济生活也改善了。

桑树的桑葚可以食用。宋代曹勋《北狩见闻录》记载了金兵胁迫宋徽宗北上的事实，描述了宋徽宗自靖康二年（建炎元年）三月二十七日被裹挟北上至过真定府的时间段内的史事。在徽宗前往金朝都城的途中，“道过尧山县……徽宗在路中苦渴，令摘道旁桑葚食之。语臣曰：‘我在藩邸时，乳媪曾啖此。因取数枚，食甚美。’”

元代农民最重要的农作物之一是桑树，这与人们的经济生活需求有关。《元史·食货志》记载，忽必烈“即位之初，首诏天下，国以民为本，民以食为本，衣食以农桑为本”。

元初颁布的《农桑辑要》中，有大量篇幅讲种桑树。[①]《元史·五行志》记载：“至顺二年（1331 年）三月，冠州蚕食桑四万株。”这说明桑树很多。

3. 竹子

宋代梁克家撰《淳熙三山志·土俗类三》记载了福建竹子的种类、产地、用途，如：慈竹，丛生。斑竹，生永福县鹤洋，差及湘江者。又有紫竹，山邑皆有之。鹤膝竹，生古田县，似灵寿藤，不须琢削，自合杖制。箭竹，可为箭干，生长在古田山中。苦竹，笋味甚苦。又有苦伏竹，笋冬生，掘而食之，味尤珍。淡竹，肉薄，节间有粉，南人以烧竹沥者。石竹，连江等县为多，节疏而平，可为器用。麻竹大至径七八寸，叶亦大，笋夏生。江南竹，粗大而坚直。秋竹，甚小，以为篾用。虫竹，丛生如芦。豁竹，节长细，可为笛材，笋味最美。筋竹，肉厚而窍小，可为弓弩材。

《元史·食货志》记载：“竹之所产虽不一，而腹里之河南、怀孟，陕西之京兆、凤翔，皆有在官竹园。国初，皆立司竹监掌之，每岁令税课所官以时采斫，定其价为三等，易于民间。至元四年，始命制国用使司印造怀孟等路司竹监竹引一万道，每道取工墨一钱，凡发卖皆给引。至二十二年，罢司竹监，听民自卖输税。明年，又用郭畯言，于卫州复立竹课提举司，凡辉、怀、嵩、洛、京襄、益都、宿、蕲等处竹货皆隶焉。在官者办课，在民者输税。二十三年，又命陕西竹课提领司差官于辉、怀办课。二十九年，丞相完泽言：‘怀孟竹课，频年斫伐已损。课无所出，科民以输。宜罢其课，长养数年。’世祖从

---

① 满志敏：《黄淮海平原北宋至元中叶的气候冷暖状况》，载《历史地理》第十一辑，上海人民出版社 1992 年版。

之。此竹课之兴革可考者也。若夫硝、碱、木课，其兴革无籍可考，故不著焉。”

从这段材料可知，在黄河流域的陕西、河南等地有官竹园，元初设置司竹监加以管理，官竹园生产的竹子分成若干等级，卖给百姓。政府从中抽税。这说明中原地区的竹园面积不小，至少与20世纪的中原有很大的不同。从这段材料似乎还可以推出一些信息：元初在京兆、凤翔（今陕西西安附近）有司竹监，后来又废止了，而到了至元二十三年（1286年）在辉、宿、蕲（今河南、安徽、湖北）一带重设司竹监，区位发生了转移，纬度偏南了。一定是豫皖鄂之间的气候与土壤适宜于生长大片竹子，因而朝廷加强了对竹子的监控，并且不放松这方面的税收。

中国古代竹林的分布，一直是环境史观测的一个领域，竹林一直有由北向南移动的趋势，这个趋势与气候变迁有直接关系。从竹林，到竹林贸易，到司竹监机构的设置，这是一个生态链，任何一个链条中断，就意味着整个竹生态的破坏。从元朝二十多年间的司竹监机构的设置与兴废，应当可以窥视出当时的生态变化。

《马可·波罗行纪》第一一四章介绍了吐蕃州的植被，说这里有一片极其广阔的森林，该森林中生长的一种大竹子，粗有三掌，高至十五布，每节长逾三掌。当地商贾旅人经常将这些青竹放到火中去烧，青竹的爆炸声音很大，用以吓跑野兽等动物。其实，马可·波罗并不熟悉中国的爆竹习俗，所以，以燃竹爆炸之声为异，实际上这种古老的燃竹吓走山鬼的习俗在我国自古就有。

三、花卉

宋代士人喜花卉。

宋代苏东坡爱梅成癖，杭州西湖有一株900多年的宋梅，相传是苏东坡亲手栽种。

沈括《梦溪笔谈·药议》论述“采草药不拘定月”说：“古法采草药多用二月、八月，此殊未当。但二月草已芽，八月苗未枯，采掇者易辨识耳，在药则未为良时。大率用根者，若有宿根，须取无茎叶时采，则津泽皆归其根。欲验之，但取芦菔、地黄辈观，无苗时采，则实而沉；有苗时采，则虚而浮。其无宿根者，即候苗成而未有花时采，则根生已足而又未衰。如今之紫草，未花时采，则根色鲜泽；花过而采，则根色黯恶，此其效也。用叶者取叶初长足时，用芽者自从本说，用花者取花初敷时，用实者成实时采。皆不可限以时月。缘土气有早晚，天时有愆伏。如平地三月花者，深山中则四月花。……一物同一畦之间，自有早晚，此物性之不同也。岭峤微草，凌冬不凋；并汾乔木，望秋先陨；诸越则桃李冬实，朔漠则桃李夏荣。此地气之不同也。一亩之稼，则粪溉者先芽；一丘之禾，则后种者晚实。此人力之不同也。岂可一切拘以定月哉?"

南宋末期，赵时庚著《金漳兰谱》，这是我国最早的兰谱书籍，书分五章，介绍了产于漳州、泉州、瓯越等地的32个兰花品种，并叙述兰花的品评、爱养、封植和灌溉等方面的经验。其中的《天下养爱》对环境与兰花的关系有精彩论述："顺天地以养万物，必欲使万物得遂其本性而后已，故作台太高则冲阳，太低则隐风，前宜面南，后宜背北，盖欲通南薰而障北吹也。地不必旷，旷则有日，亦不可狭，狭则蔽气。右宜近林，左宜近野，欲引东日而被西阳。夏遇炎烈则荫之，冬逢冱寒则曝之，下沙欲疏，疏则连雨不能淫。上沙欲濡，濡则酷日不能燥。至于插引叶之架，平护根之沙，防蚯蚓之伤，禁蝼蚁之穴，去其莠草，除其丝网，助其新篦，剪其败叶，此则爱养之法也。"

宋人掌握了植物花卉嫁接时间规律。南宋文学家张镃撰有《种花法》，其中谈到植物的嫁接，"春分和气尽，接不得。夏至阳气盛，种不得。立春正有中旬，宜接樱桃、木樨、徘徊黄、蔷薇。正月下旬，宜接桃、梅、李、杏、半丈红、腊梅、梨、枣、栗、柿、杨柳、紫薇。二月上旬，可接紫笑、绵橙、匾桔。以上种接，并于十二月间，沃以粪壤二次"①。

洪迈《容斋随笔》卷十"玉蕊杜鹃"条记载：植物在不同的时期有不同的名称，物以稀为贵。"物以希见为珍，不必异种也。长安唐昌观玉蕊，乃今玚花，又名米囊，黄鲁直易为山矾者。润州鹤林寺杜鹃，乃今映山红，又名红踯躅者。二花在江东弥山亘野，殆与榛莽相似。"

周去非在《岭外代答·花木门》中介绍曼陀罗花，"广西曼陀罗花，遍生原野，大叶白花，结实如茄子，而遍生小刺，乃药人草也。盗贼采干而末之，以置人饮食，使之醉闷，则挈箧而趍。南人或用为小儿食药，去积甚峻"。周

①（宋）张世南：《游宦纪闻》卷六。

去非又介绍说："广西妖淫之地，多产恶草，人民亦禀恶德。有藤生者曰胡蔓，叶如茶，开小红花，一花一叶。揉其叶渍之水，涓滴入口，百窍溃血而死矣。愚民私怨，茹以自毙。人近草侧，其叶自摇。盖其恶气，好攻人气血如此。人将期死，探其叶心，嚼而水吞之，面黑舌伸。家人觉之，急取抱卵不生鸡儿细研，和以麻油，抉口灌之。乃尽吐出恶物而苏。小迟，不可救矣。若欲验之，齿及爪甲青，探银钗咽中，银变青黑者是也。人死焚尸，次日灰骨中已生胡蔓数寸。此等恶种，火不能焚，天之生物，有如此者！朝廷每岁下广西尉司除胡蔓，此亦人代天工之意，勿谓其不可去而一不问也。"

宋代梁克家撰《淳熙三山志·土俗类三》记载的花有末丽、素馨、牡丹、芍药、紫玫瑰、四时山丹、长春、真珠、酴醾、梅花、瑞香、蔷薇、半丈红、衮绣球、海棠、斗雪红、阇提、玉簪、金沙、剪金红、度年红、含笑、百合、凌霄、紫荆、罂粟、葵、菊、玉蝴蝶、朱槿、鸡冠、山茶、御仙、金凤、金钱、拒霜、岩桂、鹰爪、凤尾、玉屑、玉笼松、宝相。其中，梅有红梅、腊梅、百叶梅。葵花白者，主咳疟；黄者，叶尖狭，夏间花，浅黄色，主疮痈。桂有四时开者、紫者、鞓红者，深红者曰丹桂。

宋代苏颂编的《图经本草》"考证详明，颇有发挥"，这是明代李时珍在《本草纲目》的《序例》对苏颂其书的称赞，但李时珍也批评了《图经本草》"图与说异，而不相应，或有图无说，或有物失图，或说是图非"。如，天花粉、栝蒌本是同一植物的根块和果实两部分，而苏颂却把它们当作两种不同的植物图形。

周去非在《岭外代答·花木门》介绍桂花树的作用，并纠正了医家的误解。"桂枝者，发达之气也，质薄而味稍轻，故伤寒汤饮，必用桂枝发散，救里最良。肉桂者，温厚之气也，质厚而味沉芳，故补益圆散，多用肉桂。今医家谓桂年深则皮愈薄，必以薄桂为良，是大不然，桂木年深愈厚耳，未见其薄也。以医家薄桂之谬，考于古方桂枝肉桂之分，斯大异矣。"

元代的植物花卉知识丰富，元杂剧曲牌中保存着大量的植物名称，其中植物有水仙子、柳叶儿、芙蓉花、甘草子、油葫芦、寄生草、玉花秋、红芍药、梧桐树、石榴花、蔓菁菜、青杏子、木兰花、金菊香、水红花、金蕉叶、紫花儿、雪里梅、黄蔷薇、竹枝歌、牡丹春、豆叶黄、干荷叶等。

元世祖忽必烈的侍从之臣卢挚写了一组与植物相关的词：《海棠》："恰西园锦树花开，便是春满东风，燕子楼台。几处门墙，谁家桃李，自芬尘埃。　记银烛红妆夜来，洞房深掩映闲斋。醉眼吟怀，林下风流，海上蓬莱。”《白莲》：“映横塘烟柳风蒲，自一种仙家，玉雪肌肤。净洗炎埃，轻摇羽扇，琼立冰壶。　　又猜是耶溪越女，怕红裙不称情姝。香动诗臞，鸥鹭同盟，云水深居。”《丹桂》：“说秋英媚妩嫦娥，共金粟如来，示现维摩。月下幽丛，淮南胜韵，招隐谁呵。　　管因为清香太多，这些时学我婆娑。纵览岩阿，抚节高歌，时到无何。”《红梅》：“缀冰痕数点胭脂，莫猜做人间，繁杏枯枝。天竺丹成，山茶茜染，照映参差。共倚竹佳人看时，素饶他风韵些儿。脉脉奇姿，应解痴翁，鉴赏妍媸。”这些词说明，卢挚对花卉观察细致入微。

宋元时期有一些关于植物方面的专门书籍，如《荔枝谱》《桐谱》《橘录》《芍药谱》等，还有《日华子本草》《开宝本草》《嘉祐补注神农本草》《本草图经》《本草衍义》。这些说明人们对植物的认识日趋专门化。

第七章

宋元的动物环境

本章主要论述宋元时期动物的生存状况、动物的种类，以及人们对动物的认识与对动物的保护。

第一节 人·动物·认识

一、游牧民族的天性

宋元时期，中华大地的游牧民族在历史舞台上很活跃，游牧民族天然就与草原动物有密切联系。正如农耕民族依赖土地与五谷生存一样，游牧民族依赖水草生存，水草是游牧民族的“土地”，牧畜是游牧民族的“五谷”，是游牧家庭生存的基础。如果一个家庭有几百匹牲畜，牲畜不断繁殖，就能维系一家人的生活。

契丹族以游牧业为主。羊、马是契丹等游牧民族的主要生活资料，马、骆驼则是重要的交通工具。在阴山以北至胪朐河，土河、潢水至挞鲁河、额尔古纳河流域，有牧民随水草迁徙的牧场。辽朝设有监养鸟兽的机构与官员，《辽史·百官志》记载了群牧使司、浑河北马群司、漠南马群司、漠北滑水马群司、牛群司、监某鸟兽都监等。

西夏占有鄂尔多斯高原、阿拉善和额济纳草原及河西走廊草原，畜牧业发达。牧区分布在横山以北和河西走廊地区，重要的牧区有夏州（陕西靖边北白城子）、绥州（今绥德）、银州（今米脂西北）、盐州（宁夏盐池北）与宥州（陕西定边东）诸州。畜类主要以牛、羊、马和骆驼为主，还有驴、骡、猪等。“党项马”很有名，可用于军事与生产。骆驼主要产于阿拉善和额济纳地区，是高原和沙漠地区的重要运输工具。西夏辞书《文海》记载了牲畜的喂养、疾病、生产与品种的区分。西夏以白骆驼毛制成的白毡，《马可·波罗行纪》称其为“世界最良之毡”。

建立元代政权的蒙古人是游牧民族。史载，最初的“蒙古里国，无君长所管，亦无耕种，以弋猎为业，不常其居，每四季出行，惟逐水草，所食惟肉酪而已”[①]。《蒙鞑备录》[②] 卷一《马政》记载：“鞑国地丰水草，宜羊马。其马初生一二年，即于草地苦骑而教之，却养三年，而后再乘骑。故教其初是以不蹄啮也。千马为群，寂无嘶鸣，下马不用控系，亦不走逸，性甚良善。日间未尝刍秣，惟至夜方始牧放之，随其草之青枯野牧之，至晓搭鞍乘骑，并未始与豆粟之类。凡出师人有数马，日轮一骑乘之，故马不困弊。”又《粮食》记载：“鞑人地饶水草，宜羊马，其为生涯，止是饮马乳以塞饥渴。凡一牝马之乳，可饱三人。出入止饮马乳，或宰羊为粮。故彼国中有一马者，必有六七羊，谓如有百马者，必有六七百羊群也。如出征于中国，食羊尽，则射兔鹿野豕为食，故屯数十万之师，不举烟火。近年以来掠中国之人为奴婢，必米食而后饱，故乃掠米麦，而于劄寨处亦煮粥而食。彼国亦有一二处出黑黍米，彼亦解为煮粥。”

《元史·显宗传》记载：“显宗光圣仁孝皇帝，讳甘麻剌，裕宗长子也。……（作为太子时）尝出征驻金山，会大雪，拥火坐帐内，欢甚，顾谓左右曰：‘今日风雪如是，吾与卿处犹有寒色，彼从士亦人耳，腰弓矢、荷刃周庐之外，其苦可知。’遂命饔人大为肉糜，亲尝而遍赐之。”这段话反映了游牧民族以肉食为主。

正如农耕民族重视选择最佳生态环境，不断构建家园一样，游牧民族也非常重视环境，以便获得最佳水草，使羊肥马壮。蒙古人随水草畜牧，四季之中对草原环境不断地选择。“遇夏则就高寒之地，至冬则趋阳暖薪木易得之处以避之。”[③] 过去，有些学者认为只有农耕民族才讲究生存环境，其实，游牧民族在长期的迁徙之中，同样积累了丰富的环境经验。大德九年（1305 年），北

---

①《契丹国志》卷二十二《四至邻国地里远近》。

②《蒙鞑备录》原题孟珙撰。孟珙（1195—1246 年），字璞玉，原籍绛州（今山西新绛），南宋杰出的军事家、统帅。王国维在《蒙鞑备录笺证》考证，提出：宋宁宗嘉定十四年（1221 年），赵珙奉其上司贾涉之命，往河北蒙古军前议事，至燕京，见到总领蒙古大军攻金的木华黎国王。他将自己出使期间的见闻著录成书。

③（元）张德辉：《岭北纪行》卷一。

方奇噜伦部大雪。同知宣徽院事图沁布哈请买驼马，补其死缺。之所以要补其死缺，就是因为牛、马、羊是游牧民族生活的保证。

游牧民族擅长狩猎。金朝统治者一直保持打猎的习惯。《金史·章宗纪》记载，章宗明昌五年（1194 年）“七月戊辰，猎于豁赤火，一发贯双鹿。是日，获鹿二百二十二，赐扈从官有差。辛巳，次鲁温合失不。是日，上亲射，获黄羊四百七十一”。

《元史·完者都传》记载：“大猎以耀武。适有一雕翔空，完者都仰射之，应弦而落，遂大猎，所获山积。”由这条材料可知，牧民对动物的伤害是很严重的。

在《蒙古秘史》中，我们可看到，马用来迁徙和征战，牛用来拖拉巨大的帐车，骆驼既可为坐骑又可驮运物品，而羊则主要用于食用。从这四种动物的用途上来看，我们就可大致了解蒙古族生活的主要特色了，既以游牧畜牧业为主，类型为牧马、牧牛、牧羊、牧驼等。另外还有被崇拜的狼、用于捕猎的鹰、皮毛可制成华丽衣服的貂、代表着勇猛与忠诚的狗。这些动物都直接影响了游牧民族的文化。

游牧民族最害怕寒冷的天气。天寒加上干旱，就会导致水草衰竭，动物死亡。动物死亡，人们就无法生存。《元史·顺帝纪》记载，至元元年（1335年）三月，“壬辰，河州路大雪十日，深八尺，牛羊驼马冻死者十九，民大饥。”可以说，游牧民族对水草的依赖是绝对性的。水草繁茂，牲畜就兴旺，社会就安定，人民就安康，政权就巩固。游牧业是游牧文明的基础，它伴随着蒙古帝国的兴衰。窝阔台时期，蒙古国境内“羊马成群，旅不赍粮”①。

比起农耕民族建立的唐朝与宋朝，蒙古人建立的元朝更加关注游牧环境，他们对牲畜贸易实行大力扶持的政策。随着牛马增多，贸易也发达起来。“羊牛马驼之属，射猎贸易之利，自金山、称海沿边诸塞，蒙被涵煦，咸安乐富庶，忘战斗转徙之苦久矣”②。

游牧民族比农耕文化更加关注鹰、狼、驴、狗等动物，元杂剧就在这一文化的影响下出现了大量以动物为詈语的表达。如《包待制陈州粜米》第三一

①《元史·太宗纪》。

②《道园学古录》卷十五《岭北等处行中书省左右司郎中苏公墓碑》。

《金盏儿》："你道你奉官行。我道你奉私行。俺看承的一合米关着八九个人的命。又不比山麋野鹿众人争。你正是饿狼口里夺脆骨，乞儿碗底觅残羹。我能可折升不折斗，你怎也图利不图名。"第三折《黄钟煞尾》："不忧君怨和民怨。只爱花钱共酒钱。今日个家破人亡立时见，我将你这害民的贼鹰鹯，一个个拿到前，势剑上性命捐。"①

因此，在疆域辽阔的元朝，这个游牧民族建立的朝代，基于上层统治阶层长期形成的生活传统，人们对草原牲畜更加关注，获得的关于动物方面的知识更加丰富。

二、动物的生存环境

陈孚在《河间府》中描述河间道的环境情况："北风河间道，沙飞云浩浩。上有衔芦不鸣之寒雁，下有陨霜半死之秋草。城外平波青黛光，大鱼跳波一尺长。牧童吹笛枫叶里，疲牛倦马眠夕阳。有禽大如鹤，红喙摇绿烟。"这首诗提到了寒雁、大鱼、疲牛、倦马、大如鹤的飞禽，说明了河间道生物的多样性。

元代沙正卿作《安庆湖雪夜》："荒陂寒雁鸣，远树昏鸦噪。断云淮甸阔，残照楚山高。古岸萧萧，败苇折芦罩，穿林荒径小。水村寒犬吠柴荆，梅岭冻猿啼树杪。"这首曲说明安庆湖有猿，在寒冬受冻。《元诗别裁集》记载：沙正卿，永嘉（今属浙江省）人，登至正（1341—1368年）进士第，为行省掾。

宋元时期，野生山羊较常见。《元史·定宗纪》记载："元年……冬，猎黄羊于野马川。"黄羊应当是羊的一种，可能是野生羊。孙冬虎在《论元代大都地区的环境保护》中引用了《析津志辑佚·物产·兽之品》对野生动物的记述："羚羊，京西山广有之，夜则挂角于险峻岩崖之上以唾。其跷捷如飞，履险如夷。山人乩其往来，多获之。俗呼为野羊是也。"②

陶宗仪在《辍耕录》"万岁山"条记载京城（今北京城）内的皇家苑囿景

---

① 无名氏：《包待制陈州粜米》，徐征等主编：《全元曲》（第9卷），河北教育出版社1998年版，第6245、6266页。

② (元) 熊梦祥：《析津志辑佚》，北京古籍出版社1983年版，第233页。

观。其文曰："万岁山在大内西北太液池之阳，金人名琼花岛。中统三年，修缮之。……山之东也为灵囿，奇兽珍禽在焉。"由此可知，这是一处人造景观，引水上山，山东有动物园。

《宋史·五行志》记载：德祐元年（1275年）五月壬申，扬州禁军民毋得蓄犬，城中杀犬数万，输皮纳官。

三、对动物的认识

随着对动物的了解，宋元时期人们对动物的习性进一步熟悉。

宋庞元英《文昌杂录》卷二记载，民间有一些关于动物知识的读本，如："《鹰经》《鹤经》《牛经》《马经》，今公卿家亦颇有此本。"

刘敞的动物知识丰富。《宋史·刘敞传》记载："顺州山中有异兽，如马而食虎豹，契丹不能识，问敞。敞曰："此所谓驳也。"为说其音声形状，且诵《山海经》《管子》书晓之，契丹益叹服。

宋人注意到自然界虫鸟之间的生克关系，《宋史·五行志》记载：熙宁九年（1076年）五月，"金州生黑虫食苗，黄雀来，食之皆尽"。

沈括《梦溪笔谈·杂志》记载："处士刘易隐居王屋山，尝于斋中见一大蜂罥于蛛网，蛛搏之，为蜂所螫坠地。俄顷，蛛鼓腹欲裂，徐行入草。蛛啮芋梗微破，以疮就啮处磨之，良久，腹渐消，轻躁如故。自后人有为蜂螫者，挼芋梗傅之则愈。"据此可知，人们根据对自然界中生命现象的观察，把蜘蛛康复的方法运用到人体治疗蜂毒。蜘蛛搏击蜂子，反被蜂子蜇刺而坠落地上。蜘蛛腹部肿胀，爬到草中，咬破了一条芋头的梗，把被毒刺的疮口靠到芋梗咬破处摩擦，其腹部的肿胀逐渐消了下去。从那以后，人有被毒蜂蜇了的，揉搓芋梗敷在伤口上就能痊愈。

沈括《梦溪笔谈·杂志》记载："元丰中，庆州界生子方虫，方为秋田之害。忽有一虫生，如土中狗蝎，其喙有钳，千万蔽地。遇子方虫，则以钳搏之，悉为两段。旬日，子方皆尽。岁以大穰。其是旧曾有之，土人谓之傍不肯。"可见，当时人们利用农作物害虫的天敌消灭虫灾，达到以虫治虫，促进农业增收。

周去非在《岭外代答·禽兽门》介绍有毒的动物可以使人患病。"余在钦，一夕燕坐，见有似蜥蜴而差大者，身黄脊黑，头有黑毛，抱疏篱之杪，张额四顾，耸身如将跃也。适有士子相访，因请问之。答曰：‘此名十二时，其身之色，一日之内，逐时有异。口尝含毒，俟人过，则射其影，人必病。’余曰：‘非所谓者欤？’生曰：‘然，书传所载，即是物也。’未几，余染瘴几殆。”

宋代诗人梅尧臣（1002—1060 年）关注异常的飞鸟。他在《余居御桥南夜闻妖鸟鸣效昌黍体》说：“尝忆楚乡有妖鸟，一身九首如赘疣。或时月暗过闾里，缓音低语若有求。小儿藏头妇灭火，闭门鸡犬不尔留。我问楚俗何苦尔，云是鬼车载鬼游。鬼车载鬼奚所及，抽人之筋系车辀。昔听此言未能信，欲访上天终无由。”这段文字中的鸟，有可能就是民间传说的九头鸟。[1]

洪迈《容斋随笔》之《续笔》卷八“蜘蛛结网”条记载：人虽是有灵性的动物，但不应忽略虫鸟之智能，“昆虫之微，天机所运，其善巧方便，有非人智虑技解所可及者。蚕之作茧，蜘蛛之结网，蜂之累房，燕之营巢，蚁之筑垤，螟蛉之祝子之类是已”。

洪迈《容斋随笔》之《四笔》卷七“久而俱化”条记载：万物在相处之中变化。“天生万物，久而与之俱化，固其理焉，无间于有情无情，有知无知也。予尝雁鹅同饲，初时两下不相宾接，见则东西分背，虽一盆饲谷，不肯并啜。如是五日，渐复相就，逾旬之后，怡然同群，但形体有大小，而色泽飞鸣则一。久之，雁不自知为雁，鹅不自知为鹅，宛如同巢而生者，与之俱化，于是验焉。”洪迈把雁与鹅关在一起饲养，注意到雁与鹅起初互不认同，但时间长了，它们竟然能和谐相处。

西南民俗，人们有捕捉候鸟的风气。周去非在《岭外代答·禽兽门》介绍说：“白鸟、鸧、鹳之属，秋则自北而南，春则自南而北，犹雁然，而地不同，静江府人谓之春虫。钦州盖春虫南归之地也。静江之兴安、灵川县，其人善捕，池塘平野，高木浅林，无非机阱。春虫北出，必过二县，欲宿，彷徨不敢下。其捕法云：先驯一春虫为媒，则于水塘遍插伪禽若啄若立之势，以为之诱。又于塘侧跨水结小低屋以蔽人形，每晚杀小虾蟆数篮置之小屋中。忽见春虫群飞，纵媒诱之以下，其媒能前后邀截，必诱入塘乃止。噫，此禽真卖友者耶！春虫既已下，人乃于小屋中暗掷虾蟆，媒先来食，人乃设机械，暗于水中钩其脚而取之。其为械也，制铁钩如鹳嘴，当其折曲处，又折为小环如鹅目，

---

① 梅尧臣，字圣俞，世称宛陵先生，北宋现实主义诗人，宣州宣城（今属安徽）人。

令稍缺，可以钩陷春虫之胫。于钩之柄立小梃寸许，以为暗行水中。度春虫近屋取食，人以铁钩暗钩其足胫，微掣钩，令胫陷入小环而不得脱。乃急于水里拽入小屋，拔其六翮，复纵焉。已不能飞，姑留之，以疑众禽。少留，乃得以次取之。”

《金史·五行志》记载了龙的传说，熙宗“天眷元年（1138 年）夏，有龙见于熙州野水，凡三日。初，于水面见一苍龙，良久而没。次日，见金龙一，爪承一婴儿，儿为龙所戏，略无惧色，三日如故”。龙到底是一种什么样的动物？今人不详，而古人煞有介事地反复记载，实是一种揣测。

《金史·五行志》记载了群鸟集聚的现象，“泰和二年（1202 年）八月丙申，磁州武安县鼓山石圣台，有大鸟十集于台上，其羽五色烂然，文多赤黄，赭冠鸡项，尾阔而修，状若鲤鱼尾而长，高可逾人，九子差小侍傍，亦高四五尺。禽鸟万数形色各异，或飞或蹲，或步或立，皆成行列，首皆正向如朝拱然。初自东南来，势如连云，声如殷雷，林木震动，牧者惊惶，即驱牛击物以惊之，殊不为动。俄有大鸟如雕鹗者怒来搏击之，民益恐，奔告县官，皆以为凤凰也，命工图上之。留二日西北去。按视其处，粪迹数顷，其色各异。遗禽数千，累日不能去。所食皆巨鲤，大者丈余，鱼骨蔽地。章宗以其事告宗庙，诏中外”。

宋代梁克家撰《淳熙三山志》卷四十一《土俗类三》记载了福建禽族：鹳、鸬鹚、鹄、鸥、鸿雁、黄雀、鱼狗、鸡鹊、凫、鹭、鹈鹕、鸠、燕、黄鹂、竹鸡、白鹇、山鸡、雉、鹧鸪、喜鹊、信鹊、䴔、鹕鹕、鸜鸲、鹖、慈鸦、郭公、鹘、鹰、鹯、鸢、鹞、红娘、白头公、啄木、鹌鹑、舶鸽、鵙、鸲鹆、呼潮、雀、彩囊、雷舞、鸮。其中，黄雀，秋稻将熟，自西北来，多至数千。闽、连江等县有之。竹鸡，白蚁闻其声，尽化为水，山林中多有之，其声自呼，为“泥滑滑”，亦名越鸟。鸮似鹏而小，一名枭，一名鸺鹠，夜飞昼伏，又名夜游女，又名鬼车，遇阴晦则飞鸣，恶声鸟也。

南方人不认识骆驼。宋叶釐撰《爱日斋丛抄》卷五记载：“宋建隆初，王师下湖南，澧鄂之民素不识骆驼，村落妇人诧观，称为山王。拜求福祐者，拾其遗粪，穿系颈上，用禳兵疫。”

蒙古高原是各种毛皮动物、有蹄类动物、鸟类和鱼类栖息与繁殖的良好场所。仅漠南蒙古兽类有 114 种，鸟类有 380 余种，野生鱼类有 90 余种，两栖爬行类动物有30余种。[1]《蒙古秘史》中提到的动物约有20种，如鸟类有鹰、鹘和百灵鸟，鱼类有鲱鱼、刺鱼、鳟鱼、鲟，至于走兽类主要有骆驼、马、牛、狼、羊、貂，当然还有爬行类的蛇等。在这些动物中，最常被提起的要数马、骆驼、牛、羊，因为这四种动物对于游牧民族来说已经是生活的必需品了。

李志常撰《长春真人西游记》记载了许多动物，如鹤、马、鱼、孔雀、大象、蜥蜴、青鼠、蛇等，特别记载了动物的特点。

元杂剧曲牌名中有喜迁莺、黄莺儿、塞雁儿、雁过南楼、平沙落雁、双燕子、白鹤子、双鸳鸯、鹦鹉曲、啄木儿、鹊踏枝、瑞鹤仙、玄鹤鸣、斗鹌鹑、鹘打兔、鹧鸪天、林里鸡近、凤鸾吟、雕刺鸪等，反映人们与野生动物接触频繁。

《析津志辑佚·物产·兽之品》谈到了獐、麂、麋、鹿、兔、野豕、狊、香子、獾、狼、豺等野生动物。这些动物在今北京地区分布比较广。

《农桑辑要》卷七记载："春月蜂成，有数个蜂王，当审多少，壮与不壮，若可分为两篓，止留蜂王两个，其余摘去。"这就注意到了蜜蜂之间的生存关系，人为地处理好蜂王与群蜂之间的平衡关系。

王祯在《农书·畜养》中，以马、牛、羊、猪、鸡、鹅、鸭、鱼、蜜蜂为例，专门论述畜养的重要性和畜牧家禽的养殖技术，并且还对此大力支持，认为畜养可以使百姓走上快速致富的道路。《畜养》还引用陶朱公的话说："子欲速富，当畜五牸。"

《马可·波罗行纪》关于动物中较为有趣的论述是在第一一八章，记载了哈剌章州即现在云南的一种毒蛇大蟒，这种大蟒蛇身躯巨大，使见者恐怖，形状之丑，闻者都吃惊。"其身长有至十步者，或有过之，或有不及；粗如巨靴，则巨有六掌矣。近头处有两腿，无足而又爪，如同鹰、狮之爪。头甚大，其眼大逾一块大面包；其口之大，足吞一人全身。其形丑恶狞猛，人兽见之者，无不惊惧战栗。"这里，马可·波罗所描述的动物究竟是蛇还是鳄鱼，后世有学者做出了如下的推断，文中说的两腿、大眼、大口，大致与短吻鳄的形

---

① 马桂英：《论蒙古草原文化发展的自然环境特色》，《哈尔滨学院学报》2006年第5期。

态相符合，但是当地的书籍从没有记载用鳄胆治病的事情。

与农耕民族建立的政权不同，蒙古人一直设有与游牧相关的制度——打捕户及鹰房户，这是专门为皇室猎兽以及捕养行猎时所用鹰隼等动物的人户。打捕户要定期送纳皮货给朝廷，作为税收。《元史 · 兵志四》载有“鹰房捕猎”条，介绍说：“捕猎有户，使之致鲜食以荐宗庙，供天庖，而齿革羽毛，又皆足以备用，此殆不可阙焉者也。”

《元史 · 兵志四》对全国各地的打捕鹰房的官员、户数、地区分布都作了介绍。元代有成千上万人以牧业为主要生活方式。当他们生活有困难时，朝廷就像对待农民一样提供帮助。《元史 · 兵志四》还记载：“鹰房捕猎。元制，自御位及诸王，皆有昔宝赤，盖鹰人也。是故捕猎有户，使之致鲜食以荐宗庙，供天庖，而齿革羽毛，又皆足以备用，此殆不可阙焉者也。然地有禁，取有时，而违者则罪之。冬春之交，天子或亲幸近郊，纵鹰隼搏击，以为游豫之度，谓之飞放。故鹰房捕猎，皆有司存。而打捕鹰房人户，多取析居、放良及漏籍孛兰奚、还俗僧道与凡旷役无赖者，乃招收亡宋旧役等户为之。其差发，除纳地税、商税，依例出军等六色宣课外，并免其杂泛差役。自太宗乙未年，抄籍分属御位下及诸王公主驸马各投下。及世祖时，行尚书省尝重定其籍，厥后永为定制焉”。《元史 · 文宗纪》记载：至顺元年（1330 年）冬十月甲子，“木纳火失温所居诸牧人三千户，濒黄河所居鹰坊五千户，各赈粮两月”。

周密《齐东野语》卷十“多蚊”记载了对蚊虫的认识。“盖蚊乃水虫所化，泽国故应尔。”“吴兴多蚊，每暑夕浴罢，解衣盘礴，则营营群聚。”“闻京师独马行街无蚊蚋，人以为井市灯火之盛故也。吴兴独江子汇无蚊，旧传马自然尝泊舟于此所致。故钱信《平望蚊》诗云：‘安得神仙术，试为施康济，使此平望村，如吾江子汇。’然余有小楼在临安军将桥，面临官河，污秽特甚。自暑徂秋，每夕露眠，寂无一蚊，过此仅数百步，则不然矣，此亦物理之不可晓者。渡淮蚊蚋尤盛，高邮露筋庙是也。闻大河以北，河水一解，如云如烟。若信、安、沧、景之间，夏月牛马皆涂之以泥，否则必为所毙。”“今孑分，污水中无足虫也，好自伸屈于水上，见人辄沉，久则蜕而为蚊，盖水虫之所变明矣。……然则育蚊者非一端，固不可专归罪于水也。”

第二节　史书记载的主要动物

一、行走类动物

牛

农耕民族重视耕牛，以之作为生产力的一部分，也是财富的象征。《元史·刘肃传》记载："县赋民以牛多寡为差，民匿不耕，肃至，命树畜繁者不加赋，民遂殷富。"王祯在《农书·畜养》提到："牛之为物，切于农用，善畜养者，必有爱重之心；有爱重之心，必无慢易之意。"如果能这样，那么牛必然繁殖旺盛。"奚患田畴之荒芜，衣食之不继哉？"

马

人类社会普遍爱马，交通骑射都离不开马。《宋史·太祖纪》记载：开宝七年（974 年）九月壬申，宋太祖"狩近郊，逐兔，马蹶坠地，因引佩刀刺马杀之。既而悔之，曰：'吾为天下主，轻事畋猎，又何罪马哉！'自是遂不复猎"。

宋朝养马，有专人负责并加以考核。《续资治通鉴长编》卷三十六记载：淳化五年（994 年），内侍赵守伦请于诸州牧龙坊畜牝马万五千匹，逐水草放牧，不费刍秣，所生驹子可资军用，牧马颇蕃息。不久，赵守伦又上言，建议对马场严加管束："牧龙诸坊牝马及万匹者，岁生驹四千。今岁止及二千五百，实由主者失职，不能谨视及亏营护孳生之法，以致不登其课。自今诸坊使臣，伏望严加条约，警其旷慢，如牝马百匹岁约驹子七十者，等级迁擢，否者罚亦如之，以为惩劝。又闻诸坊马生驹子，未即附籍，俟其经涉寒暑，堪任畜牧，然后奏闻。欲望今后驹子生，实时附籍以闻，庶其尽心养饲，无有所隐。又牧马不给刍粟，自逐水草，本无阑枥，尤籍军人放牧，防其越逸。其兵士欲望简去老弱，别募少壮者增补。"

马有家养与野生之区别，宋代有不少野生马。周去非在《岭外代答·禽兽门》中介绍有野马。“邕州溪峒七源州有天马山，山上有野马十余匹，疾迅若飞，人不能迩。熙宁间，七源知州纵牝马于山，后生驹，骏甚。自后屡纵，讫不可得矣。”

游牧民族最喜爱马。元朝养马，颇有规模。《元史·兵志·马政》记载：“元起朔方，俗善骑射，因以弓马之利取天下，古或未之有。盖其沙漠万里，牧养蕃息，太仆之马，殆不可以数计，亦一代之盛哉。世祖中统四年，设群牧所，隶太府监。寻升尚牧监，又升太仆院，改卫尉院。院废，立太仆寺，属之宣徽院。后隶中书省，典掌御位下、大斡耳朵马。其牧地，东越耽罗，北逾火里秃麻，西至甘肃，南暨云南等地，凡一十四处，自上都、大都以至玉你伯牙、折连怯呆儿，周回万里，无非牧地。”

元朝养马，有一套完整的管理方法。《元史·马政》记载：“马之群，或千百，或三五十，左股烙以官印，号大印子马。其印有兵古、贬古、阔卜川、月思古、斡栾等名。牧人曰哈赤、哈剌赤，有千户、百户，父子相承任事。自夏及冬，随地之宜，行逐水草，十月各至本地。朝廷岁以九月、十月遣寺官驰驿阅视，较其多寡，有所产驹，即烙印取勘，收除见在数目，造蒙古、回回、汉字文册以闻，其总数盖不可知也。凡病死者三，则令牧人偿大牝马一，二则偿二岁马一，一则偿牝羊一，其无马者以羊、驼、牛折纳。”

元朝民间大量养马。云南的畜牧业发达，大理养的马受到各地欢迎，甚至远销印度。元成宗初年，云南每年向梁王贡献名马。《黑鞑事略》记载蒙古人养马已经有了非常丰富的实践经验，“其马野牧，无刍粟，六月餍青草，始肥壮者”。马无夜草不肥。《蒙鞑备录》记载：“日间未尝刍秣，惟至夜方始牧放之，随其草之青枯，野牧之。”马匹的喂饲不在日间，而是夜间野牧，任其饱食。

蒙古军有养马良法，《黑鞑事略》记载：“自春初罢兵后，凡出战好马并恣其水草，不令骑动。直至西风将至，则取而控之，扎于帐房左右，啖以些少水草……骑之数百里自然无汗。故可以耐远而出战。寻常正行路时，并不许其吃水草，盖辛苦中吃水草不成膘而生病。此养马之良法。南人反是，所以马多病也。”

元代有外域宾客前来进贡良马，周伯琦撰《天马行应制作》，他在序中说：“至正二年，岁壬午七月十有八日，西域拂郎国遣使献马一匹，高八尺三寸，修如其数而加半，色漆黑，后二蹄白，曲项昂首，神俊超逸，视它西域马可称者，皆在髃下。金辔重勒，驭者其国人，黄须碧眼，服二色窄衣，言语不可通，以意谕之，凡七度海洋，始达中国。”①

马肉是游牧民族的食物之一。《元史》卷一百二十记载：“札八儿火者，赛夷人。赛夷，西域部之族长也，因以为氏。火者，其官称也。札八儿长身美髯，方瞳广颡，雄勇善骑射。初谒太祖于军中，一见异之。太祖与克烈汪罕有隙。一夕，汪罕潜兵来，仓卒不为备，众军大溃。太祖遽引去，从行者仅十九人，札八儿与焉。至班朱尼河，糇粮俱尽，荒远无所得食。会一野马北来，诸王哈札儿射之，殪。遂刳革为釜，出火于石，汲河火煮而啖之。”

羊

羊分为绵羊和山羊。我国西部的高原及其邻近的中亚细亚地区是公认的世界现有山羊的主要发源地，而西南山区也是山羊的一个驯化地。野生的捻角山羊和镰刀角山羊现在还生活在西藏、青海、新疆、甘肃等地。西北少数民族地区饲养的大尾羊是优良的肉用羊。《宋史·高昌传》记载：“有羊，尾大而不能走，尾重者三斤，小者一斤，肉如熊白而甚美。”

入主中原之前的蒙古人在草原上生活，以肉食为主，饮食结构较为简单。与其他游牧民族一样，生活资源只能是草原野生动物和河鱼类，家畜有牛、羊、马，烹饪方法是以烤食为主，辅之以煮食，有的肉食直接风干食用。

草原上的动物，有一定的生态比例。南宋使臣彭大雅在《黑鞑事略》中记载：“其食，肉而不粒。猎而得者，曰兔、曰鹿、曰野彘、曰黄鼠；曰顽羊，其脊骨可为杓；曰黄羊，其背黄，尾如扇大；曰野马，如驴之状；曰河源之鱼，地冷可致。牧而庖者，以羊为常，牛次之。非大宴会不刑马。火燎者十之九，鼎煮者十二三。”

蒙古族人喜食羊肉，这与蒙古地区的环境和气候有着密切联系。蒙古草原辽阔，是天然的大牧场。内蒙古高原气候十分干燥，昼夜温差很大。而羊肉性热，能够很好地帮助人类抵御寒冷，提供能量。蒙古人一般不洗肉，只是用利刀把畜肉仔细刮净。在草原地区，马、牛、羊等牲畜既是蒙古人的生产资料，又是他们必不可少的衣食来源。

---

① 张景星等编选：《元诗别裁集》，上海古籍出版社 1979 年版。

王祯在《农书·畜养》讲到养羊，“每岁得羔，可居大群，多则贩鬻，及所剪毫毛作毡，并得酥乳，皆可供用博易，其利甚多”。

驴

元代流行“驴”字。元杂剧中的人名也多见带“驴”字的，如《感天动地窦娥冤杂剧》里有“张驴儿”，《包待制三勘蝴蝶梦杂剧》里有“赵顽驴”，《谢金吾诈拆清风府杂剧》中有“贺驴儿”等。有学者检索还发现《元史》中带“驴”字的人名也很多，如“李瘸驴”“王阿驴”“郭野驴”“张拗驴”等，而《旧唐书》《新唐书》中就没有，《宋史》中只有一个，是金国的枢密“完颜小驴”。这一现象说明人名带“驴”字，不仅与民间取名习俗有关，而且还与蒙古族这个游牧民族的统治有关。由此看来，元杂剧中多有带“驴”字的詈辞和人名，应该还是元代蒙古族统治特有的文化现象。①

虎

虎是凶猛的动物，称为百兽之王。虎是肉食动物链的上端，自然界需要有相当数量的动物才可能养活虎群。通过对虎生存状态的分析，可以间接分析自然界的生态状况。

洪迈《夷坚志》“阳台虎精”条记载，乾道六年（1170年），江同祖为湖广总领所干官，自鄂如襄，由汉川抵阳台驿。沿途自鄂渚至襄阳七百里，长涂莽莽，杳无居民，有许多猛虎。

周去非在《岭外代答·禽兽门》介绍：“虎，广中州县多有之，而市有虎，钦州之常也。城外水壕，往往虎穴其间，时出为人害，村落则昼夜群行，不以为异。余始至钦，已见城北门众逐虎，颇讶之。未几，白事提学司，投宿宁越驿，亭中率是虎迹。”

《宋史·五行志》记载：开宝八年（975年）十月，江陵府白昼虎入市，伤二人。

太平兴国三年（978年），果、阆、蓬、集诸州虎为害，遣殿直张延钧捕之，获百兽。俄而七盘县虎伤人，延钧又杀虎七以为献。七年，虎入萧山县民赵驯家，害八口。

淳化元年（990年）十月，桂州虎伤人，诏遣使捕之。

① 胥洪泉：《元杂剧中带“驴”字的詈辞》，《四川戏剧》2008年第3期。

至道元年（995年）六月，梁泉县虎伤人。二年九月，苏州虎夜入福山砦，食卒四人。

咸平二年（999年）十二月，黄州长析村二虎夜斗，一死，食之殆半。

大中祥符九年（1016年）三月，杭州浙江侧，昼有虎入税场，巡检俞仁祐挥戈杀之。

《元史·文宗纪》记载：至顺三年（1332年）秋七月，“诸王答里麻失里等遣使来贡虎豹”。这条材料说明以大都为中心的华北平原上已经把虎豹作为珍稀动物。

《元史·许维祯传》记载：“许维祯，字周卿，遂州人。至元十五年（1278年），为淮安总管府判官。属县盐城及丁溪场，有二虎为害，维祯默祷于神祠，一虎去，一虎死祠前。境内旱蝗，维祯祷而雨，蝗亦息。是年冬，无雪，父老言于维祯曰：‘冬无雪，民多疾，奈何！’维祯曰：“吾当为尔祷。”已而雪深三尺。朝廷闻其事，方欲用之而卒，年四十四。”

狼

狼是一种凶猛而机智的动物，汉民族或许对它并无好感，蒙古族人民则奉其为自己的祖先。《蒙古秘史》开篇记载：“成吉思汗的根祖是孛儿帖赤那（苍色狼）和他的妻子豁埃马阑勒（白色鹿）。他们渡过腾汲思水来到斡难河源头的不儿罕山，生下儿子叫巴塔赤罕。”巴塔赤罕就是蒙古族的始祖，他的子孙后代繁衍为近二十个部族，逐渐形成了蒙古族。其实自周朝开始，蒙古高原上的少数民族就有狼始祖族源传说。例如：“突厥者，盖匈奴之别种，姓阿史那氏，别为部落。后为邻国所破，尽灭其族。有一儿，年且十岁，兵人见其小，不忍杀之，乃刖其足，弃草泽中。有牝狼以肉饲之。及长，与狼合，遂有孕焉。彼王闻此儿尚在，重遣杀之。使者见狼在侧，并欲杀狼。狼遂逃于高昌国之西北山。山有洞穴，穴内有平壤茂草，周回数百里，四面俱山。狼匿其中，遂生十男。十男长大，外托妻孕，其后各有一姓，阿史那即一也。子孙蕃育，渐至数百家。经数世，相与出穴，臣于茹茹。居金山之阳，为茹茹铁工。金山形似兜鍪，其俗谓兜鍪为‘突厥’，遂因以为号焉。或云突厥之先出于索国，在匈奴之北。其部落大人曰阿谤步，兄弟十七人。其一曰伊质泥师都，狼所生也。”[①] “俗语云匈奴单于生二女，姿容甚美，国人皆以为神。单于曰：‘吾有此二女，安可配人，将以配天。’乃于国北无人之地筑高台，置二女于上，曰：‘请天迎之。’经三年，其母欲迎之，单于曰：‘不可，未彻之间耳。’复一年，乃有一老狼，昼夜守台嗥呼，因穿台下为空穴，经时不去。其小女曰：‘吾父处我于此，欲以与天。而今狼来，或是神物，天使之然。’将下之。其姐大惊曰：‘此是畜生，无乃侮父母也！’妹不从，下为狼妻而产子，后遂滋繁成国。故其有好引声长歌，又似狼嗥。”[②]

《蒙古秘史》中的另一个故事也可体现蒙古人民对狼的崇拜：圣母阿阑豁阿在丈夫去世后又生下了三子，他的两个大儿子对此有非议，阿阑豁阿解释道：“你们有所不知，每到深夜有一发光之人从天窗飞进屋内抚摸我的腹部，其光芒都透入我的腹内。待到天亮时，才同黄犬般爬出去。”[③] 因为蒙古人喜欢将狼称为黄犬，所以此处的黄犬应指狼。阿阑豁阿将天神的背影形容成黄犬，由此可知蒙古人对狼的崇拜。在蒙古，狼图腾是最为典型的一种图腾，狼图腾身上凝结了蒙古人对狼的敬仰，这种敬仰之情或许部分来自那些传说，但主要还是源于蒙古人对狼凶猛机警的本性和顽强生命力的赞叹。也正是因为蒙古人对狼的崇拜，使得蒙古人对由狼驯化而来的狗有着强烈的好感。例如据《蒙古秘史》记载，成吉思汗身边的勇士被称为“四杰”“四狗”，他的弟弟合撒儿的名字也来源于狗。这种对狗的敬慕虽然不能排除是因为狗的实用性，但也有着因狼崇拜而来的连带感情。

象

两宋，荆楚一带频见大象出没。《宋史·五行志》记载：北宋初建隆三年(962 年)，“有象至黄陂县（今属武汉市）匿林中，食民苗稼，又至安（治今湖北安陆）、复（治今湖北天门）、襄（治今湖北襄樊）、唐州（治今河南唐河）践民田”。乾隆《汉阳府志》卷三记载：“宋太祖建隆三年有象至黄陂匿林中食稼。”这段材料可能是把《宋史》的材料辑录到方志中了。

元代的大都养有大象，作为皇室礼仪之用。《元史·舆服志》记载：“元

---

①《周书·异域列传下·突厥》。

②《魏书·高车传》。

③佚名著，阿斯钢、特·官布扎布译：《蒙古秘史》，新华出版社 2007 年版，第 6 页。

初，既定占城、交趾、真腊。岁供象，育于析津坊海子之阳。”

周去非在《岭外代答·禽兽门》介绍了土著人训象的方法。“布甘蔗于道以诱野象，俟来食蔗，则纵驯雌入野象群，诱之以归。既入，因以巨石窒其门。野象饥甚，人乃缘石壁饲驯雌，野象见雌得饲，始虽畏之，终亦狎而求之。益狎，人乃鞭之以棰，少驯则乘而制之。凡制象，必以钩。交人之驯象也，正跨其颈，手执铁钩，以钩其头。欲象左，钩头右；欲右，钩左；欲却，钩额；欲前，不钩；欲象跪伏，以钩正案其脑，复重案之。”“世传象能先知地之虚实，非也。第所经行，必无虚土耳。象目细，畏火。象群所在，最害禾稼，人仓卒不能制，以长竹系火逐之，乃退。象能害人，群象虽多不足畏，惟可畏者，独象也。不容于群，故独行无畏，遇人必肆其毒，以鼻卷人掷杀。”

鹿

洪迈《夷坚志》记载：江同祖过郢州京山，晚抵村驿，驿人言鹿在前结寨，即出观之，弥望可数里，巨鹿无数，四环成围，以角外向，凡数十重，两麑麀处中，勃跳嬉戏，民田相近者悉遭蹂践，禾苗为之一空。猎户杂沓其傍，云不可近，近辄抵触，遭之者多死。明旦始引去，猎人操弓矢戈矛追随之，伺巨者行前稍远，乃敢捕射其稚弱，亦各有所获而还。

《元史》卷一百二十一记载：“按竺迩，雍古氏。……年十四，隶皇子察合台部。尝从大猎，射获数麋，有二虎突出，射之皆死。由是以善射名。”

蜼

周去非在《岭外代答·禽兽门》介绍：“深广山中有兽似豹，常仰视，天雨则以尾窒鼻，南人呼为倒鼻鳖。捕得则寝处其皮，士夫珍之以藉胡床，今冕服所画蜼是也。”

山猪

周去非在《岭外代答·禽兽门》介绍：“山猪即毫猪，身有棘刺，能振发以射人。二三百为群，以害苗稼，州峒中甚苦之。”

人熊

周去非在《岭外代答·禽兽门》介绍：“广西有兽名人熊，乃一长大人也。被发裸体，手爪长锐，常以爪划橄榄木，取其脂液涂身，厚数寸，用以御寒暑，敌搏噬。是兽也，力能搏虎，每踸踔而行，道遇一木根，必拔去而后行。登木而食橡栗，必折尽而后已。余夜宿昭州滩下，闻山中拔木声，舟师急移舟宿远岸。问之，曰：人熊在山，能即船害人。”此人熊，近乎野人。

山獭

周去非在《岭外代答·禽兽门》介绍："山獭，出宜州溪峒，俗传为补助要药。峒人云，獭性淫毒，山中有此物，凡牝兽悉避去。獭无偶，抱木而枯。峒獠尤贵重，云能解药箭毒，中箭者，研其骨少许，傅治立消，一枚直金一两。人或来买，但得杀死者，功力甚劣，抱木枯者，土人自稀得之，徒有其说而已。"

二、飞行类动物

鹁鸽

宋人叶绍翁在《四朝闻见录·丙集》中记载了南方养鹁鸽的风气，"东南之俗，以养鹁鸽为乐，群数十百，望之如锦。灰褐色为下，纯黑者为贵。内侍畜之尤甚"。南宋临安附近的山中有许多宫鸦，使得宋高宗心有不安。"绍兴初，高宗建行阙于凤山，山中林木蓊如，鸦以千万。朝则相呼鼓翼以出，啄粟于近郊诸仓；昏则整阵而入，噪鸣聒天。高宗故在汴邸，汴无山，故未尝闻此，至则大骇。又以敌人之逼，圣思遂不悦，命内臣张去为领修内司诸儿聚弹射，而驱之临平赤岸间，盖去阙十有五六里。未几，鸦复如初。"

鹅鸭

《析津志辑佚》记载："天鹅，又名驾鹅。大者三五十斤，小者廿余斤。俗称金冠玉体干皂靴是也。每岁，大兴县管南柳中飞放之所。彼中县官每岁差役乡民，广于湖中多种茨菰，以诱之来游食。其湖面甚宽，所种延蔓，天鹅来千万为群。俟大驾飞放海青、鸦鹘，所获甚厚。"①

孙冬虎在《论元代大都地区的环境保护》中谈到蒙古人把郊外游猎作为一种娱乐方式，大都周围设置了多处"飞放泊"，也就是由广阔的水面、丰美的草地、众多的动物构成的皇家猎场。作者认为"天鹅"是"北京地区与江南种类相似的花头鸭，从四面八方聚集到北海一带水域，和这里的水鸭形成'万万为群'的壮观场面，还将京城以南今河北白沟一带即将成熟的庄稼一扫而光，想必也是受到法令保护而大量繁殖起来的"。

---

①(元) 熊梦祥：《析津志辑佚·物产》，北京古籍出版社1983年版，第236页。

王祯在《农书·畜养》中认为："鹅鸭之利，又倍于鸡，居家养生之道不可缺也。"

雁

沈括《梦溪笔谈·杂志》记载："北方有白雁，似雁而小，色白，秋深则来。白雁至则霜降，河北人谓之霜信。"

周去非在《岭外代答·禽兽门》记载："雁，秋南春北，谓之阳鸟。吴中太湖虽盛夏亦有留雁，盖太湖深处至凉，且有鱼蚌可恋也。衡阳有回雁峰，云雁至此不复南征。余在静江数年，未尝见一雁，益信有回雁之说。盖静江虽无瘴疠，而深冬多类浅春，故雁不至，况于深广常燠之地乎。"雁是候鸟，这段材料有助于我们了解宋代大雁的情况。

鹰

鹰，学名隼、鹘，主要栖息地位于东北地区，是一种非常美丽凶猛的飞禽。其中最著名的品种当属海东青。海东青又名海青、鹰鹘、土鹘鹰，性情异常凶猛，可以训练成用来捕杀大雁和天鹅的猎鹰。鹰之于蒙古人既是一种狩猎工具，又是一个崇拜对象。《蒙古秘史》记载：成吉思汗先祖孛端察儿被亲人遗弃后，驯养了一只雏鹰，并且在春天来临时靠它"猎物已挂满了林间树枝"，因此孛端察儿的后代孛儿只斤氏部落将鹰奉为保护神。蒙古人喜爱鹰，因为鹰可以帮助他们捕猎动物；蒙古人崇拜鹰，因为鹰是天神的使者。因此造就了一种古老的文化活动——鹰猎，训练并利用鹰来捕猎野兽和飞禽，这个活动伴随着蒙古人对鹰的信仰流传至今。

《元史·太祖纪》记载："太祖法天启运圣武皇帝，讳铁木真，姓奇渥温氏，蒙古部人。太祖……独乘青白马，至八里屯阿懒之地居焉。食饮无所得，适有苍鹰搏野兽而食，孛端义儿以缗设机取之，鹰即驯狎，乃臂鹰，猎兔禽以为膳，或阙即继，似有天相之。居月，有民数十家自统急里忽鲁之野逐水草来迁。孛端义儿结茅与之居，出入相资，自此生理稍足。"

元代有人驯化鹰，称之为海东青，作为贡品。《元史·地理志二》记载："有俊禽曰海东青，由海外飞来，至奴儿干，土人罗之，以为土贡。"

鹤

李志常《长春真人西游记》记载了鹤，在济阳，"会众佥曰：'先月十八日有鹤十余自西北来，飞鸣云间，俱东南去。翌日辰巳间，又有数鹤来自西南，继而千百焉。’”[①] 现在的济阳是很难看到千百只鹤一起盘旋飞翔了。

蝴蝶

元曲中曾经记载了一只很大的蝴蝶，王鼎撰有《醉中天·咏大蝴蝶》，其诗云：“弹破庄周梦，两翅驾东风。三百座名园一采一个空，难道是风流孽种？吓杀寻芳的蜜蜂。轻轻扇动，把卖花人扇过桥东。”说的是这个大蝴蝶扇动着巨大的翅膀，把三百个花园的花都采了，翅膀轻轻一抖动，就把卖花的扇到桥东了。传说当时在燕京城中确有大蝴蝶，元人陶宗仪在《辍耕录》记载：“中统初，燕市有一蝴蝶，其大异常。……王赋《醉中天》小令……由是其名益著。”

蜜蜂

王祯在《农书·畜养》讲养蜜蜂，“春夏合蜂及蜡，每巢可得大绢一匹。有牧养分息数巢者，不必他求而可致富也”。

三、其他类动物

蛇

周去非在《岭外代答·禽兽门》介绍蛇性、捕蛇方法、蛇的功用。“蚺蛇，能食獐鹿，人见獐鹿惊逸，必知其为蛇，相与赴之，环而讴歌，呼之曰徙架反，谓姊也。蛇闻歌即俯首，人竞采野花置蛇首，蛇愈伏，乃投以木株，蛇就枕焉。人掘坎枕侧，蛇不顾也。坎成，以利刃一挥，堕首于坎，急压以土，人乃四散。食顷，蛇身腾掷，一方草木为摧。既死，则剥其皮以鞔鼓，取其胆以和药，饱其肉而弃其膏。盖膏能痿人阳道也。人谓大风油即称蚺蛇膏，非是。夫蛇之死，可谓愚矣，然天地之间，物理有所不可晓者。以蛇之大，而甘受制，诚愚，然特其未见水耳，彼一见水，必夭矫其形，不受制伏，起而吞人。虽不遇水，有小儿在侧，亦忽吞之。是其死也，殆有机缄者存，非蛇之愚也。”沈括《梦溪笔谈·杂志》记载：“宣州宁国县多枳首蛇，其长盈尺，黑鳞白章，两首文彩同，但一首逆鳞耳。人家庭槛间，动有数十同穴，略如蚯

---

① (元) 李志常著，党宝海译注：《长春真人西游记》，河北人民出版社2001年版，第10页。

蚓。”宁国县，即今安徽宁国市。

宋代张耒在《明道杂志》记载黄州人以蛇为药，且作为贡品。其虫多蛇，号白花者治风，本出蕲州，甚贵。其出黄州者，虽死两目有光，治疾有验，土人能捕之，岁贡王府。黄人言：此蛇不采食，蟠草中遇物自至者而食之，其治疾亦不尽如《本草》所载。余尝病疥癣，食尽三蛇而无验。黄之东三驿，地名岐亭，有山名拘罗，出蜈蚣，俗传其大者袤丈。土人捕得，以烟熏干之，商贾岁岁贩入北方，土人有致富者。

蚕

王祯在《农书·蚕缫》专门论述养蚕缫丝技术，认为养蚕缫丝“岁岁必得，庶上以广府库之货资，下以备生民之纩帛，开利之源，莫此为大”。

《农桑辑要》有很大篇幅讲养蚕，从蚕种说到缫丝，分 12 专项叙述，有关养蚕的知识基本都谈到了。如把 40 专项约略分类，计总论 9 项，蚕种 3 项，养蚕准备 10 项，养蚕技术 15 项，缫丝 3 项。

《农桑辑要》特别强调养蚕的环境，对蚕室方向、周围环境和布置都有讲究。书中提出：“蚕屋北屋为上，南屋西屋次之，大忌东屋。”又说：“蚕屋须要宽快洁净，通风气，映日阳，屋前不宜有大树密阴，南北屋相去宜远，宜安南北窗，大忌西窗。”

《农桑辑要》对养蚕温度主张稳和匀，避免忽高忽低。认为：“若寒热不均，后必眠起不齐。”对温度的测定，是以人的感觉为依据。书中对养蚕环境的湿度讲得很少，因为本书主要讲北方的养蚕，北方的春期比较干燥，潮湿对蚕的影响不明显之故，对空气及气流也讲得很少，只提到要避去直接风，欢迎“倒溜风”。

蜥蜴

李志常《长春真人西游记》记载了很长的蜥蜴，“又见蜥蜴皆长三尺许，色青黑”①。

人们对生物有一个渐进的认识过程，陕西一直没有螃蟹，土著人偶得一只，就用作驱邪。沈括《梦溪笔谈·杂志》“关中无螃蟹”条记载：“关中无

① (元) 李志常著，党宝海译注：《长春真人西游记》，河北人民出版社 2001 年版，第 67 页。

螃蟹。元丰中，余在陕西，闻秦州人家收得一干蟹。土人怖其形状，以为怪物。每人家有病疟者，则借去挂门户上，往往遂差。”

鱼

《宋史·五行志》记载：绍兴十八年（1148年），漳浦县崇照盐场海岸连有巨鱼，高数丈。割其肉数百车，剜目乃觉，转鬣而傍舰皆覆。又渔人获鱼，长二丈余，重数千斤，剖之，腹藏人骼，肤发如生。

王祯在《农书·畜养》说到养鱼时，引陶朱公的话说："夫治生之法有五，水畜第一。”李志常《长春真人西游记》记载了嘴巴很大而没有鳞的鱼，“河桥官献鱼于田相公，巨口无鳞”①。

宋代梁克家撰《淳熙三山志》卷四十一《土俗类三》记载了福建的水族：鲤鱼、鲨鱼、鲻鱼、鲈鱼、鳜鱼、鳊鱼、白鱼、石首鱼、比目鱼、鲫鱼、鲚鱼、鲽沙鱼、海燕鱼、鳗鱼、鳝鱼、鳢鱼、乌鱼、鬻鱼、鲎鱼、时鱼、子鱼、黄梅鱼、银鱼、章鲧鱼、酬制鱼、黄赖鱼、鲇鱼、鲷鱼、鳙鱼、海鳅鱼、魟鱼、泥鳅鱼、水母、龟、鳖鱼、石拒、章鱼、章举、乌贼、柔鱼、鲎、虾、蟹、蝤蛑、蠘、彭蜞、彭蜞、揭哺子、千人擘、车螯、蛤蜊、蚌、蚬、蛏、乌粘、海月、石华、石榼、沙蛤、石决明、瓦屋子、文蛤、龟脚、螺、牡蛎。其中，章鱼，似石拒而极小。连江、罗源、宁德、福清诸邑俱有。蛤蜊，止消渴，开胃气，解酒毒。书中记载大海里面的鲨鱼有数种：胡鲨，青色，背上有沙，长可四五丈，鼻如锯，皮可剪为脍缕，曝其肉为修，可作方物。鲛鲨，鼻长似鲛，皮堪饰剑，又名“锦舡出入鲨”，初生，随母浮游，见大鱼，乃入母口中，须臾复出，故名。帽头鲨，腮两边有皮，形似戴帽。又有小鲨、大鲨之类。海鳅鱼大如船。舟人遇之，则鸣金鼓以怖之，布米以餍之，则倏然而没；不然，则害舟。间有毙者，必梯而脔之。刳其脂以为油，可灰船。

---

①（元）李志常著，党宝海译注：《长春真人西游记》，河北人民出版社2001年版，第55页。

第三节　对动物的保护

宋元时期，比较重视对动物的保护。

《续资治通鉴长编》卷二记载：太祖建隆二年（961 年）二月己卯，“令民二月至九月无得采捕虫鱼，弹射飞鸟，有司岁申明之”。

《续资治通鉴长编》卷二十九记载：端拱元年（988 年）十月癸未，宋太宗对侍臣说：“朕每念古人禽荒之戒，自今除有司顺时行礼之外，更不于近甸游猎。五坊鹰犬，悉解放之，庶表好生之意。”于是，诏告天下，不许以鹰犬来献。

辽朝也注重对动物的保护。《辽史・兴宗纪二》记载：“禁以网捕狐兔。”主要防止出现过多捕杀幼小动物的现象。

金朝也有类似规定。《金史・海陵纪》记载：“禁中都路捕射獐兔。”

元代有禁屠的风俗，禁屠时间不一。蒙哥汗在位时，每月有四天（初一、初八、十五、二十三）禁宰牲畜；忽必烈在位时，每月有两天（朔日、望日）禁宰牲畜。蒙古统治者规定了每年的禁捕时间，在此期间，不得随意捕杀虎、豹、野羊、天鹅、鹚等。

元朝多次颁布保护动物的规定。如元贞二年（1296 年）正月己卯，诏江南毋捕天鹅。大德元年（1297 年）三月丁亥，禁正月至七月捕猎，大都八百里内亦如之。《元史・刑法四》记载：“诸有虎豹为害之处，有司严勒官兵及打捕之人，多方捕之。其中不应捕之人，自能设机捕获者，皮肉不须纳官，就以充赏。诸职官违例放鹰，追夺当日所服用鞍马衣物没官。诸所拨各官围猎山场，并毋禁民樵采，违者治之。诸年谷不登，人民愁困，诸王达官应出围猎者，并禁止之。诸田禾未收，毋纵围猎，于迤北不耕种之地围猎者听。诸军人受财，伪造火印，将所管官马盗换与人者，杖九十七，追赃没官。诸年谷不登，百姓饥乏，遇禁地野兽，搏而食之者，毋辄没入。诸打捕鹰坊官，以合进御膳野物卖价自私者，计赃以枉法论，除名不叙。诸舟车之靡、器服之奇，方面大臣非锡贡不得擅进。”

《元史·世祖纪》记载：十六年（1279年），“三月戊申朔，诏禁归德、亳、寿、临淮等处畋猎”。

《元史·铁哥传》记载：“高州人言，州境多野兽害稼，愿捕以充贡。铁哥曰：‘捕兽充贡，徒济其私耳，且扰民，不可听。’”

《元史·世祖纪》记载：二十五年（1288年）三月，“甲午，禁捕鹿羔”。

《元史·文宗纪》记载：天历三年（1330年）正月，“中书省臣言：‘朝廷赏赉，不宜滥及罔功。鹰、鹘、狮、豹之食，旧支肉价二百余锭，今增至万三千八百锭；控鹤旧止六百二十八户，今增二千四百户。又，佛事岁费，以今较旧，增多金千一百五十两、银六千二百两、钞五万六千二百锭、币帛三万四千余匹；请悉拣汰。’从之。”

《元史·顺帝纪》记载：二年（1334年）八月，诏：“强盗皆死，盗牛马者劓，盗驴骡者黥额，再犯劓，盗羊豕者墨项，再犯黥，三犯劓；劓后再犯者死。盗诸物者，照其数估价。省、院、台、五府官三年一次审决。著为令。”

《元史·释老传》记载：道人张清志“事亲孝，尤耐辛苦，制行坚峻。东海珠、牢山旧多虎，清志往结茅居之，虎皆避徙，然颇为人害。清志曰：‘是吾夺其所也！’遂去之”。

第八章 宋元的矿物分布与利用

矿藏是环境的重要元素，本章论述宋元时期矿藏的基本情况，诸如矿藏的分布与利用等，并对金银铜铁锡等金属作了介绍。

第一节 矿物的分布与认识

一、宋代矿冶

宋代的工商业在社会中占有重要地位，而工商业的发展离不开矿藏的开采与利用。工商税收之中，有一部分来自开矿与加工。

宋代周辉在《清波杂录》中记载：当时工商业的发展有三十六行，三十六行是指酒行、肉行、米行、茶行、柴行、纸行、巫行、海味行、鲜鱼行、酱料行、花果行、汤店行、药肆行、宫粉行、成衣行、珠宝行、首饰行、文房行、用具行、棺木行、针线行、丝绸行、仵作行、驿传行、铁器行、玉石行、顾秀行、扎作行、皮革行、网罟行、花纱行、杂耍行、鼓乐行、故旧行、彩兴行、陶土行。这每一行业都有环境要素作为支撑，不少与矿藏有关。

西夏手工业有纺织、冶炼、金银、木器制作、采盐、酿造、陶瓷、建筑、砖瓦等。西夏墓出土许多铜镜、铜刀、铜印、铜牌、银钵、银碗、银盒、金碗、金莲花盘等。宋代太平老人《袖中锦》一书中称“夏国剑”为“天下第一”，宋钦宗竟随身佩带着“夏国剑”。西夏境内多山，因而有丰富的矿藏。

《辽史·食货志》“坑冶”条记载辽朝的矿冶，“自太祖始并室韦，其地产铜、铁、金、银，其人善作铜、铁器。又有曷术部者多铁；‘曷术’，国语铁也。部置三冶：曰柳湿河，曰三黜古斯，曰手山。神册初，平渤海，得广州，本渤海铁利府，改曰铁利州，地亦多铁。东平县本汉襄平县故地，产铁矿，置采炼者三百户，随赋供纳。以诸坑冶多在国东，故东京置户部司，长春州置钱帛司。太祖征幽、蓟，师还，次山麓，得银、铁矿，命置冶。圣宗太平间，于潢河北阴山及辽河之源，各得金、银矿，兴冶采炼”。

宋代，朝廷非常重视矿产开发，对金、银、铜、锡、铅、矾、汞、煤、石油、朱砂等矿产的利用也有一定的数量。《宋史·食货志》记载：宋代金产地有5处，南方占4处；银产地有20州3军51处；铜产地有9州2军36场；铁产地有31州2军61处（后增至77处），南方占61%；铅产地有10州2军36场；锡产地有7州1军9场，北方有河南1处。《宋史·食货志》还记载："皇祐（1049—1053年）中，岁得金万五千九十五两，银二十一万九千八百二十九两，铜五百一十万八百三十四斤，铁七百二十四万一千斤，铅九万八千一百五十一斤，锡三十三万六百九十五斤，水银二千二百斤。……元丰元年（1078年），诸坑冶金总收万七百一十两，银二十一万五千三百八十五两，铜千四百六十万五千九百六十九斤，铁五百五十万一千九十七斤，铅九百十九万七千三百三十五斤，锡二百三十二万一千八百九十八斤，水银三千三百五十六斤，朱砂三千六百四十六斤十四两有奇。"

宋代，利国的铁铜矿采冶，已发展成全国四大铁矿石产地之一。元丰年间，利国的铁产量占全国的三分之一，成为全国第三大铁矿场。[①] 铜山县的铜矿采冶业进一步发展，徐州设有宝丰监，专铸铜钱，在全国经济中占有重要地位。

宋代有不少开矿的场所。如，在鄂北大悟县芳畈镇仙人洞曾经发现一处宋元时期的铜矿遗址，洞口在一个孤立的小山中间，矿坑道主巷道为斜巷，走向为南北向，坑道最宽处有10米，两壁有灯龛。在鄂东南也发现宋元时期的矿山遗址，如大冶冯家山铜矿遗址、大箕铺石铜井铜矿遗址、曙光马石立铁矿遗址、黄石铁山铁矿西采场遗址。大冶冯家山铜矿遗址发现木锹、篾箩、淘钵等。在石铜井铜矿遗址发现有黄铜矿、蓝铜矿、斑铜矿、皮壳状孔雀石。曙光马石立铁矿遗址发现装有手柄的生产工具及井下跳板，跳板呈齿梯状，可以防滑。[②]

宋代，各地都有冶炼业。20世纪在河北邢台，安徽繁昌，黑龙江阿城，

---

① 利国村位于今苏鲁两省交界、徐州市铜山区北部，汉武帝时在此设立铁官，唐朝设立秋丘冶，宋太平兴国四年（979年），"秋丘"由冶升为利国监。

② 韩汝玢、何俊主编：《中国科学技术史·矿冶卷》，科学出版社2007年版，第146—147页。

河南荥阳、林州、安阳，福建同安，山东莱芜等地均发现冶铁铸造遗址。西夏和辽境内的冶铁业发达，能生产精美的兵器。

宋代，实现了鼓风设备的技术突破，即使用了能连续鼓风的木制风箱。风箱的优点很多：轻巧灵便，可以用不同的动力来驱动，风量较大，风压也较高，从而适应了冶铸铁技术的发展。[①]

宋代，开始用焦炭炼铁。由硬木材到木炭再到煤炭直至焦炭的发展，相继为金属冶炼提供了良好的物质条件。人们利用冶铁燃料，具有因地制宜的特点。陆游曾说："北方多石炭，南方多木炭，而蜀又有竹炭，烧巨竹为之，易燃、无烟、耐久，亦奇物。邛州出铁，烹炼利于竹炭，皆用牛车载以入城，予亲见之。"[②]

1977 年，在大冶铜录山遗址中发现了宋代冶炼炉，有些冶炼炉与一般的炼铜炉有很大的不同。炉子排列紧密，炉子小，结构简单，炉缸经过多次修补。通过检验炉渣，发现炉渣是在氧化气氛下形成的，渣中夹带金属粒是钢，因而判断这些炉渣是炒钢时形成的。[③] 这说明，大冶当时不仅能炼铜，还能炼钢。宋代苏颂曾说："用生柔相杂和，用以作刀剑锋刃者为钢铁。"[④]

二、元代矿冶

元代是一个伟大的时代，人们对世界的认识大大超过以前的各个朝代。这主要是因为蒙古大帝国横亘欧亚，从中亚、西亚、南亚、欧洲来到蒙古帝国的人员，把中国境外的矿产知识带到了中华大地。

元代的海外贸易形成了空前的规模，朝廷在沿海的泉州、杭州、广州、温州等地都设有市舶司，外国商船云集到沿海。据元代汪大渊的《岛夷志略》记载，当时的商人到过的国家与地区有近百个。在海外贸易中，各地互通有无。这种情况推动了人们对自然资源的认识，如水银、硫黄、白芷、钻石等。

---

① 田长浒：《中国金属技术史》，四川科学技术出版社 1988 年版，第 152 页。

②《老学庵笔记》卷二。

③ 朱寿康、张伟晒：《铜录山宋代冶炼炉的研究》，《考古》1986 年第 1 期。

④《本草图经》卷一。

社会的需求是人们认识自然资源的最大推手。

关于元代的矿产，《元史·食货志》记载："山林川泽之产，若金、银、珠、玉、铜、铁、水银、朱砂、碧甸子、铅、锡、矾、硝、碱、竹、木之类，皆天地自然之利，有国者之所必资也，而或以病民者有之矣。元兴，因土人呈献，而定其岁入之课，多者不尽收，少者不强取，非知理财之道者，能若是乎？"这段话提到的各种矿产物资（除了竹木，竹木不属于矿藏），《元史·食货二》都有详细记载。从这段话中，我们还可以体会到政府的管理观念：矿产是国家所依赖的资源，矿产对民众有利有弊。如果政府对矿产掌控不好，还有可能"病民"。元朝初年，因为原住民仍在开采矿产，政府就酌情制定了课税，"不尽收"，也"不强取"，达到了最佳的理财方式，受到修史者的好评。

丘处机在《长春真人西游记》一书中记载了北方沿途所见的矿产资源。如在过铁门关时，他写道："东南度山，山势高大，乱石纵横。"① 他记载了盐的产区，如："东北过盖里泊，尽丘垤咸卤地，始见人烟二十余家。南有盐池，迤逦东北去"。

元代对矿藏与冶炼有严格的发明。《元史·刑法志》记载："诸出铜之地，民间敢私炼者禁之。"《元史·刑法志》还记载："诸铁法，无引私贩者，比私盐减一等，杖六十，钱没官，内一半折价付告人充赏。伪造铁引者，同伪造省部印信论罪，官给赏钞二锭付告人。监临正官禁治私铁不严，致有私铁生发者，初犯笞三十，再犯加一等，三犯别议黜降。客旅赴冶支铁引后，不批月日出给，引铁不相随，引外夹带，铁没官。铁已卖，十日内不赴有司批纳引目，笞四十；因而转用，同私铁法。凡私铁农器锅釜刀镰斧杖及破坏生熟铁器，不在禁限。江南铁货及生熟铁器，不得于淮、汉以北贩卖，违者以私铁论。"

---

①（元）李志常著，党宝海译注：《长春真人西游记》，河北人民出版社2001年版，第67页。

第二节　矿藏种类

一、金属类

1. 金

宋代金矿产区，依据《宋史》《宋会要辑稿》等记载，主要在今胶东半岛、陕州阌乡、蔡州、金州（今安康市）、石泉军（今石泉县）、商州、降州、房州、饶州、信州、南安军、江州、沅州、岳州、潭州、衡州、邵武军、汀州、福州、邕州、象州、融州、昭州、藤州、南思州、彭州、万州、龙府、利州、昌州、资州、雅州、嘉州、台州、成州、湟州，以及云南、内蒙古、辽宁等地。

周去非在《岭外代答·金石门》中介绍了金矿。“广西所在产生金，融、宜、昭、藤江滨，与夫山谷皆有之。邕州溪峒及安南境，皆有金坑，其所产多于诸郡。邕管永安州与交阯一水之隔尔，鹅鸭之属，至交阯水滨游食而归者，遗粪类得金，在吾境水滨则无矣。凡金不自矿出，自然融结于沙土之中，小者如麦麸，大者如豆，更大如指面，皆谓之生金。”

王巩《闻见近录》记载：鄂州黄鹤楼下有石，光澈，名曰石照。其右巨石，世传以为仙人洞也。一守关老卒，每晨光即拜洞下。一夕，月如昼，见三道士自洞中出，吟啸久之，将复入洞，卒即从之，道士曰：“汝何人耶?”卒具言其所以，且乞富贵。道士曰：“此洞间石，速抱一块去。”卒持而出，石合，无从而入。明日，视石，黄金也。凿而货之，衣食顿富，为队长所察，执之以为盗也。卒以实告官，就其家取石，至郡则金化矣，非金非玉，非石非铅，至今藏于军资库中。子瞻有诗记之。

辽代产金地区，据《辽史·食货志下》记载，主要在室韦活动区域（主要活动于内蒙古)，以及阴山、辽河一带的金矿区。

金代产金地区，据《金史·地理志》记载，主要有大兴府等地。

《元史·食货志》记载："产金之所，在腹里曰益都、檀、景，辽阳省曰大宁、开元，江浙省曰饶、徽、池、信，江西省曰龙兴、抚州，湖广省曰岳、澧、沅、靖、辰、潭、武冈、宝庆，河南省曰江陵、襄阳，四川省曰成都、嘉定，云南省曰威楚、丽江、大理、金齿、临安、曲靖、元江、罗罗、会川、建昌、德昌、柏兴、乌撒、东川、乌蒙。"这段材料有两个方面值得注意：一是省级行政管辖范围与我们现在的范围不同，如今江陵、襄阳都不属于河南省管辖；二是文字中提到的行政区划范围仍然有限。

《元史·食货志》又记载："初，金课之兴，自世祖始。其在益都者，至元五年（1268 年)，命于从刚、高兴宗以漏籍民户四千，于登州栖霞县淘焉。十五年，又以淘金户二千签军者，付益都、淄莱等路淘金总管府，依旧淘金。其课于太府监输纳。在辽阳者，至元十年，听李德仁于龙山县胡碧峪淘采，每岁纳课金三两。十三年，又于辽东双城及和州等处采焉。在江浙者，至元二十四年，立提举司，以建康等处淘金夫凡七千三百六十五户隶之，所辖金场凡七十余所。未几以建康无金，革提举司，罢淘金户，其徽、饶、池、信之课，皆归之有司。在江西者，至元二十三年，抚州乐安县小曹周岁办金一百两。在湖广者，至元二十年，拨常德、澧、辰、沅、靖民万户，付金场转运司淘焉。在四川者，元贞元年，以其病民罢之。在云南者，至元十四年，诸路总纳金一百五锭。此金课之兴革可考者然也。"

从这段文字可知，元代淘金的地区范围北到辽东，南到江南。朝廷曾经组织"漏籍民"淘金，使得流散的民众有所依附，自谋生存之道。江浙一带曾有七千多户（二万余人)，在湖广曾有万户（三万多人）专业淘金户，以课税为生。有的地方曾经有金，但藏量不足，停止了淘金。建康没有金矿，管理机构拆掉了，"未几以建康无金，革提举司，罢淘金户"。在四川，一度因为采金导致一些不良的社会问题，政府停止了淘金。所谓"病民"，或许是指耽误了农业，抑或是指民众聚集而导致社会管理失控。

《元史·世祖纪》记载：二十八年（1291 年）秋七月，"云南省参政怯剌言：'建都地多产金，可置冶，令旁近民炼之以输官。'从之"。这条史料说明，朝廷赞同民间开采金矿，由国家统一调配。

意大利人马可·波罗在《马可·波罗行纪》第一一五章记载：吐蕃州的

部分川湖中有金沙，其量之多，足以惊人。实际上，在吐蕃州东部的一些河流中，可能当时确实存在金沙，大金沙江流经缅甸北方土著人所居之地，溪流中也有不少金沙。

2. 银

宋朝银矿，据《宋会要辑稿》等记载，有广州、韶州、循州、潮州、连州、英州、惠州、贺州、藤州、宜州、建州、南剑州、邵武军、汀州、信州、虔州、建昌军、潭州、郴州、桂阳监、衡州、处州、鄂州、虢州、邓州、商州、凤州、陇州、凤翔府、秦州、登州、莱州等。

金朝银矿，据《金史·食货志五》记载："坟山、西银山之银窟凡一百一十有三。"《金史·地理志》记载，大兴府、太原府、宝山县产银。

辽朝银矿，《辽史·地理志》《辽史·食货志》等记载主要有泽州、银州、辽河源、顺州、都峰、大石、严州、宝兴等地。此外，幽蓟等也有银矿。

《元史·食货志》记载："产银之所，在腹里曰大都、真定、保定、云州、般阳、晋宁、怀孟、济南、宁海，辽阳省曰大宁，江浙省曰处州、建宁、延平，江西省曰抚、瑞、韶，湖广省曰兴国、郴州，河南省曰汴梁、安丰、汝宁，陕西省曰商州，云南省曰威楚、大理、金齿、临安、元江。"

《元史·食货志》又记载："银在大都者，至元十一年，听王庭璧于檀州奉先等洞采之。十五年，令关世显等于蓟州丰山采之。在云州者，至元二十七年，拨民户于望云煽炼，设从七品官掌之。二十八年，又开聚阳山银场。二十九年，遂立云州等处银场提举司。在辽阳者，延祐四年，惠州银洞三十六眼，立提举司办课。在江浙者，至元二十一年，建宁南剑等处立银场提举司煽炼。在湖广者，至元二十三年，韶州路曲江县银场听民煽炼，每年输银三千两。在河南者，延祐三年，李允直包罗山县银场，课银三锭。四年，李珪等包霍丘县豹子崖银洞，课银三十锭，其所得矿，大抵以十分之三输官。此银课之兴革可考者然也。"这条材料谈到的产银之地很具体，如檀州奉先洞、蓟州丰山。采矿方式，有官方直接掌控的，设七品官管理；也有"包"的，李珪等人承包了霍丘县豹子崖银洞，其所得矿，大抵以十分之三输官。

《元史·泰定帝本纪》记载：泰定二年（1325 年）正月闰月，"壬申，罢永兴银场，听民采炼，以十分之二输官"。由此可知，元代在局部地区废除了官方采银，而是改由民众自己采炼，政府只是收税而已。

开采银矿，有利于国库，也有利于财货的流通。至元二十九年（1292 年）八月戊午，福建行省参政魏天祐进献计策，请求朝廷动员一万民众，凿山炼银，岁得万五千两。

矿藏资源的信息，一般都是从下到上报告，朝廷核实之后，同意开采才能开采。如，至顺元年（1330 年）八月，有人报告蔚州广灵县地产银者，朝廷就下诏中书、太禧院遣人核实其事，允其开采。

有些地方在开采银时，银矿出现枯竭的情况，《元史・五行志》记载："大德元年，云州聚阳山等冶言，矿石煸炼银货不出，诏减其课额。"当地方官员秉报说开采量减少时，朝廷酌量减少税收。

《元史・成宗纪》记载："江西行省臣言：'银场岁办万一千两，而未尝及数，民不能堪。'命自今从实办之，不为额。"元代朝廷对各地的冶炼有数量上的规定，但也能根据实际开采的数量，灵活处理上缴的税收。

3. 铜

宋代经常以铜作为罚款。《续资治通鉴长编》卷一百九十七记载：嘉祐七年（1062 年）七月甲寅，"广西转运使、度支员外郎李师中，转运判官、都官员外郎刘牧各罚铜二十斤。先是，岭南多旷土，茅菅茂盛，蓄藏瘴毒。师中募民垦田，县置籍，期永无税，以种及三十顷为田正，免科役。于是地稍开辟，瘴毒减息，而师中与牧坐擅除税不以闻，故蒙罚。"《续资治通鉴长编》卷三百四十二记载：元丰七年（1084 年）十一月癸丑，诏户部侍郎蹇周辅罚铜六斤，员外郎陈向罚铜八斤。

周去非在《岭外代答・金石门》中介绍中国西南部地区的铜资源。"闻交阯及占城等国，王所居以铜为瓦，信知南方多铜矣。今邕州有铜固无几，而右江溪峒之外，有一蛮峒，铜所自出也，掘地数尺即有矿，故蛮人多用铜器。"

北宋张潜发明胆铜法。张潜曾著《浸铜要略》一书，记述从含铜矿水（或称胆水）提取铜。此书已佚，《宋史・艺文志》有著录。元末危素为之序，称赞此书所述胆铜法具有"用费少而收功博"的优点。[①]《舆地纪胜》记载："始饶之张潜博通方伎，得变铁为铜之法，使其子张甲诣阙献之。朝廷行之铅

---

① 载《危太朴文集》，又见《江西通志・危素传》。

山及潮（应为饶）之兴利、韶之岑水、潭之永兴，皆其法也。”

《宋史·食货志》亦载：“浸铜之法，以生铁锻成薄铁片，排置胆水槽中，浸渍数日，铁片为胆水所薄，上生赤煤，取括铁煤，入炉三炼成铜。大率用铁二斤四两得铜一斤。”

沈括《梦溪笔谈·杂志》记载了胆矾炼铜的方法，“信州铅山县有苦泉，流以为涧，挹其水熬之则成胆矾，烹胆矾则成铜。熬胆矾铁釜，久之亦化为铜。水能为铜，物之变化，固亦不测”。铅山县，属今江西。当地的人把山间苦泉舀出来，熬成胆矾，加工成铜。

胆铜的生产到北宋时期得到了较大的发展，仅宋徽宗时即有11个地区进行胆铜生产。在中国历史上，利用胆铜法生产金属铜有两种方式：一为胆水浸铜，即利用天然胆矾水来浸铜；二为胆土煎铜，即“凿坑取垢（胆土）淋铜”，大致是先采胆土，引水淋土，从而获得胆水，用以煎铜。

辽朝铜矿比较少见，考古仅见大名城、平泉寺、兴隆寿五坟等铜矿遗址。

金朝铜矿，据《金史·地理志》等记载，主要有大兴府、真定府等地。金朝放任民间开采铜矿，以前旧铜矿在金朝继续开采。

《元史·食货志》记载：“产铜之所，在腹里曰益都，辽阳省曰大宁，云南省曰大理、澄江。”

《元史·食货志》又记载：“铜在益都者，至元十六年，拨户一千，于临朐县七宝山等处采之。在辽阳者，至元十五年，拨采木夫一千户，于锦、瑞州鸡山、巴山等处采之。在澄江者，至元二十二年，拨漏籍户于萨矣山煽炼，凡一十有一所。此铜课之兴革可考者然也。”

元朝流行佛教，有些铜矿资源用于佛事，如铸造铜像。《元史·英宗纪》记载，英宗至治元年，“冶铜五十万斤作寿安山寺佛像”。

4. 铁

长江三峡地区有铁矿藏资源。《续资治通鉴长编》卷三百三十五记载：元丰六年（1083年）五月癸未，夔州路转运司上奏：“万州铁矿甚多，乞创钱监，岁可收净利三万二千缗，应副本路。”《续资治通鉴长编》卷三百三十八记载：元丰六年（1083年）八月，陕西转运司上奏：“同州韩城县山铁矿苗脉深厚，可置钱监；及渭州华亭县博济监因循废罢，欲于黄石河铸冶务复置监，废秦、陇州铁监。”

《宋史·太祖本纪》记载："晋州神山县谷水泛出铁，方圆二丈三尺，重七千斤。"

沈括在《梦溪笔谈·辩证》中介绍了炼钢："世间锻铁所谓钢铁者，用柔铁屈盘之，乃以生铁陷其间，泥封炼之，锻令相入，谓之团钢，亦谓之灌钢。此乃伪钢耳，暂假生铁以为坚，二三炼则生铁自熟，仍是柔铁。然而天下莫以为非者，盖未识真钢耳。余出使至磁州锻坊，观炼铁，方识真钢。凡铁之有钢者，如面中有筋，濯尽柔面，则面筋乃见。炼钢亦然，但取精铁，锻之百余火，每锻称之，一锻一轻，至累锻而斤两不减，则纯钢也，虽百炼不耗矣。此乃铁之精纯者，其色清明，磨莹之，则黯黯然青且黑，与常铁迥异。亦有炼之至尽而全无钢者，皆系地之所产。"

北宋，在当阳玉泉寺建有铁塔。塔高十三级，外为铁壳，内为砖衬，塔心中空，通高近 18 米。据专家介绍，铁塔建造时，先以范铸法铸成分段构件，再逐层搭建。每层由层盖、塔身（含斗拱）和平座三大铸造构件组成，构件之间以铁片垫实。"铁塔在殿前十三级，高七丈，重十万六千六百斤"①。它反映了当时生铁冶铸的水平，代表了高超的建筑技术。②

宋代还有山东济宁铁塔、河南登封大铁人（即中岳庙内神库中四尊"镇库将"）、山西太原晋祠大铁人等。

周去非在《岭外代答·器用门》中介绍了广西的冶铁。"梧州生铁，在镕则如流水然，以之铸器，则薄几类纸，无穿破。凡器既轻，且耐久。诸郡铁工锻铜，得梧铁杂淋之，则为至刚，信天下之美材也。"

宋代修复赵州桥，"河中府浮梁，用铁牛八维之，一牛且数万斤"③。宋朝处于冷兵器时代，从宋朝开始火器登上战争舞台，使用霹雳炮、震天雷、引火球、铁火炮、火箭、火球、火枪、火炮等火器，逐步进入冷兵器和火器并用时代。

《辽史·食货志》记载：东北地区"其地产铜铁金银，其人善作铜铁器"。"辽在曷术部置手山等三冶。手山即今鞍山。据此可知，我国最大的钢铁基地

---

①《同治当阳县志》卷一。

② 孙淑云：《当阳铁塔铸造工艺的考察》，《文物》1984 年第 6 期。

③《宋史·僧怀丙传》。

鞍山，早在辽代就已开始开发。”①

辽朝的冶铁业发达，“曷术”即契丹语“铁”。辽东是辽朝产铁要地，促进辽朝冶铁业的发展。辽在手山、三黜古斯和柳湿河分置三冶。手山，即今辽宁省辽阳市辽阳县的首山镇，在此地考古发掘出土铁制的农业工具可与中原的产品相媲美。

西夏在夏州东境曾置冶铁务，管领铁矿的开采和冶炼。从榆林窟第三窟所存的西夏壁画《锻铁图》，可了解西夏铁匠的劳动情景。图中二人持锤锻铁，一人在竖式的风箱后鼓风。1976 年在夏王陵区出土的鎏金铜牛，形体硕大，重达 188 公斤，显示了西夏当时高超的冶铸工艺水平。西夏生产的兵器被世人称道。“夏国剑”特别锋利，在战争中发挥了重要作用。北宋苏轼曾请晁补之为其作歌，内有“试人一缕立褫魄，戏客三招森动容”。西夏铠甲坚滑光莹，非劲弩可入，专给铁鹞子使用。攻城武器有“对垒”的战车，可以越壕沟而进；装在骆驼鞍上的“旋风炮”，可以发射大石弹；最厉害的“神臂弓”，可以射 240 步至 300 步，“能洞重扎”。

金朝的产铁地区有云内州、真定府、汝州的鲁山和宝丰、邓州南阳等，云内州出产青宾铁铁器。1961 年至 1962 年，在黑龙江省阿城县五道岭发现金朝中期铁矿井 10 余处，炼铁遗址 50 余处。矿井最深达 40 余米，有采矿、选矿等不同作业区。根据开采规模估计，从这些矿井中已采出四五十万吨铁矿石。

金朝的火炮非常厉害，据《金史》卷一一三记载：有名震天雷者，铁罐盛药，以火点之，炮起火发，其声如雷，闻百里外，所爇围半亩之上，火点著甲铁皆透。

《元史・食货志》记载：“产铁之所，在腹里曰河东、顺德、檀、景、济南，江浙省曰饶、徽、宁国、信、庆元、台、衢、处、建宁、兴化、邵武、漳、福、泉，江西省曰龙兴、吉安、抚、袁、瑞、赣、临江、桂阳，湖广省曰沅、潭、衡、武冈、宝庆、永、全、常宁、道州，陕西省曰兴元，云南省曰中庆、大理、金齿、临安、曲靖、澄江、罗罗、建昌。”

《元史・食货志》又记载：“铁在河东者，太宗丙申年，立炉于西京州县，拨冶户七百六十煽焉。丁酉年，立炉于交城县，拨冶户一千煽焉。至元五年，

---

①《中国史稿》编写组：《中国史稿》第五册，人民出版社 1983 年版，第 366 页。

始立洞冶总管府。七年罢之。十三年，立平阳等路提举司。十四年又罢之。其后废置不常。大德十一年，听民煽炼，官为抽分。至武宗至大元年，复立河东都提举司掌之。所隶之冶八：曰大通，曰兴国，曰惠民，曰利国，曰益国，曰闰富，曰丰宁，丰宁之冶盖有二云。在顺德等处者，至元三十一年，拨冶户六千煽焉。大德元年，设都提举司掌之，其后亦废置不常。至延祐六年，始罢两提举司，并为顺德广平彰德等处提举司。所隶之冶六：曰神德，曰左村，曰丰阳，曰临水，曰沙窝，曰固镇。在檀、景等处者，太宗丙申年，始于北京拨户煽焉。中统二年，立提举司掌之，其后亦废置不常。大德五年，始并檀、景三提举司为都提举司，所隶之冶有七：曰双峰，曰暗峪，曰银崖，曰大峪，曰五峪，曰利贞，曰锥山。在济南等处者，中统四年，拘漏籍户三千煽焉。至元五年，立洞冶总管府，其后亦废置不常。至至大元年，复立济南都提举司，所隶之监有五：曰宝成，曰通和，曰昆吾，曰元国，曰富国。其在各省者，独江浙、江西、湖广之课为最多。凡铁之等不一，有生黄铁，有生青铁，有青瓜铁，有简铁，每引二百斤。此铁课之兴革可考者然也。”这段文字提到铁的分类，有生黄铁、生青铁、青瓜铁、简铁，表明各地铁的质量是有所不同的。

《元史·五行志》记载：“至元十三年，雾灵山伐木官刘氏言，檀州大峪锥山出铁矿，有司复视之，寻立四冶。”这说明，地方上如果发现了矿藏，官员就要禀报朝廷，朝廷就设立机构加以管理。檀州治所在密云县（今属北京）。

云南的中庆、大理、曲靖等地产铁，天历元年（1328 年）全省铁课有 12 万余斤。

5. 铅与锡

周去非在《岭外代答·金石门》中介绍了铅，“西融州有铅坑，铅质极美，桂人用以制粉。澄之以桂水之清，故桂粉声闻天下”。

《元史·食货志》记载：“产铅、锡之所，在江浙省曰铅山、台、处、建宁、延平、邵武，江西省曰韶州、桂阳，湖广省曰潭州。”

为了加强对锡的控制，朝廷规定了开采的数量，以便获得税收。《元史·食货志》又记载：“铅、锡在湖广者，至元八年，辰、沅、靖等处转运司印造锡引，每引计锡一百斤，官收钞三百文，客商买引，赴各冶支锡贩卖。无引者，比私盐减等杖六十，其锡没官。此铅、锡课之兴革可考者然也。”朝廷对锡的控制，还不是着眼于环境保护，也不是担心锡矿减少，而是从政府的经济利益加以考虑的。

二、能源类

煤、油是专门用于燃烧之物。

1. 煤

宋代有发达的产煤业。

北宋时期，由于农业与手工业发展，煤的开采量增大，河东、河北、陕西有许多煤矿，且有相当规模。1960 年在河南鹤壁矿区发现宋代煤矿遗迹，是一处重要的采矿史迹。根据遗迹内出土的鹤壁集窑瓷器，推测矿井的年代属于北宋晚期。竖井矿口直径 2. 5 米，深 6 米。依煤层伸延开掘长达 500 米的巷道 4 条，通向 8 个采煤区。巷井深降的圆形竖井深 46 米，排水井深 5 米。[①]

河南禹州神垕镇梨园煤矿发现的北宋煤矿遗址，由管理区和矿井两部分组成，面积约 6 万平方米。已查明井口 11 个，其中 2 个竖井的深度分别为 54 米和 66 米。由今煤矿巷道中可以看到古巷道的遗迹。

由于北方缺少树木，北宋都城汴京的民众主要依赖煤炭作燃料。煤不仅用于冶铸，还供应给城市市民生活。庄绰撰的《鸡肋编》（成书于 1133 年）记载："昔汴都数百万家，尽仰石炭，无一燃薪者。"此条材料说开封烧炭"百万家""无一燃薪"有待考证，但说到广泛用炭，还是有可能的。

元代，煤的使用已经较为普遍。《马可波罗行纪》第一〇一章中记载："契丹全境之中，有一种黑石，采自山中，如同脉络，燃烧与薪无异，其火候且较薪为优，盖若夜间熄火，次晨不熄。其质优良，致使全境不燃他物。所产木材固多，然不燃烧。盖石之火力足，而其价亦贱于木也。"[②] 这里所说的契丹，可以有两种解读，一是指全中国，一是指中国的北方，或许主要是指今山西。中国的山西一直是煤业基地，宋代时曾经为契丹地。只有当时的山西一地

---

① 河南省文化局文物工作队：《河南鹤壁市古煤矿遗址调查简报》，《考古》1960 年第 3 期。

② 冯承钧译：《马可波罗行纪》，上海书店出版社 1999 年版，第 253 页。

才有可能“全境不燃他物”。

元代，大都的人口增多，能源短缺。至正二年（1342年），中书省官员向顺帝建议开掘水路，把外地的煤运到京城，此事终因国力有限而作罢。权衡在《庚申外史》卷上记载当时的奏文：“京师人烟百万，薪刍负担不便。今西山有煤炭，若都城开池河上，受金口灌注，通舟楫往来，西山之煤，可坐致于城中矣。”① 一个百万人口的京城，天天烧木柴，得需要多少木柴，这对于树木的破坏该是多么严重！

2. 石油

沈括《梦溪笔谈·杂志》记载：

鄜延境内有石油，旧说“高奴县出脂水”，即此也。生于水际，沙石与泉水相杂，惘惘而出，土人以雉尾甃之，用采入缶中。颇似淳漆，然之如麻，但烟甚浓，所沾幄幕皆黑。余疑其烟可用，试扫其煤以为墨，黑光如漆，松墨不及也，遂大为之，其识文为“延川石液”者是也。此物后必大行于世，自余始为之。盖石油至多，生于地中无穷，不若松木有时而竭。今齐、鲁间松林尽矣，渐至太行、京西、江南，松山大半皆童矣。造煤人盖知石烟之利也。石炭烟亦大，墨人衣。余戏为《延州诗》云：“二郎山下雪纷纷，旋卓穹庐学塞人。化尽素衣冬未老，石烟多似洛阳尘。”②

南宋康与之的《昨梦录》记载：“西北边城防城库皆掘地作大池，纵横丈余以蓄猛火油，不阅月池上皆赤黄。又别为池而徙焉，不如是则火自屋柱延烧矣。猛火油者，闻出于高丽之东数千里，日初出之时，因盛夏日力烘，石极热则出液，他物遇之即为火，惟真琉璃器可贮之。中山府治西有大陂池，郡人呼为海子，余犹记郡师就之以按水战试猛火油。池之别岸为虏人营垒，用油者以油涓滴自火焰中，过则烈焰遽发，顷刻虏营净尽，油之余力入水，藻荇俱尽，鱼鳖遇之皆死。”

元代矿藏还值得一提的是石油的开采与沥青的应用。《元一统志》记载了元代开凿油井并会提炼沥青。元人能使用沥青补缸，先将缸缝烧热，然后将沥

---

① 史卫民：《元代社会生活史》，中国社会科学出版社1996年版，第208页。

② 鄜延路，治所在延州（后升为延安府），即今陕西省延安市。

青抹上使其融入裂缝中，再用火略烘后涂开，可以永不渗水，比油灰好用多了。据说，西方国家直到1859年才出现了第一口油井。

《析津志辑佚·河闸桥梁》记载了一座桥叫作“烧饭桥”，此桥“南出枢密院桥、柴场桥，内府御厨运柴苇俱于此入”[①]。说明芦苇是主要的能源。《析津志辑佚·城池街市》记载：“煤市修文坊前。”[②] 这应该是元大都城的专门煤炭市场。根据《析津志辑佚·属县》记载：元顺帝时开挖了从永定河东岸的金口至大都城南的河道，便于“西山所出烧煤、木植、大灰等物，并递来江南诸物，海运至大都”[③]。

3. **火药**

由于宋代经常发生战争，因而促进了军器手工业技术的发展。湖北大地出现了类似于现代枪炮的武器。据《宋史·陈规传》记载：靖康末年，陈规曾担任安陆令，他擅长用新武器，以炮石鹅车用于攻城。有一次攻战中，“规以六十人持火枪自西门出，焚天桥，以火牛助之，须臾皆尽，横拔砦去”。这说的是绍兴年间，陈规守德安，创制了一种管形火枪，把火药装在竹筒里，临阵烧敌。有的火枪长，需两人共持。

北宋有专门制造火药和火器的官营手工业作坊。曾公亮主编的《武经总要》记载了火药配方和工艺程序。南宋时利用火药制造火器，发明了世界上最早的原始步枪，即名为“突火枪”的管形火器。

火箭起源于中国，为世所公认。然始于何时，意见颇不一致。李迪认为，火箭始于北宋初年。公元1004年，曾公亮编《武经总要》，书中记载的放火药，是火箭的先驱。[④] 杜正国、潘吉星指出，《武经总要》所记的是弓弩发出的火药纵火箭，而利用喷气发动的真正火箭发明于南宋中期。绍兴三十一年

---

①（元）熊梦祥：《析津志辑佚·河闸桥梁》，北京古籍出版社1983年版，第100页。

②（元）熊梦祥：《析津志辑佚·城池街市》，北京古籍出版社1983年版，第6页。

③（元）熊梦祥：《析津志辑佚·属县》，北京古籍出版社1983年版，第243—244页。孙冬虎在《元明清北京的能源供应及其生态效应》一文中分析了《析津志》中对元大都所使用燃料的记载。

④ 李迪：《中国人民在火箭方面的发明创造》，《力学学报》1978年第1期。

(1161 年) 十月，在宋金采石战役和陈家岛战役中，宋将李宝使用的火箭，是已知使用火箭武器的最早年代。[1]

三、其他类

1. 朱砂、水银

周去非在《岭外代答·金石门》中介绍了广西的丹砂，并与洞庭湖以北的丹砂进行了比较。他说："昔葛稚川为丹砂求为勾漏令，以为仙药在是故也。勾漏，今容州，则知广西丹砂，非他地可比。《本草》金石部以湖北辰州所产为佳，虽今世亦贵之。今辰砂乃出沅州，其色与广西宜州所产相类，色鲜红而微紫，与邕砂之深紫微黑者大异，功效亦相悬绝。盖宜山即辰山之阳故也。虽然，宜、辰丹砂虽良，要非仙药，葛稚川不求此也。尝闻邕州右江溪峒归德州大秀墟，有金缠砂大如箭镞，而上有金线缕文，乃真仙药。得其道者，可用以变化形质，试取以炼水银，乃见其异。盖邕州烧水银，当砂十二三斤，可烧成十斤。其良者，十斤真得十斤。惟金缠砂，八斤可得十斤，不知此砂一经火力，形质乃重何哉？是砂也，取毫末而齿之，色如鲜血，诚非辰、宜可及。"

周去非在《岭外代答·金石门》中介绍了如何把丹砂炼成水银。"邕人炼丹砂为水银，以铁为上下釜，上釜盛砂，隔以细眼铁板；下釜盛水，埋诸地。合二釜之口于地面而封固之，灼以炽火。丹砂得火，化为霏雾，得水配合，转而下坠，遂成水银。"

《元史·食货志》记载："产朱砂、水银之所，在辽阳省曰北京，湖广省曰沅、潭，四川省曰思州。"《元史·食货志》又记载："朱砂、水银在北京者，至元十一年，命蒙古都喜以恤品人户于吉思迷之地采炼。在湖广者，沅州五寨萧雷发等每年包纳朱砂一千五百两，罗管赛包纳水银二千二百四十两。潭州安化县每年办朱砂八十两、水银五十两。碧甸子在和林者，至元十年，命乌

---

① 杜正国：《我国古代火箭的发明年代问题》，《力学与实践》1980 年第 2 期；潘吉星：《论火箭的起源》，《自然科学史研究》1985 年第 1 期。

马儿采之。在会川者，二十一年，输一千余块。此朱砂、水银、碧甸子课之兴革可考者然也。”

朱砂的开采，有承包的形式，这对于朝廷来说是省略了许多事情，但对于地方官员与商人来说却是有利可图的。

2. 矾

《元史·食货志》记载：“产矾之所，在腹里曰广平、冀宁，江浙省曰铅山、邵武，湖广省曰潭州，河南省曰庐州、河南。” “产硝、碱之所，曰晋宁。”《元史·食货志》又记载：“矾在广平者，至元二十八年，路鹏举献磁州武安县矾窑一十所，周岁办白矾三千斤。在潭州者，至元十八年，李日新自具工本，于浏阳永兴矾场煎烹，每十斤官抽其二。在河南者，二十四年，立矾课所于无为路，每矾一引重三十斤，价钞五两。此矾课之兴革可考者然也。”

3. 珠

《元史·食货志》记载：“产珠之所，曰大都，曰南京，曰罗罗，曰水达达，曰广州。产玉之所，曰于阗，曰匪力沙。”

《元史·食货志》又记载：“珠在大都者，元贞元年，听民于杨村、直沽口捞采，命官买之。在南京者，至元十一年，命灭怯、安山等于宋阿江、阿爷苦江、忽吕古江采之。在广州者，采于大步海。他如兀难、曲朵剌、浑都忽三河之珠，至元五年，徙凤哥等户捞焉。胜州、延州、乃延等城之珠，十三年，命朵鲁不等捞焉。此珠课之兴革可考者然也。”

4. 玉

宋代流行金石学，重视仿古，对三代器物很欣赏。当时民间流行玉童子，碗盘之类的日用玉器增多。张世南《游宦纪闻》卷七记载：“阶州产石，品第不一。白者明洁，初琢时可爱，久则受垢色暗，今朝廷取为册宝等用。有黄、青、黑、绿数色，取之不穷，而性软易攻，故价亦廉。巴州、嘉定府，皆产玉石，曰巴璞、嘉璞。坚而难琢，与玉质无异，故价数倍于阶石，其温润与玉等。叙州宣化县，亦有玉石，曰宣化璞。”

在宋朝，玉器更加精美。宋代流行玉雕植物。在宋以前，玉雕可分为两类，一是以几何纹为多，有圆、方、不规则形。另一类是以动物为多。随着技艺的提高，宋代就出现仿古玉，当时有人以虹光草伪造鸡血沁。

宋代，玉文化有承前启后之总结。今人钱基博说：宋之玉器，创制不少；而整理之功，尤不可泯。宋人之有造于玉器文化，不在作而在述；不在琢饰新器以自创制，而在董理旧玉以作总结。①

硬玉是否始于宋代？汉代张衡的《西京赋》、班固的《西都赋》以及六朝徐陵的《玉台新咏·诗序》提到的翡翠都有可能指软玉中的碧玉，而非硬玉。硬玉在唐代已不可考，李善注《文选》、颜师古注《汉书》均未提及。英国历史学家李约瑟在《中国科学技术史》第三卷中称：在18世纪以前，中国人并不知道硬玉这种东西。以后，硬玉才从缅甸产地经云南输入中国。中国从宫廷珍藏和出土文物中尚未发现明朝以前的翡翠。因此，中国人何时称硬玉为翡翠，缅甸翡翠何时输入中国，一直是未弄清楚的历史之谜。

元代玉器在中国玉器史上有一席之地。钱基博说："近数十年，欧美搜罗自中国之玉器，常有花纹形制，似印度风，而无题识者，多元遗玉也。"元之历史遗物，有一大器焉，则广寒殿陈列之玉缸。玉缸之金箍珠嵌，典丽矞皇，殆出印度，盖中国之瑑琢而印度之镶嵌。元代的渎山大玉海，由青白玉制成，重3500公斤，外壁的浮雕，气象磅礴，现存于北京团城玉瓮亭内。②

宋代，玉器文化开始呈现出平民化的发展趋势。其器物类型、纹饰图案多较常见。装饰、佩玉越来越多，图案题材多花鸟禽兽。随着金石学的出现，玉器制作中也兴起了厚古之风，宋人因此发明了用染色、残缺工艺来雕琢仿古玉器，从而对元明清的玉器文化产生了深远的影响。同时，质朴素雅、写实性很强的辽、金玉器，既有鲜明的民族特色，又有很高的艺术价值。元代玉器文化吸收宋与辽、金之长，气势豪放，风格质朴。今存其代表性的玉作品、重达3500公斤的渎山大玉海玉雕，可谓划时代的艺术珍品。《元史·食货志》记载："玉在匪力沙者，至元十一年，迷儿、麻合马、阿里三人言，淘玉之户旧有三百，经乱散亡，存者止七十户，其力不充，而匪力沙之地旁近有民户六十，每同淘焉。于是免其差徭，与淘户等所淘之玉，于忽都、胜忽儿、舍里甫丁三人所立水站，递至京师。此玉课之兴革可考者然也。"

---

① 钱基博：《文物通论》，华中师范大学出版社2016年版，第276页。

② 罗宗真、秦浩：《中华文物鉴赏》，江苏教育出版社1990年版，第431页。

5. 盐

盐是民生中最重要的矿藏，离开了盐，人就不能生存。但是，盐的产地是固定的，盐在生产与转运的过程中，都可以得到控制，国家从中收税。盐业是宋代手工业的重要部门，也是国家重要的财政收入来源。郭正忠的《宋代盐业经济史》，有详细记载。

宋代梁克家撰《淳熙三山志》卷四十一《土俗类》引用《福清盐埕经》，介绍宋代的福清、长乐县有盐户，连江、罗源、宁德、长溪边海，各有盐额。盐民利用海潮制盐，海水有咸卤，潮长而过埕地，则卤归土中；潮退，日曝至生白花，取以淋卤。盐民筑土为斛畎在宫灶旁，以竹管接入盐盘，如畎浍之流。盘以竹篾织，用蛎灰涂，复织釜墙以围绕，亦涂以蛎灰，盖益以受卤也。大盘一日夜煎二百斤，小盘一百五十斤。

沈括《梦溪笔谈·官政》“宋代食盐”介绍盐的四个品种：“一者末盐，海盐也，河北、京东、淮南、两浙、江南东西、荆湖南北、福建、广南东西十一路食之。其次颗盐，解州盐泽及晋、绛、潞、泽所出，京畿、南京、京西、陕西、河东、褒、剑等处食之。又次井盐，凿井取之，益、梓、利、夔四路食之。又次崖盐，生于土崖之间，阶、成、凤等州食之。”这就把当时盐的分布与取用区域作了明晰介绍。

《梦溪笔谈·官政》“雨盘”介绍：“陵州盐井，深五百余尺，皆石也。上下甚宽广，独中间稍狭，谓之杖鼓腰。旧自井底用柏木为干，上出井口，自木干垂绠而下，方能至水。井侧设大车绞之。岁久，井干摧败，屡欲新之，而井中阴气袭人，入者辄死，无缘措手。惟候有雨入井，则阴气随雨而下，稍可施工，雨晴复止。后有人以一木盘，满中贮水，盘底为小窍，酾水一如雨点，设于井上，谓之雨盘，令水下终日不绝。如此数月，井干为之一新，而陵井之利复旧。”这说的是：陵州有的盐井深有五百多尺，井壁都是石头。其上部和下部都很宽敞，唯独中间稍微狭窄，俗称“杖鼓腰”。井中有阴气，即有毒气体，如硫化氢、二氧化碳等气体。人下到井里后容易因缺氧而窒息身亡。只有等到下雨时，加强了井的气流变化，毒气随着雨水淋入而消解，新鲜空气也被带到井里，人们才可以施工。盐工根据这种生态现象，就想了个办法，用大木盘盛水，置于井口上滴漏，从而保证了天天能施工。

解州产盐。《梦溪笔谈·辩证》介绍了山西盐池的情况：“解州盐泽，方百二十里。久雨，四山之水悉注其中，未尝溢；大旱未尝涸。卤色正赤，在版泉之下，俚俗谓之‘蚩尤血’。唯中间有一泉，乃是甘泉，得此水然后可以聚。又其北有尧梢水，亦谓之‘巫咸河’。大卤之水，不得甘泉和之，不能成盐。唯巫咸水入，则盐不复结，故人谓之‘无咸河’，为盐泽之患，筑大堤以防之，甚于备寇盗。原其理，盖巫咸乃浊水，入卤中，则淤淀卤脉，盐遂不成，非有他异也。”

沈括《梦溪笔谈·杂志》还记载：“解州盐泽之南，秋夏间多大风，谓之盐南风，其势发屋拔木，几欲动地，然东与南皆不过中条，西不过席张铺，北不过鸣条，纵广止于数十里之间。解盐不得此风不冰，盖大卤之气相感，莫知其然也。”

苏轼《东坡志林》讲述筒井用水鞴法：蜀去海远，取盐于井。陵州井最古，淯井、富顺盐亦久矣，惟邛州蒲江县井，乃祥符中民王鸾所开，利入至厚。自庆历、皇祐以来，蜀始创筒井，用圜刃凿如碗大，深者数十丈，以巨竹去节，牝牡相衔为井，以隔横入淡水，则醎泉自上。又以竹之差小者出入井中为桶，无底而窍其上，悬熟皮数寸，出入水中，气自呼吸而启闭之，一筒致水数斗。凡筒井皆用机械，利之所在，人无不知。

有些少数民族地区严重缺盐，《宋史·蛮夷传》“咸平五年正月”条记载，蛮人经常骚扰内地，皇帝召问原因，巡检使侯廷赏说：“蛮无他求，唯欲盐尔。”皇帝说：“此常人所欲，何不与之?”“群蛮感悦，因相与盟约，不为寇钞，负约者，众杀之。且曰：‘天子济我以食盐，我愿输与兵食。’自是边谷有三年之积。”

南宋，江苏的商业发达。泰州是盐的集散地，聚集了许多商贾。南宋词人韩元吉在《鼓楼记》描述泰州说：“海甸之郊，介江而濒海曰海陵郡，其地富鱼盐，骈商贾，河流贯城中，舟行若夷路。”

西夏的盐资源丰富。主要产地有盐州（宁夏盐池北）的乌池、白池、瓦池与细项池，河西走廊和西安州（宁夏海原西）的盐州与盐山，灵州（宁夏吴忠市）的温泉池等老井。西安州的碱隈川产白盐、红盐。西夏以盐同宋朝、辽朝、金朝进行贸易，换取粮食。

辽朝与金朝都对盐有管理措施。《金史·食货志》记载：“初，辽、金故地滨海多产盐，上京、东北二路食肇州盐，速频路食海盐，临潢之北有大盐泺，乌古里石垒部有盐池，皆足以食境内之民，尝征其税。及得中土，盐场倍之，故设官立法加详焉。”

《元史·食货志》记载：“国之所资，其利最广者莫如盐。自汉桑弘羊始榷之，而后世未有遗其利者也。元初，以酒醋、盐税、河泊、金、银、铁冶六色，取课于民，岁定白银万锭。太宗庚寅年，始行盐法。……然岁办之课，难易各不同。有因自凝结而取者，解池之颗盐也。有煮海而后成者，河间、山东、两淮、两浙、福建等处之末盐也。惟四川之盐出于井，深者数百尺，汲水煮之，视他处为最难。今各因其所产之地言之。”由这段材料可知，元朝政府对于盐的产地与生产方式很清楚，盐的种类也比较多样，有解池之颗盐，有江淮之间的海盐，还有四川的井盐。

《元史·仁宗纪》记载：仁宗五年（1318 年）夏四月，“是时解州盐池为水所坏，命怀孟等处食陕西红盐；后以地远，改食沧盐，而仍输课陕西，民不堪命，故免之”。

陈椿撰《熬波图咏》，其中载有 47 幅《熬波图》，图各有说，后系以诗，是我国现存最早系统描绘“煮海成盐”设备和工艺流程的一部专著。其序云：“浙之西、华亭东，百里实为下砂。滨大海、枕黄浦、距大塘，襟带吴松、杨子二江，直走东南，皆斥卤之地。煮海作盐，其来尚矣。宋建炎中，始立盐监……深知煮海渊源，风土异同，法度终始。命工绘为长卷，名曰《熬波图》。将使后人知煎盐之法，工役之劳，而垂于无穷也。”

盐，不仅人类需要，动物也需要。《元史·文宗纪》记载：至顺二年（1331 年）四月，云南行省言：“伊奇布锡之地所牧国马，岁给盐，以每月上寅日啖之，则马健无病。比因布呼叛乱，云南盐不可到，马多病死。”诏四川行省以盐给之。

元代泰州的海盐制造业较为发达，《马可波罗行纪》第一四二章在描述泰州城的时候，记述了当地的海盐制造业情况，“自海至于此城，在此制盐甚多，盖其地有最良之盐池也”。[①] 泰州城内就有发达的水道，船行如人履平陆。泰州是一个资源丰富的地方，特别是有渔盐之利，是古代纳税的重要地区。泰州作为一个行政区划，一度管辖扬州等地。苏中的学政与盐税的中枢机构都在泰州。

---

① 冯承钧译：《马可波罗行纪》，上海书店出版社 1999 年版，第 332 页。

《长春真人西游记》记载了作者到蒙古高原途中的所见所闻，甚至见到了山中盐。“谷东南行，山根有盐泉流出，见日即为白盐。……又东南，上分水岭，西望高涧若冰，乃盐耳。山上有红盐如石，亲尝见之。”对于这些地方山间产盐，作者表示盐在东方是地下产的，山间产亦是没见之事，感到很新鲜。“东方惟下地生盐，此方山间亦出盐。”[①]

6. 陶瓷

宋代出现了活跃的手工业。当时有五大名窑，即河北曲阳的定窑、河南临汝的汝窑、河南禹县的钧窑、浙江龙泉的哥窑、开封和杭州的官窑。

宋代的窑场规模宏大。涧磁村窑址范围即达117万平方米，陕西铜川的耀州窑号称十里窑场，浙江的龙泉窑址在龙泉大窑地区就发现宋代窑址24处，每个窑址包括许多瓷窑。

江西景德镇有几百座瓷窑，成为中国的瓷都。景德镇窑出产各种品类的瓷器，远销各地，号称“饶玉”。瓷窑内部已有很细的分工，有陶工、匣工、土工之分，有利坯、车坯、釉坯之分，还有印花、画花、雕花之分。许多名窑在烧造技术、装饰技法、釉色变化上，都形成各自的独特风格并为其他民窑所效仿，从而形成不同的瓷窑体系。临安府凤凰山、乌龟山下官窑，出产瓷器的釉面呈现出各种美丽的纹片，特别是青瓷，有翠青如玉之感，是瓷中珍品。

鄂城、武昌是长江中游瓷器生产的重要基地，瓷窑群的年代从五代到元代，长达四百年之久，其中，两宋的瓷窑居多。考古已经发现较完整的宋代烧瓷窑炉、烧瓷窑具、各类瓷片。

20世纪70年代，考古发现在鄂城梁子镇到武昌湖泗镇之间有一大片古瓷窑遗址，填补了湖北在瓷窑方面的空白。每座瓷窑高7—12米，生产的瓷器种类很多，有壶、盘、碟、杯、香炉等，瓷胎有白、褐等色。瓷器通过梁子湖水道，转运到长江沿线交易。[②] 1988年、1995年，在江夏区王麻湾对宋代一座窑址进行了两次发掘，这个窑有斜坡式龙窑窑膛，出土了一批造型、质地、釉

---

① (元) 李志常著，党宝海译注：《长春真人西游记》，河北人民出版社2001年版，第80页。

② 李怀军主编：《武汉通史・宋元明清卷》，武汉出版社2006年版，第38页。

色精美的瓷器标本。1995年还发掘了湖泗浮山窑，该窑利用地势，窑头在台地的坡下，窑尾高翘在台地顶端，利用自然抽风。窑有保温墙，以瓦支撑窑券顶，窑堂大。这些特点体现了造窑的经验与技术。梁子湖旁边的土地堂乡有一处青山瓷窑，窑炉由火门、风门、火膛、窑床、窑墙、护墙等部分组成，出土了青瓷、白瓷、青白瓷。其形制多样，釉色光鲜，表现出很高的烧制水平。

考古已经发现湖泗窑窑址有170余条窑膛，龙窑的长度一般都在20到50米之间，其生产产量大，产品远销各地。[①] 当地之所以有如此多的窑址，是因为在梁子湖、斧头湖周边的山丘蕴藏着高岭土，还有大片树林，为烧窑提供了物资基础。有学者认为，湖泗镇窑址里的青白瓷具有江西景德镇宋代影青瓷的特点，可以代表南方青白瓷的先进水平。[②]

西夏能烧制瓷器，以白瓷碗、白瓷盘为主。西夏瓷朴实凝重。考古在灵武县发现的西夏瓷器，器壁很薄，瓷胎呈灰白色。在内蒙古伊金霍洛旗发现的酱褐色釉剔花瓶，瓶身上刻有牡丹花纹画式，是西夏瓷器的精品。

7. 砗磲

周去非在《岭外代答·宝货门》中介绍了砗磲，“南海有蚌属曰砗磲，形如大蚶，盈三尺许，亦有盈一尺以下者。惟其大之为贵，大则隆起之处，心厚数寸。切磋其厚，可以为杯，甚大，虽以为瓶可也。其小者犹可以为环佩、花朵之属。其不盈尺者，如其形而琢磨之以为杯，名曰潋滟，则无足尚矣”。

8. 钟乳石

周去非在《岭外代答·金石门》中介绍了钟乳石，纠正了民间的错误观点。他说：“未炼之乳，体性皆寒，且有石毒，帷假汤火之功去其毒性，乃能废寒为温，以成上药。今《本草》注家谓石乳温，竹乳平，茅乳寒，此说恐未必然。产乳之穴，虽曰深远，未尝有蛇虺居之。《本草》注家又谓深洞幽穴，龙蛇毒气所成，斯大谬矣。”

---

① 祁金刚：《江夏溯源》，武汉出版社2008年版，第161、171页。

② 田海峰：《记我省首次发现的两处古瓷窑址》，《江汉考古》1980年第1期。

9. 滑石

周去非在《岭外代答·金石门》中介绍了滑石。“静江猺峒中出滑石，今‘本草’所谓桂州滑石是也。滑石在土，其烂如泥，出土遇风则坚。白者如玉，黑如苍玉，或琢为器用，而润之以油，似与玉无辨者。他路州军，颇爱重之，桂人视之如土，织布粉壁皆用，在桂一斤直七八文而已。”

《梦溪笔谈》中的《良方》中详细记述了“秋石”的炼制方法，有论者认为应属世界上最早的“提取留体性激素”的制备法。

第九章

宋元的环境观念与环境保护

本章论述宋元流行的环境观念，诸如自然思想、敬天思想、祭祀思想、环境保护思想、环境风水思想等。

第一节　生态思想

一、各种自然观念

人生在世，有名节观、金钱观、生活观，还有自然观。自然观体现了人们对环境的认识。自然是一个有机的联系体，是由多种元素构成的，是不断变化与发展的系统。宋元时期，人们钟情于环境，走进自然，与自然同在。

1. 亲近自然

王安石曾说："古人之观于天地、山川、草木、虫鱼、鸟兽，往往有得，以其求思之深，而无不在也。"[①] 朱熹《论语集注》卷三《雍也》也认为：知者达于事理而周流无滞，有似于水，故乐水；仁者安于义理而厚重不迁，有似于山，故乐山。动静以体言，乐寿以效言也。动而不括故乐，静而有常故寿。

范仲淹撰《岳阳楼记》，其中充满对大自然的热爱。"至若春和景明，波澜不惊，上下天光，一碧万顷；沙鸥翔集，锦鳞游泳；岸芷汀兰，郁郁青青；而或长烟一空，皓月千里，浮光跃金，静影沉璧；渔歌互答，此乐何极！"范仲淹登临岳阳楼，正是春风和煦、阳光明媚的时节，湖上风平浪静，天光水色，在万顷碧波之上连成一片。沙鸥或飞或停，锦鳞游来游去。岸上的香草，散发着浓郁的香气；滩上的幽兰，摇曳着茂盛的花叶。于是漫天烟雾，扫荡一空；皓皓明月，清辉千里。水面上浮动的光圈，像跳跃着万点金星；月影停留

---

①（宋）王安石：《临川先生文集》卷八十三《游褒禅山记》。

在静止的水中，又像是一块圆圆的玉璧。渔船上飘来此唱彼和的渔歌，悠悠扬扬，这是多么快乐啊！

欧阳修写过《醉翁亭记》，描写了令人陶醉的景色。“环滁皆山也。其西南诸峰，林壑尤美。望之蔚然而深秀者，琅琊也，山行六七里，渐闻水声潺潺，而泻出于两峰之间者，酿泉也。峰回路转，有亭翼然临于泉上者，醉翁亭也。”

赵季仁的人生愿望之一就是阅尽自然山水。罗大经记载道：“赵季仁谓余曰：‘某平生有三愿：一愿识尽世间好人，二愿读尽世间好书，三愿看尽世间好山水。’余曰：‘尽则安能，但身到处莫放过耳。’季仁因言朱文公每经行处，闻有佳山水，虽迂途数十里，必往游焉。携樽酒，一古银杯，大几容半升，时引一杯，登览竟日，未尝厌倦。又尝欲以木作《华夷图》，刻山水凹凸之势，合木八片为之，以雌雄笋相入，可以折，度一人之力，足以负之，每出则以自随。后竟未能成。余因言夫子亦嗜山水，如‘知者乐水，仁者乐山’，故自可见。如‘子在川上’，与夫‘登东山而小鲁，登泰山而小天下’，尤可见。大抵登山临水，足以触发道机，开豁心志，为益不少。季仁曰：‘观山水亦如读书，随其见趣之高下。’”①

贯云石致仕后，以周游天下为乐趣。② 他南游定海（今属浙江省），登普陀山观赏日出；西游当涂（今属安徽省），瞻仰李白的遗迹；还游览了庐山、梁山水泊、扬州明月楼、岳阳楼等处。晚年定居于钱塘（今浙江杭州市）南门外的海鲜巷。贯云石在《咏梅》中记载：“南枝夜来先破蕊，泄漏春消息。偏宜雪月交，不惹蜂蝶戏，有时节暗香来梦里。”从中可知南北物候是有差异的，南方比北方的花开时节要早。

元代至正年间，宋濂与刘伯温、夏允中在金陵（今南京市）游钟山（今名紫金山），宋濂写了《游钟山记》，从中可见当时的环境：

---

①（宋）罗大经：《鹤林玉露》丙编卷三《观山水》。罗大经，宋代庐陵（今江西吉安）人。

② 贯云石（1286—1324 年），维吾尔族，字浮岑，号酸斋。《元史·小云石海涯传》记载他成年后，承祖父之荫。延祐元年（1314 年），称疾辞还江南，结束了官场生涯，开始在大自然中享受人生。

时值农历二月，上午十点左右从东门出城，经过半山报宁寺，沿路栽有许多苍松，三人前行至广慈丈室，“提笔联松花诗，诗不就”。于是作者“出行甬道间”，“至翠微亭，登玩珠峰”，“又东折度小涧”，又前行，见“有僧宴坐岩下，问之，张目视，弗应”。傍晚在广慈寺“呼灯起坐，共谈古豪杰事，厕以险语，听者为改视”。“明日甲辰，予同二君游崇禧院……从西庑下入永春园，园虽小，众卉略具……二君行倦，解衣履鹿上，挂冠鼠梓间，据石坐。”“又明日乙巳……欲游草堂寺。”

由此文可知，时人游玩观景，三二为朋，以步当车，用两三天时间，逢山登山，逢水涉水，住在寺庙，即兴写诗，品评人事，抒感情，寄哀思，陶冶情性，快乐之至。

2. 家居自然

宋代《胡宏集》载有《文定书堂上梁文》，反映了当时文人的环境观念：“我祖武夷传世，漳水成家。自戎马之东侵，奉板舆而南迈。乃眷祝融之绝顶，实系诸夏之具瞻。岩谷萦回，奄有荆、衡之胜；江、湖衿带，旁连汉、沔之雄。既居天地之中，宜占山川之秀。回首十年之奔走，空怀千里之乡邦，燕申未适于庭闱，温清不安于枕席。纵亲心之无着，顾子职以何居，气象巍峨，欣瞻曰宫之近；川原膏壤，爰列舜洞之旁。”

罗大经住在山区，撰有《鹤林玉露》，他在卷四说：“余家深山之中，每春夏之交，苍鲜盈阶，落花满径，门无剥啄，松影参差，禽声上下。午睡初足，旋汲山泉，拾松枝，煮苦茗啜之，随意读《周易》《国风》《左氏传》《离骚》《太史公书》及陶、杜诗，韩、苏文数篇，从容步山径，抚松竹，与麋犊共偃息于长林丰草间，坐弄流泉，漱齿濯足。既归竹窗下，则山妻稚子，作笋蕨，供麦饭，欣然一饱。弄笔窗间，随大小作数十字，展所藏法帖、墨迹、画卷纵观之。兴到则吟小诗，或草《玉露》一两段。再烹苦茗一杯，出步溪边，邂逅园翁溪友，问桑麻，说秫稻，量晴校雨，探节数时，相与剧谈一饷。”这就是山居文士的一天生活，他们不问朝廷政治，远离城镇，贴近自然，每天的生活有规律，非常闲适，时而散步，时而读书，时而访友，时而练习书法，还有妻儿相伴，快乐至极。

王禹偁撰《黄州新建小竹楼记》，其中反映了他的居住环境观念：“公退之暇，披鹤氅，戴华阳巾，手执《周易》一卷，焚香默坐，清遣世虑。江山之外，第见风帆沙鸟、烟云竹树而已。待其酒力醒，茶烟歇，送夕阳，迎素月，亦谪居之胜概也。彼齐云落星，高则高矣；井幹丽谯，华则华矣，止于贮妓女，藏歌舞，非骚人之事，吾所不取。”意为：公务办完后的空闲时间，披着鹤氅，戴着华阳巾，手执一卷《周易》，焚香默坐于楼中，能排除世俗杂念。这里江山形胜之外，但见轻风扬帆，沙上禽鸟，云烟竹树一片而已。等到酒醒之后，茶炉的烟火已经熄灭，送走落日，迎来皓月，此亦是谪居生活中的一大乐事。那齐云、落星两楼，高是算高的了；井幹、丽谯两楼，华丽也算是非常华丽了，可惜只是用来蓄养妓女，安顿歌儿舞女，那就不是风雅之士的所作所为了，我是不赞成的。

南宋文人沈宾王住在闹市，却自称住宅为“山居”。杨万里为沈宾王写了《山居记》说：“宾王之居不于其山，于其郭，而曰山居者，癖于爱山也。”沈宾王自己也说：“吾尝仕于江西章贡之宪幕也，又尝守天台矣，又尝守会稽矣，翠浪玉虹、丹丘赤城、若耶云门、千岩万岳至今磊磊皆在吾目中也。……吾居无山，吾目未尝无山。”这表明文人哲士不喜欢喧嚣的市井，而憧憬山野之地。

南宋辛弃疾历任湖北、江西、湖南、浙东等地安抚使，后来闲居山林。《稼轩记》记载他的宅院规划：“郡治之北里许，故有旷土存，三面漙城，前枕澄湖如宝带，其纵千有二百三十尺，其衡八百有三十尺，截然砥平，可庐以居。……故凭高作屋下临之是为稼轩。……东岗、西阜、南墅、北麓……青径款竹扉，锦路行海棠，集山有楼，婆娑有室，信步有亭，涤砚有渚，皆略得位置。”辛弃疾住在紧临农田的房舍，把田园生活与写诗作词融为一体。

元代马致远在《恬退》中对居住环境的设想为“绿水边，青山侧，两顷良田一区宅”。元好问在《卜居外家东园》描述自己的居住环境“移居要就，窗中远岫，舍后长松。十年种木，一年种谷”。贯云石在《田家》中喜欢的环境为“绿阴茅屋两三间，院后溪流门外山，山桃野杏开无限”。汪元亨在《警世》中陶醉的乡村为“门前山妥贴。窗外竹横斜。看山光掩映树林遮，小茅庐自结”。在今人看来，元代的乡村田野是以野致、杂乱、古朴为美。

3. 感悟自然

苏轼撰《超然台记》，其中反映了他感悟环境的超然观念。试摘其中若干段落：

凡物皆有可观。苟有可观，皆有可乐，非必怪奇伟丽者也。哺糟啜醨，皆可以醉，果蔬草木，皆可以饱。推此类也，吾安往而不乐？

夫所谓求福而辞祸者，以福可喜而祸可悲也。人之所欲无穷，而物之可以足吾欲者有尽。美恶之辨战乎中，而去取之择交乎前，则可乐者常少，而可悲者常多，是谓求祸而辞福。夫求祸而辞福，岂人之情也哉！物有以盖之矣。彼游于物之内，而不游于物之外；物非有大小也，自其内而观之，未有不高且大者也。彼其高大以临我，则我常眩乱反复，如隙中之观斗，又焉知胜负之所在？是以美恶横生，而忧乐出焉；可不大哀乎！

余自钱塘移守胶西，释舟楫之安，而服车马之劳；去雕墙之美，而蔽采椽之居；背湖山之观，而适桑麻之野。始至之日，岁比不登，盗贼满野，狱讼充斥；而斋厨索然，日食杞菊，人固疑余之不乐也。处之期年，而貌加丰，发之白者，日以反黑。余既乐其风俗之淳，而其吏民亦安予之拙也，于是治其园圃，洁其庭宇，伐安丘、高密之木，以修补破败，为苟全之计。而园之北，因城以为台者旧矣；稍葺而新之，时相与登览，放意肆志焉。南望马耳、常山，出没隐见，若近若远，庶几有隐君子乎？而其东则卢山，秦人卢敖之所从遁也。西望穆陵，隐然如城郭，师尚父、齐桓公之遗烈，犹有存者。北俯潍水，慨然太息，思淮阴之功，而吊其不终。台高而安，深而明，夏凉而冬温。雨雪之朝，风月之夕，余未尝不在，客未尝不从。撷园蔬，取池鱼，酿秫酒，瀹脱粟而食之，曰：乐哉游乎！

方是时，余弟子由适在济南，闻而赋之，且名其台曰“超然”，以见余之无所往而不乐者，盖游于物之外边。

在苏轼看来凡物必有可观赏性。有可观赏的地方，就一定有快乐，不必一定是奇险伟丽之景。吃酒糟、喝薄酒，都可以使人醉，水果蔬菜草木，都可以使人饱。类推开去，我到哪儿会不快乐呢？人们之所以求福避祸，是因为福能带来快乐，祸会引起悲伤。人的欲望是无穷的，而能满足我们欲望的外物却是有限的。孰美孰丑，在心中争论不已，取此舍彼，又在眼前选择不停，这样可乐之处常常很少，可悲之处常常很多，这叫作求祸避福。求祸避福，难道是人之常情吗？这是外物蒙蔽人呀！他们只游心于事物的内部，而不游出于事物的外面；事物本无大小之别，如果人拘于其内部而来看待它，那么没有一物不是高大的。它以高大的形象注视着我，那么我常常会眼花缭乱犹豫反复了，如同在隙缝中看人争斗，又哪里能知道谁胜谁负？因此，美丑交错而生，忧乐夹杂并出，这不是很大的悲哀吗？

苏辙撰《黄州快哉亭记》，反映了他达观畅快的环境观念：“士生于世，使其中不自得，将何往而非病；使其中坦然不以物伤性，将何适而非快！今张君不以谪为患，窃会计余功，而自放山水之间，此其中宜有以过人者。将蓬户瓮牖，无所不快；而况乎濯长江之清流，挹西山之白云，穷耳目之胜以自适也哉！不然，连山绝壑，长林古木，振之以清风，照之以明月，此皆骚人思士之所以悲伤憔悴而不能胜者，乌睹其为快也哉！”在苏辙看来，张君不把贬官当作忧患，利用办理公务的余暇，在山水之间纵情游玩，这表明他的心胸有超过常人的地方。

4. 写意自然

宋代流行山水、花鸟画，对自然颇有写意。宋徽宗喜好绘画，他擅长花鸟画，绘有《芙蓉锦鸡图》。米芾擅长书画，爱好收藏，其山水画不求工细，多用水墨点染，突破了传统的勾廓加皴技法，有《溪山雨霁》《云山》等图存世。米芾的长子友仁，世称“小米”，其《楚山清晓图》深得宋徽宗的嘉许，对后世“文人画”中的笔墨纵放有影响。友仁有《潇湘奇观》《云山得意》等传世，夏圭画有《溪山清远图》。

南宋赵伯驹画有《江山秋色图》，图上有山庄院落、栈道回廊、水阁长桥，还有小屋数间。南宋的李唐喜好绘大幅山水画，风格雄伟有气势。

元代文学家王恽在《游东山记》写道：“山以贤称，境缘人胜。赤壁断岸也，苏子再赋而秀发江山；岘首瘴岭也，羊公一登而名垂宇宙。”①

元代的官场服饰上都有自然物绘图，体现了对生态的崇拜。《元史·舆服志一》记载：“衮衣，用青罗夹制，五采间金，绘日、月、星辰、山、龙、华虫、宗彝。正面日一，月一，升龙四，山十二，上下襟华虫、火各六对，虎蜼各（阙）对，背星一，升龙四，山十二，华虫、火各十二对，虎蜼各六对。”一件官服的前后，构成了天地万物和谐相处的景观图式。

《元史·舆服志二》记载：元代用于仪式的旗帜大多与自然崇拜有关，朝廷规定的旗帜有风伯旗、雨师旗、雷公旗、电母旗、金星旗、水星旗、木星

---

①（元）王恽：《秋涧先生大全集》卷四十。

旗、火星旗、土星旗、摄提旗、北斗旗、角宿旗、亢宿旗、氐宿旗、房宿旗、心宿旗、尾宿旗、箕宿旗、斗宿旗、牛宿旗、女宿旗、虚宿旗、危宿旗、室宿旗、壁宿旗、奎宿旗、娄宿旗、胃宿旗、昴宿旗、毕宿旗、觜宿旗、参宿旗、井宿旗、鬼宿旗、柳宿旗、星宿旗、张宿旗、翼宿旗、轸宿旗、日旗、月旗、祥云旗、合璧旗、连珠旗、东岳旗、南岳旗、中岳旗、西岳旗、北岳旗、江渎旗、河渎旗、淮渎旗、济渎旗。每种旗帜的图案都与自然有关，如："牛宿旗，青质，赤火焰脚，画神人，牛首，皂襕，黄裳，皂舄。外仗绘六星，下绘牛。……日旗，青质，赤火焰脚，绘日于上，奉以云气。"这说明，设计元代旗帜的人能够领会统治者的思想，也能根据社会的共识，创制具有宏观意识的象征性标识。

张养浩写过很多诗文，[①] 颇能反映其自然观，如《雁儿落兼得胜令》写得很洒脱，大有看透人生、超世脱俗的价值取向。"往常时为功名惹是非，如今对山水忘名利；往常时趁鸡声赴早朝，如今近晌午犹然睡。往常时秉笏立丹墀，如今把菊向东离；往常时俯仰承极贵，如今逍遥谒故知；往常时狂痴，险犯着笞杖徒流罪；如今便宜，课会风花雪月题。云来山便佳，云去山如画。出因云晦明，云共山高下。倚仗立云沙，回首见山家，野鹿眠山草，山猿戏野花。云霞，我爱山无价。看时行踏，云山也爱咱。"一个离开了官场的文人，不必为朝廷的争端去操心，陶醉于山水之间，非常的自我，"晌午犹然睡"，逍遥闲适，看到的景色是"云来山便佳，云去山如画"，"野鹿眠山草，山猿戏野花"。这是张养浩繁忙一生之后，晚年舒适状况的写照。

① 张养浩（1269—1329 年），字希孟，号云庄，济南人。累官翰林直学士、礼部尚书，谥文忠。

二、各种环境观念

1. 军事环境观念

北宋为了抵抗游牧民族进攻，南宋为了收复河山，文臣武将都比以往更加关注环境。南宋守将余玠在四川防御蒙军，采用山城防御体系，“守点不守线，连点而成线”，修筑钓鱼城（今重庆合川区东）、大获（今四川苍溪南）、青居（今四川南充南）、云顶（今四川金堂南）、神臂（今四川合江西北）、天生（今重庆万州区西）等十余城，形成一个防御网，抵御蒙军攻击。

由于宋辽金夏对抗，军事环境受到更多关注，产生了一些相关的书籍，南宋华岳撰《翠微先生北征录》就是其中的一部代表作。华岳，字子西，贵池（今安徽池州市贵池区）人。因读书于贵池齐山翠微亭，自号翠微。《宋史》入《忠义传》。

《北征录》涉及面很广，与环境相关的资料很多。如卷一《平戎十策》“守地”条，华岳主张利用淮水流域的川泽之地多修水寨，“水寨之法，浅则有伏牛暗楗，可以破贼人之楼舰；深则有草拉沈缆，可以挽贼人之舟楫；浮则有棉穰稻杆，能使贼船之来，车不可蹋，橹不可摇；沉则有锤锥浮钩，能使贼船之来，浅不可移，深不可去。芦牌苇筏，阻以撞竿斜桩而不可到；则因风纵火之术，贼不可施，而我反可施。浮罂坐鼓，阻于拦河截汉而不可入；则浮箭流火之术，贼不可用，而我反可用。凡修水寨之秘法二十有七无不毕备，则吾之民老弱偕安，而贼人无路之可通；吾民之粮牧兼全，贼人无门而可破”。

卷四《治安药石》“屯要”条，华岳认为：“屯守之地，当其冲要，则一人之力可以敌万夫；非其冲要，则万夫之勇不足以敌一人。……然一国有一国之冲要，天下有天下之冲要。……今日之形势，闽、蜀之外，莫淮、汉急也。故淮东之地，屯仪征、维扬以当涟、泗、海、亳之冲，屯合肥、南巢以当涡、濠、汝、颍之冲；汉中之地，屯黄岗、汉阳以断安、复之冲，屯襄阳、樊城以断唐、邓之冲。此其选择形势，精据利便，固无可议。”

卷六《治安药石》“急据山、据水、据林”条，华岳主张在军事上要善于据利：“一曰据山，谓三军遇敌，既无城邑，又无沟垒，即于近便有山，不拘高低，据以为险，静以待敌。登高望远，可见虚实，而施吾破贼之谋；发石断木，可避锋锐，而扼其逼我之势。二曰据水，谓三军遇敌，进无可依，退无可保，即于近便有水，不拘浅深，急据为险，静以待敌。敌渡，则候其半涉而击其济薄之师；敌逼，则誓众以死而激其背水之战。三曰据林，谓三军遇敌，既无山阜可依，复无川泽可据，即于近便有林木掩映，急据以为待敌之所。敌将而愚，则依林设伏，而敌不及备；敌将而智，则缘林发矢，而敌不可以入。林燥则畏焚，而敌兵不可搜；林密则畏绊，而敌骑不敢逼。”军事环境不仅要据山、据水、据林，还要顺山、顺水、顺风。所谓顺山，就是“必使吾军先居高险，则贼自陷于低下”。所谓顺水，“必使吾军先占上游，则贼自堕于下流”。所谓顺风，“每遇战斗风起，必使吾军先背上风，则贼自不能免于风。故曳柴扬尘，而敌军莫知吾之虚实；吹沙走石，而敌军莫当吾之冲突；顺风扬药，而敌之口鼻可以受毒；因风纵火，而敌之营壁可以延烧”。

卷十一《治安药石》“观衅”条，华岳强调把握天赐良机，防止自然灾害，即所谓“天衅”。“一曰淫雨连作，营垒卑湿，人马泥泞，筋角解脱；二曰久雪，谓积雪寻丈，草木冰结，居乏樵爨，行迷道路；三曰暴风，谓旌旗卷折，庐舍摧倒，尘埃四兴，行阵不分；四曰大雹，谓霰雹乱掷，人马惊击，帷幕破伤，坑堑填没；五曰星变，谓天狗日飞，天鼓夜击，星流彗扫，坠汨其营；六曰妖祥，谓鼎釜自鸣，戈甲自动，瓦缶有声，屋舍摇撼；七曰暴水，谓江涨河决，潮作泉涌，漂荡寨伍，淹没人马；八曰火灾，谓延烧城邑，自燔积聚，或火昼发而行阵惊乱，或火夜焚而披带不及；九曰雷击，谓风雷电雹震击营壁，燎灼林木，霹雳泉石；十曰旱魃，畏天时亢旱，赤地千里，河枯井竭，人马烦渴；十一曰人疫，谓久负苦役，士多病患，次舍卑湿，士多疾疫，递相传染，不容医疗；十二曰马瘟，谓风土不伏，水草不甘，刍秣不时，劳佚不节，一马受病，百槽传毒。是谓天衅。”

2. 商业环境观念

宋代的学人认为不应轻视工商。范仲淹积极倡导商业，他在《答手诏五事》一文说：“山海之货，本无穷竭，但国家轻变其法，深取于人，商贾不通，财用自困。今须朝廷集议，从长改革，使天下之财通济无滞。”这就是说，大自然中有无穷无尽的资源，是不会用完的，应当鼓励商人转运这些资源，使货物流通起来，这样，国家经济就搞活了。

范仲淹写过《四民诗》，其中有一篇是《商》，反映了对商人的同情与理解，其文说到商业是社会不可分开的一部分，对经济是极为有益的："尝闻商者云，转货赖斯民。远近日中合，有无天下均。上以利吾国，下以藩吾身。"其文又说商人是在农村失去土地或不堪受欺压而出走的人，辛苦劳动，所得无几，"经界变阡陌，吾商苦悲辛"。其文还为商人鸣不平，"吾商则何罪，君子耻为邻"。像范仲淹这样大声为商人疾呼的士人，在中国古代并不多见。他要颠覆传统的贱商观念，驳斥那些以经商为耻辱的陈腐观念。

范仲淹之所以重视商业，这与他的出生地有关，也与他任职的地点有关。天禧五年（1021 年），范仲淹被调往泰州海陵西溪镇（今江苏省东台附近），做盐仓监官——负责监督淮盐贮运转销。这段经历，使范仲淹对商业的重要性有了新的了解。他上书给江淮漕运张纶，痛陈海堤利害，建议在通州、泰州、楚州、海州（今连云港至长江口北岸）沿海，重修一道坚固的捍海堤堰。对于这项浩大的工程，张纶慨然表示赞同，并奏准朝廷，调范仲淹做兴化（今江苏省兴化市）县令，全面负责治堰。天圣二年（1024 年）秋，兴化县令范仲淹率领来自四个州的数万民夫，奔赴海滨。但治堰工程开始不久，便遇上夹雪的暴风，接着又是一场大海潮，吞噬了一百多民工。一部分官员认为这是天意，堤不可成，主张取缔原议，彻底停工。事情报到京师，朝臣也踌躇不定，而范仲淹则临危不惧，坚守护堰之役。经过范仲淹等人的努力坚持，捍海治堰又全面复工。不久，长堤便建筑在黄海滩头，盐场和农田有了保障。人们感激兴化县令范仲淹的功绩，都把海堰叫作范公堤。

3. 环境保护观念

每个朝代的统治者或官员，都有不同程度的环保观念，宋元也不例外。

宋太祖颁发《禁采捕诏》，明确诏令百姓，不准随意张网捕捉鸟兽虫鱼，特别不能损伤鸟蛋幼兽。

宋太宗颁发《诸处鱼池任民采取诏》，把国家垄断的资源还给人民。宋太宗时倡导爱惜资源，以羊马筋代替牛筋。《续资治通鉴长编》卷三十六记载，淳化五年（994 年），朝廷每年用蒿数十万围，供甄官及尚染坊；造作弓弩，必用牛筋。太宗下诏，规定染作以木柿给之；造弓弩，其纵理用牛筋，它悉以羊马筋代之。史官认为："上孜孜政理，虑物有横费，恐吏督责急，而民或屠耕牛以供官，故下此诏。自是，岁省牛筋千万。"

宋真宗在大中祥符三年（1010 年）二月下诏，要求春夏期间，各州府赶紧到民间收缴粘竿弹弓罗网之类的“作案”工具。因为春夏期间正值万物竞长之时，不宜伤害生物。

宋代官员对环境保护有综合考量。大中祥符年间（1008—1016年），宫中失火，宰相丁谓利用生态联系观念，环环相扣地完成了修复。沈括在《梦溪笔谈·补笔谈》“一举三役”条称赞：“祥符中，禁火。时丁晋公主营复宫室，患取土远，公乃令凿通衢取土，不日皆成巨堑。乃决汴水入堑中，引诸道竹木排筏及船运杂材，尽自堑中入至宫门。事毕，却以斥弃瓦砾灰壤实于堑中，复为街衢。一举而三役济，计省费以亿万计。”

地方官员做一些有利于民生的环境事务，百姓起初并不理解，甚至认为是扰民。然而，到了关键时候，百姓才感受到地方官员的良苦用心。《续资治通鉴长编》卷五十七“景德元年（1004年）八月条”记载：“洛苑副使李允则知沧州，巡视州境川原道路，浚浮阳湖，葺营垒官舍，间掘井城中，人厌其烦。”然而，当“契丹来攻，老幼皆入保而水不乏，又取冰代炮石以拒之，遂解去”。宋真宗对李允则说：“顷有言卿浚井葺屋为扰民者，今始知卿善守备也。”于是，提拔李允则为镇定高阳三路行营兵马都监。

《辽史》记载：辽朝皇帝在位时，颁“禁刍牧伤禾稼”，“禁网捕兔”，“遣使祭木叶山”，“祠木叶山”，“以黑白羊祭天地”，“拜日”，“禁丧葬杀牛马及藏珍宝”，“禁杀牲以祭”，“禁以网捕狐兔”，“方夏，长养鸟兽孳育之时，不得纵火于郊”，“猎，遇失其母，悯之，不射”。这些说明统治者对大自然有敬畏之情。

古代蒙古族主要是以宗教、道德、习俗、立法等形式来保护生态环境。“到蒙元时期，由于蒙古帝国的建立、四季轮牧方式的采用、大汗分封制下草场制度管理体系的形成，蒙古族的原始生态意识逐步向大生态观和生态化实践观的方向发展演化，人与自然环境和谐发展的生态环境意识逐步成为古代蒙古人约定俗成的知识体系和价值取向。”[①] 在成文法没颁布前，蒙古族靠习惯来约束人们保护自然环境，例如“禁止向水中溺尿”[②]，“春夏两季人们不可以白

---

① 王孔敬、佟宝山：《论古代蒙古族的生态环境保护》，《贵州民族研究》2006年第1期。

② 奇格：《古代蒙古法制史》，辽宁民族出版社1999年版，第128页。

昼入水，或者在河中洗手，或者用金银器皿汲水”①。

元朝颁布了各种成文法，其中包含了有关环境保护的条令。《元史·刑法志》规定：“诸每月朔望二弦，凡有生之物，杀者禁之。诸郡县正月五月，各禁杀十日，其饥馑去处，自朔月为始，禁杀三日。”② 这些环境保护法不仅仅只限于元朝实施，而且影响到后来明清两代。

保护环境，不使随意改动。《元史·董文用传》记载：“适漕司议通沁水北东合流御河以便漕者，文用曰：‘卫为郡，地最下，大雨时行，沁水辄溢出百十里间；雨更甚，水不得达于河，即浸淫及卫，今又引之使来，岂惟无卫，将无大名、长芦矣。’会朝廷遣使相地形，上言：‘卫州城中浮屠最高者，才与沁水平，势不可开也。’事遂寝。”董文用是一位有作为的地方官员，他重视农业，此书的另外一章曾经作过介绍。在这一段话中，又可见董文用对环境的关注。朝廷当时有人建议把沁水与御河沟通，以便打开漕运的新水路。董文用熟悉卫城的地形，反对把沁水引到卫城，认为卫城的地势很低，如果沁水走卫城，卫城将被淹没。

长江流域发生洪灾，地方官员畅师文爱惜民力。《元史·畅师文传》记载：“三十一年，徙山南道。松滋、枝江有水患，岁发民防水，往返数百里，苦于供给，（畅）师文以江水安流，悉罢其役。”松滋、枝江都在今长江以南，属今湖北中部。这里地势低，水道弯曲。民众围了许多堰子种田，当洪水来临，防汛就成了严峻的问题。所以，地方官员每年都要组织几百里范围的民众上堤防汛，“岁发民防水”。在这年，“江水安流”，畅师文果断决定不必派民众远足防汛了，减少了民众的负担。

古代的农业，依靠大自然的恩赐风调雨顺才有好收成。天旱时，官员带领民众祈祷求雨。《元史·畅师文传》记载：“时大旱，师文捐俸致祷，不数日，澍雨大降，遂为丰年。当涂人坐杀牛祈雨，囚系者六十余人，师文悯而出之。”当涂的民众有杀牛祈雨的习惯，但政府从农耕的角度反对杀牛，违者下狱。身为太平路总管的畅师文体恤民情，理解民众求雨的急迫心情，酌情释放了杀牛的囚徒。如何理解这段文字中的“师文捐俸致祷，不数日，澍雨大

---

① 奇格：《古代蒙古法制史》，辽宁民族出版社1999年版，第129页。

②《元史·刑法志》。

降”？其实，久旱必雨。祈祷之时，往往就是旱情到了极致之时，物极必反，这是大自然的规律。当畅师文带头祈祷之后，除非是特殊的情况，“不数日”是肯定会下雨的。

元朝的皇亲国戚笃信佛教，耗费巨大。针对这种情况，有些官员直截了当地进行了劝阻。真定人李元礼听说皇太后要亲自到五台山礼佛，上疏反对，陈述了五条理由。《元史·李元礼传》记载：“伏见五台创建寺宇，土木既兴，工匠夫役，不下数万，附近数路州县，供亿烦重，男女废耕织，百物踊贵，民有不聊生者矣。伏闻太后亲临五台，布施金币，广资福利，其不可行者有五：时当盛夏，禾稼方茂，百姓岁计，全仰秋成，扈从经过，千乘万骑，不无蹂躏，一也。太后春秋已高，亲劳圣体，往复暑途数千里，山川险恶，不避风日，轻冒雾露，万一调养失宜，悔将何及，二也。今上登宝位以来，遵守祖宗成法，正当兢业持盈之日，上位举动，必书简册，以贻万世之则，书而不法，将焉用之，三也。夫财不天降，皆出于民，今日支持调度，方之曩时百倍，而又劳民伤财，以奉土木，四也。佛本西方圣人，以慈悲方便为教，不与物竞，虽穷天下珍玩奇宝供养不为喜，虽无一物为献而一心致敬，亦不为怒。今太后为国家为苍生崇奉祈福，福未获昭受，而先劳圣体，圣天子旷定省之礼，轸思亲之怀，五也。伏愿中路回辕，端居深宫，俭以养德，静以颐神，上以循先皇后之懿范，次以尽圣天子之孝心，下以慰元元之望。如此，则不祈福而福至矣。”这段话的论证很有说服力。一方面说佛不为物喜，不为物忧，俗人何必要去进献呢？另一方面又说“财不天降，皆出于民”，太后如果劳民伤财，佛又怎么会去领这份情呢？

从京城大都到五台山的道路不太畅通，因为耗资太大，没有开通。《元史·吴鼎传》记载：“时皇太后欲幸五台，言者请开保定西五回岭，以取捷径。遣使即鼎，使视地形，计工费，鼎言：‘荒山斗入，人迹久绝，非乘舆所宜往。’还报，太后喜，为寝其役。”

元代王祯《农书·农桑通诀》中蕴含了农林牧副渔综合经营的思想。在《种植篇》中，首先就说道：“园圃之职，次于三农……然则种植之务，其可缓乎？”他专门论述植树造林的重要性和林业技术，并认为：“木奴者，一切树木皆是也，自生自长，不费衣食，不忧水旱，其果木材植等物可以自用，有余又可以易换诸物；若能多广栽种，不惟无凶年之患，抑亦有久远之利焉。”通过林业技术和植树造林不仅解决人们的衣食问题，同时还可以防止自然灾害，保护人们生活的家园。在《种植篇》中还说道："种植之类多矣，民生济用，莫先于桑，种桑之次，则种材木果核。"这就是要鼓励种植一些经济作物，就像桑树、果树这样的树，可以用来养蚕或用以买卖来致富。

据《元史·星吉传》记载：地方上的王侯奢侈，官吏能够直谏。元至正八年（1348年）二月，在湖广地区的威顺王依仗自己是皇亲国戚，任意打猎，伤害生灵；大兴土木，修筑广乐园，民有愤恨之心。朝廷的使臣星吉到威顺王的府上，指责威顺王骋猎、宣淫，商贾怨于下，恐非所以自贻多福也。

第二节　天人思想

一、气说

宋代思想界活跃，有众多不同的学派。按学术思想划分，有张载的气学、邵雍的数学、陈亮的功利之学。这时的许多学术概念被赋予了新的含义，如对天、人、气、道、太极、阴阳五行的理解更深刻，更富哲理性。

宋人用气说解释环境。《续资治通鉴长编》卷一百七十九记载，至和二年（1055 年）三月辛巳，知谏院范镇进言："臣伏见去冬多南风，今春多西北风，乍寒乍暑，欲雨不雨，又有黑气蔽日，此皆人事之所感动也。黑气，阴也，小人也。日，阳也，君象也。黑气蔽日者，阴侵阳、小人惑君也。欲雨不雨者，政事不决也。……冬而多南风，春而多西北风，皆逆气也。风主号令、主思虑。陛下思虑，若有为小人所惑，而号令数变易也。天变之发，或发于未然之前，或发于已然之后，皆所以觉悟人君也。修人事以应天变，则灾异可为福祥也。"

人的身体与地区是怎样的关系？《宋太史集》记载：山林之民毛而瘦，得木气多也。川泽之民黑而津，得水气多也。丘陵之民团而长，得火气多也。坟衍之民皙而方，得金气多也。原隰之民丰而痹，得土气多也。这段话直接叙述了金木水火土五行之气与居住在不同地区的人的关系，山林之民、川泽之民、丘陵之民、坟衍之民、原隰之民受到的"气"是不同的。《宋太史集》是宋代太史的文集，作者不详。明代李时珍在《本草纲目·人部·方民》引用了以上这段话，并提出各地的气不同，食物不同，疾病与治疗也不同。

宋代张载认为，"气"或"元气"是人和万物产生的最高体系和最初始基。一切万物都是由气化而来的，形态万千的万物，都是气的不同表现形态。气的本然状态是无形的太虚，气的基本特性是运动与静止。《正蒙·太和》记载："天地之气，虽聚散、攻取百涂，然其为理也顺而不妄。气之为物，散入无形，适得吾体；聚为有象，不失吾常。”

张载在《正蒙·太和》中描述了大自然的气化之道，“太和所谓道，中涵浮沉、升降、动静、相感之性，是生絪缊、相荡、胜负、屈伸之始”。在他看来，“气”自身即含有“浮沉”“升降”“动静”之间相互感应的性能，这种相互感应的性能，是产生“絪缊”“相荡”“胜负”“屈伸”等不同形式的“气化”运动的最初原因，即作为“太和”状态的“气”的存在仍是一个过程，其自身包含的对立面之间相互作用的性能，是“气”自身以不同的形式运行变化的始因。

张载著有《西铭》，载于《张子正蒙》卷九。这是一篇以《易经》思想、天人思想、伦理思想对待生态环境的重要文献。全文如下：

乾称父，坤称母；予兹藐焉，乃混然中处。故天地之塞，吾其体；天地之帅，吾其性。民，吾同胞；物，吾与也。大君者，吾父母宗子；其大臣，宗子之家相也。尊高年，所以长其长；慈孤弱，所以幼其幼。圣，其合德；贤，其秀也。凡天下疲癃残疾孤独鳏寡，皆吾兄弟之颠连无告者也。于时保之，子之翼也；乐且不忧，纯乎孝者也。违曰悖德，害仁曰贼，济恶者不才，其践形，惟肖者也。知化，则善述其事；穷神，则善继其志。不愧屋漏为无忝，存心养性为匪懈。恶旨酒，崇伯子之顾养；育英才，颍封人之锡类。不弛劳而底豫，舜其功也；无所逃而待烹者，申生其恭也。体其受而归全者，参乎，勇于从而顺令者，伯奇也。富贵福泽，将厚吾之生；贫贱忧戚，庸玉女于成也。存，吾顺事；没，吾宁也。

该文把地球当作父母（乾称父，坤称母），这个观点对当今的环保很重要，告诫人们从伦理高度爱护自然。没有自然就没有人类（予兹藐焉，乃混然中处），所以人类必须以孝心对待自然。该文认为天下的民众都是地球养育的同胞（民，吾同胞），大自然的万物与人类融为一体（物，吾与也）。所以所有的人与人、人与物都应具备爱心。该文内在的含义，要求人类像子女尽孝一样按时节保护自然，并以之为永恒的乐趣（于时保之，子之翼也；乐且不忧，纯乎孝者也）。

张载的《西铭》是有关天人一体、物我一体的经典性文章，对后世的生态伦理哲学有重要影响。当代环保伦理学家冯沪祥评论说：“《西铭》这篇文章，虽然内容不多，但大气磅礴，结构雄伟，而且意境深厚，非常具启发性。尤其对今天的环境伦理学来讲，可以说是非常完备，也非常深刻的一篇地球保护学，甚至可以说在任何一位西方思想家中，均还找不到如此精辟的地球环境伦理学。”①

宋代思想家朱震在《汉上易传·说卦》中指出：“万物分天地也。男女分万物也。察乎此则天地与我并生，万物与我同体。是故圣人亲其亲而长其长而天下平。伐一草木，杀一禽兽，非其时，谓之不孝。”

元代的学者对生态环境有独到的见解，特别是继承了宋代的气说思想，并对明代气说有一定影响。许衡、吴澄等人是最有影响的学者，他们坚持朴素的唯物论气说，这有利于人们正确认识自然环境。

许衡（1209—1281年）认为气有阴阳、清浊之分，气的阴阳、清浊是可以相互转化的。《鲁斋遗书·语录上》记载许衡的观点：“天地阴阳精气为日月星辰，日月不是有轮廓生成，只是至精之气到处便如此光明。”他认为所有的星辰都是由气组成的，有气才有光明。

吴澄（1249—1333年）提出宇宙间都是气，气不停地旋转运动。《吴文正公集·原理有跋》记载吴澄的观点：“天地之初，混沌鸿蒙，清浊未判，莽莽荡荡，但一气耳。及其久也，其运转于外者渐渐轻清，其凝聚于中者渐渐重浊，轻清者积气成象而为天，重浊者积块成形而为地。天之成象者，日月星辰也。地之成形者，水火土石也。”吴澄认真地思考了天体的本原，认为“但一气耳”。对于我们所见到的星球，他认为是气的变化、气的凝聚、气的表现形式。这是朴素的唯物论观点，是古代社会认识论所能达到的高点。在自然科学发展有限的条件下，人们只能认识到这种程度。吴澄的观点，与近代德国哲学家康德赞赏的星云学说有异曲同工之妙，但时间更早。②

二、生生之说

宋代程颢推崇生生之德，他在《遗书》卷十一中说：“‘天地之大德曰生’，‘天地絪缊，万物化醇’，‘生之谓性’，万物之生意最可观，此‘元者善

---

① 冯沪祥：《人、自然与文化——中西环保哲学比较研究》，人民文学出版社1996年版，第331页。

② 吴澄，字幼清，抚州崇仁人。《元史·吴澄传》记载了他的事迹。

之长也'，斯所谓仁也。"生生是万物的最佳状态，是自然良性发展的表现，人类应当从自然的盎然生意中悟会道理。

周敦颐在《通书·刑》中主张效法生态法则而施行政治。"天以春生万物，止之以秋。物之生也，既成矣，不止则过焉，故得秋以成。圣人之法天，以政养万民，肃之以刑。民之盛也，欲动情胜，利害相攻，不止则贼灭天伦焉，故得刑以治。"天人有相通之理，天道春生秋止，政道仁威并重。

南宋胡宏长期寓居湖南衡山五峰（祝融、天柱、芙蓉、紫盖、石廪），著书立说，成就颇多，人称五峰先生。胡宏提倡自强不息的治学精神。从《五峰集》可知他写过一篇《不息斋记》，专讲不息精神。他说："试察夫天地之间，有一物息者乎？仰观于天，日月星辰不息于行也；俯察于地，鸟兽草木不息于生也；进而观之朝廷之上卿士大夫不息于爵位也，退而观乎市井之间，农工商贾不息于财货也。滔滔天下，若动若植，是曾无一物息者矣。"

胡宏曾经多次上书皇帝，他写的《上光尧皇帝书》可以与诸葛亮的《出师表》、文天祥的《御试策题》、康有为的《万言书》相提并论。他为民众的生活呼喊，说："生者流离，死者暴露，哭泣之声未绝，伤夷者未起，怨恨愁痛，感伤和气。"他主张北伐抗金，分析了淮南、武昌等地的战略地位后，又说："襄阳，上流门户，北通汝、洛，西带秦、蜀，南遮湖、广，东瞰吴、越。欲退守江左，则襄阳不如建邺；欲进图中原，则建邺不如襄阳；欲御强寇，则建邺、襄阳乃左右臂也。"

胡宏针对金人入侵，主张北伐抗金。他在《上光尧皇帝书》中说："夫金人何爱于我，其疑我谋我之心乌有限制！土我土，人我人，然后彼得安枕而卧也。敬顺其所欲，而不吝名号土地人民货财以委之，正是以肉投虎，肉不尽，其博噬不已。"他深入到民间，感到由于游牧民族进入中原，使中原人民的生活发生了很大的变化，说："往中原时，国家全盛，提封万里，乡邑聚落，财物阜丰，所在百姓以亿计，犹不能堪上命。以及败乱，迨今地益狭隘，皆寇盗剽掠之余，贼杀之残也。生者流离，死者暴露，哭泣之声未绝，伤夷者未起，怨恨愁痛，感伤和气。"

三、天人感应

天人感应思想是中国古代普遍流行的思想，相信天与人之间有某种感应关系，人应顺承天意，否则就会受到天谴。

《续资治通鉴长编》卷一百四十七记载：庆历四年（1044 年）三月乙丑，谏官欧阳修进言："风闻江、淮以南，今春大旱，至有井泉枯竭、牛畜瘴死、鸡犬不存之处，九农失业，民庶嗷嗷，然未闻朝廷有所存恤。……伏望圣慈特遣一二使臣，分诣江、淮名山，祈祷雨泽，仍下转运司并州县，各令具逐处亢旱次第奏闻，及一面多方擘画，赈济穷民，无至失时以生后患。"朝廷听取了欧阳修的谏言，立即派遣内侍诣两浙、江、淮祠庙祈雨。

宋仁宗在听取谏臣意见时，有很大的忍耐之心。《续资治通鉴长编》卷一百五十记载：庆历四年（1044 年）六月丁未，"开宝寺灵宝塔灾，谏官余靖言：'臣伏见开宝寺塔为天火所烧。五行之占，本是灾变，朝廷宜戒惧以答天意。'时盛暑，靖对上极言。靖素不修饰，上入内云：'被一身臭汗熏杀，喷唾在吾面上。'上优容谏臣如此"。

《宋史·富弼传》记载：宋神宗时，发生旱灾，有人说这是天数，不是人事得失所导致的。富弼听后叹息说："人君所畏惟天，若不畏天，何事不可为者！此必奸人欲进邪说，以摇上心，使辅拂谏争之臣，无所施其力。是治乱之机，不可以不速救。"富弼上书数千言，极力论说此事。神宗听从了富弼的建议，当天就下雨了。富弼又上疏，希望更加畏惧上天的警戒，疏远奸邪佞恶，亲近忠良。神宗亲自书写诏书进行褒奖答谢。

周密《齐东野语》卷四"杨府水渠"条记载：杨和王建了座大宅。一僧善相宅，云："此龟形也，得水则吉，失水则凶。"杨和王于是引湖水以环其居。不久，有朝臣疏言杨和王灌湖水入私第，以拟宫禁者。皇帝不仅没有惩治杨和王，还赐"风云庆会"四大字。"盖取大龟昂首下视西湖之象，以成僧说。自此百余年间，无复火灾，人皆神之。至辛巳岁，其家舍阁于祐圣观，识者谓龟失其首，疑为不祥。次年五月，竟毁延燎潭，潭数百楹，不数刻而尽，益验毁阁之祸云。"

元代的宰相耶律楚材是一位智者，也可以称为是一名天人关系的环境学家。他出生于名家大族，有深厚的家学熏陶，加上喜欢读书，知识渊博，勤于思考，所以料事如神。他曾经预言过六月飘雪的征兆，也推测过日蚀，还解读过瑞兽。《元史·耶律楚材传》记载："耶律楚材，字晋卿，辽东丹王突欲八世孙。父履，以学行事金世宗，特见亲任，终尚书右丞。楚材生三岁而孤，母杨氏教之学。及长，博极群书，旁通天文、地理、律历、术数及释老、医卜之说，下笔为文，若宿构者。……甲申，帝至东印度，驻铁门关，有一角兽，形如鹿而马尾，其色绿，作人言，谓侍卫者曰：‘汝主宜早还。’帝以问楚材，对曰：‘此瑞兽也，其名角端，能言四方语，好生恶杀，此天降符以告陛下。陛下天之元子，天下之人，皆陛下之子，愿承天心，以全民命。’帝即日班师。”在这一段文字中，耶律楚材把皇帝解读为天之子，百姓解读为皇帝的子民，请皇帝顺承天意，保全生民之命。

元代统治者笃信天象与人事之间的神秘关系，天象运行的来龙去脉，昭示着人世间的某种变化。《元史·察罕帖木儿传》记载：“先是，有白气如索，长五百余丈，起危宿，扫太微垣。太史奏山东当大水。帝曰：‘不然，山东必失一良将。’即驰诏戒察罕帖木儿勿轻举，未至而已及于难。”长长的白气是从危宿出来的，横扫太微垣，就被认为是折损大将的征兆。这种预测在三国时期很流行，不虞在元代也有这样的实例。用唯物论观点分析这种天象，不足为信。古人是如何感知的？今天已经难究其奥。

每当出现自然变异或灾害，元代统治者都认为是天的暗示，就要通过祭祀的方式给予回应。借用天灾的机会，乘机向皇帝进谏合理的治国措施，这是历代贤臣的通常做法，也是皇帝所能容忍的做法，也是有可能收到实效的做法。元代的大臣善于抓住这样的机会，发表独到的见解。《元史·张孔孙传》记载：“张孔孙，字梦符，其先出辽之乌若部，为金人所并，遂迁隆安。……会地震，诏问弭灾之道，孔孙条对八事，其略曰：蛮夷诸国，不可穷兵远讨；滥官放遣，不可复加任用；赏善罚恶，不可数赐赦宥；献鬻宝货，不可不为禁绝；供佛无益，不可虚费财用；上下豪侈，不可不从俭约；官冗吏繁，不可不为裁减；太庙神主，不可不备祭享。帝悉嘉纳之，赐钞五千贯。”张孔孙的名字是三个姓构成的，似乎注定了他能代表民意说话。他主张减少征伐，禁绝献鬻，力行俭约。这些建议，从现在的眼光看，都是很务实的，也是反映民意的。

对于地震的解释，当时仍然停留在先秦时期的认知范围。元代的大臣把地震当作天谴，从天人关系的解读加以说明。《元史·齐履谦传》记载：七年八月戊申夜，地大震，诏问致灾之由及弭灾之道，履谦按《春秋》言：“地为阴而主静，妻道、臣道、子道也，三者失其道，则地为之弗宁。弭之之道，大臣当反躬责己，去专制之威，以答天变，不可徒为禳祷也。”齐履谦是一名有学问的官员，他的名字中的“履”与“谦”就是《周易》中的两个卦名。他回答皇帝对地震的疑惑，引用了先秦时经典《春秋》作为依据，认为地为阴，主静，地震则说明阴阳不谐，要从人事上加以协调，臣子要反省，皇帝也要反省，不能仅仅只依靠“禳祷”。

类似的事例还有许多，如《续资治通鉴》记载：元贞元年（1295年）三月壬戌，地震。监察御史滕安认为地震与朝廷失察有关，上疏说：“君失其道，责见于天，其咎在内庭窃干外政，小人显厕君子，名实混淆，刑赏僭差，阳为阴乘，致静者动。宜兢兢祗畏，侧身修行，反昔所为，以尽弭之之道。”这里说到“内庭窃干外政”“阳为阴乘”，是对政治的批评。

如果天不下雨，官员们就认为是祭祀没有做到位的原因。《元史·祭祀志六》记载：至元六年六月，监察御史呈：“尝闻《五行传》曰，简宗庙，废祭祀，则水不润下。近年雨泽愆期，四方多旱，而岁减祀事，变更成宪，原其所致，恐有感召。”

皇帝祈祷雨水。《元史·仁宗纪》记载：文宗四年四月，“常尝夜坐，谓侍臣曰：‘雨旸不时，奈何？’萧拜住对曰：‘宰相之过也。’帝曰：‘卿不在中书耶？’拜住惶愧。顷之，帝露香默祷。既而大雨，左右以雨衣进，帝曰：‘朕为民祈雨，何避焉！’”

古人认为，如果政事清明，天为之酬。《元史·王恽传》记载：“初，绛之太平县民有陈氏者杀其兄，行赂缓狱，蔓引逮系者三百余人，至五年不决。朝廷委（王）恽鞫之，一讯即得其实，乃尽出所逮系者。时绛久旱，一夕大雨。”断狱严明，苍天以下及时雨给予回应。此事或许有偶然性，但即使巧合，也值得大书特书。

逢有天灾，朝臣大多主张节俭，甚至对于祈祷之类的费用都要严格控制。《元史·世祖纪》记载：“（至元十四年，1277年）三月庚寅朔，以冬无雨雪，春泽未继，遣使问便民之事于翰林国史院，耶律铸、姚枢、王磐、窦默等对曰：‘足食之道，唯节浮费，靡谷之多，无逾醪醴曲糵。况自周、汉以来，尝有明禁。祈赛神社，费亦不赀，宜一切禁止。’从之。”

四、“长生天”

蒙古民族长期敬天，崇天，感恩天，具有相信天意的传统。《蒙鞑备录》记载：草原上的游牧民族“凡占卜吉凶，进退杀伐，每用羊骨扇，以铁椎火椎之，看其兆坼以决大事，类龟卜也。凡饮酒，先酬之。其俗最敬天地，每事必称天，闻雷声则恐惧，不敢行师，曰‘天叫’也”。

《元史·五行志一》记载：“宪宗讨八赤蛮于宽田吉思海，会大风，吹海水尽涸，济师大捷，宪宗以为天导我也。以此见五方不殊性，其于畏天，有不待教而能者。”宪宗征战，有大风相助，吹干了水泽，为行军提供了便捷，于是感恩天意。

蒙语称天为“腾格里”，通常唤其为“长生天”。“长生”意为生命长存不息，而“天”的概念几乎包括了除人以外的全部自然。蒙古族“把天看作自然界的阳性根源，而把地看作阴性根源”①，认为天是有感情、有神力的万能的神，是一切自然现象的主持者、一切生命现象的赐予者。这种对“长生天”的信仰延续了几千年，深深渗透到了蒙古人民的骨血里。

在日常生活中，蒙古族人民也流行“长生天”信仰。无论是喝羊奶、喝酒还是食用食物，都要先敬给“长生天”后才能自己食用。《蒙古秘史》中有关“长生天”的信仰大多是从成吉思汗身上体现出来的，成吉思汗每当关键时刻都会祈求“长生天”的庇佑，他不仅将战争的胜利托付于长生天，还特别宠信萨满。

据《蒙古秘史》记载，蒙力克老父的儿子阔阔出是通天巫，他具有与天沟通的能力，这种能力让十分崇敬天的成吉思汗对他十分放纵，不仅任由阔阔出殴打合撒儿（成吉思汗的弟弟），甚至在阔阔出借“长生天”名义扬言合撒儿必须死时，成吉思汗也毫不犹豫地欲置其于死地。由此可见，在蒙古族中对天的崇拜是多么的执着，它可算是蒙古族全部信仰中的核心部分。

蒙古人进入到中原之后，实行的祭祀礼仪，大多是采用汉儒的建议。如袁桷就提出过一些建议，先后进谏了《昊天五帝议》《祭天名数议》《祭天无间岁议》《燔柴泰坛议》《郊不当立从祀议》《郊明堂礼仪异制议》《郊非辛日议》《北郊议》，均是根据儒家经典加以论证的，被朝廷一一采纳。《元史》卷一百七十二《袁桷传》记载：“袁桷，字伯长，庆元人，宋同知枢密院事韶之曾孙。为童子时，已著声。部使者举茂才异等，起为丽泽书院山长。大德初，

---

① 包国祥：《蒙古族传统自然观的当代意义》，《内蒙古民族大学学报》（社会科学版）2010年第1期。

阎复、程文海、王构荐为翰林国史院检阅官。时初建南郊，桷进十议……礼官推其博，多采用之。”

元朝的“元”，取自于《周易》。乾卦的卦辞是“元亨利贞”。意为：乾卦有创始的根元，亨通，有利，守正坚固。元是始，是春，是木；亨是发展，是百嘉会聚而通，是夏，是火；利是和，是如刀割禾，是秋，是金；贞是收藏，是正，是冬，是水。元亨利贞又是东南西北，震（东）元，离（南）亨，兑（西）利，坎（北）贞。“元亨利贞”这四个字不是孤立的，而是一环接一环，层层递进。北宋思想家李觏在《删定易图序论·论五》中说：“乾而不元，则物无以始，故女不孕也；元而不亨，则物无以通，故孕而不育也；亨而不利，则物无以宜，故当视而盲，当听而聋也；利而不贞，则物不能干，故不孝不忠为逆为恶也。”

第三节　祭祀的风俗

一、祭祀自然诸神

宋代在京城附近建设祭祀场所。《续资治通鉴长编》卷二十四记载：太平兴国八年（983年），司天春官正襄城楚芝兰上言："京师帝王之都，百神所集。今城之东南，一舍而近，有地名苏村，若于此为五福太一作宫，则万乘可以亲谒，有司便于祇事。何为远趋江外，以苏台为吴分乎？"因为这涉及祭祀的大事，朝臣不便反对，于是就在京城旁的苏村新建了太一宫。

《续资治通鉴长编》卷三百八记载：元丰三年（1080年）九月，太常博士陈侗"乞依周礼建四望坛于四郊，以祭五岳、四镇、四渎，庶合于经"。岱山、沂山、东海、大淮于东郊，衡山、会稽山、南海、大江、嵩山、霍山于南郊，华山、吴山、西海、大河于西郊，常山、医巫闾山、北海、大济于北郊。

宋代的统治集团如何祈雨？李攸《宋朝事实》卷七《道释》有详细记载：真宗咸平间，知扬州魏羽上雩祀五龙祈雨法，皇帝诏令地方政府都可采用。其法：以甲乙日择东地作坛，取土造青龙，土器之大小、龙之修短，余方皆如之。凡旱，建坛取五行生成之数焉，长吏斋三日，诣龙所，汲流水，设香案、茗果，率官属日再至祝酹，不用音乐、巫觋。雨足，送龙水中。择潭洞或湫泺林木深邃之所，以庚辛壬癸日，先斋戒，以酒脯告社令，筑方坛三级，高一尺，阔一丈三尺。坛外二十步，界以白绳。坛上植竹杖，张画龙，其图以缣素。画黑鱼左顾，环以天鼋十星。中为白云。龙黑色。其下画水波，有龟亦左顾，吐黑气如线。和金、银、朱丹，饰龙形。又设皂幡。刎鹅颈，取血，致盘中，杨枝洒水龙上。群官再至，祝酹，雨足，取龙投水中。

宋代庞元英在中央部门任职，他在《文昌杂录》卷四记载当时祠部每岁祠祭，多与自然神有关。如冬至，祭昊天上帝。夏至，祭皇地祇。孟春、孟夏、孟秋、孟冬、腊，五享太庙。立春，祀青帝。立夏，祀赤帝。立秋，祀白帝。立冬，祀黑帝。立春后丑，祀风师。仲春，祀五龙。季春，享先蚕。立夏后申，祀雨师、雷师。四立井、土王，祭岳镇、海渎。

游牧民族更乐意到大自然之中开展各项活动。根据生存环境与民族习俗，辽朝皇帝每年都要举行营地迁徙和游牧射猎等活动，称为捺钵。这种制度，让皇帝走出深宫大院，到大自然之中，亲近自然。皇帝在春夏秋冬四季出外钓鱼行猎、习武休闲。春季有春捺钵，也称“春水”，意为春渔于水，地点一般在长春州（吉林白城市）东北 35 里的鸭子河泺，又名鱼儿泺。《辽史・地理志》“阴县”条记载：“辽每季春，弋猎于延芳淀，居民成邑，就城故阴镇，后改为县。在京东南九十里。延芳淀方数百里，春时鹅所聚，夏秋多菱芡。国主春猎，卫士皆衣墨绿，各持连锤、鹰食、刺鹅锥，列水次，相去五七步。上风击鼓，惊鹅稍离水面。国主亲放海东青鹘擒之。鹅坠，恐鹘力不胜，在列者以佩锥刺鹅，急取其脑饲鹘。”

辽朝夏季捺钵的主要地点为吐儿山，位于黑山东北。秋季的捺钵也称“秋山”，意为秋猎于山。《辽史・营卫志》在言及秋捺钵时说：皇帝“入山射鹿及虎”，“尝有虎据林，伤害居民畜牧。景宗领数骑猎焉，虎伏草际，战栗不敢仰视，上舍之，因号伏虎林”。冬捺钵在永州东南 30 里的广平淀，此地平坦多沙，有榆柳林。皇帝在办公之余外出校猎习武。

《辽史・百官志》记载祭祀自然万物的各种神秘仪式，如祭山仪：“设天神、地祇位于木叶山，东乡；中立君树，前植群树，以像朝班；又偶植二树，以为神门。”遇到旱灾就举行瑟瑟仪，择吉日行瑟瑟仪以祈雨，其中有射柳活动。

宋人叶隆礼的《辽志》记载：契丹统治者有祭黑山的习俗，“冬至日，国人杀白马、白羊、白雁，各取其生血和酒，国主北望拜黑山，奠祭山神。言契丹死，魂为黑山神所管。又彼人传云：凡死人悉属此山神所管，富民亦然。契丹黑山，如中国之岱岳云。北人死，魂皆归此山。每岁五京进人马、纸甲各万余事，祭山而焚之。其礼甚严，非祭不敢近山。”宋人叶隆礼奉敕编次《辽志》，淳熙七年（1180 年）三月进奉《辽志》，又称《契丹国志》。此书第二十二卷讲述地理，第二十六卷记述周边北方各国，第二十七卷为《岁时杂记》记录契丹的礼仪风俗。

南宋的《蒙鞑备录》记载：祭祀时，“凡占卜吉凶，进退杀伐，每用羊骨扇，以铁椎火椎之，着其兆坼以决大事，类龟卜也。凡饮酒，先酬之。其俗最敬天地，每事必称天。闻雷声则恐惧，不敢行师，曰‘天叫’也”。

西夏流行自然崇拜、多神信仰，有山神、水神、龙神、树神、土地诸神等自然神。夏仁宗曾在甘州黑水河边立黑水桥碑，祭告诸神，祈求保护桥梁，平息水患。《宋史·外国传》记载：“每出兵则先卜。卜有四：一以艾灼羊脾骨以求兆，名炙勃焦；二擗竹于地，若揲蓍以求数，谓之擗算；三夜以羊焚香祝之，又焚谷火布静处，晨屠羊，视其肠胃通则兵无阻，心有血则不利；四以矢击弓弦，审其声，知敌至之期与兵交之胜负，及六畜之灾祥、五谷之凶稔。俗皆土屋，惟有命者得以瓦覆之。”

辽朝的民间信仰风俗有木叶山崇拜、天地崇拜，以及拜日神、拜山神等。

吴自牧在《梦粱录》卷十四《祠祭》记载：天子祭天地，诸侯祭社稷，大夫祭五祀，上得以兼下，下不得以僭上，古之制也。宋朝自郊祀宗庙社稷，与大、中、小三祠，及土域山海江湖之神，先贤名哲道德之士，御灾捍患以死勤事功烈之臣。郊祀在嘉会门外三里净明院左右，春首、上辛、祈谷，四月、夏雩、冬至、冬报，皆郊坛行礼。还有海神坛，在东青门外太平桥东，祭江海神，为太祀，以春秋二仲遣从官行望祭礼。

周去非在《岭外代答·志异门》中记载民间祭祀雷神。“广右敬事雷神，谓之天神，其祭曰祭天。盖雷州有雷庙，威灵甚盛，一路之民敬畏之，钦人尤畏。圃中一木枯死，野外片地草木萎死，悉曰天神降也。许祭天以禳之。苟雷震其地，则又甚也。其祭之也，六畜必具，多至百牲。祭之必三年，初年薄祭，中年稍丰，末年盛祭。每祭则养牲三年，而后克盛祭。其祭也极谨，虽同里巷，亦有惧心。一或不祭，而家偶有疾病、官事，则邻里亲戚众尤之，以为天神实为之灾。”

蒙古族长期处于多神崇拜阶段，万物有灵的观念根深蒂固，体现了对自然的敬畏与感情。《元史·祭祀志一》记载：“元与朔漠，代有拜天之礼，衣冠尚质，祭器尚纯，帝后亲之，宗戚助祭。其意幽深玄远，报本反始，出于自然，而非强为之也。宪宗即位之二年秋八月八日，始以冕服拜天于日月山。”“有司常祀者五：曰社稷，曰宣圣，曰三皇，曰岳镇海渎，曰风师雨师。”

《元史·祭祀志五》记载元代祭祀山岳大海。祭祀山岳大海有两种规格：

一是天子之祭，由官员代祀。“岳镇海渎代祀，自中统二年（1261 年）始。凡十有九处，分五道。后乃以东岳、东海、东镇、北镇为东道，中岳、淮渎、济渎、北海、南岳、南海、南镇为南道，北岳、西岳、后土、河渎、中镇、西海、西镇、江渎为西道。既而又以驿骑迂远，复为五道，道遣使二人，集贤院奏遣汉官，翰林院奏遣蒙古官，出玺书给驿以行。中统初，遣道士，或副以汉官。”

另一类是岳镇海渎常祀。“至元三年（1266年）夏四月，定岁祀岳镇海渎之制。正月东岳、镇、海渎，土王日祀泰山于泰安州，沂山于益都府界，立春日祀东海于莱州界，大淮于唐州界。三月南岳、镇、海渎，立夏日遥祭衡山，土王日遥祭会稽山，皆于河南府界，立夏日遥祭南海、大江于莱州界。六月中岳、镇，土王日祀嵩山于河南府界，霍山于平阳府界。七月西岳、镇、海渎，土王日祀华山于华州界，吴山于陇县界，立秋日遥祭西海、大河于河中府界。十月北岳、镇、海渎，土王日祀恒山于曲阳县界，医巫闾于辽阳广宁路界，立冬日遥祭北海于登州界，济渎于济源县。祀官，以所在守土官为之。既有江南，乃罢遥祭。”

元代还祭祀风雨雷师。“风、雨、雷师之祀，自至元七年（1270年）十二月，大司农请于立春后丑日，祭风师于东北郊；立夏后。”

元代还祭祀海运之神的天后。“惟南海女神灵惠夫人，至元中，以护海运有奇应，加封天妃神号，积至十字，庙曰灵慈。直沽、平江、周泾、泉、福、兴化等处，皆有庙。皇庆以来，岁遣使赍香遍祭，金幡一合，银一铤，付平江官漕司及本府官，用柔毛酒醴，便服行事。”

为了祈求风调雨顺，盼望农业丰收，元代还祭祀先农，北京至今还有先农坛。《元史·祭祀志五》记载：“先农之祀，始自至元九年（1272年）二月，命祭先农如祭社之仪。十四年二月戊辰，祀先农东郊。十五年二月戊午，祀先农，以蒙古胄子代耕籍田。二十一年二月丁亥，又命翰林学。”

祭祀时要熏烟，烟表达一种对于天的信息。《元史·祭祀志一》记载：“升烟。禋之言烟也，升烟所以报阳也。祀天之有禋柴，犹祭地之瘗血，宗庙之祼鬯。历代以来，或先燔而后祭，或先祭而后燔，皆为未允。祭之日，乐六变而燔牲首，牲首亦阳也。祭终，以爵酒馔物及牲体，燎于坛。天子望燎，柴用柏。”

祭礼时要用特别的动物。《元史·祭祀志六》记载：“每岁，驾幸上都，以八月二十四日祭祀，谓之洒马妳子。用马一，羯羊八，彩段练绢各九匹，以白羊毛缠若穗者九，貂鼠皮三，命蒙古巫觋及蒙古、汉人秀才达官四员领其事，再拜告天，又呼太祖成吉思御名而祝之，曰：‘托天皇帝福荫，年年祭赛者。’礼毕，掌祭官四员，各以祭币表里一与之；余币及祭物，则凡与祭者共分之。每岁，九月内及十二月十六日以后，于烧饭院中，用马一、羊三、马湩、酒醴、红织金币及里绢各三匹，命蒙古达官一员，偕蒙古巫觋，掘地为坎以燎肉，仍以酒醴、马湩杂烧之。巫觋以国语呼累朝御名而祭焉。”

元代流行自然神秘主义思想，胆巴就是一个擅长神秘术的人。《元史·八思巴传》记载：“又有国师胆巴者，一名功嘉葛剌思，西番突甘斯旦麻人。幼从西天竺古达麻失利传习梵秘，得其法要。中统间，帝师八思巴荐之。时怀孟大旱，世祖命祷之，立雨。又尝咒食投龙湫，顷之奇花异果上尊涌出波面，取以上进，世祖大悦。”如果祷而能雨，咒则出花，果真这么灵验，何愁农业不是年年丰收？何愁遍地不是鲜花灿烂？可惜，胆巴的神秘术根本就是雕虫小技，忽悠统治者而已。

二、环境风水观

风水是古代关于人与建筑、环境的文化。风水知识在流传过程中，难免有些经验与迷信的内容，但也有朴素的科学观念。

宋元时期的一些城镇流行修建城隍庙。城者，城池。隍者，城河。城隍，保一方风水之庙宇。城隍庙的整体风格类似于官衙，大多以子午线为中轴，坐北向南。有影壁墙、护水池。城隍庙有山门、四值功曹殿、审事厅、大殿、后宫，有左右厢房。江苏泰州的城隍庙是江苏省内唯一保存完好的城隍庙，传说建于宋代淳祐六年（1246 年），其后五次翻修。占地 5300 多平方米。它是泰州城的邑庙，即关系全城风水的庙宇。

据《宋史·艺文志》记载，宋元时期流行的风水环境文献有很多，如《地理观风水歌》《阴阳相山要略》《行年起造九星图》《宅体》《阴阳二宅歌》《老子地鉴诀秘术》《玉囊经》《地理搜破穴诀》《八山二十四龙经》《寻龙入式歌》《八宅经》《堪舆经》等。

宋蔡元定撰《发微论》，以阴阳学说为基础，从刚柔、动静、聚散、向背、雌雄、强弱、顺逆、生死、微著、分合、浮沉、浅深、饶减、趋避、裁成、感应等哲学范畴论述形胜风水，具有辩证法色彩。如《裁成》论述人与自然的关系，强调主观能动性，其云：“裁成者，言乎其人事也。夫人不天不因，天不人不成。自有宇宙，即有山川，数不加多，用不加少，必天生自然而后定，则天地之造化亦有限矣。是故，山川之融结在天，而山水之裁成在人。或过焉，吾则裁其过；或不及焉，吾则益其不及，使适于中，截长补短，损高益下，莫不有当然之理。其始也，不过目力之巧，工力之具。其终也，夺神功，改天命而人与天无间矣。故善者，尽其当然而不害其为自然；不善者，泥乎自然卒不知其所当然。所以道不虚行，存乎其人也。"①

在宋代历史文献中，我们经常可以看到有一类文学体裁"上梁文"，是与环境风水观念相关的文献，儒士胡宏、文天祥等都写过。如，胡宏在《文定书堂上梁文》记述："我祖武夷传世，漳水成家。自戎马之东侵，奉板舆而南迈。乃眷祝融之绝顶，实繄诸夏之具瞻。岩谷萦回，奄有荆衡之胜，江湖衿带，旁连汉沔之雄。既居天地之中，宜占山川之秀。回首十年之奔走，空怀千里之乡邦。燕申未适于庭闱，温凊不安于枕席。纵亲心之无著，顾子职以何居。气象巍峨，欣瞻曰宫之近；川原膏壤，爰列舜洞之旁。背枕五峰，面开三径，就培松竹，将置琴书，良为今日之规，永作将来之式。"此外，宋建炎四年（1130年），胡安国举家南游，在湘潭碧泉潭开舍结庐，创办书院。其子胡宏也写过一篇《碧泉书院上梁文》，其中介绍了书院选址："乃堂碧玉之上，南连恒岳，北望洞庭。居当湘、楚之中，独占溪山之胜。"之所以要注意选址，是想振兴儒学，"远邦朋至，近地风从"，"庶几伊、洛之业可振于无穷，洙泗之风一回于万古"。②

《元史·泰定帝纪》记载，泰定二年（1325年）正月，"山东廉访使许师敬请颁族葬制，禁用阴阳相地邪说"。由此可见，元代的阴阳相地学说成了邪说，影响了山东等地的社会风气，受到官员的批评和抵制。

元末学者赵汸有关风水环境的思想，主要见之于《葬书问对》，这是一本以问答的方式撰写的讨论郭璞的《葬书》内容与思想的书。

赵汸对《葬书》所谓通过择地可以改变命运的"神功可夺、天命可攻"之说进行了批评。当时，一些世俗小民被《葬书》的说法所迷惑，以为天道注定了的东西，还有方术可以改易，"世俗溺于其说，以为天道一定之分，犹

---

①（宋）蔡元定：《发微论》，内蒙古人民出版社2010年版，第72页。

②（宋）胡宏：《胡宏集》，中华书局1987年版，第200—202页。

有术以易之，则凡人事之是非黑白，物我得失之细，固可颠倒错乱，伏藏擒制”。赵汸认为这是《葬书》误导了人心，希望能对风水的泛滥进行节制。谈到风水的流传，赵汸认为：“故其书愈多，其法愈密，而此三言者，足以尽蔽其义。盖古先遗语之尚见于其书者乎。”他所说的“三言”，就是指此：“形与气相首尾，此精微之独异，而数之自然，最为得形法之要。”

赵汸虽然批评阴宅风水，但并不妨碍他对风水环境的赞赏。他写过一首《省朱文公官坑祖墓》，赞扬婺源文公山上朱熹祖墓周边的环境，“攒簇千峰一障开，乾坤间气此胚胎。百灵受职环真气，五纬回光拱夜台”。文公山原名九老芙蓉山。宋代朱熹于南宋绍兴二十年（1150年）在文公山其祖墓周围按八卦布局栽植了24棵杉树。历经八百多年的风雨，现存16棵，其中最高的38米，最粗者胸围3米多，有“江南古杉王群”之誉。婺源因此被诏赐为“文公阙里”，山名因此改名为文公山。

此外，元末明初的谢应芳（1295—1392年）著有《辨惑篇》《龟巢集》，其中对风水术有所批评。他在《辨惑篇》中指出“择地以葬其亲，亦古孝子慈孙之用心也。但后世惑于风水之说，往往多为身谋”。这就揭露了世俗之人之所以大讲风水，无非是为自己打算，是为了荫庇自己，并不是为了孝敬亲人。谢应芳主张薄葬，他在遗嘱中要求死后速埋，写诗告诫两个儿子：“毋劳沙门送作佛，毋劳羽客送登仙。漆灯不必照长夜，冢树不必缠纸钱。”传统儒家视死如视生，重视厚葬，而谢应芳以身作则，提倡丧事从俭，这在当时的社会是尤其难得的。

总之，宋元时期的环境思想是丰富的，但还需要今后加强研究，不断深化认识，并正确解读。

第十章 宋元的区域环境

在撰写宋元环境变迁史的过程中，我们认为有必要按区域把各地的环境大概介绍一下。考虑到有关环境的一些情况在其他各章已经分门别类地作了一些介绍，因此，本章没必要再重复性叙述各地环境，只把我们认为有价值的材料在此章作叙述。由于环境史资料相对较少，对各地的环境情况，采取了疑者存疑，异者存异，或暂告缺如。本章在撰写过程中，对宋元的都城与园林环境放在另外的章节介绍。

本章的论述，一是注意区域空间的宏观性审视，二是注意置于前面各章不宜放进的环境史材料，三是注意区域内部的交通路线。

第一节　关于区域的划分

就环境史研究而言，迄今为止，学术界还没有找到一种完美的区域划分方法。主要的问题是，自然区域与人文区域很难完全整合。一方面，从现代社会管理出发，每个省、市、县都希望按照现在的行政来划分区域，这样有利于地区经济文化发展战略。然而，现在的行政区划——省、市、县是特定历史条件的产物，与自然形成的区域空间有所不同。另一方面，从自然形态出发，有些学者主张依据生态环境的山川形貌来划分区域，即按山脉、水流、动植物等类项划分区域，这样就能真实反映自然的面貌与演变。然而，这类资料不集中，且与现实社会有一定的隔阂。因此，划分区域的方法，各有利弊。

本章的区域划分，在本书的《序言》已作说明，大致依据李孝聪著《中国区域历史地理》,[①] 把大宏观区域与现代省份相结合。东北地区包括黑龙江、吉林、辽宁。西北地区包括宁夏、甘肃、青海、新疆四个省份。中原地区包括河南、河北、陕西、山西、山东五个省份。西南地区包括西藏、云南、四川、

---

① 李孝聪：《中国区域历史地理》，北京大学出版社 2004 年版。该书是北京大学的课程教材，作者是著名的地理史专家。因此，该书的区域划分有一定的权威性。

重庆、贵州五个省市。长江中下游地区包括湖北、湖南、江西、安徽、江苏四个省份。东南沿海地带包括浙江、福建、台湾三个省份。岭南地区包括广西、广东、海南三个省份。与以往的区域划分不同的是，《中国区域历史地理》把传统的西北五省的陕西省放在了中原，秦岭以南的汉水上游没有放在陕西，这些处理是有独到见解的。[①]

宋代完成了经济文化重心的南移，区域格局发生很大变化。学术界已有共识，其标志是多方面的：①南方人口数量猛增。宋靖康之变后，中国历史上又出现人口大迁移，北宋都城开封的市民纷纷迁到南宋都城临安（杭州），其他的城镇如扬州、绍兴等地都容纳了新的居民。②土地的开垦，南方成为天下的粮仓，史书记载："苏（州）湖（州）熟，天下足。"[②] 北宋时，南方经济有所发展，农村开垦出大片土地，仅芜湖（属今安徽）一带就开垦出约十二万亩圩田。政府推广占城稻的种植，提高了粮食产量。③海上贸易频繁，北方依赖漕运或海运转输南方的粮食，才得以维持统治政权。北宋的造船基地都在南方，宋太宗时每年造船二千余艘，数量超过唐代，在当时的世界上处于领先地位。④城镇繁荣，杭州的城建规模大，人口逾百万。城镇的手工业发达，两浙和四川的丝织业颇有名声。⑤人才的分布失衡，天下的人才大多出自南方。⑥学术的成果以南方居多。⑦与以前相比，南方的地位更加重要。

经济文化重心南移的根本原因是由自然灾害造成的，由于天气寒冷，北方草原面临干旱，牲畜死亡，民不聊生，游牧部众本能地由北向南迁徙，来到北方农业区，而北方农业区的人口被迫向南方流动。文化的南移体现了农耕文化的内敛性和游牧文化的空间转移。

需要说明的是，元代推行行省制后，明、清直至近现代，以省、县作为地方政区的制度多沿用未改。省区最初为 11 个，即岭北、辽阳、征东、甘肃、陕西、河南、四川、江浙、江西、湖广、云南行省。这些省的设置与我们现代的省是有传承又有区别的。区域划分十分复杂，如陕西省属于黄河流域的北方

---

① 笔者在撰写环境史的区域部分时，参考了《中国区域历史地理》的方法。但也没有完全雷同，如在省份的顺序上，本章作了调整，大致是先北后南，先西后东，省与省之间尽量有地缘的联系性。

②《吴郡志》卷五十《杂志》。

省份，而秦岭以南的汉中地区又属于中国的南方地区、长江的支流汉水流域。又如内蒙古自治区的西边属西北地区，东边到了东北地区，这类犬牙交错的情况不是少数。

关于区域文化的研究，现在已经出版了不少专著，如复旦大学出版社出版的周振鹤的《中国历史文化区域研究》，辽宁教育出版社 1993 年推出俞晓群主编的《中国地域文化丛书》，包括吴越、齐鲁、燕赵、台湾、徽州、三晋、巴蜀、两淮、江西、三秦、荆楚等地，中国社会科学出版社出版的《人文中国》，都对中华各区域作了专门的研究。不过，这些著作侧重于文化，本章侧重于环境，是为不同。

本章所述北方与南方的环境，是以秦岭与淮水为南北界线。元代的区域环境，《大元一统志》是重要依据，这是官方文献。元代统治者相当重视区域信息，《大元一统志》记载得很清楚。元代在修纂《大元一统志》的过程中，广泛搜集各地的地图，以增强对环境的了解。①

① 柳诒徵：《中国文化史》，东方出版中心 1988 年版，第 589 页。

第二节 北方地区环境

一、内蒙古草原地区

这里将要介绍的蒙古草原地区主要指内蒙古自治区。内蒙古高原位于中国北部，东起大兴安岭，西至甘肃省河西走廊北山的西端，南界祁连山麓和长城。

元代在内蒙古高原有岭北行省。岭北行省管辖今蒙古国全境，中国内蒙古、新疆一部分地区及俄罗斯西伯利亚地区。岭北行省有中国最大的天然牧场，南部有大漠，大漠是漠北与漠南的分界线。大漠即戈壁，尽是粗砂砾石。元代大统一以后，其境内山脉除现今辖区所属外，还包括今俄罗斯的外兴安岭和中蒙边界的阿尔泰山以及蒙古境内的杭爱山等。

蒙古高原为内陆高原，平均海拔 1580 米，西北部多山地，中部和东部为丘陵地区，东南部是广阔的戈壁。属于温带大陆性气候，降水稀少，年平均降水量仅约 200 毫米，冬季严寒漫长，夏季炎热短暂，所以水资源是蒙古族最为珍惜的自然资源之一。在蒙古高原上，较大的河流有色楞格河、克鲁伦河、鄂嫩河—石勒喀河、海拉尔河—额尔古纳河—黑龙江等。

据学者们考证，元代从河北到长城以外的内蒙古草原有四条道路：一是驿路。驿路从怀来北上。驿路全长 800 余里，设有 11 处驿站。二是黑谷东路。俗称"辇路"，是皇帝往来于两都之间的专道。该路出居庸关后继续北上，经过今北京市延庆区，翻山越岭，进入草原，全长 750 余里。三是东道。经古北口赴上都的东道，全长 870 余里。四是西道。即"孛老站道"，通过隆兴路辖境。

在华北平原与内蒙古高原之间有一个重要关隘，那就是张家口。这条通道也可以称为抚州通道。抚州，治所在燕子城（今河北张北县），元代升为兴和路。张家口的蒙古语是“喀尔根”，是隘口或大门的意思。1221年前后，山东道士长春真人丘处机应成吉思汗之邀前往中亚。当他过张家口第一隘口野狐岭时曾感叹地说：“登高南望，俯视太行诸山，晴岚可爱。北顾但寒沙衰草，中原之风自此隔绝矣。”[①] 张家口的野狐岭是一个分水岭，岭南青翠可爱，岭北却是荒漠。《元史·丘处机传》记载：“丘处机，登州栖霞人，自号长春子。……岁己卯，太祖自乃蛮命近臣札八儿、刘仲禄持诏求之。处机一日忽语其徒，使促装，曰：‘天使来召我，我当往。’翌日，二人者至，处机乃与弟子十有八人同往见焉。明年，宿留山北，先驰表谢，拳拳以止杀为劝。又明年，趣使再至，乃发抚州，经数十国，为地万有余里。盖蹀血战场，避寇叛域，绝粮沙漠，自昆仑历四载而始达雪山。常马行深雪中，马上举策试之，未及积雪之半。既见，太祖大悦，赐食、设庐帐甚饬。”

张家口西北山势峭起，山顶海拔达1500米，比张家口附近的清河谷高出700多米。李志常在《长春真人西游记》又记载：“北过抚州。十五日，东北过盖里泊，尽邱碱卤地，始见人烟二十余家。南有盐地，池迤逦东北去。自此无河，多凿沙井以汲。南北数千里，亦无大山。”

野狐岭又称为胡岭，在今河北张家口市万全区西北。定宗二年（1247年），张德辉前往漠北去见忽必烈，描述了他从河北到达塞外的第一印象：“出得胜口，抵扼胡岭，下有驿曰孛落。自是以北诸驿，皆蒙古部族所分主也，每驿各以主者之名名之。由岭而上，则东北行，始见毳幕毡车，逐水草畜牧而已，非复中原之风土也。”《元史·英宗纪》记载英宗至治三年二月，“治野狐、桑乾道”。

刘秉忠撰有《过也乎岭（野狐岭）》和《桓抚道中》二诗：“一夜阴云风鼓开，岭头凝望动吟怀。烟分雪阜相高下，日出毡车竞往来。天定更无人可胜，智衰还有力能排。中原保障长安道，西北天高控九垓。”“老烟苍色北风寒，驿马驱程不敢闲。一寸丹心尘土里，两年尘迹抚桓间。晓看太白配残月，暮送孤云还故山。要趁新春贺正去，朋头能不愧朝班。”

陈孚在《真定怀古》中描述真定的环境：“千里桑麻绿荫城，万家灯火管弦清。恒山北走见云气，滹水西来闻雁声。”元代设有真定路，治所在真定县

---

①《长春真人西游记》卷一。

（今河北正定县）。由陈孚的诗可见，真定周围有大片的桑麻，绿化了环境。伴随着由西而来的滹水，群雁发出了鸣叫声。

元代在蒙古草原建有和林城、上都城，另章将有介绍。

二、东北地区

东北地区在山海关以东，俗称关东。因有长白山与黑龙江，故称之为白山黑水。东北地区包括黑龙江、吉林、辽宁三个省份。东北山环水绕，其外环有黑龙江、乌苏里江、图们江、鸭绿江、黄海、渤海。其中环有大兴安岭、小兴安岭、长白山。在簸箕形的地势中有一片面积达 35 万平方公里的东北大平原，其生态有相对的独立性。东北的辽河流域在 4000 年前就有了先民活动，考古工作者在敖汉旗大甸子挖出了当时的 4000 多座墓。从葬土看，当时的植被较好。早在公元 1097 年以前，女真族完颜部就在松辽平原的松花江畔建立了“阿勒锦”村。

宋代的长白山，叶隆礼《契丹国志》卷二七记载：“长白山，在冷山东南千余里，盖白衣观音所居。其山内禽兽皆白，人不敢入，恐秽其间，以致蛇虺之害。黑水发源于此，旧云粟末河。太宗破晋，改为混同江。其俗刳木为船，长可八尺，形如梭子，曰‘梭船’。上施一桨，止以捕鱼，至渡车，则方舟或三舟。”

宋洪皓《松漠纪闻》记金国杂事。“宁江州去冷山百七十里，地苦寒，多草木，如桃李之类，皆成园。至八月则倒置地中，封土数尺，覆其枝干。季春出之，厚培其根，否则冻死。每春水始泮，辽王必至其地，凿冰钓鱼，放弋为乐。”

辽朝在辽河上游官办铁窑、陶窑，毁了大量的林木。

元代设有辽阳行省，管辖今天的东北三省以及黑龙江以北、乌苏里江以东地区；征东行省管辖今朝鲜半岛及辽宁省部分地区。元代的东北荒凉，生态环境仍处于原生态状态，是文化欠发展地区。

《元史·地理志二》记载：东北及朝鲜半岛一带的“合兰府水达达等路，土地旷阔，人民散居。元初设军民万户府五，抚镇北边。……各有司存，分领混同江南北之地。其居民皆水达达、女直之人，各仍旧俗，无市井城郭，逐水草为居，以射猎为业。故设官牧民，随俗而治，有合兰府水达达等路，以相统摄焉”。

元代在今黑龙江省的肇州县设有肇州万户府，其设城原因就在于此地鱼资源特别丰富。城址与今吉林的地界相邻，《元史·地理志二》记载：“肇州。按《哈剌八都鲁传》至元三十年，世祖谓哈剌八都鲁曰：‘乃颜故地曰阿八剌忽者产鱼，吾今立城，而以兀速、憨哈纳思、乞里吉思三部人居之，名其城曰肇州，汝往为宣慰使。’既至，定市里，安民居，得鱼九尾皆千斤来献。又《成宗纪》元贞元年，立肇州屯田万户府，以辽阳行省左丞阿散领其事。而《元一统志》与《经世大典》皆不载此州，不知其所属所领之详。今以广宁为乃颜分地，故府注于广宁府之下。乃颜，孛鲁古歹之孙也。”这条材料说明，元代有些城市是因为自然资源而设置的。

《元史·王伯胜传》记载：王伯胜在担任辽阳等处行中书省平章政事时，“度闲田百顷，募民耕种，以廪饩之。岁大旱，伯胜斋戒以祷，祷毕即雨，人谓之平章雨”。

元代，广宁路（治今辽宁北镇市）境内的医巫闾山环境优美，引得许多僧侣前往修行，建了许多寺院。当时有人描述其环境说：“土肥而多稼，水香而便渔，百卉鲜妍，松杉乔茂，飞泉玉驶，高瀑练悬，双峰挺拔于寺颠，孤峤独高于望海。梵刹布其遐迩，宝林界其南北，岩壑之美，莫可殚论。”①

元代，在农耕区与游牧区之间呈现明显不同的环境景观。王恽在《秋涧集》卷一百记载：“由岭而上则东北行，始见毳幕毡车，逐水草畜牧而已，非中原风土也。”然而，岭南这边，到处是农耕的村落。只有身临其境，才可能感受到两种经济生活方式的绝然不同。

元代还有大片的狩猎生活区。史卫民在《元代社会生活史》中记载：“狩猎经济地区约占元代疆域的六分之一，主要是岭北行省和辽阳行省北部的森林地区；云南等地也有一些森林地区，属于狩猎经济区的范围。”② 狩猎经济也是人类社会的一种经济生活方式，民众靠林吃林，通过打猎等形式谋取生活资源。这种方式与游牧经济生活方式有近似之处，但主要是依靠山区或平原上的

---

① 李治安、薛磊：《中国行政区划通史·元代卷》，复旦大学出版社2009年版，第74页。

② 史卫民：《元代社会生活史》，中国社会科学出版社1996年版，第16页。

森林。他们人数极少，并随着森林的减少而人口不断减少，其身份也在不断发生变化。

三、西北地区

西北地区包括宁夏、甘肃、青海、新疆四个省份。元代的陕西行省管辖今陕西全省及甘肃、内蒙古部分地区；甘肃行省管辖今甘肃、宁夏、内蒙古及青海部分地区。西北地区，地理学界有不同的划分。李孝聪《中国区域历史地理》第一章认为西北地区指磴口黄河，陇山（六盘山）以西，昆仑山、秦岭以北的中国内陆腹地，包括甘肃、青海、宁夏、新疆。西北地区在内陆，缺少雨水，地气干燥，土质恶劣。《中国区域历史地理》归纳为四点：其一是干旱少雨，由东向西，大部分地区的年降水量在200毫米左右，黑河下游与塔里木盆地是极干旱的中心。其二，地势宽坦，多是沙漠、戈壁。其三是水源匮乏，除东部黄河上游流域和北疆额尔齐斯河之外，都是内流河，缺少长年径流。其四是植被稀疏，多数地区是旱生灌木。[①] 西北的生态也很脆弱，基本特征是山多、沙漠多、不毛之地多。空气干燥，树少人稀。人们寻找有水的地方定居，从事粗放型的农业，过着半农半牧的生活。[②]

西夏南部和西部是吐蕃诸部、甘州回鹘与西州回鹘。西夏超过三分之二的面积是沙漠地形，水源以黄河与山上雪水形成的地下水为主。首都兴庆府所在的银川平原，西有贺兰山作屏障，东有黄河灌溉，有“天下黄河富宁夏”之称。河套与河西走廊地区“地饶五谷，尤宜稻麦”，如灵州（今宁夏吴忠）、兴庆（今宁夏银川）、凉州（今甘肃武威）和瓜州（今甘肃安西）等地都是粮食产区。农产品有大麦、稻、荜豆和青稞等。有名的药材是大黄、枸杞、甘草、麝脐、羱羚角、柴胡、苁蓉、红花、蜜蜡等。

1. 宁夏

西夏在银川建都。据吴广成《西夏书事》卷十，党项族首领李德明很看

---

① 李孝聪：《中国区域历史地理》，北京大学出版社2004年版，第11页。

② 本节有些内容参考了赵珍：《清代西北生态变迁研究》，人民出版社2005年版。

重银川，认为：“西北有贺兰之固，黄河绕其东流，西平为其屏障，形势便利。”此地傍山守险，可以控制平原。传闻公元1017年夏季，有龙见于温泉山(属今贺兰县)，山在怀远镇北。李德明以为天降祥瑞，遣官祭祀。1021年，李德明迁都银川。银川作为都城长达189年，当时称为兴州，又称为兴庆府。

兴庆府的建筑颇有文化内涵，突出的特点是人字形。《弘治宁夏新志》卷一记载得很清楚：城的俯视平面犹如仰卧的人形，以黄河西岸的高台寺为头，长方形城郭为躯干，城外通向贺兰山的部分为双足。城内建筑纵横交错，道路迥异，犹如人的腑脏。兴庆城寓意天地人三者关系的协调，人是天地间的产物，城也是天地间的产物。

兴庆府以西的贺兰山有数条山间谷道，是中原与西域的通路，兴庆在交易中大受其利。谷道口有许多寺庙，是传播宗教文化的场所。贺兰山山势奇险，西夏政权无后顾之忧。茂密的林场为西夏提供了取之不尽的资源。这样一块自成一系的生态环境，形成了相对稳定的文化区域。

宋代淳化年间，郑文宝主张在宁夏古威州（今宁夏同心县东北）筑城，理由是，“唐大中时，灵武朱叔明收长乐州，邠宁张君绪收六关，即其地也。故垒未圮，水甘土沃，有良木薪秸之利。约葫芦、临洮二河，压明沙、萧关两戍，东控五原，北固峡口，足以襟带西凉，咽喉灵武”①。如果不是“咽喉”，又缺“水甘土沃”，就不可能在威州筑城。

宋元丰五年（1082年）五月，“沈括请城古乌延城以包横山，使夏人不得绝沙漠”。给事中徐禧却在银、夏、宥之界筑永乐城。永乐城依山无水泉，受到有识之士反对，然而，徐禧固执己见，在缺水的地方建了永乐城，号称银川砦。永乐接宥州，附横山，是西夏人的必争之地。李元昊率30万西夏军队围城，“城中乏水已数日，凿井不得泉，渴死者大半”，宋师败绩。“是役也，死者将校数百人，士卒、役夫二十余万，夏人乃耀兵米脂城下而还。宋自熙宁用兵以来，凡得葭芦、吴保、义合、米脂、浮图、塞门六堡，而灵州、永乐之役，官军、熟羌、义保死者六十万人，钱、粟、银、绢以万数者不可胜计。”

元代的宁夏属于较偏僻的未开发地区，统治者开始致力于宁夏的屯田。据《元史·世祖纪》，元初统治者将内地汉民迁至甘肃、宁夏等地屯垦。至元七

---

①《宋史·郑文宝传》。

年（1270 年），徙怀、孟州（今属河南）民千八百余户于西夏境。

《元史·袁裕传》记载：至元八年（1271 年），徙鄂州（今属湖北）民万余于宁夏屯田。之所以要在宁夏屯田，一方面是因为当地田多人少，另一方面是减少南粮北调的运输成本。

党项人多住毡帐。平民百姓的房屋以石头砌房基，以黄土夯为墙，以土或者用牛尾及羊毛编织覆盖房顶。定居的屋室，只有官员才能用瓦盖屋。曾巩在《隆平集》说，党项族“民居皆土屋，有官爵者，始得覆之以瓦”。

2. 甘肃

甘肃在黄河上游，其地形狭长而复杂，处于青藏、内蒙古、黄土三大高原之间的接触地带，呈现东西长、南北窄的形状。甘肃地势西南高东北低，陇山把甘肃东部分成陇东、陇西。陇东是黄土高原，黄河通贯其地。西部是河西走廊，因在黄河以西而得名。在甘肃与青海交界处有祁连山地，祁连山主峰高达 5808 米。

宋代王称撰《西夏事略》，记载甘肃的自然环境条件恶劣，“朝廷欲城古原州，而陕西转运使郑文宝固请筑清远。清远在旱海中，不毛之土，素无井泉。陕右之民，甚苦其役”。王称，字季平，眉州（今四川省眉山市）人。清远城是宋夏战争史上一座非常重要的城池，或认为是甘肃省环县北部的甜水城。

元至正十二年（1352 年）三月，陇西发生地震，延续百余日，地震时间长，范围广，危害严重。

3. 青海

青海地处青藏高原，中间为柴达木盆地，在柴达木盆地西北部有部分戈壁；东南部有部分草原，历史上以畜牧业为主。青海东部素有“天河锁钥”“海藏咽喉”“金城屏障”“西域之冲”和“玉塞咽喉”等称谓，地理位置重要。由于处在青藏高原的东北部，青海风大、寒冷、缺水。同是青海省，生态环境不可一概而论。青海湖是内陆湖，空气清新，水草肥美。环湖之地是人们乐于定居栖息之地，牧民沿着青海湖放牧为生。

4. **新疆**

元代，新疆的农业生态环境得到一定程度的改善。新疆虽然有大片荒凉之地，但也有小块适合耕作的土壤。在吐鲁番盆地，人们种植了小麦、稻、高粱、黍、豌豆、苜蓿、棉花、大麻。在塔里木盆地、伊犁河谷、吐鲁番盆地都是盛行葡萄之地，喀什很早就培植了葡萄。

新疆的雨水少，但天山周围的人们把天山雪水引入到灌溉之中。在阿里麻里城（12—13 世纪突厥人新建的城市），水渠流畅，人们种瓜，种葡萄。哈剌火州是畏兀儿亦都护的首府（在吐鲁番县东二十余公里，现仅有故城遗址），盛产葡萄酒。

《宋史・外国传》介绍宋代西北地区的高昌国与于阗国。

于阗国的环境，“本国去京师九千九百里，西南抵葱岭与婆罗门接，相去三千余里。南接吐蕃，西北至疏勒二千余里。国城东有白玉河，西有绿玉河，次西有乌玉河，源出昆冈山，去国城西千三百里。每岁秋，国人取玉于河，谓之捞玉。土宜蒲萄，人多酝以为酒，甚美”。于阗国，位于今新疆和田一带。

高昌国，汉车师前王之地。有高昌城，取其地势高敞、人民昌盛以为名焉。太平兴国六年（981 年）五月，宋太宗遣供奉官王延德、殿前承旨白勋使高昌。雍熙元年（984 年）四月，王延德等还，叙述从中原到高昌见到的自然环境：初自夏州历玉亭镇，次历黄羊平，其地平而产黄羊。渡沙碛，无水，行人皆载水。凡二日至都啰啰族，族临黄河，以羊皮为囊，吹气实之浮于水，或以橐驼牵木伐而渡。行入六窠沙，沙深三尺，马不能行，行者皆乘橐驼。次历楼子山，无居人。行沙碛中，以日为占，旦则背日，暮则向日，日中则止。夕行望月亦如之。次历拽利王子族，有合罗川，唐回鹘公主所居之地，城基尚在，有汤泉池。次历格啰美源，西方百川所会，极望无际，鸥鹭凫雁之类甚众。次历伊州，地有野蚕生苦参上，可为绵帛。有羊，尾大而不能走，尾重者三斤，小者一斤，肉如熊白而甚美。又有砺石，剖之得宾铁，谓之吃铁石。又生胡桐树，经雨即生胡桐律。次历益都。次历纳职城，城在大患鬼魅碛之东南，望玉门关甚近。地无水草，载粮以行。凡三日，至鬼谷口避风驿，用本国法设祭，出诏神御风，风乃息。至高昌。

《宋史・外国传》还记载：“高昌即西州也。其地南距于阗，西南距大食、波斯，西距西天步路涉、雪山、葱岭，皆数千里。地无雨雪而极热，每盛暑，居人皆穿地为穴以处。飞鸟群萃河滨，或起飞，即为日气所烁，坠而伤翼。屋室覆以白垩，雨及五寸，即庐舍多坏。有水，源出金岭，导之周围国城，以溉田园……用开元七年历，以三月九日为寒食，余二社、冬至亦然。以银或鍮石为筒，贮水激以相射，或以水交泼为戏，谓之压阳气去病。……居民春月多群聚遨乐于其间。游者马上持弓矢射诸物，谓之禳灾。……国中无贫民，绝食者共赈之。人多寿考，率百余岁，绝地夭死。……北廷北山中出硇砂，山中尝有烟气涌起，无云雾，至夕光焰若炬火，照见禽鼠皆赤。采者著木底鞋取之，皮者即焦。下有穴生青泥，出穴外即变为砂石，土人取以治皮。”

四、中原地区

中原地区包括河北、陕西、山西、山东、河南五个省份。中原的空间概念有狭义与广义。狭义的中原就是中土、中州、河南，广义的中原包括河南省大部分地区以及河南周围的河北省南部、山西省南部、陕西省东部及山东省西部在内的黄河中下游地区。李孝聪《中国区域历史地理》第三章认为历史上的中原是一个很难界定的空间范畴，认为中原地区相当于今天的华北地区，华北除山地、滨海地区以外，大部分地区是黄土层，由黄土层引出今日陕西、山西、河北、山东、河南五省及京津二市。①

1. 河北

河北省在黄河以北，简称冀，又称燕赵。河北地形背山面海，有 3/5 的山地、2/5 的平原。北部是内蒙古高原和华北平原的过渡地区，张北高原海拔 1200—1500 米，山峰多在千米以上。西北有燕山山脉。西部有太行山脉，其最高峰小五台山海拔 2870 米。山区是畜牧业基地。河北的南部有坦荡开阔的河北平原，即华北平原的一部分。华北平原的黄土是由黄河、海河、滦河冲积而成，而黄土高原的黄土主要是由风化而成。黄土高原比华北平原更加干旱。但是，黄土地是从事农业的天然土壤，只要水分充足，就能丰收。

古代的河北还有许多河流，在华北平原时常可见到古河床，河床上是干燥

① 李孝聪：《中国区域历史地理》，北京大学出版社 2004 年版，第 149 页。

的浮土。北京的西边、北边山上留下来数条小河，如永定河、潮白河，大多向东南流入海。漳水、卫水襟带于南。今河北雄县一带如同南方的鱼米之乡。宋庞元英在《文昌杂录》卷四记载："雄州城南，陂塘数十里，芰荷极望。以小舫游其闲，鸥鹭往来，红香泛于樽俎，虽江乡亦无此景。四时有蟹，暑月亦甚肥。"

北宋经常派使臣到契丹，从而可以了解辽国的一些情况，诸如环境与社会的信息。《续资治通鉴长编》卷七十九记载，大中祥符五年（1012 年）十月己酉，以主客郎中、知制诰王曾为契丹国主生辰使，王曾使还，向朝廷报告契丹国的交通与环境情况：

是岁契丹改统和三十一年为开泰元年（1012 年），以幽州为析津府。国主弟隆裕卒；隆裕初封吴王，后封楚国王。初，奉使者止达幽州，后至中京，又至上京，或西凉淀、北安州、炭山、长泊。自雄州白沟驿度河，四十里至新城县，古督亢亭之地。又七十里至涿州。北度涿水、范水、刘李河，六十里至良乡县。度卢沟河，六十里至幽州，伪号燕京……出北门，过古长城、延芳淀，四十里至孙侯馆，后改为望京馆，稍移故处。望楮谷山、五龙池，过温余河、大夏坡，坡西北即凉淀，避暑之地。五十里至顺州。东北过白屿河，北望银冶山，又有黄罗、螺盘、牛阑山，七十里至檀州。自北渐入山，五十里至金沟馆。将至馆，川原平广，谓之金沟淀，国主尝于此过冬。自此入山，诘曲登陟，无复里堠，但以马行记日景而约其里数。过朝鲤河，亦名七度河，九十里至古北口。两旁峻崖，中有路，仅容车轨；口北有铺，彀弓连绳，本范阳防厄奚、契丹之所，最为隘束。然幽州东趋营、平州，路甚平坦，自顷犯边，多由斯出。又度德胜岭，盘道数层，俗名思乡岭，八十里至新馆。过雕窠岭、偏枪岭，四十里至卧如来馆，盖山中有卧佛像故也。过乌滦河，东有滦州，因河为名。又过墨斗岭，亦名渡云岭，长二十里许。又过芹菜岭，七十里至柳河馆。河在馆旁，西北有铁冶，多渤海人所居，就河漉沙石炼得铁。……过松亭岭，甚险峻，七十里至打造部落馆。有蕃户百余，编荆为篱，锻铁为兵器。东南行五十里至牛山馆。八十里至鹿儿峡馆。过虾蟆岭，九十里至铁浆馆。过石子岭，自此渐出山，七十里至富谷馆。居民多造车者，云渤海人。正东望马云山，山多鸟兽、林木，国主多于此打围。八十里至通天馆。二十里至中京大定府。……自过古北口，即蕃境。居人草庵板屋，亦务耕种，但无桑柘；所种皆从垄上，盖虞吹沙所壅。山中长松郁然。深谷中多烧炭为业，时见畜牧牛马橐驼，尤多青羊黄豕。亦有挈车帐，逐水草射猎。食止麋粥、糇糒。

蒙古人习惯于游牧生活，入主中原之初，有人企图把农耕区变成游牧区，以维系原来的生活传统。如，别迭等人试图将汉人居地全部“以为牧地”。元朝在华北地区一度弃农放牧，驱赶汉人。大臣伯颜甚至扬言杀尽汉族中张、王、刘、李、赵五姓汉人。[①] 当然，这些主观想法是难以实现的，特定的生态环境决定了人们对经济生活方式的选择，中原大地适合于农耕，不可能以某些人的主观意志而改变为牧场。

据《元史·世祖纪》，元初，蒙古军多次以武力强迫鄂、蕲、黄、襄等州民户与江南匠户数十万北迁大都、河北等地，希望恢复遭受严重破坏的边地经济。由此可知，元代的中国文化出现由南向北移动的现象，这与魏晋到宋代的文化南迁有所不同。蒙古人见到南方人口多，南方人特别擅长农耕，所以就把南方人迁到北方发展农业，以促进社会经济的繁荣。

元代在河北建有大都城，并在位于今河北省张北县馒头营乡白城子的地方修建了中都。另章将有介绍。元代设有海津镇，这是天津的前身。天津与大运河密切相关。隋代开凿大运河，天津作为漕运枢纽，天津才开始发展为城市。

2. 陕西

宋代曾敏行《独醒杂志》卷三记载：陕西“岐山西北十余里有周公祠，祠后山下泉涌出，甘冽特异于他所，土人谓之润德泉。相传云有大变则涸而不流。崇宁中，泉脉忽竭，山下人浚而深之，始得涓滴，终不能复旧也”。

宋代文人对唐代文化很感兴趣，浙江人张礼（字茂中）于元祐（1087—1094年）年间偕友游长安城南，寻访唐代都邑旧址，把实地考察与历史文献、民间传说结合起来，撰《游城南记》。他在书中感叹沧桑变化，说：“城南之景，有闻其名而失其地者，有具其名得其地而不知其所以者，有见于近世而未著于前代者。若牛头寺碑阴记永清公主庄、《长安志》载沙城镇薛据南山别业、罗隐《杂感》诗有景星观姚家园叶家林，闻其名而失其地者也；翠台庄、高望楼、公主浮图、温国塔、朱坡，具其名得其地而不得其所以者也；杨舍人庄、唯释院、神禾少陵两原、三清观、涂山寺、陈氏昆仲报德庐、刘翔集之蒙

---

①《元文类》卷五十七《中书令耶律公神道碑》。

溪、刘子衷之樊溪、五台僧坟院，见于近世而未著于前代者，故皆略之，以俟再考。”

元代把秦岭以南的汉水谷地划归陕西，以加强中央对地方的控制。

元好问在《送秦中诸人引》一文描述关中是一片胜土，人们乐于居住：“关中风土完厚，人质直而尚义，风声习气，歌谣慷慨，且有秦汉之旧。至于山川之胜，游观之富，天下莫与为比。故有四方之志者，多乐居焉。”[①] 由此可见，在诗人的眼中，关中有“山川之胜”可供游观，“天下莫与为比”，因此，吸引着许多人居住在关中，并四处游历。

张养浩撰写《山坡羊·潼关怀古》，描写陕西潼关县东南的要隘——潼关一带的自然面貌。“峰峦如聚，波涛如怒，山河表里潼关路。望西都，意踌躇。伤心秦汉经行处，宫阙万间都做了土。兴，百姓苦；亡，百姓苦。”潼关地处陕西、山西、河南三省交界的要冲。四面八方的群山涌向这里聚集，黄河的波涛在这里澎湃。

陕西有自然灾害。至元二十三年（1286 年）六月，华州华阴县大雨，潼谷水涌，平地三丈余。天历元年（1328 年）八月，陕西大旱，人相食。《元史·明宗纪》记载，天历二年三月，有官员报告：“陕西等处饥馑荐臻，饿殍枕藉，加以冬春之交，雪雨愆期，麦苗槁死，秋田未种，民庶遑遑，流移者众。”

3. **山西**

山西地势由东北向西南倾，恒山、五台山、太岳山、中齐山构成天险。西部是晋西高原山地，以吕梁山为主体，山岭在 1500 米以上，且有黄河作为襟带。北部有阴山为外蔽，雁门为内险。南部有首阳、底柱、析城诸山滨河雄峙，且有险要的孟江和潼关作为门户。中部是晋中平原，汾河贯流其间。东面与南面有太行山。从蒲津关可以通往陕西，从太行关可以通往河南，从飞狐关可以通往河北，从雁门关可以通往塞外，这几个关口如封如闭，造就了其山川完固的形胜。

山西的区位特别重要，它是北方草原游牧民族进入中原的主要通道，特别

---

① 王彬主编：《古代散文鉴赏辞典》，农村读物出版社 1990 年版，第 797 页。

是山西北部经常出现农牧文化的交融与碰撞，草原民族经常从山西河谷直趋中原。

山西陆路交通有变化。沈括《梦溪笔谈·杂志》记载："北岳恒山，今谓之大茂山者是也。半属契丹，以大茂山分脊为界。岳祠旧在山下，石晋之后，稍迁近里。今其地谓之神棚，今祠乃在曲阳。……今飞狐路在茂之西，自银治寨北出倒马关，度虏界，却自石门子、令水铺入瓶形、梅回两寨之间，至代州。今此路已不通，唯北寨西出承天阁路，可至河东，然路极峭狭。太平兴国中，车驾自太原移幸垣山，乃由土门路。至今有行宫。"

元好问写的诗对山西的自然环境有描述，《涌金亭示同游诸君》记载："太行元气老不死，上与左界分山河。有如巨鳌昂头西入海，突兀已过余坡陀。我从汾晋来，山之面目腹背皆经过。济源盘谷非不佳，烟景独觉苏门多。"（《元好问全集》，山西人民出版社1990年版）

元代，山西连续发生过大地震，造成了重大财产伤害，给人们心理留下了深刻的烙印。1303年，平阳、太原地震。1305年，大同地震。两次地震都死了许多人，损失惨重。因为地震，朝廷改平阳为晋宁，太原为冀宁。

4. 山东

山东在太行山以东，故称山东，又称山左。山东的东部是山东半岛，突出在渤海和黄海中。半岛以山和丘陵为主，崂山海拔1130米。泰山与大海构成了"海岱之区"。

山东省的地势，中部为隆起的山地，东部和南部为和缓起伏的丘陵区，北部和西北部为平坦的黄河冲积平原，是华北平原的一部分。西南有豫东平原。山东省的最高点是位于中部的泰山，海拔1545米；最低处是位于东北部的黄河三角洲，海拔2米至10米。山东省地形以平原丘陵为主，平原、盆地约占全省总面积的63%，山地、丘陵约占34%，河流、湖泊约占3%。山东省境内河湖交错，水网密布，干流长50公里以上的河流有100多条。黄河自西南向东北斜穿山东境域，从渤海湾入海。京杭大运河自东南向西北纵贯鲁西平原。海岸线有三千多公里。

宋代吕颐浩《燕魏杂记》记载："元祐年间，黄河行河北东路，自大名府东流入水静军，由沧州至独流寨入海。故御河之水入北京城。由恩州流塘泊，以通漕运。绍圣以来，大河行河北西路，御河水灌大河，漕运遂不通。自中原陷没，堤防圮坏，大河自滑州入曹州广济军、济州，注梁山泊，至南清河趋入海，今南河故地变为桑田。”吕颐浩（1071—1139 年），字元直，沧州乐陵（今属山东省）人。

元好问撰有《济南行记》，描述 1235 年秋与友人联袂游历济南的情况，这是了解大明湖的一手资料。其文曰：“水西亭之下，湖曰大明，其源出于舜泉，其大占城府三之一。秋荷方盛，红禄如绣，令人渺然有吴儿洲渚之想。……大明湖由北水门出，与济水合，弥漫无际，遥望此山，如在水中，盖历下城绝胜处也。”（《元好问全集》，山西人民出版社 1990 年版）由此可见，大明湖的面积很大，与济水汇合，而华峰被湖水所围。正因为济南有大明湖，所以水资源丰富。到了秋天，正是大明湖最美的季节。

5. 河南

河南，简称豫。传闻这个名称与大象有关，古代在河南有成群的大象出没，因而《尚书·禹贡》记载其地为豫州。古代的豫州居九州之中，因而又称为中州。河南省的大部分地区在黄河以南，故称河南。河南属于湿润的大陆季风性气候，日照充足，雨量较多。冬天长，春天干旱风沙多。

河南的地势西高东低，与中国地形的整体走向一致。豫西是山地，豫东和豫中是黄淮平原，豫东南是大别山脉，豫西南是南阳盆地。北、西、南三面环山，东部是平原。西部的太行山、崤山、熊耳山、嵩山、外方山及伏牛山等属于第二地貌台阶。东部平原、南阳盆地及其以东的山地丘陵则为第三级地貌台阶组成部分。豫北山地间有一些小型盆地，豫西有南阳平原，是重要的农业区。豫东是华北平原的西南部，是由黄河、淮河冲积而成。

元代在至元二十八年（1291 年）正式设立河南江北行省，管辖今河南省黄河以南及湖北、江苏、安徽三省的部分地区。这个行省有黄河以南、长江以北的广大地区，其中包括了徐州、扬州、安庆、襄阳、江陵等重要枢纽，可以南控江淮，西掎崤函，东掖海岱，是元代仅次于腹里的地区。

河南江北行省一些地区的行政归属有分有合，《元史 · 地理志二》记载归德府，“至元二年，以虞城、砀山二县在枯黄河北，割属济宁府，又并谷熟入睢阳，酂县入永州，降永州为永城县与宁陵、下邑隶本府。八年，以宿、亳、徐、邳并隶焉。壤地平坦，数有河患”。

元代有大量南征的蒙古将士留居各地镇戍、屯垦。据《元史 · 世祖纪》

记载，至元二年（1265 年），元世祖下诏将河南荒田分给当地蒙古人耕种，河南到处都可见到担任达鲁花赤及其他统治官吏的蒙古人。

史书记载，河南的一些县城经常因水患而改建。如开封附近的封丘，“金大定中，河水湮没，迁治新城。元初，新城又为河水所坏，乃因故城遗址，稍加完葺而迁治焉”。杞县，“元初河决，城之北面为水所圮，遂为大河之道，乃于故城北二里河水北岸，筑新城置县，继又修故城，号南杞县。盖黄河至此分为三，其大河流于二城之间，其一流于新城之北郭濉河中，其一在故城之南，东流，俗称三叉口”。

第三节　南方地区环境

一、西南地区

西南地区包括西藏、云南、四川、重庆、贵州五个省区市。

西南地区，有四川盆地、云贵高原、青藏高原。大巴山与秦岭之间是秦巴山地。秦岭是中国南北地理分界线，其山峰高度在2000米左右，宽度400公里，其北坡最陡急，山北之水皆入渭河，南坡之水皆入汉江。秦巴山地以南有号称“天府之国”的18万平方公里的四川盆地。西南最高点的云贵高原有充分发育的喀斯特地貌。深谷中间的长江、澜沧江有充足的水源。群山之中有适于农业耕作的坝子。

西南地区，从垂直的角度看，占据了我国地势划分的四阶梯。其高山地带（包括青藏高原东部的边缘地带）属于第四阶梯，海拔高度都在2000米以上。云南高原属于第三阶梯，海拔高度多在2000米左右。秦巴山地、四川盆地周边山地和贵州高原的中低山地区属于第二阶梯，海拔高度多在1000—1700米之间。四川盆地和汉中盆地属于第一阶梯，海拔高度多在300—700米。立体分布的多样性，使西南地区环境从垂直结构上有多样性。

1. 西藏

西藏的生态环境可以分为四大板块：其一，藏北高原。长约2400公里，宽约700公里，以牧业为主。海拔4500米以上，形成了一堵巨大的“高墙”。藏北高原地是牧业区。其二，藏东高山峡谷。在那曲以东，北高南低，海拔3500米以下。其三，藏南谷地。有雅鲁藏布江。它在冈底斯山脉与喜马拉雅山之间，有大片的树林。冈底斯，藏语意为众水之源、众山之根。河谷是农业文明温床。平均海拔3500米，谷宽约5—8公里，长约70—100公里。其四，喜马拉雅山地区。在西藏南部，中国与尼泊尔接壤，穆峰构成天然国界。平均海拔 6000 米，有 10 座山峰超过 8000 米，珠峰 8848.86 米。喜马拉雅山山势东西走向，形成南北山坡。由于山太高，东南季风与西南季风难以进入高原，高原上气候寒冷干燥。

藏民从 1027 年开始用藏历，一年 12 个月，以 12 文相配。另配以五行。传闻萨迦派创始人贡觉杰布（1034—1102 年）在日喀则建萨迦寺，藏有多种佛经。

元朝，西藏正式成为中国行政区域，忽必烈封西藏佛教萨加派领袖八思巴为大元帝师、灌顶国师，从此，西藏开始政教合一。

西藏的文化中心是拉萨。拉萨，藏文意思是圣地、佛地，曾称为逻些(些)，意为山羊地。拉萨的地理条件得天独厚。由于它在世界屋脊，所以能够得到太阳的充分照射。它的北边以唐古拉山为屏，从东北向西南是一大片平原，南边的拉萨河提供了丰富的水源。根据藏族史书记载，1300 多年前，大昭寺所在地周围是一片沼泽，沼泽中心有一湖泊，这一带被称为吉雪卦塘，是人烟稀少、野兽出没之地。

佛教密宗喜爱莲花，藏人称地形如花的地点为圣地。传说世界上共有十六个隐藏着的莲花圣地。拉萨是莲花地，墨脱（白马岗）也是莲花地。藏民传说有龙神保护着拉萨。龙神名叫墨竹色青。五世达赖把布达拉宫北面的洼地辟为人工湖，湖心岛上建龙王阁，供奉墨竹色青。

2. 云南

云南在西南边陲，地形北高南低，西北是青藏高原的南延部分，西部排列横断山脉，东部是高原，北部有五莲峰、白章岭等山。大山之间有峡谷、河流、湖泊。山水之间有小平原，当地称为坝子。由于地形复杂，使各地气候呈多类型。云贵高原海拔在 1000—2000 米左右，空气比较稀薄，但昆明一带四季如春。

一方水土，一方人文。宋代周去非在《岭外代答·蛮俗门》中记载西南山区的特定环境，造就了男女在社会中的不同地位。“南方盛热，不宜男子，特宜妇人。盖阳与阳俱则相害，阳与阴相求而相养也。余观深广之女，何其多且盛也！男子身形卑小，颜色黯惨；妇人则黑理充肥，少疾多力。城郭虚市，负贩逐利，率妇人也。而钦之小民，皆一夫而数妻。妻各自负贩逐市，以赡一夫。徒得有夫之名，则人不谓之无所归耳。为之夫者，终日抱子而游，无子则袖手安居。群妇各结茅散处，任夫往来，曾不之较。至于溪峒之首，例有十妻，生子莫辨嫡庶，至于仇杀云。”

元代的云南归云南行省管辖。云南行省管辖今云南全省、四川省部分地区及缅甸、泰国北部等地。

云南昆明城建的较早记载，比较可考的是唐代。南诏国在金汁河和盘龙江之间修筑“拓东龟城”，用以控制金马山要隘。据《元史·兀良合台传》记载，宋代时的大理国把都城移到盘龙江以西，“进至乌蛮所都押赤城。城际滇池，三面皆水，既险且坚，选骁勇以炮摧其北门，纵火攻之，皆不克”。

元宪宗三年（1253年），元军攻占云南。元世祖至元十三年（1276年），赛典赤主滇后，把军事统治时期所设的万户、千户、百户改为路、府、州、县，正式建立云南行中书省。置昆明县，为中庆路治地（昆明命名即始于此），并把行政中心由大理迁到昆明。自此，昆明正式作为全省政治、经济、文化的中心。

元代，昆明城区向北扩展，把五华山圈入城内。昆明有两座山，一是峭拔而巍峨的碧鸡山，一是逶迤而玲珑的金马山。

元代，在昆明地区挖海口河，疏通螳螂川，降低了滇池水位，解除了昆明城市的水患，还“得壤地万余顷，皆为良田”，扩大了农田面积，并修金汁河、松花坝，引盘龙江水灌溉滇池东岸农田。《元史·张立道传》记载：至元十一年（1274年），中书以领大农事张立道熟于云南，奏请忽必烈授予张立道为大理等处巡行劝农使。张立道到达云南，注意到其地有昆明池，介碧鸡、金马之间，环五百余里，夏潦暴至，必冒城郭。立道求泉源所自出，役丁夫二千人治之，泄其水，得壤地万余顷，皆为良田。爨、僰之人，虽知蚕桑而未得其法，立道始教之饲养，收利十倍于旧，云南由是益富。庶罗诸山蛮慕之，相率来降，收其地，悉为郡县。除立道忠庆路总管。

云南大理的巍山古城地处云南西部哀牢山麓，红河源头的巍山，是南诏国的发祥地。巍山古城在唐初有村舍，元代始建古城，明代改为砖城。古城内大街小巷呈井字结构，共有25条街道，18条巷，全长14公里；以星拱楼为中心，街道成井字状分布开来。

《元史·地理志四》记载一些地名与环境有关，如云南建水县是因为临水而得名。“建水州，在本路之南，近接交趾，为云南极边。治故建水城，唐元和间蒙氏所筑，古称步头，亦云巴甸。每秋夏溪水涨溢如海……汉语曰建水。”“易笼者，城名，在州北，地名倍场。县境有二水，蛮语谓溙为水，笼为城，因此为名。昔罗婺部大酋居之，为群酋会集之所。至元二十六年（1289年），立县。”又说到至元二十六年设置的石旧县，县所属有四甸，其中的掌鸠甸名称有讹，“掌鸠甸有溪绕其三面，凡数十渡，故名，今讹名石旧。”“蒙自，县界南邻交趾，西近建水州。县境有山名自则，汉语讹为蒙自。”

元代逐渐对边远无人管理的地区设置机构，加强管理。在云南设有马湖路，《元史·地理志二》记载：“马湖路，古牂牁属地，汉、唐以下名马湖部。宋时蛮主屯湖内。元至元十三年（1276年）内附后，立总管府，迁于夷部溪口，濒马湖之南岸创府治。其民散居山箐，无县邑乡镇。领军一、州一。”云南地处偏远，但地方势力偶尔到京城进贡，“初，马湖蛮来朝，尝以独本葱为献，由是岁至，郡县疲于递送，元贞二年（1296年）敕罢之”。

元初，有属于新附军的大量汉人或汉人囚犯被强迫居留在云南、奴儿干等地屯种。据《元史·兵志》等记载，至元年间，在云南新兴州（今玉溪）、乌蒙等处，有畏吾儿、新附军、汉军等五千余人于此屯种。

元代，云南有地震发生。大德六年（1302年）十二月，云南地震。至大元年（1308年）六月，云南乌撒、乌蒙三日之中，地大震者六。

姚安县位于云南省楚雄彝族自治州西北部，北宋熙宁年间，杨佐从四川到云南买马，见到云南农业得到一定的发展。“渐见土田，生苗稼，其山川风物，略如东蜀之资（资中）、荣（荣县）。”①

3. 四川

元代的四川归四川行省管辖。四川行省管辖今四川省大部分地区及湖南、湖北部分地区。四川的地形相对封闭。它四周被海拔1000米至3000米的山脉环绕，中间偏东是一块北高南低、海拔300米至700米的盆地。四川又称巴蜀，巴蜀的北部有秦岭和大巴山双重屏障，西南部是云贵高原、青藏高原，东部有夔门险阻。有人说巴蜀很像一个宽边微倾的大澡盆。这个“大澡盆”，气候温和，土地肥沃，物产资源丰富，生态条件好，人文具有相对的独立性。

---

①《续资治通鉴长编》卷二六七“熙宁八年八月庚寅”条。

巴蜀水源充沛。巴蜀境内有四条大河流入长江（岷江、涪江、沱江、嘉陵江），故称四川。农耕文明大多是在水边起源，因而巴蜀历史悠久。巴地多山，蜀为平原，因而巴文化与蜀文化有所不同。

宋代有了“四川”名称。据清初顾炎武《日知录》记载：“唐时剑南一道，止分东西两川而已。宋则为益州路、梓州路、利州路、夔州路，谓之川峡四路，后遂省文，名为四川。”① 在宋真宗咸平四年（1001 年）三月十日下诏：分川峡为上述四路，这也就是在宋代典籍中常提到的“川峡四路”，后来对文字进行省并，定名为“四川”，元代时将省名正式固定下来。

元代在四川设有碉门宣抚司，治今四川天全县。《元史·地理志二》记载：“至元二年，授雅州碉门安抚使高保四虎符，高保四言：‘碉门旧有城邑，中统初为宋人所废，众依山为栅，去碉门半舍，欲复戍故城，便于守佃。’敕秦蜀行省：‘彼中缓急，卿等相度，顺得其宜，城如可复，当助成之。’三年，谕四川行枢密院，遣人于碉门、岩州西南沿边，丁宁告谕官吏军民，有愿来归者，方便接纳，用意存恤，百姓贫者赈之，愿徙近里城邑者以屋舍给之。”

元初，意大利旅行家马可·波罗游历中国时，称赞成都为中国西南大都会，商人运输、买卖货物进出往来，“世界之人无能想象其盛者”（《马可·波罗行纪》）。

4. 贵州

贵州省简称贵、黔。贵州位于云贵高原东部，境内多山，人称“八山一水一分田”。山脉大多是东北、西南走向。西部最高，海拔在 2000 米左右。西部有乌蒙山，北部有大娄山，东北部有武陵山，中部有苗岭。山势崎岖，河流湍急，主要河流有乌江、赤水河、清水江等。在山区之间有许多枣形盆地，盆地有一些城镇村落。贵州的气温比较稳定，四季变化不明显，属中亚热带湿润季风气候。

贵阳是中国西南的重镇，贵阳所在地是一个河谷盆地，盆地 30 多平方公里，地势较平，四周有众多的河流，南明河从西南流贯城中，与市西河、贯城

---

①（清）顾炎武著，（清）黄汝称集释：《日知录集释》，上海古籍出版社 2006 年版，第 1747 页。

河在城中汇合，向东北注入清水江。盆地四周有层层山峦和关隘，易守难攻。盆地物产丰富，形成了多元经济格局。贵阳是西南的交通枢纽，它“东枕衡湘、西襟滇诏、南屏粤峤、北带巴夔”，但城区发展范围有限，交通也不太方便。贵阳的扶峰山、栖霞山、黔灵山有很优美的风景。扶峰山的山石多成螺旋形，山间有扶峰寺。扶峰寺左侧有阳明祠，寺内有仓圣楼、字冢楼，楼前有四时不竭的清池。栖霞山又名东山，山上有东山寺、奎星阁、龙船石等景点。黔灵山有珍禽异草，猕猴成群。

宋代已开始在遵义筑城，遵义城在娄山南麓的盆地中，四周是重叠的群山，湘江从西北向东南绕城渡过，城南有许多农田，构成了天然粮仓。遵义的植被很好。凤凰山在城中心，如同天然植物园，把遵义城衬托得郁郁葱葱。

二、长江中下游地区

长江中下游地区包括湖北、湖南、江西、安徽、江苏五个省份。

长江中下游地区西起巫山，东达于海。以长江为主要水系，支流众多，湖泊密集，丘陵与平原交错，是中国南方的重要农耕区。从湖北宜昌到江西湖口为长江中游，湖口以下为长江下游。长江中游的湖北与湖南实是一个相对独立的自然地理单元，中间是两湖平原，长江穿越其间，四周是群山环绕。长江下游也是一个大的单元，下游以南流域习惯于称为江南、江左、江东。

元代，南方比北方更适宜人们生存。明代蒋一癸《尧山堂外纪》记载：元代时，色目人从北方到江南，由穷人变成了富人，反犹辱骂南方不绝于口，自以为是贵族出身，视南方如奴隶然。豫章人揭曼硕（揭斯）对此种风气颇为不满，《题雁图》云：“寒向江南暖，饥向江南饱。物物是江南，不道江南好。”南方气候暖和，资源丰富，北方人向南方转移，求得了新的生存机会。但是，北方人仍然有不习惯于南方的感受，时常有嘲弄南方的话语，实为情理之中的事。但是，如果北方人以贵族的傲慢对待南方人，就会引起南方人的不满。揭曼硕是江西人，他的诗代表了一些江南人的感受。

1. 湖北

长江中游的鄂州（今武汉武昌），为“淮楚荆湖一都会”，是商品的集散地，连接川、广、荆、襄、淮、浙、皖、赣等地。今武昌解放路的历史可追溯到宋代，它是在蛇山与长江之间形成的一条街，宋代祝穆的《方舆纪胜》、陆游的《入蜀记》对这条街有描述。武昌有南市，南市在城外，沿江数万家。宋代张栻撰有《黄鹤楼说》，载于他的《南轩集》卷十八。从社会上流传的宋代黄鹤楼图，可见当时的建筑为台阁式，高大宏伟，粗梁柱，大屋檐，稳健端庄。黄鹤楼代表了当时最高的建筑技术。

长江沿岸都有交通口岸。四川的货物先送到夷陵，再运到京城。苏轼有诗描述说："游人出三峡，楚地尽平川。北客随南贾，吴樯间蜀船。"这说明了宋代湖北的商贸情况。陆地上有驿站，设有驿吏，负责过往人员的接待和传递官府公文。有急脚递、马递，用马传递公文可日行400里。江陵和襄阳仍是重要的枢纽。北宋商人时常从黄州北上大别山，从光州、蔡州到开封。今武汉一带已是全国性的水陆交通中心。

陆游《入蜀记》描述了他经过今荆州石首附近江边的情况："九日，早，谒后土祠。道旁民屋，苫茅皆厚尺余，整洁无一枝乱。挂帆，抛江行三十里，泊塔子矶，江滨大山也。自离鄂州，至是始见山。买羊置酒。盖村步以重九故，屠一羊，诸舟买之，俄顷而尽。求菊花于江上人家，得数枝，芬馥可爱，为之颓然径醉。夜雨，极寒，始覆絮衾。"这就是一幅农家田园场景。

据苏轼《东坡志林》记载，苏轼游鄂州的西山（古称樊山），写了《记樊山》："自余所居临皋亭下，乱流而西，泊于樊山，为樊口，或曰'燔山'，岁旱燔之，起龙致雨；有洞穴，土紫色，可以磨镜。循山而南至寒谿寺，上有曲山，山顶即位坛、九曲亭。西山寺泉水白而甘，名菩萨泉，泉所出石，如人垂手也。"

元代的湖北部分地区归湖广行省管辖。湖广行省管辖湖南、广西两省以及湖北、贵州、广东三省部分地区，其治所先后在江陵、潭州、鄂州。河南江北行省管辖今湖北江北地区。

《元史·地理志五》"江南湖北道肃政廉访司"条记载：至元十一年(1274年)，"立荆湖等路行中书省，并本道安抚司。十三年，设录事司。十四年，立湖北宣慰司，改安抚司为鄂州路总管府，并鄂州行省入潭州行省。十八年，迁潭州行省于鄂州，移宣慰司于潭州"。有武昌路、岳州路、常德路、澧州路、辰州路、兴国路、靖州路。显然，这些地点相当于今湖北南部、湖南北部、江西的一部分地区。

与交通相关的造桥技术值得一提。李焘《续资治通鉴长编》卷十五"开宝七年闰十月己酉”条记载：“上遣八作使郝守浚率丁匠自荆南以大舰载巨竹䉶，并下朗州所造黄黑龙船，于采石矶跨江为浮梁。或谓江阔水深，古未有浮梁而济者，乃先试于石牌口。既成，命前汝州防御使灵邱陆万友往守之。”这段材料说的是：宋初发动统一战争，向南进攻南唐。太祖派八作使郝守浚在湖北境内造船，在采石矶一带造浮桥过江，使宋军人马顺利渡江，平定了南唐政权。浮桥的规模与样式现在不得而知，但是，宋人敢于在宽阔的长江上，不畏湍急的江水而架桥，气度非凡，技术可嘉。

在武汉江夏区贺站镇陈六村有一座古桥，是元至正九年（1349 年）所建。这是武汉地区现存最早、跨度最大且有明确纪年的一座古桥。桥名南桥，为单孔半圆形石拱桥，全长 36.7 米，桥孔跨度过 10 米，半圆拱的矢跨之比为 1/2，属于斗拱桥。桥基立于河床的岩层之上，主体建筑材料为凿磨规整的红砂石块砌筑，黏合材料为糯米浆和石灰。①

地方官员重视环境调查与管理。史书记载：孟珙“端平二年（1235 年），知光州，又兼知黄州。三年，珙至黄，增埤浚隍，搜访军实。边民来归者日以千数，为屋三万间居之”②。“苏天爵，字伯修，真定人也。……湖北地僻远，民獠所杂居，天爵冒瘴毒，遍历其地。”③

有两条资料值得备存。《元史·刑法志》记载，元代依法律规定：“诸流远囚徒，惟女直、高丽二族流湖广，余并流奴儿干及取海青之地。”这说明，湖广地区的居民中有从东北迁移过来的流民。元泰定四年（1327 年），成都、峡州、江陵地同日震。历史上，湖北的江陵极少地震，而元代此地却有地震发生。

2. 湖南

湖南省位于洞庭湖以南，故称湖南。湘江流贯全省，故简称湘。湘江沿岸生长许多芙蓉，所以又称为芙蓉国。湖南在长江中游南部，五岭山脉以北。地形呈东南西三面环山，湘西的群山海拔多在千米以上，最高的雪峰山海拔

---

① 祁金刚：《江夏溯源》，武汉出版社 2008 年版，第 341 页。

②《宋史·孟珙传》。

③《元史·苏天爵传》。

1900米。湘北是敞开的洞庭湖平原，湘、资、沅、澧流入洞庭湖。洞庭湖在湖南省东北，周九百余里，为五湖冠，多沙洲岛屿，君山尤大，近湖多沮洳之地。沿湖东岸行，入湘江，上溯，过湘阴县，附近有汨罗水。湖南四季分明，为大陆性中亚热带季风湿润气候。受东亚季风环流的影响，湘西与湘南山地的气候有垂直变化。

宋代范仲淹的《岳阳楼记》使岳阳楼名声大噪。在岳阳楼上放眼洞庭湖，令人心旷神怡。

元曲有《渔父词》，其中反映了湖湘地区的生态环境。如：

潇湘画中，雪翻秋浪，玉削晴峰。莼鲈高兴西风动，挂起风篷。梦不到青云九重，禄不求皇阁千钟。浮蛆瓮，活鱼自烹，浊酒旋篘红。

湘江汉江，山川第一，景物无双。呼儿盏洗生珠蚌，有酒盈缸。争人我心都纳降，和伊吾歌不成腔。船初桩，芙蓉对港，和月倚篷窗。

吴头楚尾，江山入梦，海鸟忘机。闲来得觉胡伦睡，枕著蓑衣。钓台下风云庆会，纶竿上日月交蚀。知滋味，桃花浪里，春水鳜鱼肥。

江湖隐居，既学范蠡，问甚三闾。终身休惹闲题目，装个葫芦，行雨罢龙归远浦，送秋来雁落平湖。摇船去，浊醪换取，一串柳穿鱼。

写出了和谐的生态状况与丰富的水生资源，“生珠蚌”，“鳜鱼肥”。

卢挚（约1242—1315年），字处道，涿郡（今河北涿州市）人。20岁左右，由诸生晋升为元世祖忽必烈的侍从之臣。卢挚作有《湘阳道中》，反映了元代今湖南地区的乡村环境：“岳阳来，湘阳路。望炊烟田舍，掩映沟渠。山远近，云来去。溪上招提烟中树，看时见三两樵渔。凭谁画出，行人得句，不用前驱。”

卢挚作《闲居》，反映了村落环境与民众生活：“雨过分畦种瓜，旱时引水浇麻。共几个田舍翁，说几句庄家话，瓦盆边浊酒生涯。醉里乾坤大，任他高柳清风睡煞。恰离了绿水青山那答，早来到竹篱茅舍人家。野花路畔开，村酒槽头榨，直吃的欠欠答答。醉了山童不劝咱，白发上黄花乱插。学邵平坡前种瓜，学渊明篱下栽花。旋凿开菡萏池，高竖起荼蘼架，闷来时石鼎烹茶。无是无非快活煞，锁住了心猿意马。”农民根据雨水的情况实施农作物管理，种瓜、栽花、凿池、烹茶，体现了人与自然的和谐。

卢挚撰《节节高·题洞庭鹿角庙壁》，描述了今湖南岳阳市鹿角镇附近的风景：“雨晴云散，满江明月，风微浪息，扁舟一叶。”这简直就是一幅山水国画。大雨过后，天色初晴，云开雾散，江水在明亮的月光下，风平浪静，一只小船漂浮在浩如烟海的湖面。这就是卢挚当时见到的自然风光。

宋代理学家周敦颐的故居在道县城西 15 里安定山下的濂溪旁。他晚年寄居江西庐山莲花峰下的一条水溪旁，他把小溪也称为濂溪。湖南的周氏故居已荡然无存，但明代道州知府王会的《周子故里说》是一篇介绍周氏故居的佳文，文章不长，摘录如下："州西十五里，有砦（寨），乡人所筑以避寇乱者，俗称为安心砦。其麓，周氏家焉。右龙山，左豸岭，冈垅丘阜，拱揖环合。世传有五墩饶宅，若五星然，世久为乡人所没，今仅存其一。濂溪先生实生于此。……泉之上为有本亭，迤东为风月亭，沿流而东为濯缨亭，又东为故居，家庙在焉，先生子孙居之。又东为大富桥，先生幼时钓游其上，濯缨而采之，即其地也。"

3. 江西

元代的江西归江西行省管辖，江西行省管辖今江西全部及广东全省。

江西省位于长江中游以南，唐代归江南西道管辖，所以称为江西，又因为其境内最大的河是赣江，所以简称赣。

江西地形东南西高，北边低。南边是南岭山脉的大庾山、九连山。东边是武夷山和怀玉山。西边和西北是罗霄山、幕阜山。北边临江有鄱阳湖平原，赣江、信江、抚河、饶河、修水流入鄱阳湖。江西四季分明，属东亚季风气候。江西山多，矿藏丰富，古代的冶铜业发达。

宋代是江西文化最辉煌的时期，在全国独领风骚三百年。[①] 今人钱钟书选编的《宋诗选注》中有三分之一的作者是江西人。唐圭璋的《全宋词》中有十分之一的作者是江西人。这时的主要名人有属于唐宋八大家的欧阳修、曾巩、王安石，北宋四大家之一的黄庭坚，南宋四大家之一的杨万里，理学大师陆九渊、吴澄，地理学家乐史。此外还有李觏、文天祥、晏殊、晏几道、洪迈等。他们在文学、理学方面有杰出贡献。元代江西还有虞集、马端临。

元祐年间，余干县人都颉作《鄱阳七谈》，[②] 其主要内容为："其一章，言

---

① 周文英等：《江西文化》，辽宁教育出版社 1993 年版。

② 洪迈担心这篇三千字的文献丢失了，就收录在《容斋随笔》卷六之中。

澹浦、彭蠡山川之险胜，番君之灵杰；其二章，言滨湖蒲鱼之利，膏腴七万顷，柔桑蚕茧之盛；其三章，言林麓木植之饶，水草蔬果之衍，鱼鳖禽畜之富；其四章，言铜冶铸钱，陶埴为器；其五章，言宫寺游观，王遥仙坛，吴氏润泉，叔伦戴堤；其六章，言鄱江之水；其七章，言尧山之民，有陶唐之遗风。”其中涉及的山川、渔业、农业、蚕桑业、林业、蔬菜、冶炼、陶埴、寺院、鄱江之水等，都是宋代环境史的资料。

江西北端的九江有重要的战略地位，它襟江带湖，北濒长江，南靠庐山，东临鄱阳湖，西邻八里湖。有很多水系在此流入长江，故称九江。九江市古称寻阳，宋人编的《太平寰宇记》“江州”条对寻阳的地理位置很看重，认为：“寻阳南开六道，途通五岭，北导长江，远行泯汉，来商纳贾，亦一都会也。历宋齐梁陈，郡与州并理，弹压九派襟带上流，自晋以来，颇为重镇。”

苏轼《东坡志林》中的《记游庐山》记载，苏轼“初入庐山，山谷奇秀，平生所未见，殆应接不暇，遂发意不欲作诗”，已而见山中僧俗，忍不住诗兴大发，写下了一些描述自然的不朽名句。如：“横看成岭侧成峰，远近高低各不同。不识庐山真面目，只缘身在此山中。”

江西景德镇是新兴的瓷业中心，瓷器产量不断扩大。其他地区的龙泉窑、钧窑、德化窑的瓷器也很精美。人们对瓷器原料与工艺的认识不断提高，才可能烧制出上好的瓷器。

曾敏行的《独醒杂志》成书于宋淳熙十二年（1186 年）。从中可知，曾敏行世居江西，对家乡怀有深厚的感情，并且易于考辨闻见。因此《独醒杂志》中用较多的篇幅记述了江西的风土人情、山水名胜和历史遗迹。《独醒杂志》卷十记载：“赣之龙南、安远，岚瘴甚于岭外。龙南之北境有地，曰安宁头，言自县而北，达此地，则瘴雾解而人向安矣。”

《独醒杂志》卷三记载了（宋代）刘彝在江西赣州（当时称为虔州）的政绩。“刘彝以论治水见称，后治郡，率能兴水利。彝守章贡，州城东西濒江，每春夏水潦入城，民尝病浸，水退则人多疾死，前后太守莫能治。彝至，乃令城门各造水窗，凡十有三间，水至则闭，水退则启，启闭以时，水患遂息。”“刘执中彝，知虔州，以其地近岭下，偏在东南，阳气多而节候偏，其民多疫，民俗不知，因信巫祈鬼，乃集医作《正俗方》，专论伤寒之疾。尽藉管下巫师，得三千七百余人，勒之，各授方一本，以医为业。楚俗大抵尚巫，若州郡皆仿执中此举，亦政术之一端也。”①

元代人修《宋史》，为刘彝立传，卷三三四《刘彝传》记载：刘彝，字执中，福州人。幼介特，居乡以行义称。从胡瑗学，瑗称其善治水，凡所立纲纪规式，彝力居多。第进士，为邵武尉，调高邮簿，移朐山令。治簿书，恤孤寡，作陂池，教种艺，平赋役，抑奸猾，凡所以惠民者无不至。邑人纪其事，目曰“治范”。熙宁初，为制置三司条例官属，以言新法非便罢。神宗择水官，以彝悉东南水利，除都水丞。久雨汴涨，议开长城口，彝请但启杨桥斗门，水即退。为两浙转运判官。知虔州，俗尚巫鬼，不事医药。彝著《正俗方》以训，斥淫巫三千七百家，使以医易业，俗遂变。

刘彝是在熙宁年间（1068—1077 年）任虔州知州，他根据地形，规划并修建了赣州城区的街道。他特别重视排水系统，建成了两个排水干道系统，利用城市地形的高差，采用自然流向的办法，使城市的雨水、污水自然排入江中，其精巧的坡度和断面设计，保证排水沟内水流有足够冲力，冲走泥沙。为防江水倒灌入城，刘彝还根据水力学原理，在排水沟出水口处，“造水窗十二，视水消长而后闭之，水患顿息”。至今，全长 12.6 公里的排水沟仍承载着赣州近 10 万旧城区居民的排污功能。有专家研究：赣州旧城，即使再增加三四倍雨水、污水流量，也不会发生内涝。如今，刘彝的铜像坐落在赣州古城墙边的宋城公园。

江西婺源是南方最美丽的风景区之一，但是，在元代延祐三年（1316 年）七月的一场大水，全县淹死 5300 人；正是有这样一些惨痛的教训，所以，人们非常讲究环境，精心选择宅舍的基址。②

出生于江西的王安石在《书湖阴先生壁二首》描述了当时农村的茅草屋，“茅檐长扫静无苔，花木成畦手自栽。一水护田将绿绕，两山排闼送青来”。茅草屋虽然简陋，但生活得却很舒服。经常打扫茅草屋檐，使一尘不染，青苔屋前一畦一畦的花木都是自己亲手栽种的，曲折的小溪紧紧地围绕着绿油油的田地，两座青山推门而入，送来了青翠欲滴的山色。

江西乐安县有个流坑村，五代时迁建于此，宋代修有族谱。南宋隆兴年

---

① 刘彝（1017—1086 年），字执中，福州（今福建省福州市长乐区）人。

② 武旭峰：《发现婺源》，广东旅游出版社 2005 年版，第 30 页。

间，村中出了个状元董德元，并修建了状元楼。村民有经商的，有种田的，但都很重视读书，历史上先后出现过多名进士，成为文化深厚的古老村落。

宋代辛弃疾一直心怀壮志，主张抗金，收复中原。他在担任江西安抚使时，在上饶城北带湖之滨修建了“稼轩”，作为引退的居处。他在淳熙八年(1181年)写了一首《沁园春·带湖新居将成》，先述说了建新居的原因，又描述了新居的规划：“东风更葺茅斋，好都把轩窗临水开。要小舟行钓，先应种柳；疏篱护竹，莫碍观梅。秋菊堪餐，春兰可佩，留待先生手自栽。”这就是说，修建房屋，窗子面水，前后要有竹、梅、菊、兰，以便熏陶情操。

宋代流行宗族合居。宋代池州人方纲全家七百多人共住，八世同堂。《宋史》记载：江州陈兢“九世同居，长幼七百余口。不置仆妾，上下姻睦，人无闲言。每食必群坐广堂，未成年者别为一席”。《宋史》还记载：李琳十五世同堂。这些同堂的民居，在一百多年或几百年中，不分家产，由“大家长”统一安排生活和处理各种大事。浙江省浦江县有个郑宅村，是研究南宋以来传统宗族的“教科书”。从1128年开始，郑氏在此合族同居。历代朝廷称之为“郑氏义门”。该村原有九世同居碑亭、东明书院、祠堂，现仍保存许多古建筑。由于人丁兴旺，村子已改为镇。

4. 安徽

元代，江浙行省管辖今安徽、江苏、浙江、福建各省部分地区。安徽境内的淮河和长江把安徽分成了淮北、江淮、江南三大块。地势南高北低。江南是山区，有黄山、天目山、九华山。西南有大别山，西部有皖山（天柱山）。江淮之间是丘陵，有巢湖于其间。淮北有冲积平原，是黄泛区，属暖温带半湿润季风气候。淮南属亚热带湿润季风气候。安徽南端的新安江是钱塘江的上游。

徽州民居历史悠久。以呈坎村为例，该村有千年历史，宋代朱熹称之为“呈坎双贤里，江南第一村”。该村现有200余幢古建筑。呈坎村原有文昌阁、文会馆、藏经楼、大圣堂、关帝庙、八角亭，今都被毁坏。

黟县县城东北10公里有个宏村，据村志及汪氏宗谱记载，12世纪初，江氏始祖经过此地，认定此处很好，背有来仑山雷岗耸峙，旁有小溪环带，形势较胜，于是藏谱牒祖像，卜筑数椽于雷岗之下，开始在这里创业。

5. 江苏

江苏省在我国东部，东临黄海，西接安徽，北邻山东，南连上海和浙江。边缘是山丘，中间是平原。省内水域面积占 16.9%，长江横贯东西，大运河纵穿南北，太湖和洪泽湖周边土地湿润肥沃，适宜种水稻。

南宋初年，金军攻陷汴京，高宗的臣僚都主张在南京建都。李纲主张以长安为西都，襄阳为南都，建康为东都。卫肤敏、刘珏等人认为金兵不擅长水战，宋军应凭借长江天堑，抵抗金兵，都城可设在南京，南京外连江淮，内控湖海，财力富盛，可以久峙。张扩提出上策幸巴蜀，中策都武昌，下策都建康，建康是南宋建都的最好选址，但高宗贪图安逸，害怕金兵，执意把都城设在临安（杭州）。

今日江苏的地面与元代江苏的地面有所不同，主要是滨海地区有变化。属于江苏的泰州在元代时紧邻大海。《元史·顺帝纪三》记载：至顺正年六月，"扬州路崇明、通、泰等州，海潮涌溢，溺死一千六百余人"。泰州城内的望海楼在宋代时可以看到大海，元代时，泰州仍然受到海潮侵袭，至溺人死。

宋代时，泰州城内有发达的水道，船行如人履平陆。南宋词人韩元吉在《鼓楼记》描述泰州说："海甸之郊，介江而濒海曰海陵郡，其地富鱼盐，骈商贾，河流贯城中，舟行若夷路。"显然，宋代时，泰州城内就有发达的水道，船行如人履平陆。元代，赵孟頫在至正二十九年（1292 年）担任泰州尹。他在泰州留下了一些有名的诗句，如《二月二日尊经阁望郊外》描述泰州说："朝登西北楼，遐景舒我怀。熹微晨光动，窈窕春增华。草木罕悴色，山川一何佳。悠然斜川意，千载与我谐。"在诗人眼中，泰州城外的草木都是欣欣向荣的，没有憔悴之色，山川秀美，全是佳景，一片生机的样子。赵孟頫，大书法家，湖州（浙江吴兴）人。

元末，张士诚的部属陈基写有《泰州诗》，说到泰州的重要地位："吴陵古名邦，利尽扬州城。旧城虽丘墟，新城如铁石。昔为鱼盐聚，今为用武国。"陈基，元临海（今浙江临海）人，著有《夷白斋集》。1365 年，泰州城被徐达与常遇春攻破，城内受到严重毁坏。陈基站在城内，"踯躅慨蒿藜，徘徊认阡陌”，感叹战争对城市的破坏，于是写了这首诗。[1]

元代的南方人口多，经济发达，城市密集，占地面积普遍较大。据《至顺镇江志》卷二《地理·城池》记载，元代的镇江城，城周约26里。

元代的扬州是一个地位非常突出的城市。扬州临江，南隶浙西，北隶河南，壤地千里，鱼盐稻米之利擅于东南，为天下府库。其地舟楫溯江，远及九江、武昌。张可久撰有《小桃红·寄鉴湖诸友》：“一城秋雨豆花凉，闲倚平山望。不似年时鉴湖上，锦云香，采莲人语荷花荡。西风雁行，清溪渔唱，吹恨入沧浪。”这首曲子描写了扬州的自然环境，张可久浪迹扬州，在西北郊的平山堂写了此曲。鉴湖在浙江绍兴，那里有张可久的一些文友，时常引起张可久的怀念。从这首曲可知，扬州在秋季仍有充足的雨水，“一城秋雨”，全城都笼罩在雨水中。其中又说到物候，“西风雁行”，秋风乍起，大雁南行。

江苏在至元年间曾发生大水，至元二十七年（1290年）十月丁丑，江阴、宁国等路大水，民流移者四十余万户。至元二十九年（1292年）正月，湖州、平江、嘉兴、镇江、扬州、宁国、太平七路大水。

元代，因为运河的缘故，徐州成为南北运输的要冲，是吴越通往大都的必经之地，有“五省通衢”之称。1351年，萧县人李二起义，占领徐州，截断了运河，朝廷告急。1352年，右丞相脱脱率大军将其剿灭，并毁城。

苏州城是个水城，城市建在水网之中，有东方威尼斯之誉。以前，木船是主要的运输工具。城内河道整齐，两岸有楼房，形成水巷。水多则桥多，城市成了桥梁展览馆。苏州有宽阔的外护城河，又有内城河一圈。街道依河而建，前巷后河，水陆平行。人们称为“小桥、流水、人家”。今有河道35公里，桥160多座。“水陆平，河街相邻”。条条水道沟通着大湖，小舟可直达太湖、阳澄湖。

嘉祐年间（1056—1063年），苏州百姓主动改造交通环境。《梦溪笔谈·官政》“巧筑苏州至昆山长堤”条介绍，当时，苏州到昆山有六十里，都是浅水洼而没有陆路，老百姓苦于涉水行走，就想筑堤为路。可是苏州一带是低洼积水之地，没有地方可以取土。怎么办呢？有人想出妙计，在水中用芦席、草把子扎成墙，栽成两行，中间相距三尺。在相距六丈的地方，也用同样的方法

---

① 朱学纯等：《泰州诗选》，凤凰出版社2007年版，第71页。

扎一道墙。捞起水中淤泥填到芦席草墙中，等泥干了，用水车把两墙之间的积水排掉，就露出了六丈宽的泥土。将这六丈土留一半作为修堤的基础，将另一半挖成水渠，挖出来的土正好用来筑堤。每隔三四里便造一座桥，用来沟通南北的水流。没有多久堤就修好了，大堤一直给人们以行路之便。

苏州建城以来，迭遭兵火，数度兴废。元至元十二年（1275年），元军南下江南，城池悉命夷堙，民杂居城堞之上。元末张士诚据苏州，至正二十七年（1367年），朱元璋部围城十个月，日夜以炮轰击，当张士城兵败，又纵火齐云楼，子城、大城俱毁。

三、东南沿海地区

东南沿海地带包括浙江、福建、台湾三个省份。

1. 浙江

浙江省因钱塘江曲折而得名。中国许多省份都是因生态环境而得名。浙江省其地是“七山一水二分地。”山脉有三支：北支有天目山、千里岗、龙门山；中支有仙霞岭、天台山、四明山、会稽山；南支有洞宫山、雁荡山、括苍山。浙南群山大多海拔千米以上，最高峰黄茅尖海拔达1921米。天目山是黄山余脉。浙江地势自西南向东北倾斜，杭嘉湖平原是省内最大的平原，河湖密布。省内的主要水系有钱塘江、曹娥江、甬江、灵江、瓯江、飞云江。浙江的海岸线曲折，长约2200公里。沿海有2000多个岛域，如舟山、玉环等岛屿。在古代社会，浙江的发展受益于大运河。大运河是古代南北经济、文化交流的重要通道，北起北京，南达杭州，在浙江境内长129公里。

宋代户部尚书韩公到温州任郡守时，组织开河，大大改变了生态环境，使城市如同园林。韩公改造温州城的事，叶适在《永嘉开河记》作了介绍，说：“温州并南海以东，地常燠少寒，上壤而下湿。昔之置郡者，环外内城皆为河，分画坊巷，横贯旁午，升高望之，如画弈局。”

绍兴城，城周约45里。乔吉撰写了《折桂令·丙子游越怀古》，记载他于丙子年（1336年）见到的绍兴卧龙山的风景，“蓬莱老树苍云，禾黍高低，狐兔纷纭。半折残碑，空余故址，总是黄尘”。乔吉看到有一株株老树直插云端，禾黍高高低低，山狐野兔到处乱窜。这首元曲揭示了元朝初年社会凋零的样子，南宋的繁华已经不存在了，物是人非，百废待兴。

《元史·顺帝纪五》记载：至正十年（1350 年）三月，“奉化州山石裂，有禽鸟、草木、山川、人物之形”。石中形象，现在看来，应是化石。但是，古人却认为是异常现象。奉化州在元代元贞初年升奉化县置，治所在今浙江奉化。

元代画家赵孟頫撰《吴兴山水清远图记》，记载浙江境内的吴兴有一处百顷的大湖，环境极佳。“（吴兴）南来之水出天目之阳，至城南三里而近汇为玉湖，汪汪且百顷。……玉湖之水，北流入于城中，合苕水于城东北，又北东入于震泽。”[①] 如果以这一段材料与今天的吴兴环境比较，就可以判明环境的变迁了。

浙江中西部南溪村，1996 年确定为全国重点文物保护单位。1340 年，诸葛亮的后裔在高隆岗规划，以钟池为中心，由中心向周边辐射修筑村落。诸葛亮的后裔子孙遵循祖训“不为良相，便为良医”，世世代代做药材生意，药铺遍布江浙。诸葛村的民居很有特色，俯视村落像太极八卦图。村子中间有口名叫“钟池”的池塘，半边池水，似阴阳太极图。从钟池向四周排列八条巷道，有序地排列着几十座古老的厅堂。巷道纵横，如同迷魂阵。诸葛村鼎盛时期有 45 座祠堂，最大的是丞相祠堂，它占地近 8000 平方米，五开间结构，还有钟楼和鼓楼，现在已毁。

浙江中部有周庄。元代中期，沈万三的父亲重视环境，从吴兴南寻沈家漾迁到周庄，他利用白蚬江（即东江）西接京杭大运河，东北接浏河的优势，把周庄变成了一个粮食、丝绸、手工业产品的集散地。

在长江出海口，崇明岛的雏形已基本奠定，从而确立了我国现今地形图上第三大岛地位的基础。[②]《元史》卷五十九《地理志二》记载：“崇明州，本通州海滨之沙洲，宋建炎间有升州句容县姚、刘姓者，因避兵于沙上，其后稍有人居焉，遂称姚刘沙。嘉定间置盐场，属淮东制司。元至元十四年，升为崇明州。”

至元二十九年（1292 年），元朝割华亭五乡设上海县，治上海镇，属松江

---

① (元) 赵孟頫著，任道斌校点：《赵孟頫集》，浙江古籍出版社 1986 年版，第 143 页。

② 陈吉余：《长江三角洲江口段的地形发育》，《地理学报》1957 年第 3 期。

府（今上海松江）。[①]

2. 福建

福建省简称闽。福建背山面海，地势西北高、东南低，全省总面积80%以上是山地丘陵，素称“八山一水一分田”。西部有绵亘的武夷山脉。闽西最大的地理特点是处三省交界处，山地丘陵多，大山脉有武夷山脉、玳瑁山、仙霞山脉和博平岭山脉等穿插其间，小盆地星罗棋布。北部有杉岭山脉，其主峰黄岗山海拔两千多米。从西北山区发源的河流流向东南大海，闽江是省内第一大河，主干长570多公里。闽江、晋江、九龙江在东南冲积形成了福州平原、漳州平原、莆仙平原、泉州平原。历史上，曾经在今福建的福州、建瓯、泉州、莆田、漳州、长汀、邵武、南平设有州府，故人们称福建为八闽。福建，得名于福州、建瓯二地名的首字。

福建的山脉走向多与海岸平行，沿海有许多天然良港。雨水充沛，属亚热带海洋性气候。闽南临海，沿岸居民“靠海吃海”，行贾四方，有冒险精神，他们到东南亚和世界各地谋生存，图发展，具有海洋文化特征。闽北山多，村落闭塞。人们安土重迁，朴实无华。气候燠多寒少，民性柔缓中和，外鲁内文，谨事用法。

福州受益于闽江，闽江水系纵横，闽江流域土地肥沃，闽江与南海相连，海外贸易发达。闽江如带，从福州城西分为两支，北为白龙江，南为乌龙江，向东环抱而去。福州外围有群山，北有升山，南有五虎山，东有石鼓山，西有旗山，形成福州盆地。福州不在海边，但海潮可达，有马尾作为外港。福州位于闽江下游的河谷平原，这里气候温暖，雨水充足，有利于农作物生长。

福建存世最早的地方志，当推南宋淳熙九年（1182年）梁克家撰的《淳熙三山志》。三山是福州的别称，因而该书名为《淳熙三山志》。梁克家是福建晋江人，宋代状元，曾入阁任右丞相，后出知福州府。编者采择北宋庆历三年（1043年）林世程纂修的福州志资料，并增入庆历三年至淳熙九年计139年事，共40卷，分地理、公廨、版籍、财赋、兵防、秩官、人物、寺观（末附山川）、土俗九门。

---

①（清）顾祖禹：《读史方舆纪要》卷二十四《松江府》。

通过《淳熙三山志》卷五《地理类五》记载可知：福州到达周围的驿站制度比较健全：州，南出莆田，北抵永嘉，西达延平。由南以往，凡五驿、十铺。由北以往，经十一驿。由西以往，驿四、铺十三。

《淳熙三山志》卷三十三《寺观类一》记载了福建的自然形胜，“三山鼎秀，州临其间。极目四远，皆巍峦杰嶂，环布缭绕，峻接云汉。居人过客莫辨向背。回顾莲峰，凸锐捷出；面直方山，突兀正立。左瞻石鼓，如憩如植，镇塞不动；右觑双髻，若赴若骤，追跳相蹑；以为险峭，四面尽此矣。穷幽逐胜，乃北逾复岭，支提、太姥；南越重江，白鹿、黄檗；东航海邑，福山、灵鹫；西道雪峰，凤林、大目；绵亘四境皆数百里，千岩万壑，不可以形状名计”。在卷第三十九《土俗类一》又接着说：“州距京师四千五百里，远矣。然得天之气，和平而无戾，燠不为瘴，寒不至冱；得地之形，由建、剑溪湍而下，泉、莆潮涨而上，适至是而平。民生其间，故其性纾缓，其恐强力，可以久安无忧，真乐土也。”

《淳熙三山志》地理门记载了各个县的情况。以福清县为例：东西百二十里。南北百四十七里。东到大海五十里。西到兴化军百丈岭分水为界，六十里。南到大海百二十里。北到长乐县石尤岭分水为界，二十五里。东南到海。西南到莆田县县岭分水为界，六十里。东北到长乐县薛田岭分水为界，五十里。西北到闽县常思岭分水为界，六十五里。县辖七乡、三十六里。

福建在宋代出了不少人才，如思想家朱熹，天文学家苏颂，史学家袁枢、郑樵，法医宋慈，诗人柳永，等等。这是因为五代十国战乱，文化继晋以后第二次南迁的结果。朱熹 14 岁到武夷山，至 71 岁。其中外出时间短暂，为官七年。他著书 70 余部 460 多卷，创立书院 20 多所，门生有几千人。著有《四书章句集注》《太极图说解》《西铭解义》。他的学生辑有《朱子语类》。朱子之学的核心是理。理先天而存在。在日本、韩国都流行朱子之学。

北宋名臣蔡襄出任福建路转运使，知泉州、福州、开封和杭州府事。在福州时，去民间蛊害；在泉州时，建造万安桥；在建州时，倡植福州至漳州七百里驿道松，主持制作北苑贡茶“小龙团”。所著《茶录》总结了古代制茶、品茶的经验；所著《荔枝谱》，被称赞为“世界上第一部果树分类学著作”。泉州港成为当时最大的对外贸易口岸。

元初熊禾在《武夷山志》卷十《重修武夷山书院》称：“宇宙间三十六名山，地未有如武夷之胜；孔孟后千五百余载，道未有如文公之尊。”

元代的张野夫（1294 年前后在世）在《沁园春·泉南作》描写了闽地泉南山川形胜，赞美闽地的自然景观雄奇。其词上阙云：“自入闽关，形势山川，天开两边。见长溪漱玉，千瓴倒建，群峰泼黛，万马回旋。石磴盘空，天梯架壑，驿骑蹒跚鞭不前。心无那，恰鹧鸪声里，又听啼鹃。”①

元代，福建地区多次发生地震。1274 年、1275 年，闽中地大震。1290 年，泉州地震。

3. 台湾

台湾位于我国东南海上，西隔台湾海峡与福建省相望。西北部距大陆海岸最近处的福建省闽江口以南一带约 135 公里。

台湾有台湾岛、澎湖列岛等岛屿。台湾岛是我国第一大岛，面积 35808.38 平方公里。台湾的名称，因荷兰人修楼台于大海湾，故名。澎湖岛，港外海涛澎湃，港内水静如湖，故名澎湖。

三国时孙权派卫温、诸葛直率兵到达夷州（台湾）。隋炀帝派张镇州率兵到达流求（台湾）。宋代已正式把澎湖列入中国的版图。

四、岭南地区

岭南地区包括广东、海南、广西三个省份。宋代在两广设广南东路和广南西路。

周去非在《岭外代答·地理门》中记载内地到岭南的五条路线，并作了实地考察。他说：“自秦世有五岭之说，皆指山名之。考之，乃入岭之途五耳，非必山也。自福建之汀，入广东之循、梅，一也；自江西之南安，逾大庾入南雄，二也；自湖南之郴入连，三也；自道入广西之贺，四也；自全入静江，五也。乃若漳、潮一路，非古入岭之驿，不当备五岭之数。桂林城北二里，有一丘，高数尺，植碑其上曰‘桂岭’。及访其实，乃贺州实有桂岭县，正为入岭之驿。全、桂之间，皆是平陆，初无所谓岭者，正秦汉用师南越所由之道。桂岭当在临贺，而全、桂之间，实五岭之一途也。”

---

① 王步高：《金元明清词鉴赏辞典》，南京大学出版社 1989 年版，第 216 页。

1. 广东

广东省简称粤，因古代为百粤地而得名。广东是岭南的一部分。岭南包括广东、海南、广西的一部分。岭指大庾岭、骑田岭、越域岭、揭阳岭、萌诸岭。广东省滨临南海，地形北高南低。北有大庾岭、骑田岭，西有云开大山、云雾山，东北有青云山、九连山、罗浮山，东南有莲花山、海岸山。南边有珠江三角洲平原。珠江是岭南最大的河流。广东冬暖夏长，属亚热带气候。

广东的开发与中原文化南迁有关。梅州等地有许多客家人，他们迁入到广东之后，开荒造田，发展农耕，与原有土著人一同开发了岭南。

宋代，广州城扩大，分为中、东、西三城。广州位于珠江三角洲北端，珠江水系的东、西、北三江由此汇聚于南海，城区以白云山和越秀山为依托。

宋代，广东曾经出现冷冻灾害。淳祐五年（1245 年）十二月腊初，广州等地连续三天大雪，积雪尺余，这种情况是罕见的。①

宋代，蔡子直、蔡子政兄弟在广东为官，为了发展地方经济，兴修由广州到汴梁的通道。《宋史·蔡挺传》云："蔡挺，字子政……越数岁，稍起知南安军，提点江西刑狱，提举虔州监。自大庾岭下，南至广，驿路荒远，室庐稀疏，往来无所芘。挺兄抗（字子直）时为广东转运使，乃相与谋，课民植松夹道，以休行者。"又，王巩《闻见近录》亦记蔡氏兄弟对于此路的整顿云："庾岭险绝闻天下。蔡子直为广东宪，其弟子正为江西宪，相与协议，以砖凳其道。自下而上，自上而下，南北三十里，若行堂宇间。每数里，置亭以憩客。左右通渠，流泉涓涓不绝。红白梅夹道。行者忘劳。予尝至岭上，仰视青天如一线；然既过岭，即青松夹道，以达南雄州。"

元代，广州已经成为商业口岸。珠江三角洲富庶，人们乐于经商，有海洋拓展精神。《通典·州郡典》记载：岭南"人杂夷僚，不知教义，以富为雄"。

2. 海南

海南岛是古代官员的流放地，唐代的李德裕，宋代的李纲、赵光、赵鼎、胡铨先后被贬到海南，海口市建有五公祠，纪念他们对当地的贡献。

---

① 梁必骐主编：《广东的自然灾害》，广东人民出版社 1993 年版，第 60 页。

元代，黄道婆在海南住了 30 多年，后来，黎族的纺织技术传到了今浙江松江一带。

3. 广西

广西壮族自治区位于华南西部。因古代设桂林郡，故简称桂。传说古代有八桂树，人们以桂林山水比喻美丽的八桂，故称桂林为八桂；又因古代省会桂林而泛称广西为八桂。广西地形由西北向东南倾斜，全区是个盆地。广西有典型的喀斯特地形，有丰富的矿产资源。

广西有郁江平原、浔江平原、玉林盆地。广西南边是北部湾，有七百多岛屿。广西河流众多，山区多，土地湿，气温高，古代多瘴疠，人们重视祭祀鬼神，崇拜自然。

宋人周去非在《岭外代答·外国门》中对广西的人口进行分类介绍，他说："钦民有五种：一曰土人，自昔骆越种类也。居于村落，容貌鄙野，以唇舌杂为音声，殊不可晓，谓之蒌语。二曰北人，语言平易，而杂以南音。本西北流民，自五代之乱，占籍于钦者也。三曰俚人，史称俚獠者是也。此种自蛮峒出居，专事妖怪，若禽兽然，语音尤不可晓。四曰射耕人，本福建人，射地而耕也。子孙尽闽音。五曰蜑人，以舟为室，浮海而生，语似福、广，杂以广东、西之音。蜑别有记。"这五种分类，与广西的实际情况是一致的。

周去非在《岭外代答·地理门》中叙述了广西基层州县的废立。"广西地带蛮夷，山川旷逮，人物稀少，事力微薄，一郡不富浙郡一县。异时偏方割据，境土褊小，故并建荒为州县而务观美。逮夫正统有归，六合混一，乃省并晏州、荔州，今静江府荔浦县是也；龙州，今柳州柳城县是也；燕州，今藤州镡津县是也。皆废于唐之贞观。溥州，今静江府兴安县也，废于本朝之乾德。严州，今象州之来宾县也；澄州，今宾州上林县也。蛮州，今横州永淳县也；牢州、党州，今郁林州南流县也；南仪州，今藤州岑溪县也；绣州，今容州普宁县也；禺州，北流县也；顺州，陆川县也；潘州，今高州茂名县也；南亭州、玉州，今钦州灵山县也。姜州，今廉州合浦县也。皆废于开宝。珠州，今融州融水县也；镇宁州，今宜州带溪寨也；窦州，今高州信宜县也；蒙州，今昭州立山县也。皆废于熙宁。龚州，今浔州平南县也；平州，今融州怀远县也；白州，今郁林博白县也；观州，今宜州高峰寨也；溪州、驯州、叙州，今宜州北遐镇、思立寨也。皆废于绍兴。夫州，大矣，废而为县若寨，又不加大焉，又有不专县寨者。顾有废二州而谨成一县，且或为镇寨；或废一州而并入近县者。”可知，宋朝的乾德年、开宝年到绍兴年，对广西的州县不断有所调整。

广西首府南宁，古代称为邕州。南宁有1600多年历史，秦代属象郡，汉代属岭南县，元代设南宁路。元代陈孚在《邕州》一诗中对南宁的环境有描述，其诗云：“左江南下一千里，中有交州堕鸢水。右江西绕特磨来，鳄鱼夜吼声如雷。两江合流抱邕管，莫冬气候三春暖。家家榕树青不凋，桃李乱开野花满。蝮蛇挂屋晚风急，热雾如汤溅衣湿。”（《元诗别裁集》）从中可知，南宁当时有鳄鱼，“鳄鱼夜吼声如雷”。南宁气候如春，有榕树、桃李、野花、蝮蛇、热雾等，生态具有多样性。

桂林在漓江之滨。在三亿多年前，桂林一带是海洋，由于地壳运动，山峰凸出，形成奇峰秀水。秦代时，朝廷在此设桂林郡。历史上素有“桂林山水甲天下”之称。漓江上游主流称六峒河；南流至兴安县司门前附近，东纳黄柏江，西受川江，合流称溶江；由溶江镇汇灵渠水，流经灵川、桂林、阳朔，至平乐，长160公里，称漓江。漓江自桂林至阳朔83公里水程，是广西东北部喀斯特地形发育最典型的地段。桂林市附近的河谷开阔平缓，伏波山、叠彩山、象山、穿山、塔山等皆平地拔起，气势万千。

因曾在桂林为官几年，周去非对阳朔的风景赞誉不已。他在《岭外代答·地理门》中说：“阳朔诸山，唯新林铺左右十里内极可赏爱，青山绿水，团栾映带，烟霏不敛，空翠扑人，面面相属。人住其间，真住莲花心也。”

周去非曾经考察灵川县名称的由来。他在《岭外代答·地理门》中说：“余尝摄邑灵川，天久不雨，往祷于岩。方舟造洞，遥望大江平阔，直抵山根，横有一线之光。迩而望之，乃知洞穴表里明彻而然也。即其洞口，水面阽阽，正将枕山不可得入者。舟子击水伏而进，仰视洞顶，与水面相去才丈余。水与洞顶，皆平如掌。舟入渐深，楫声隐隐震洞，固已骇人心目，人声一发，山水皆应，大音叱咤，洞虚裂。当岩之中，洞顶穹窿如宝盖然。其下即神龙所居也。余敛板焚香，巫者以修绠下瓶汲深，奉之以归，辄有感应。是江也，西通猺洞，日泻良材，贯岩而下，水深不可施篙，撑拄岩顶而后得出。余求之事实，谓此江古来绕出山外，忽雷雨数日，神龙穿破山腹，以定窟宅，遂命曰灵岩。县曰灵川，亦以是得名。”

环境不一样，建筑亦不一样。周去非的《岭外代答·风土门》中记载广西的民居多是透露型的，独具风格。“广西诸郡富家大室覆之以瓦，不施栈板，唯敷瓦于椽间。仰视其瓦，徒取其不藏鼠，日光穿漏。不以为厌也。小民垒土墼为墙而架宇其上，全不施柱。或以竹仰覆为瓦，或但织竹笆两重，任其漏滴。广中居民，四壁不加涂泥，夜间焚膏，其光四出于外，故有‘一家点火十家光’之讥。原其所以然，盖其地暖，利在通风，不利堙窒也。未尝见其茅屋，然则广人，虽于茅亦以为劳事。”

大德十一年（1307 年）九月辛卯，御史台报告：“粤自大德五年（1301 年）以来，四方地震、水灾、岁仍不登，百姓重困。”

皇庆元年（1312 年）八月，中州军士镇江南省，逾岭以戍，率二年而代，遭犯瘴疠，十无一还。

以上按当今的区域习惯介绍了各地的环境资料，详则详之，略则略之，仅供读者了解环境史参考而已。

第十一章

宋元的都城与园林

本章从环境的角度介绍宋元的都城及园林。都城是宋元的政治与文化中心，是国家机器的中枢所在，代表了文明演进的水平。宋朝的都城先后在开封与临安，元代的大都为明清时期的北京城奠定了基础。园林是人与自然、艺术的集中体现。东南地区的园林为明清时期的园林提供了范式。

第一节　城市与环境

一、宋朝的汴都与临安

由于对环境的利用能力增强，宋朝十万户以上的城市由唐代的十余个增加到约40个，汴京和临安继长安、洛阳和南京之后成为世界上第4、第5个超过百万人口的城市。

1. 开封

北宋以开封为都，史称东京（相对西京洛阳而言）。因城市依傍汴水，故称为汴都。东京、开封、汴梁三个名称，在宋代通用。与其他城市相比，汴都有独到的优势：地理位置居天下中心，“四方所凑，天下之枢，可以临制四海”，加上开封周围运河密布，“有惠民、金水、五丈、汴水等四渠，派引脉分，咸会天邑”[①]。《宋史·河渠志》还记载：“汴河横亘中国，首承大河（黄河），漕引江湖，利尽南海，半天下之财赋，并山泽之百货，悉由此路而进。”统治者可以在汴都控制全国，属地可以便捷地到达都城。北宋对运河进行治理与改造，使全国各地特别是东南地区的粮物便利地运到京城，确保了国家的稳定。开封周围一马平川，河湖四达，气候温和，是农业粮仓。

---

①《宋史·河渠志》。

开封城历史悠久，春秋时的郑庄公为“开拓封疆”而建此城。五代梁太祖建都开封，后汉、后周、北宋均沿称“东京开封府”。金灭北宋后，改东京为“汴京”。宋人习惯称开封为汴都，如诗人汪元量在《汴都纪行》中云：“寻僧入相国寺，领客过太师桥。行到汴堤西畔，柳阴阴处鱼跳。”

开封作为宋朝国都长达168年，历经九代帝王。都城周阔30余公里，由外城、内城、皇城三部分组成，人口达到150万。宋人《鸡肋篇》记载：“汴都数百万家，尽仰石炭，无一家燃薪者。”宋代的楼房一般不超过两三层，百万人居住的房屋占地面积应当是很大的，居民普遍烧煤。

北宋的开封城，不断进行扩建。《宋史·地理志》记载：“东京，汴之开封也。梁为东都，后唐罢，晋复为东京，宋因周之旧为都，建隆三年（962年），广皇城东北隅，命有司画洛阳宫殿，按图修之，皇居始壮丽矣。雍熙三年（986年），欲广宫城，诏殿前指挥使刘延翰等经度之，以居民多不欲徙，遂罢。”

宋元时期有些工匠对环境非常了解，利用环境特色从事建筑，如有神助。太平兴国年间，在开封建成八角十三层琉璃宝塔。喻皓在主持这项工程时，考虑到开封地势平坦，多有西北风，就预先使塔身向西北倾斜，以便抗风。后来，塔身在几十年后果然被吹正了，人们无不为之折服。可惜的是，这样一座建筑艺术的精品，在宋仁宗庆历年间的一次火灾中被烧毁，没有能够保存下来。喻皓，出生于吴越国西府（杭州），当过都料匠（掌管设计、施工的木工）。他著有《木经》三卷，是我国古代重要的建筑专著，已经失传，在沈括的《梦溪笔谈》中略见梗概。宋代的《营造法式》成书之前，此书被木工奉为圭臬。宋文学家欧阳修称赞喻皓是“国朝以来，木工一人而已”。

宋代孟元老《东京梦华录》是一本追述北宋都城东京开封城市的著作。孟元老，号幽兰居士，曾任开封府仪曹，在东京（今开封）居住二十余年。金灭北宋，孟元老南渡，于南宋绍兴十七年（1147年）撰成《东京梦华录》。内容涉及京城的城市规划与布局。从书中可知：开封有宫、里、外三道城墙。宫城即皇城，周长五里，南面三门，东、西、北三面各一门，东西门之间有一横街，街南为中央政府机构所在地，街北为皇帝居住生活区。由于宫城原来规模较小，宋徽宗时在宫城外北部营建延福新宫，实为宫城的延伸和扩大。里城，又名旧城，即唐代汴州旧城，周长二十里，除东面两门外，其余三面各三门。外城，城高四丈。城外有护城濠，比汴河宽三倍。《东京梦华录》卷一中记载："东都外城，方圆四十余里。城壕曰护龙河，阔十余丈。濠之内外，皆植杨柳。粉墙朱户，禁人往来。城门皆瓮城三层，屈曲开门。唯南薰门、新郑门、新宋门、封丘门皆直门两重，盖此系四正门，皆留御路故也。……城里牙道，各植榆柳成阴。"东京有充足的水源，并作为联系城内外的交通要道。穿城河道有四：南边有蔡河，自陈蔡由西南戴楼门入京城，绕自东南陈州门出。中间有汴河，自西京洛口分水入京城，东去至泗州入淮，运东南之粮。凡东南方物，自此入京城，公私仰给焉。东北边有五丈河，来自济郓，船挽京东路粮斛入京城。西北边有金水河，从西北水门入京城，夹墙遮拥，入大内灌后苑池蒲矣。东京城房屋密集，因此非常重视防止火灾。《东京梦华录》卷三中的《防火》记载：城内于高处砖砌望火楼，楼上有人瞭望。下有官屋数间，屯驻军兵百余人。备有救火器物，谓如大小桶、洒子、麻搭、斧锯、梯子、火叉、大索、铁猫儿之类。

宋代王巩《闻见近录》记载了开封城的排水系统："汴河旧底有石板、石人，以记其地里。每岁兴夫，开导至石板、石人以为则。岁有常役，民未尝病之，而水行地中。京师内外有八水口，泄水入汴，故京师虽大雨，无复水害，昔人之画善矣。"

宋代张择端的《清明上河图》是了解当时开封都城最直观的资料，该图描绘了汴河沿岸的城市生态。全图分为三部分，分别是城外、城门附近、城内。房屋有凉棚、楼屋。交通工具有车、轿、船、马。有从西域来的骆驼和大海来的海船。

开封作为都城，在环境方面有局限性，那就是四周的平原对其防御相当不利，军事上没有大山可以守险。与咸阳、洛阳相比，"非如函秦百二之固，洛宅九州之中，表里山河，形胜足恃"①。在宋金对立时期，开封始终处于不安的氛围之中。

开封最大的忧患是水灾。豫西山地的洪水时常倾灌开封，淹没了周围的田地，甚至淤没了漕运的河道，中断航道。黄河六次漫入外城，每年的水警闹得人心惶惶。甚至开封铁塔也是低于黄河河床的，如果不是堤防，开封随时可能没入水底。黄河使开封城外形成大片沙丘，风吹沙飞，宛如沙漠。金元以后，

---

①（宋）洪迈：《容斋随笔》卷一《地险》。

开封逐渐衰落。

北宋一直注重改善京城周围的水上运输条件，太祖建隆二年（961 年）三月在汴河建成新水门，《续资治通鉴长编》卷二记载："五丈河泥淤，不利行舟，诏右监门卫将军陈承昭于京城之西，夹汴河造斗门，自荥阳凿渠百余里，引京、索二水通城壕入斗门，架流于汴，东汇于五丈河，以便东北漕运。甲辰，新水门成，上临视焉。"

因为汴河对于都城有至关重要的作用，北宋每年加强了对汴河的祭祀。《续资治通鉴长编》卷一百七十二记载："皇祐四年（1052 年）二月，丁亥，诏每岁汴口祭河，自今兼祠十七星。……汴河口祭星自此始。"

宋至道元年（995 年）九月丁未，太宗向近臣询问疏凿汴河的利弊，王曾认为："汴渠派分洪河，自唐迄今，皆以为莫大之利。然迹其事实，抑有深害，何哉？凡梁、宋之地，畎浍之利，凑流此渠，以成其大。至隋炀帝将幸江都，遂析黄河之流，筑左右堤三百余里，旧所凑水，悉为横绝，散漫无所，故宋、亳之地，遂成沮洳卑湿。且昔之安流，今乃湍悍，覆舟之患，十有二三。昔之漕运，冬夏无阻，今则春开秋闭，终岁漕运，止得半载。昔之溯沿，两无难阻，今则逆上，乃重载而行，其为难也甚矣。沿流而下，则虚舟而往，其为利也背矣。矧自天子建都，而汴水贯都东下，每岁霖澍决溢为虑。由斯观之，其利安在？"①

宋代经常议论引水入汴。《续资治通鉴长编》卷二百九十七记载：元丰元年（1089 年）张从惠进言："汴河口岁岁闭塞，又修堤防劳费，一岁通漕才二百余日。往时数有人建议引洛水入汴，患黄河啮广武山，须凿山岭十五丈至十丈以通汴渠，功大不可为。自去年七月，黄河暴涨异于常年，水落而河稍北去，距广武山麓有七里远者，退滩高阔，可凿为渠，引水入汴，为万世之利。"范子渊知都水监丞，也赞同，并列出了十条理由："岁省开塞汴口工费，一也；黄河不注京城，省防河劳费，二也；汴堤无冲决之虞，三也；舟无激射覆溺之忧，四也；人命无非横损失，五也；四时通漕，六也；京、洛与东南百货交通，七也；岁免河水不应，妨阻漕运，八也；江、淮漕船免为舟卒镌凿沉溺以盗取官物，又可减溯流牵挽人夫，九也；沿汴巡河使臣、兵卒、薪楗皆可

① (宋) 王曾：《王文正公笔录》。

裁省，十也。”

汴河在交通运输方面一直起很大的作用。《宋史·食货志》记载：“汴河岁运江、淮米三百万石，菽一百万石；黄河粟五十万石，菽三十万石……非水旱蠲放民租，未尝不及其数。至道初，汴河运米至五百八十万石。”然而，朝廷每年耗费在治河方面的人力财力巨大。

宋钦宗靖康二年（1127年），金国侵占北宋，称开封为“汴京”。贞元元年（1153年），海陵王完颜亮迁都到中都大兴府，改汴京为“南京开封府”，为金国陪都。金朝占领时的开封已经没有北宋的繁华。南宋大臣范成大于乾道六年（1170年）出使金国，把每天的所见所闻记录下来，留下一本《揽辔录》。其中写道：“新城内大抵皆墟，至有犁为田处，旧城内粗布肆皆苟活而已。四望时见楼阁峥嵘皆旧宫观寺宇无不颓毁。”

贞祐二年（1214年），金宣宗为避蒙古军锋，迁都“南京开封府”。天兴二年（1233年），开封被蒙古军围困，金哀宗逃出开封，迁都归德府。元惠宗至正年间，红巾军起义首领刘福通把开封作为都城。

2. 临安

南宋以临安（属今杭州）为行在[①]。吴自牧的《梦粱录》介绍了南宋都城临安城市的风貌，共二十卷，最为详细。吴自牧，临安府钱塘（今浙江杭州）人。

从吴自牧的《梦粱录》可知，临安城内外，稍微高一点的地方都称为山，无山不名。如卷十一《诸山岩》记载：“大内坐山，名凤凰，即杭客山也。庙巷山名吴山，又曰胥山。上方多福寺，名七宝山。山前连者，谓之宝莲山。……东太乙宫后圃内有小土山名虎林山，建亭在其上，扁曰“武林”，即杭之主山也。……九里松名灵隐山、灵茆山、仙居山。……西湖堤上名孤山。”

从吴自牧的《梦粱录》还可知，临安城内挖了许多水井，以供民需。卷十一《井泉》记载：“杭城内外，民物阜蕃，列朝帅臣，常命工开撩井泉，以济邦民之汲，庶无枯涸之忧。吴山北大井曰吴山井，盖此井系吴越王时有韶国师始开为钱塘第一井，山脉融液，泉源所钟，不杂江潮之水，遇大旱不涸。

① 南宋定都建康，临安是临时都城，即“行在”。

……祥符寺中，向吴越王于寺内开井九百九十眼，后改创军器所堙塞，仅存数井耳。荐桥北有义井，亦呼四眼井。道明桥双井。……自惠利而镊子计八井，于西湖置水口，引水归城，使民汲之。”

南宋耐得翁曾寓游都城临安，于南宋理宗端平二年（1235 年）写成《都城纪胜》。全书分市井、诸行、茶坊、社会、园苑、舟船等十四门，序文说到了临安的数十个园林名称，但没有展开介绍。在城则有万松岭、内贵王氏富览园、御东园、杨府秀芳园、张府北园。城东有东御园、五柳御园。城西有聚景御园。城南有玉津御园，又有就包山作园以植桃花，都人春时最为胜赏，惟内贵张侯壮观园为最。城北有赵郭家园。在西湖附近有集芳御园、四圣延祥御园；在苏堤新建先贤堂园，又有三贤堂园；钱塘门外则有柳巷、杨府云洞园西园。其余贵府富室大小园馆，犹有不知其名者。其中还提及了杭州西湖游览：“西湖舟船，大小不等，有一千料，约长五十余丈，中可容百余客；五百料，约长三二十丈，可容三五十余客。皆奇巧打造，雕栏画栋，行运平稳，如坐平地。无论四时，常有游玩人赁假。舟中所须器物，一一毕备，但朝出登舟而饮，暮则径归，不劳余力，惟支费钱耳。其有贵府富室自造者，又特精致耳。西湖春中，浙江秋中，皆有龙舟争标，轻捷可观，有金明池之遗风；而东浦河亦然。惟浙江自孟秋至中秋间，则有弄潮者，持旗执竿，狎戏波涛中，甚为奇观，天下独此有之。”

杭州一直是个繁忙的商业城市。宋仁宗嘉祐二年（1057 年），吏部郎中梅清慎到钱塘（杭州）去任职，在临行的时候仁宗写了一首诗赠送给他。梅清慎到了杭州以后，在吴山上盖了一座有美堂，并把仁宗所赠诗的前两句中的“有美堂”三个字作为堂名，做了一块匾。嘉祐四年（1059 年）八月丁亥日，庐陵人欧阳修应邀为有美堂写序文。序文说到杭州城市中的屋宇非常漂亮，有十万多座，整个城市掩映在西湖和山林之中。在大江的码头上云集有福建来的艘艘商船，这些商船进进出出于钱塘江的烟波里。（原文为：“闽商海贾，风帆浪舶，出入于江涛浩渺、烟云杳霭之间，可谓盛矣。”）

南宋为什么不长在濒临长江的建康（今南京）设都呢？这是因为：建康靠近前线，不如杭州地处后方，比较安全。浙西一带水网交错，对蒙古骑兵活动不利。杭州有这样的天然屏障，给统治者增加了安全感。何况杭州经济繁荣，是万物富庶的“东南第一州”。这种相当规模的城市体制和比较雄厚的物质基础，恰恰是作为国都所必需。于是，统治者“驻跸”临安（杭州），建立南宋，从而延缓了宋代政权的灭亡。宋杨万里于六月到西湖观景，欣赏与春秋冬不同的美。当他看到莲叶与天相接，荷花格外艳丽鲜红，写了《晓出净慈寺送林子方》："毕竟西湖六月中，风光不与四时同。接天莲叶无穷碧，映日荷花别样红。"

宋代大儒陈亮（1143—1194 年），字同甫，号龙川，学者称为龙川先生。他反对偏安江南，力主抗金。他说临安的风水不好，地势低于西湖，有倒灌之忧，不可长久为都。宋人叶绍翁《四朝闻见录·乙集》"钱唐"条记载："龙川陈氏亮，字同甫，天下士也。尝圜视钱唐，喟然而叹曰：'城可灌尔。'盖以城中地势下于西湖也。亮奏书孝宗，谓：'吴蜀，天地之偏气也；钱唐，又吴之一隅也。一隅之地，本不足以容万乘，镇压且五十年，山川之气，发泄而无余。故谷粟、桑麻、丝枲之利，岁耗于一岁，禽兽、鱼鳖、草木之生，日微于一日，而上下不以为异。'力请孝宗移都建邺，且建行宫于武昌，以用荆襄，以制中原。"

宋朝重视对杭州的环境治理。

苏轼在杭州为官时，积极治理西湖。《宋史·河渠志》记载：临安城中运河穿过，日纳潮水，沙泥浑浊，一汛一淤，不断填塞。地方官员每年开浚，劳民伤财。苏轼到任，走访调查，报请朝廷，另开浚茅山、盐桥二河，各十余里，皆有水八尺。于钤辖司前置一闸，每遇潮上，则暂闭此闸，候潮平水清复开，解决了陈年旧弊，公私舟船航行更加便利了，城市环境也改善了。

苏轼整治西湖，得到朝廷支持。《续资治通鉴长编》卷四百四十二记载：西湖曾经受到污染与侵占，"杭本江海之地，水泉咸苦，民居稀少。唐刺史李泌始引西湖作六井，民足于水，故井邑日富。及白居易复浚西湖，放水入运河，自河入田，所溉至千顷。然湖水多葑，自唐及钱氏，岁辄开治，故湖水足用。近岁废而不理，至是，湖中葑田积二十五万余丈，而水无几。运河失湖水之利，则取给于潮，潮水浑浊多淤，河行阛阓中，三年一淘，为市井大患，而六井亦几废"。此书接着叙述了苏轼治湖的始末："轼始至，浚茆山、盐桥二河，以茆山一河专受江潮，以盐桥一河专受湖水，造堰闸以为潮水蓄泄之限，然后潮不入市，且以余力复治六井，民稍获其利。"苏轼又修筑湖堤，解决了占田与民生问题。"轼间至湖上，周视良久，曰：'今欲去葑田，葑田如云，将安所置之？湖南北三十里，环湖往来，终日不达，若取葑田积之湖中，而行者便矣。人喜种菱，若种菱收其利，以备修湖，则湖当不复堙塞。'乃取救荒之余，得钱粮以贯、石数者万，复请于朝，得度牒半百，以募役者。堤成，植芙蓉、杨柳其上，望之如图画，杭人名之苏公堤。”

南宋的都城杭州已出现专门清除粪便和垃圾的行业。《梦粱录》记载，城中有“每日扫街盘垃圾者”，城内的河渠中，“载垃圾粪土之船，成群搬运而去”。而且，“每遇新春，街道巷陌，官府差顾淘渠人沿门通渠；道路污泥，差顾船只搬载乡落空闲处”。

从古代游园诗词可以看到宋元世道变迁，令人伤感。

南宋林升在《题临安邸》云：“山外青山楼外楼，西湖歌舞几时休。暖风熏得游人醉，直把杭州作汴州。”这是诗人为南宋君主着急，放着大好河山不去收复，而终日陶醉于西湖园林中，乐不思汴（宋代都城开封）。另一方面，这首诗也说明杭州确实是风景极佳之地，不然，怎么连帝王都玩得忘了国政？

元代诗人刘埙的《菩萨蛮·和詹天游》读来催人泪下：

故园青草依然绿，故宫废址空乔木。狐兔入岩城，悠悠万感生。胡茄吹汉月，北语南人说。红紫闹东风，湖山一梦中。

昔日胜似天堂的杭州一片残破景象，词人刘埙对宋代的繁荣江南美景魂牵梦萦。随着宋代文化被摧毁，园林尽为废址。他能不伤感吗？

元大元帅伯颜将军取临安时，遵世祖之令，仿效北宋开国帝王手下大将赵彬取南唐之故事对之并没有破坏。宋亡后，许多随蒙古军南下的色目人遂定居当地。《西湖游览志》卷十八记载：“元时内附者，又往往编管江、浙、闽、广之间，而杭州尤夥，号色目种，隆准深眸，不啖豕肉。”《元史》卷一百二十七记载：“庚寅，伯颜建大将旗鼓，率左右翼万户，巡临安城，观潮于浙江。”

元曲作家马致远《水仙子·和卢疏斋西湖》描述阳春三月的西湖美景与气候。“春风骄马五陵儿，暖日西湖三月时，管弦触水莺花市。不知音不到此，宜歌宜酒宜诗。山过雨颦眉黛，柳拖烟堆鬓丝，可喜杀睡足的西施。”诗中所述春风暖日，道出了当时的气候是温暖的。

《马可·波罗行纪》记载：杭州城有12000座桥梁，但他没有作详细述说。城内的街道用石块与砖块铺成，以便行走。为了排水，城内还有拱形排水沟。

2010年11月在杭州举行的元代研究论坛上，浙江大学黄时鉴教授报告了他的新发现——最早的世界地图现身法国巴黎。在这张地图上，已经标注了杭州这座城市。元代有大量的西欧、非洲、阿拉伯和波斯、印度、东南亚等地的商旅来到杭州，马可·波罗等人只是他们中偶然留下记载的一员。但这偶然的记载却使六百年前的欧洲古地图中出现了杭州地名，并在很大程度上成为西方大航海的最初动力。元代的杭州已经有着浓郁的“国际”色彩。现杭州凤凰寺所存波斯文碑揭示了西亚、中亚人当时在杭州的生活。

元代的杭州不及南宋繁荣。陶宗仪在《辍耕录》“占验”条记载：元军占领杭州之后，“世皇以故都之地，生聚浩繁，赀力殷盛，得无有再兴者，命占其将来如何。卦既成，（占者）对曰：其地六七十年后，会见城市生荆棘，不如今多也。今杭连厄于火。自至正壬辰以来，又数毁于兵。昔时歌舞之地，悉为草莽之墟。军旅填门，畜豕载道，乃知立之占亦神矣”。

杭州时常有水灾与火灾发生。至元十一年（1274 年）八月，癸丑，大霖雨，天目山崩，水涌流，安吉、临安、余杭民溺死者无算。

《续资治通鉴》记载：至正二年（1342 年），朝廷任命御史大夫博尔济布哈为江浙行省左丞相。博尔济布哈行至淮东时，听说杭城大火，烧官廨民庐几尽，他仰天挥涕说：“杭，江浙省所治，吾被命出镇而火如此，是吾不德累杭人也!”博尔济布哈火速赶到杭城，下令：“录被灾者二万三千余户，户给钞一锭，焚死者亦如之，人给月米一斗，幼稚给其半。又请日减酒课，为钱千三百五十缗，织坊减元额之半，军器、漆器权停一年。”“又大作省治，民居附其旁，增直买其基，募民就役，则厚其佣直。又请岁减江浙、福建盐课十三万引。”

元代，杭州城受到很大破坏，与南宋的都城情形完全不一样了。1276 年，元军攻入杭州，毁坏城墙，焚烧宫殿，使得繁华的宫城成为一片废墟。元代黄氏撰写了《凤凰山宋故宫诗》，感叹说：“沧海桑田事渺茫，行逢遗老色凄凉。为言故国游麋鹿，漫指空山号凤凰。”元代以降，南宋宫城所在地的凤凰山成了荒草丛生之地或者农民的菜畦，再无昔日辉煌了。不过，至今还保存有南宋时皇城内种植的樟树，已八百多年了。乔吉撰写了《水仙子·寻梅》，叙述在西湖孤山寻找梅花的事情：“冬前冬后几村庄，溪北溪南两履霜，树头树底孤山上。冷风来何处香？忽相逢缟袂绡裳。酒醒寒惊梦，笛凄春断肠，淡月昏黄。”

二、元代的和林、上都、中都

蒙元统治者在蒙古草原上建有和林城、上都城（开平），在华北平原建有中都城、大都城。这些古城的修建与元代的文明演进有关，亦取决于特定的自然环境。

元代是蒙古人建立的王朝，蒙古人起初在草原上是没有城市的。入主中原之后，蒙古人对城市及城墙缺乏足够的认识，甚至认为城墙不必要。史书记载，忽必烈统一中国之后，以为天下太平了，一度下令地方上撤掉城墙，敞开城市。“元混一海宇，凡诸郡之有城廓，皆撤而去之，以示天下为公之义。”[①]然而，建筑城市及城墙是社会发展的需要，也是农耕民族的传统。于是，元代城市仍然发展起来，而元统治者也逐渐重视城市建设，使元代的城建进入到一个新时期。

元代的大城市除了大都之外，还有杭州、苏州、成都、扬州、建康、汴梁、西安等。大都、泉州、广州等已具有国际化都市的色彩，泉州港成为当时最大的对外贸易口岸。

此外，各个行政区划的政治中心都在城市，城市人口少则几万，多则几十万。城市的管理，很重要的内容就是环境的管理。城市的取水、排污、处理垃圾、卫生等，都需要统筹精心管理。元人熊梦祥在《析津志》记载了京城的管理，而马可·波罗在《马可·波罗行纪》中多次赞赏中国的城市。元代能够持续一百多年，而且受到像马可·波罗这样的外国人赞赏，说明元代城市环境确实大有值得称赞之处。

1. 和林城

蒙古族于 1235 年在漠北（今蒙古国后杭爱省哈剌和林）建立了第一座都城——哈剌和林，简称和林。和林城的旧址是回鹘汗国古城，因为西边有哈剌和林河，故以名城。元代设有和宁路，哈剌和林城市规模较小，城南北约四里，东西约二里，方圆约 12 里，有四个门。

---

①（元）脱因修，俞希鲁纂：《至顺镇江志》卷二《地理·城池》。

《元史·地理志一》记载了修筑和林城的缘起："太祖十五年，定河北诸郡，建都于此。初立元昌路，后改转运和林使司，前后五朝都焉。太宗乙未年，城和林，作万安宫。丁酉，治迦坚茶寒殿，在和林北七十余里。戊戌，营图苏胡迎驾殿，去和林城三十余里。"《元史·地理志一》还记载了和林城的沿革，"世祖中统元年，迁都大兴，和林置宣慰司都元帅府。后分都元帅府于金山之南，和林止设宣慰司。至元二十六年，诸王叛兵侵轶和林，宣慰使怯伯等乘隙叛去。二十七年，立和林等处都元帅府。大德十一年，立和林等处行中书省，以淇阳王月赤察儿为右丞相，太傅答剌罕为左丞相，罢和林宣慰司都元帅府，置和林总管府。至大二年，改行中书省为行尚书省。四年，罢尚书省，复为行中书省。皇庆元年，改岭北等处行中书省，改和林路总管府为和宁路总管府"。

元朝重视和林城周围的经济发展，《元史·地理志一》记载："至元二十年，令西京宣慰司送牛一千，赴和林屯田。二十二年，并和林屯田入五条河。三十年，命戍和林汉军四百，留百人，余令耕屯杭海。元贞元年，于六卫汉军内拨一千人赴青海屯田。北方立站帖里干、木怜、纳怜等一百一十九处。"

和林城有两个街区，一是回族人区，一是汉人区。这样分区的原因，一是为了照顾文化的差异，二是为了区别性管理。和林的修建，汉族的工匠出了很多力，他们把中原的建筑经验带到草原上，造就了一处人文新环境。元代时，意大利教士普兰诺·卡尔平尼（《蒙古纪行》的作者）、法国教士威廉·鲁布鲁克（《东方行纪》的作者）都到达过和林。

2. 上都城

元上都是元朝初年的政治、经济中心，后来成为陪都。上都故址在今内蒙古正蓝旗东北闪电河北岸，[①] 与河北省相邻。

上都所在之地，金代属桓州管辖，元宪宗五年（1255 年），赐给忽必烈。宪宗六年（1256 年）营建上都。中统元年（1260 年），忽必烈即帝位于此，

---

① 陈高华、史卫民著有《元上都》一书。全书共八章，13 万余字，其中介绍了上都的兴起与衰败过程，还介绍了交通、行政治理等。叶新民：《元上都研究综述》，《内蒙古大学学报》（哲学社会科学版）1994 年第 1 期。

称开平府。中统四年（1263年），加号上都。《元史·地理志一》记载："宪宗五年，命世祖居其地，为巨镇。明年，世祖命刘秉忠相宅于桓州东、滦水北之龙冈。中统元年，为开平府。五年，以阙庭所在，加号上都，岁一幸焉。至元二年，置留守司。五年，升上都路总管府。十八年，升上都留守司，兼行本路总管府事。户四万一千六十二，口一十一万八千一百九十一。领院一、县一、府一、州四，州领三县，府领三县、二州，州领六县。"

上都城龙岗蟠其阴，滦水经其阳，佳气葱郁。山有水，水有鱼盐，百货云集，畜牧蕃息。北控沙漠，南屏燕蓟，山川雄固，回环千里。《马可·波罗行纪》记载："终抵一城，名曰上都，现在位之大汗所建也。内有一大理石宫殿，甚美。其房舍内皆涂金，绘种种鸟兽花木，技术之佳，见之足以娱人耳目。"《马可·波罗行纪》还记载：此宫有墙垣，广袤十六里，内有泉渠川流，草原甚多。亦见种种野兽，惟无猛兽，是盖君主用以供给笼中海青鹰隼之食者也。海青之数二百有余，鹰隼之数尚未计焉。汗每周亲往视笼中之禽，有时骑一马，置一狗于鞍后。若见欲扑之兽，则遣狗往取。取得之后，以供笼中禽兽之食，汗盖以此为乐也。此草原中尚有别一宫殿，纯以竹茎结之，内涂以金，装饰颇为工巧。宫顶之茎，上涂以漆，漆之甚密，雨水不能腐之，茎粗二掌，长十或二五掌，逐草断之。此宫盖用此种竹结成。竹之为用不仅此也，尚可做屋顶及其他不少功用。此宫建筑之善，结成或拆卸，为时甚短，可以完全拆成散布，运之他所。结成时则用丝绳二百余系也。《马可·波罗行纪》记载的材料往往有文学色彩，并有夸大的可能性，但上都令马可·波罗钦佩感叹，确是事实。此段材料还有待深入核实。

据魏坚发表的《元上都及四周地区考古发现与研究》（《内蒙古文物考古》1999年第2期）一文，上都城址海拔高度在1265—1281米之间。三重城垣的布局为：外城为正方形，除东墙长2225米外，其余三墙均长2220米。位于外城东南部的皇城，近方形，东墙长1410米，南墙长1400米，西墙长1415米，北墙长1395米。位于皇城正中偏北处的宫城，略呈长方形，东墙长605米，南墙长642.5米，西墙长605.5米，北墙长542米。上都有七个门，东南北各两个门，西边一个门。城门均建有瓮城，城墙外有护城河。当代考古工作者曾经对上都遗址做过勘探，注意到元上都东西南北四面墙各长2200米，城围形成正方形。[1] 城墙正方形，体现了王都的庄严性。

北方的黄土较多，元代就地取材，北方新建的城墙主要采用黄土夯筑而成。因此，修城时间短，成本低，见效快。但是，土城容易倒塌，不易保存，经常需要维修。大都也是如此，时常需要采用各种方法防水。《元史·王伯胜传》记载了元贞年间（1295—1296 年）王伯胜维护上都城墙的事迹：王伯胜“扈从上都，天久雨，夜闻城西北有声如战鼙然。伯胜率卫卒百人出视之，乃大水暴至，立具畚锸，集土石、毡罽以塞门，分决壕隍以泄其势，至旦始定，而民弗知。丞相完泽以闻，帝嘉之”。这段材料说明，元代上都一带的雨水有时较多，大水甚至可能冲垮夯土城墙。

3. **中都城**

元朝曾经在位于今河北省张北县馒头营乡白城子的地方修建了中都。[2] 白城子的地方，金属抚州，元属隆兴路。大德十一年（1307 年），即位不久的武宗海山下令于此处建旺兀察都行宫，第二年行宫建成后，立中都留守司兼开宁路都总管府。当时的中都只有宫阙，没有城郭，武宗征调了大量人力物力修建外城。

20 世纪 90 年代末，河北省文物研究所等单位联合组成考古队，对中都遗址进行了勘察，测绘了“回”字形相套的宫城、皇城及其地面建筑遗迹的等高线图，并发现了外城线索，证实元中都是采用三套城垣的都城规格。学术界认为，武宗海山很有可能是想仿效世祖建上都一样，在草原建造一座规模宏大的新都城，以此树立个人威信，并以之取代上都作为避暑巡幸之地。建造中都，是考虑到当地在交通上具有非凡地位，并且因其地形险要，地处农耕与游牧地区的分界线上，具有不可忽视的军事地位。中都后来之所以被废除，是因为当地没有大河，缺乏水源，供给不足。

---

① 贾洲杰：《元上都调查报告》，《文物》1977 年第 5 期。

② 尹自先：《白城子说》，见《张北县志》，中国社会科学出版社 1994 年版。任亚珊等：《河北元中都》，《1999 年全国十大考古新发现》，文物出版社 2001 年版；张春长：《元中都的研究现状与前景》，《文物春秋》2002 年第 3 期。

三、元代的大都城

元朝的都城大都，即今北京城。起初，燕京是蒙古人的中都，其府号为大兴。蒙古人称之为汗城，即汗八里克。为了控制汉族地区，忽必烈经常住在燕京。由于中原与华北的资源丰厚，忽必烈以燕京作为基地，与漠北的阿里不哥分庭抗礼。

元代熊梦祥的《析津志》是最早记述北京地方历史的一部志书。“析津”即现在的北京及其周边部分地区，析津之名自辽圣宗开泰元年起开始使用，至金海陵王贞元元年时改为中都后遂废。熊梦祥在担任大都路儒学提举、崇文监垂期间，有机会接触内府藏书和文献资料，闲职余暇又历览北京名川，或深入市井作实地考察。因此，他所撰《析津志》有很高的史料价值。书中对北京的沿革、范围、城市街市、河闸桥梁、山川名胜、人物名宦、岁时风俗等，均有翔实的记载。其中的风俗史料涉及都城建制、两京巡回制、贸易街市、漕运仓储、衣食住行、婚丧嫁娶、游艺娱乐、体育比赛、岁时风俗等。[①]

作为都城，大都的历史可以追溯到先秦，《礼记·乐记》记载，三千年前的周武王“封黄帝之后于蓟”。周武王封召公于北燕，都是在今北京的地面。春秋战国时，蓟城是燕国的都城，都城城址正在今北京城的中心城区。其后，蓟城一直是中国北方的一个大城市。辽朝在此建陪都，金朝于 1153 年正式在此建都，金称之为中都，建设得颇有规模，北京从此成为封建王朝的统治中心。

蒙古军队于 1215 年攻破金中都，改中都为燕京。元大都始建于至元四年（1267 年），忽必烈任命安肃公张柔与行工部尚书段天祐等同行工部事，整治卢沟河（今永定河），打通漕运，以提升城建中的运输能力。至元九年（1272

---

① 原书早已失传，赵万里带领北京图书馆善本组对《析津志》的流传、体例作了认真考订，从《永乐大典》《日下旧闻录》《宪台通纪》《顺天府志》等文献中广泛搜辑《析津志》佚文，一定程度上恢复了旧貌。《析津志》对于研究北京地区地理沿革很有价值，1983 年由北京古籍出版社出版。张宁：《试论〈析津志辑佚〉中的风俗史料》，《大同高等专科学校学报》1998 年第 1 期。

年)，令改中都为大都，大都初步建成。至元二十四年（1287 年），大都才最后大功告成。城东与城西的边墙所在地相当于今北京内城的东城墙、西城墙。城南抵达今东西长安街。城北抵达今德胜门、安定门外土城旧址。从金、元时期开始，北京城在中国的政治中心地位就确立起来，成为千古帝都。

1. 元代为什么选择大都作为都城

第一，大都是大山与大平原之间的文化结晶。

从中国城市史来看，从平原进山区，或从山区进平原，其交接之处必有城市。大都亦如此。大都地处华北平原，西北是蒙古高原，东北是松辽平原，西南是太行山脉，东面是渤海湾。山东半岛和辽东半岛环抱渤海湾，成为拱卫大都的屏障。大都的南边是平原，处于华北大平原北端、东北大平原的南边。

都城周边一定要有丰富的资源。大都周边水甘土厚，西边与北边山区的物用不穷，山上流下来的水形成数条小河，如永定河、潮白河，大多向东南流入海。漳水、卫水襟带于南。大都有山有水有平原，这对于元代统治者来说，无疑是多元的最佳生态环境。

第二，大都处于农耕文化与游牧文化的交接之处。

中华古代文明主要有两大板块，一个是农耕文明，一个是游牧文明。从区位来看，大都介于平原与北方的山地之间、蒙古草原与中原腹地之间，可以视为中华农耕文化与游牧文化交接处的文化中心。大都一直是两条不同文化经济带之间的交流重镇。从大都向北向西，都有重要的关隘。长城绵延于北，构成了文化分界线。大都居于两个文明的中间，也是北方的中间，有利于统治天下。对于兴起于草原游牧民族的蒙古统治者来说，大都无疑是协调两种文明的合适地点。

第三，大都是元代控制全国的最佳地点。

任何一个都城，其选址都要考虑到攻防形胜。大都依山傍水，南控平原，东面有渤海湾，山东半岛和辽东半岛环抱渤海，成为拱卫大都的屏障，“地扼襟喉趋朔漠，天留锁钥枕雄关”。《元史·巴图鲁传》记载，巴图鲁极力劝谏忽必烈迁都于此，他说：“幽燕之地，龙蟠虎踞，形势雄伟，南探江淮，北连朔漠。且天子必居中以受四方朝覲，大王果欲经营天下，驻跸之所，非燕不可。”当时的文人陶宗仪在《辍耕录》中也曾赞誉北京的形胜是“右拥太行，左注沧海，抚中原，正南面，枕居庸，奠朔方”。《析津志辑佚》记载北京

"盖地理，山有形势，水有源泉。山则为根本，水则为血脉。自古建邦立国，先取地理之形势，生王脉络，以成大业，关系非轻，此不易之论"[1]。

与大都相比，元代其他城市的建都条件都不够理想。西安在上古曾长期作为都城，但其地点稍微偏西北，关中平原的资源有限，粮食需要输入，且西北的生态日益恶劣，干旱和黄沙时常威胁西安。洛阳地处东西要冲，有九朝故都之称，但周边的物产有限，也缺乏气势。开封居中，五代和北宋在此建都，但是黄河的水患每年威胁城区，周边无山，易攻难守。南京是六朝故都，虎踞龙盘，周围是富庶的粮仓，但是，城区过于局隘，地点稍稍偏南，与传统的"居高临下，以北驭南"的观念不相符合。此外，杭州、广州、福州、南宁、成都、沈阳都过于偏僻。武汉虽九省通衢，地点适中，但常闹水灾，气候闷热，缺乏山川之险。

2. 元代如何规划大都城

北京城原来是金朝的中都，由于战争的原因，金中都的城池受到破坏。作为金朝的亡都，元代统治者忌讳在原址上建筑宫殿，忽必烈派人在东北海子一带的旷野上重筑新城。《元史·地理志一》记载："四年，始于中都之东北置今城而迁都焉。……九年，改大都。"

大都城由原籍河北邢台地区的刘秉忠（僧子聪）负责规划设计，另外还请了一个名叫黑迭儿的阿拉伯人帮助他设计。当时任都水监的郭守敬也参加了建筑工作。在大都城的规划与修建之中，刘秉忠功莫大焉。刘秉忠（1216—1274年），初名侃，曾弃吏为僧，又名子聪，入仕后始更名秉忠，字仲晦，自号藏春散人。刘秉忠一直被元世祖器重，以征大理、攻南宋而称誉。元初，刘秉忠官拜光禄大夫，位至太保，参预中书省事，对元代开国制度多有建树。刘秉忠主持建上都、中都两城。对于元朝立国号为"大元"，以中都为大都，均有独到贡献。刘秉忠饱读诗书，深谙传统文化，又善于创造，因而在元朝初创中能发挥突出的作用。《元史·刘秉忠传》记载："初，帝命秉忠相地于桓州东滦水北，建城郭于龙冈，三年而毕，名曰开平。继升为上都，而以燕为中都。四年，又命秉忠筑中都城，始建宗庙宫室。八年，奏建国号曰大元，而以

---

①（元）熊梦祥：《析津志辑佚》，北京古籍出版社1983年版，第33页。

中都为大都。他如颁章服，举朝仪，给俸禄，定官制，皆自秉忠发之，为一代成宪。”

对于元大都城的选址，《析津志辑佚·朝堂公宇》记载：刘秉忠主要依据了星宿的方位。其中，处理全国政务的中书省，在宫城之北的凤池坊，“分纪于紫微垣之次”；枢密院在宫城之东的保大坊，“在武曲星之次”；御史台“在左右执法天门上”。[①] 刘秉忠将宫城和中书省比作至尊的紫微星，因为古人将天上的星座按东西南北中的方位分为“五宫”，紫微星位于中央，是对应地上的帝都皇城的至尊之星。以此为基点，他确定了全城的中轴线位置，使得宫城的中心位于全城的中轴线上，从而突出了大都以宫城为中心的规划格局。《析津志辑佚》还记载：世皇建都之时，问于刘太保秉忠定大内方向。秉忠以丽正门外第三桥南一树为向以对，上制可，遂封为独树将军，赐以金牌。

大都城的设计是依据了先秦经典《考工记》记载的范式：“匠人营国，方九里，旁三门。国中九经九纬，经涂九轨，左祖右社，面朝后市。”这种设计注重方正规矩，以阳数为数量单位，对城内的分区有严格规定。这个设计体现了统治者的正统性、威严性、控制性，符合中央集权的思想。大都城形成中轴线，前朝后市，布局整齐，街区如同棋盘，这是对前朝都城的继承，也为后世的北京城奠定了规模。大体而言：大都城的平面接近方形，南北长 7400 米，东面宽 6650 米。城外修有宽阔的护城河。皇城在城内南部的中央，宫城又在皇城的南部。大都城的主要建筑是宫城，基本上是围绕太液池建筑，主要有两组宫殿，即大明殿和延春阁。此外还有许多其他宫殿建筑，如太后住的西御苑、太子住的兴圣宫等。大都城有五十坊，商业区与居住区是分开的。城内的主要干道成正南正北、正西正东排列，主要有 9 条，都通向各城门。只有沿积水潭的东北岸，为了漕运的便利，开了一条斜街。干道两旁是纵横交错的大街小巷。大都城有钟鼓楼，钟楼在北，鼓楼在南。钟鼓楼的功能在于作为据高点观察全城动静，钟与鼓用于报时与警示。

大都城讲究数字概念，据《析津志辑佚》记载：“（大都街制）自南以至于北，谓之经；自东至西，谓之纬。大街二十四步阔，小街十二步阔。三百八

---

①（元）熊梦祥：《析津志辑佚》，北京古籍出版社 1983 年版，第 33 页。

十四火巷，二十九弄通。弄通二字本方言。”[1] 考古工作者曾经对大都遗址作过勘探，注意到元大都东西各长 5555 米，南北各长 3333 米，城围形成长方形。[2] 城内还铺设了地下水道和排水设施，考古已经发现了若干处实物，说明当时的城建者能够对城市建设作综合性的规划。

大都新城坐北朝南，以琼华岛为中心，由宫城、皇城、外城三套方城构成。宫城在太液池以东，建有四个门，宫城之北有万寿山。皇城位于外城南部中央偏西，东有太庙，西有社稷坛，北有海子（积水潭）。皇城之外是外城。元大都的外城城门，据《元一统志》和《元史・地理志》的记载有 11 座。北面有两个城门，东、西和南面各开了 3 个城门。《元史・地理志一》记载："十一门：正南曰丽正，南之右曰顺承，南之左曰文明，北之东曰安贞，北之西曰健德，正东曰崇仁，东之右曰齐化，东之左曰光熙，正西曰和义，西之右曰肃清，西之左曰平则。"中国古代的都城，往往是建 12 个门，而大都只建了 11 个门，有人解释是依据了《周易》"天五地六"之说，以合阴阳之数。

大都城的城门取自于《周易》。大都城门的命名都与《周易》卦象相关：南垣正中为丽正门，取《周易》"日月丽乎天"之意。正南的丽正门是大都城的正门，"正中惟车驾行幸郊坛则开。西一门，亦不开。止东一门，以通车马往来"[3]。丽正门的正中大门仅供皇帝出入用，丽正门的东一门则是百官上朝的必经之地，热闹壮观非凡。东南为文明门，取《周易》"文明以健""其德刚健而文明"之意。西南为顺承门，取《周易》"至哉坤元，万物滋生，乃顺承天"之意（坤为西南方位）。东垣正中为崇仁门，取东方属春、属仁之意。东南为齐化门，合《说卦传》"齐乎巽，巽东南也"之意；东北为光熙门，取《周易》"艮（东北），止也……其道光明"之意。西垣正中为和义门，取西方属秋、属义之理；西南为平则门，西北为肃清门。北垣东为安贞门，取《周易》"乾上坎下……安贞吉"之意；西为健德门，取《周易》"乾者健也，刚阳之德吉"之意。顺承门是大都最繁华的商业区，据《析津志辑佚》记载：

---

[1]（元）熊梦祥：《析津志辑佚》，北京古籍出版社 1983 年版，第 5 页。

[2] 中国科学院考古研究所元大都考古队等：《元大都的勘查和发掘》，《文物》1972 年第 1 期。

[3]（元）熊梦祥：《析津志辑佚》，北京古籍出版社 1983 年版，第 2 页。

“羊市、马市、牛市、骆驼市、驴骡市，以上七处市，俱在羊角市一带。”[①] 光熙门与漕坝相接，“当运漕岁储之时，其人夫纲运者，入粮于坝内，龙王堂前唱筹”[②]。

大都城为防雨水冲刷，要经常用苇披护，史书记载：“初，大都土城，岁必衣苇以御雨，日久土益坚，劳费益甚，（王）伯胜奏罢之。”[③] 这说明大都城的墙体不是砖材建筑，但夯土还是较为坚固的。监筑工程的王庆端向忽必烈献苇城之策，就是将苇子编好后覆盖住城墙。《析津志》记载：“世祖筑城已周，乃于文明门外向东五里，立苇场，收苇以蓑城。每岁收百万，以苇排编，自下砌上，恐致摧塌，累朝因之。”但苇城不能彻底防雨水渗透，而元朝又始终无力用砖石加固，只是在“至今西城角上亦略用砖而已”。苇城之策“至文宗，有警，用谏者言，因废。此苇止供内厨之需。每岁役市民修补”。[④]

朱玲玲撰《元大都的坊》[⑤]，研究了元大都的坊（亦称“里”）在北京城规划中的作用。大都城内街道整齐划一，各城门之间均有宽广的以南北向为主的干道，而坊是由若干条胡同划成。大都城内除皇城地区外，居民被划分成五十坊（实四十九坊），坊有坊门，坊门上有坊名，各坊没有围墙，呈开放形。据作者分析，五十坊名在《元一统志》中有记载，而《析津志》中有二十四坊名不见于《元一统志》，但这些坊名与明代的诸坊名相符合。史书未记载元大都有扩建的记载，所以《析津志》中的坊名当为元末所改。《析津志辑佚》对这些坊的地理位置均有较详细的记载，记载特点是以一个具体建筑为方位参照物。而这些建筑参照物可以在《析津志辑佚》的《河闸桥梁》和《古迹》等章中找到具体的说明。

大都有较为充足的水源，金中都主要依赖莲花水系，而元大都主要依赖两条水道，一是平时用于漕运的高梁河、海子、通惠河，二是金水河、太液池水道。郭守敬曾经主持开凿通惠河，调动水源，引昌平白浮泉水及西山诸泉水至

---

①（元）熊梦祥：《析津志辑佚》，北京古籍出版社 1983 年版，第 5 页。

②（元）熊梦祥：《析津志辑佚》，北京古籍出版社 1983 年版，第 2 页。

③《元史·王伯胜传》。

④（元）熊梦祥：《析津志辑佚》，北京古籍出版社 1983 年版，第 1 页。

⑤ 朱玲玲：《元大都的坊》，《殷都学刊》1985 年第 3 期。

通州入白河，使船只可以直接到达大都海子（今积水潭），这种空前的水上运输，促进了大都城的经济文化繁荣。遗憾的是，北京城后来几乎没有了水上交通，这是与南方水运截然不同的情况。《元史纪事本末》记载："至元二十九年，开通惠。以郭守敬领都水监事……导昌平县白浮村神山泉水过双塔河，引一亩、玉泉诸水入京城，汇入积水潭，逾年毕工。……自是免都民陆挽之劳，公私更之。"此外，还有一些水井。大都海子湖有充足水源。《元史·地理志一》记载："海子在皇城之北、万寿山之阴，旧名积水潭，聚西北诸泉之水，流入都城而汇于此，汪洋如海，都人因名焉。恣民渔采无禁，拟周之灵沼云。"《析津志辑佚·风俗》记载市民到海子周围"率来浣涤衣服、布帛之属，就石捶洗"。至正八年（1348 年）金海改名太液池，琼华岛改名万寿山。太液池中有一小岛，辽金时在岛上有小型殿宇。元朝在岛上建有仪天殿，又称瀛洲圆殿，架桥以通往。

因为城内有一些河道与水渠，所以，大都桥梁较多，如《析津志辑佚·河闸桥梁》记载了朝阳桥、通明桥、酒坊桥、保康桥、神道桥。其中不少是石桥，"多用西山白石琢凿栏干、狻猊等兽，青石为砖"。《析津志辑佚》记载了施水堂，主要给牧畜供水。"京师乃人马之宫，分为一统。都会之朝，公府趋事者，非马曷能集事，城大地广故也。而马匹最为负苦，其思渴尤甚于饥者。顷年有献施水车，以给井而得水于石槽中，用以饮马。由是，牛畜马匹之类咸赖之。仍依于释氏之侧，庶几毋劳于民，不妨于其力……凤凰池一……青杨树下一，钟楼东一，草市一，集贤院西一，礼拜寺前一，大长公主府对门一，火者门一，文明门内一，齐化门外一，平则门外一，西宫北一，此为祖。太庙西一，湛露坊南角上一，普照寺庙前一，平则库前一。"[①] 这种有特殊功能的井，在大都有可观的数量。

元朝定鼎大都之后，在京城周围出现了圈地现象。皇亲国戚纷纷占有周围的农田，五百里之内成为皇族天然猎场。《元史·百官志》记载：在大都有 3000 西夏士兵，并立唐兀卫都指挥使。作为都城，大都的人口迅速增加，消耗的资源也在增加。城里的市民以周边的柴草作为能源，时常有乱伐乱砍的情况。大都居民用的燃料主要是柴草，而不是煤炭。当时有诗云："白苇生寒

---

①（元）熊梦祥：《析津志辑佚》，北京古籍出版社 1983 年版，第 110 页。

沙，残沙摇敝帚。燕都百万家，借尔作薪樵。”[①] 说明京城中的众多民众是以白苇作为薪樵的。

元代，大都城发生过地震。史书记载：皇庆二年（1313 年）六月，己未，京师地震。丙寅，京师地又震。七月，壬寅，京师地震。元统二年（1334 年）八月，辛未，京师地震，鸡鸣山崩，陷为池，方百里，人死者甚众。在十余年中，北京连续发生地震，且造成较大危害，不利于社会的安定与政权的稳定。

---

① 史卫民：《元代社会生活史》，中国社会科学出版社 1996 年版，第 208 页。

第二节　园林与环境

园林是经过人力加工过的自然场景，是运用自然因素和文化因素创建的人类生活的境域，是由山水、花木、建筑组合的具有诗情画意、供人颐养和游览的综合艺术品。宋元时期是中国古典园林的快速发展期，有精湛的皇家园林，也有众多的私家园林。

一、皇家园林

北宋最大的皇家园林是艮岳，当时以倾城倾国之力精心修园，不是只盖了楼堂馆所，而是大手笔调理了形胜与山水，成为都城最美的风景。

宣和四年（1122 年），徽宗自为《艮岳记》，以为山在都城的艮位，故名艮岳。《宋史 · 地理志》记载："万岁山艮岳。政和七年（1117 年），始于上清宝箓宫之东作万岁山。山周十余里，其最高一峰九十步，上有亭曰介，分东、西二岭，直接南山。山之东有萼绿华堂，有书馆、八仙馆、紫石岩、栖真嶝、览秀轩、龙吟堂。山之南则寿山两峰并峙，有雁池、噰噰亭，北直绛霄楼。山之西有药寮，有西庄，有巢云亭，有白龙沜、濯龙峡，蟠秀、练光、跨云亭，罗汉岩。又西有万松岭，半岭有楼曰倚翠，上下设两关，关下有平地，凿大方沼，中作两洲：东为芦渚，亭曰浮阳。西为梅渚，亭曰雪浪。西流为凤池，东出为雁池，中分二馆，东曰流碧，西曰环山，有阁曰巢凤，堂曰三秀，东池后有挥雪厅。复由嶝道上至介亭，亭左复有亭曰极目，曰萧森，右复有亭曰丽云、半山。北俯景龙江，引江之上流注山间。西行为漱琼轩，又行石间为炼丹、凝观、圜山亭，下视江际，见高阳酒肆及清澌阁。北岸有胜筠庵、蹑云台、萧闲馆、飞岑亭。支流别为山庄，为回溪。又于南山之外为小山，横亘二里，曰芙蓉城，穷极巧妙。"

元代有皇家园林，以大都的万岁山、太液池为代表。万岁山始建于金辽时期，称为振山，又名青山。《金史·地理志》记载："京城北离宫有大宁宫……明昌二年更为万宁宫。琼林苑有横翠殿。宁德宫西园有瑶光台，又有琼华岛，又有瑶光楼。"相传当年蒙古臣服于金，其境内有一山，其势秀峭，岩石玲珑，金有善观气数阴阳者称此山有王气，希望设法厌胜，于是金帝令人求之，说是欲得此山以镇金地，蒙古应允；于是金大发士卒凿掘土石运至中都，并累积成山，四周开挑为海子，植树栽草，营构殿宇，使之成为游娱的离宫。而另有一说，金人破汴梁后将艮岳的峰石花木连同拆下的宫室材料一起运至中都而建。陶宗仪在《辍耕录》"万岁山"描述说：万岁山在大内西北太液池之阳，金人名琼花岛。中统三年，修缮之。……闻故老言，国家起朔漠日，塞上有一山，形势雄伟。金人望气者，谓此山有王气，非我之利。金人谋欲厌胜之，计无所出。金人乃大发卒凿掘，辇运至幽州城北，积累成山，因开挑海子，栽植花木，营构宫殿，以为游幸之所。未几，金亡，世皇徙都之。至元四年，兴筑宫城，山适在禁中，遂赐今名云。

万岁山四周为水，名曰太液池，在金朝时已定型。万岁山当时称琼华岛，山上皆玲珑峰石，山下大池环抱。太液池的位置大体相当于现在的北海和中海范围。陶宗仪在《辍耕录》对万岁山与太液池有详细记载："万岁山在大内西北太液池之阳，金人名琼花岛。中统三年，修缮之。其山皆以玲珑石叠垒，峰峦隐映，松桧隆郁，秀若天成。引金水河至其后，转机运斗，汲水至山顶。山石龙口，注方池，伏流至仁智殿后，有石刻蟠龙，昂首喷水仰出，然后东西流入于太液池。山上有广寒殿七间，仁智殿则在山半，为屋三间。山前白玉石桥，长二百尺。直仪天殿后，殿在太液池中圆坻上，十一楹，正对万岁山。"由此可知，万岁山、太液池的修建是一项系统工程，山、水、建筑之间相得益彰，体现了生态环境的完美和谐。它是先民改造生态环境，创建文化家园的经典范例。

万岁山与太液池是元大都皇城中的禁苑，皇帝特别重视对其进行维护。中统三年（1262 年），对其进行了大规模的兴造改建。至元四年（1267 年），苑成。此后，又多次修缮之。苑内有熟地 8 万平方米，是皇宫的一部分。

元代画家房大年与元文宗根据实景，绘有《京都万岁山》。陶宗仪《辍耕录》记载："房大年，元文宗朝人，文宗图帖睦尔亦擅画。文宗居金陵潜邸时，命臣房大年画京都万岁山，大年辞以未尝至其地；文宗索纸画布位置，令按稿图之。大年得稿敬藏之，意匠经营，格法遒整，虽绩学专工，所莫及之。”《京都万岁山》图描绘出峰峦竞秀之间，云水楼台掩映，亭廊轩榭，纵延蔓迴，楦檐高琢，钩心斗角。图中心位置绘有巨型太湖石，远处山间白云蒸腾，一片祥瑞气象，真如仙境一般。

元代还有一些官府园林。吴地的郡治有一处规模宏大的官署园林，有齐云楼、初阳楼、东楼、西楼、木兰堂、东亭、西亭、东斋、双莲堂、池光亭、郡圃、西园、思贤堂、瞻仪堂、四照亭、通判厅等。然而，这样的胜地佳景在元末被张士诚的军队烧毁。

此外，从宋、西夏帝王陵也可窥见当时的园林环境观念。

北宋太祖至哲宗七代皇帝，以及被追尊为宣祖的赵匡胤之父赵弘殷的陵墓，位于今河南巩义境内嵩山、洛河间丘陵上。陵区以荥田镇（宋永安县治）为中心，南北约 15 公里，东西约 10 公里。宋陵面嵩山而背洛水，地势南高北低，置陵台于地势最低处。其地点的选定严格按堪舆术的要求，而与前代帝陵有很大的不同。

西夏陵墓有一定的规模。1972 年清理的夏王陵八号陵（夏神宗遵顼的陵墓）由阙、碑亭、月城、内城、献殿、灵台、内神墙、外神墙、角台等建筑沿中轴线左右对称展开，严格地遵从了唐、宋建筑的格式。西夏王陵区出土的石马，通体圆雕。西夏王陵碑亭遗址发现的石雕人像的面部和肢体都突出地表现出强力感。

二、私家园林

从比较的角度看，宋代文化已转移了重心，改变了唐代文化集中于黄河流域的局面。如果说唐代园林以长安、洛阳为盛，那么可以说宋代园林逐渐以南方的园林为盛。唐人称南方有“扬一益二”，即扬州、益州很繁华；宋人则称“上有天堂，下有苏杭”，苏州、杭州已成为人们的向往之地。如果说唐代是南方园林显露头角时，那么可说宋代是南方园林大发展之时。当时，杭州至少有 40 多处园林，苏州的私家园林有 50 多处。①

---

① 本节根据王玉德的《长江流域的园林》一书改写，此书由武汉出版社 2006 年出版。

苏州园林

宋元时期，在苏州出现了修建园林热。从《苏州历代园林录》以及其他一些文献可知，苏州在元时期有静春别墅、松石轩、狮子林、玉山草堂、南园、小潇湘、来鹤园、乐隐园、梧桐园、姜园、千林园、秦氏园、朱氏园、慕家园、丘家园、周氏园、怡园、水花园、灰堆园、卢氏山园、程园等。

在苏州城南，史正志在此建万卷堂，当时又称为鱼隐。清乾隆年间，宋宗元购其地。园名借鱼隐原意，改为网师，又因附近有王思巷，声音相近，故易名网师。网师园多次易主，宋宗元后归瞿远村，人称瞿园。瞿死后归李香岩，人称蘧园。

在苏州城西有环秀山庄，原名汪园，又名耕荫义庄、颐园。五代时称为金谷园，宋代称为乐圃。该园很小，但假山却很有名，被人称为“独步江南”“天然画本”“尺幅千里”。园内有小山，占地仅半亩，却形成了60多米的曲折山径。全山小巧，却可供人上去游览，欣赏峭壁、洞壑、涧谷、危道、悬崖、石室的景致。小山几米开外有意布置了小石块，作为呼应。

虎丘风景优美，占地200余亩，高30多米，有很多胜景。

狮子林又称五松园，位于苏州古城西北隅，是元代高僧天如禅师维则创建的寺庙园林。旧说是至正二年（1342年）建，近有人考证泰定年间（1324—1328年）已建，至正二年重建。维则（1286—1354年），江西吉安永新人。狮子林之名，有说是因园中有怪石如狮。元代著名画家朱德润与维则曾会晤于狮子林，作《狮子林图记》，记载说：石形偶似狮，狮子林并非假摄镇伏群邪之意，其有不言而喻。“观于林者，虽狮、石异质，一念在狮，石皆狮也。一念在石，狮亦石也。然不若狮者，两忘者乎！”园内以湖石假山为特征，形成“桃源十八景”。中部稍北为池，池周围有廊庑。园内的理水很有特色，飞瀑亭可观赏人工瀑布。狮子林素以峰石奇绝、古木清幽而知名。元明之际的书画家朱德润、倪瓒绘图品题，使狮子林名声大振。由于狮子林颇有特色，所以，清高宗仿此建长春园和避暑山庄。

元末，昆山玉山草堂是当时颇具名气的园林。玉山草堂创建于至正八年（1348年），次年建成，先后取名小桃源、玉山佳处、玉山草堂。园中有轩有室，有斋有馆，有碧梧翠竹，有溪流清池。玉山草堂中的书画舫也是较为别致的建筑物，它傍水而建，与后世园林中的旱船、画舫十分接近。画舫是中国古典园林建筑中最富有创意和诗意的建筑物，它似屋似船，半在陆地，半凌水上。

玉山草堂的修建者是顾瑛（1310—1369年），他16岁时外出闯荡，在京师经营商业，很快就成了大富商。30岁时，顾瑛回到昆山。其《墓志铭》记载："年逾四十，田业悉付子婿，于旧地之西偏垒石为小山，筑草堂于其址，左右亭馆若干所……总命之曰玉山佳处。""玉山"为昆山别名，顾瑛所住的朱塘里在昆山西北15里，东距州治40余里，西距苏州50余里，濒临界溪，溪上可以泛舟，交通十分便利。顾瑛是个大商人，又是一介儒生和文士。他经常于园中纳友邀朋、诗酒聚会，园中所有景点和建筑都邀请名流硕儒题榜撰记、吟诗作画，并结集出版，因此玉山草堂之盛名远扬，成为元末二十余年东南文人最大的活动中心。清朝四库馆臣在《玉山名胜集》的提要中说："其所居池馆之盛，甲于东南，一时胜流，多从之游宴……元季知名之士，列其间者十之八九。考宴集唱和之盛，始于金谷、兰亭；园林题咏之多，肇于辋川、云溪；其宾客之佳、文辞之富，则未有过于是集者。虽遭逢衰世有托而逃，而文采风流映照一世。数百年后，犹想见之。录存其书，亦千载艺林之佳话也。"

宋代苏舜钦祖籍梓州铜山（今四川中江县），旅居吴中，他在《沧浪亭记》中谈他为什么要重建沧浪亭时说："始僦舍以处，时盛夏蒸燠，土居皆褊狭，不能出气，思得高爽虚辟之地。"江南气候湿热，人们居住拥挤，稍有财力的人都想改善生活环境，所以就找荒地或水边建园。除了环境原因，还有人生观原因。苏舜钦在《沧浪亭记》中自述："予时榜小舟，幅巾以往，至则洒然忘其归，觞而浩歌，踞而仰笑，野老不至，鱼鸟共乐，形骸既适，则神不烦；观听无邪，则道以明，返思向之汩汩荣辱之场，日与锱铢利害相磨戛，隔此真趣，不亦鄙哉！"由此可知，苏舜钦认为官场太"鄙"。在他看来，醉心于园林是最好的选择。他说："人固动物耳，情横于内而性伏，心外寓于物而后遣，寓久则溺，以为当然，非胜是而易之，则悲而不开。惟仕宦溺人为至深，古之才哲君子，有一失而于死者多矣，是未知所以自胜之道。"可见，沧浪亭的修建，旨在陶冶心性，逐除俗念，使思想净化，追求更高的境界。

扬州园林

扬州，宋代有郡圃、丽芳园、壶春园，元代有平野轩、崔伯亭园。

瘦西湖边的平山堂是重要的园林景点。它是宋代欧阳修任扬州太守时修建，从堂中望江南远山，正如堂栏平，故称平山堂。平山堂有楹联，上联云："几堆江山画图中，繁华自昔。试看奢如大业，令人讪笑，令人悲凉。应有些闲兴雅怀，才领得廿四桥头，箫声月色。”写出了扬州的繁华景象与历史。下联云：“一派竹西歌吹路，传颂于今。必须才似庐陵，方可遨游，方可啸咏。切莫把秾花浊酒，便当居六一翁后，余韵风流。”写出了才高八斗的欧阳修的遨游啸咏。

泰州园林

泰州历史上有一座许氏南园，欧阳修于庆历八年（1048年）撰写了《海陵许氏南园记》，其中赞扬许氏家族及其与自然之间的和谐，“凡海陵之人过其园者，望其竹树，登其台榭，思其宗族少长相从愉愉而乐于此也。爱其人，化春善，自一家而型一乡，由一乡而推之无远迩。使许氏之子孙世久而俞笃，则不独化及其人，将见其园之草木，有骈枝而连理也，禽鸟之翔集于其间者，不争巢而栖，不择子而哺也”[①]。许元，字子春，泰州人，曾任江浙荆淮制置发运使。欧阳修在文中说到了家族的和睦，又说到禽鸟之间的和谐，和谐的境界达到了“不争巢而栖，不择子而哺”。

泰州曾经有一座泰堂，现在已经不复存在。宋代陈垓在泰州做地方官，当泰堂落成时，乡贤请他写泰堂记。陈垓在《泰堂记》中全面论述了泰卦与泰堂的关系，“海陵实天赐幸，仓于汉，祠于晋，郡于宋，州于唐，而有开必先，泰其名于再开辟之始，非天乎？是以九圣百六十年之间，四海晏然，而泰独盛”。陈垓在《泰堂记》中认为泰州的泰堂之所以以“泰”名之，是因为其建筑有“泰”的意境，“亭而循崖，崖而蹬，蹬而梯，由天阅，旸谷上起云，斯楼也。……名张吾泰也”。

吴兴园林

南宋人周密曾以游记的形式载录了吴兴县城内外的36处园林，都是周密亲自游玩过的园林。周密在引文中说：“吴兴山水清远，升平日，士大夫多居之。其后秀安僖王府第在焉，尤为盛观。城中二溪横贯，此天下之所无，故好事者多园池之胜。”这些游记置于周密的《癸辛杂识》前集的“吴兴园圃”条，后人录出别置单行本，名为《吴兴园林记》。

周密的《癸辛杂识》记载了吴兴园林特别讲究山石。他说：“盖吴兴地连洞庭，多产花石，而弁山所出，类亦奇秀，故四方之为山者皆于此中取之。浙

① 常康等：《泰州文选》，江苏文艺出版社2007年版，第6页。

石假山最大者莫如卫清叔吴中之园，一山连亘二十亩，位置四十余亭，其大可知矣。然余生平所见秀拔有趣者，莫如俞子精侍郎家为奇绝，盖子清胸中自有丘壑，又善画，故能出心匠之巧，峰之大小凡百余，高者至二三丈。”

镇江园林

镇江在宋代有研山园，又称海岳庵。它的来历还有一个故事，说的是书画家米芾有个无价之宝的玩物叫“研山”，“研山”直径一尺多，山有55个像手指般大小的峰峦。这件宝物是从南唐后主御府流传出来，辗转到了米芾之手。他格外喜爱，作为家珍。后来，他看中了苏仲恭在镇江甘露寺下沿江的一块宅基，毅然用“研山”换了这块地方，修筑了海岳庵，人们又称之为研山园。研山园不大，其突出的特色是“抚今怀古，即物寓景，山川草木，皆入题咏”。

宋人冯多福在《研山园记》介绍说：园子临街有“宜之堂”，园中有“春漪亭”“清吟楼”“二妙堂”“映岚室”。园中有假山、水池、桂树。这些景和名称，有的是后人增设的。据说，米芾举止癫狂，不善经营园林，海岳庵很快就被毁掉了。过了100多年，岳飞的孙子岳珂代理镇江知府，重建了研山园。岳珂认为：“境无凡胜，以会心为悦；人无今古，以遗迹为奇。”研山园给人以哲学性的启迪：一块小石头可以换数亩宅基，可见物体的大小分量是相对的；人的偏爱与宝物的分量也是相对的，身外之物都不能与自身的兴趣相比。诚如冯多福感叹：“泰山之重，可使轻于鸿毛，齐万物于一指，则晤言一室之内，仰观宇宙之大，其致一也。”

宋代思想家沈括在润州（今镇江）有一处宅园，称为“梦溪”，他的传世之作《梦溪笔谈》就是在这里写成的。沈括在《梦溪自记》中说：在30多岁时多次梦见有一座花木如覆锦的小山，山下有澄澈极目的水，岸边有乔木。醒来之后决意在这样的地方筑宅安居。过了十几年，大约是元祐元年（1086年），到了镇江，看见城内东南隅这块地方正是梦中所游之地，叹道“吾缘在是矣”。于是买地建房，称为梦溪。梦溪有土丘，其上栽满花卉，称为百花堆。土丘的坡子上建有茅舍，作为民居。土丘上有岸老堂，可俯视梦溪。土丘以西是大片竹林，林中有轩、堂。沈括自称独乐于此，“渔于泉，舫于渊，俯仰于茂木美荫之间，所慕于古人者：陶潜、白居易、李约，谓之‘三悦’。与之酬酢于心目之所寓者：琴棋禅墨丹茶吟谈酒，谓之‘九客’”。文中的李约是唐朝人，以洒脱著称。

南宋，1165年左右，安庆宿松有一个叫汪革的实业家在皖西兴冶铁作坊一座，制作各种铁器，工匠达500人，同时出资承租70亩泊湖水面，做水产养殖，像个大园林。沿湖开发房屋900多间，开设酒肆1座。这是一个很大规模的农商企一体化的经济实体，不仅做冶铁业，还做房地产、水产、酿酒等副业，令人惊奇。即使此事出现在当代，也是很新鲜的事情。可惜，这样的实例在古书上都没有详细记载，只有零星的只言片语，使我们无法更多地了解。同时，这类实体在古代也没有延续下来，在农耕经济体制背景下，局部的“多元新经济实体”的个案只能是昙花一现。

宋代，江西人才辈出，有些名家大族也兴建了园林。洪适的园林称为“盘洲”。洪适的父亲洪皓是一位很有气节的史学家。建炎年间，洪皓出使金国，金人逼迫他留在金国做翰林学士，他固辞不就，以至于被软禁十几年。洪皓著有《帝王通要》《松漠纪闻》。他口才很好，思维敏捷，为人刚直。他的三个儿子（洪适、洪遵、洪迈）都很有才，先后中了博学宏词科，誉满天下。洪适是其长子，当过三个月宰相，后来弃官回江西波阳，修“盘洲”安居。洪遵在饶州门外筑有“小隐园”，洪迈在“盘洲”旁筑有“野处”。

从现存的《盘洲文集》可知，盘洲约有百亩，夹在两溪之间，水源充足。园内有“洗心阁”，从阁内启窗卷帘，可见漂亮的外景。阁旁有竹林，又有“舣斋”“一咏亭”等。盘洲最大的特征是有各种植物，如：庐陵的金柑、上饶的绣橘、赤城的脆橙。植物有各种颜色，白色的有海桐、玉茗、素馨、茉莉、水栀、山樊、聚仙，红色的有佛桑、杜鹃、丹桂、山茶、月季，黄色的有木樨、棣棠、蔷薇、儿莺、迎春、蜀葵、秋菊，紫色的有含笑、玫瑰、木兰、凤薇。此外，还有芍药、石榴、木蕖、海仙、郁李、山丹、水仙、红蕉、石竹、鸡冠。园中沃桑盈陌，横枝却月，苍槐挺拔。山有蕨，野有芥，林有笋。就在这个园中，洪适早出晚归，陶醉其间，不胜其乐。

重庆的北碚区与璧山区之间有缙云山风景名胜区，俗称小峨眉。缙云山有九峰，依次为朝日、香炉、狮子、聚云、猿啸、莲花、宝塔、玉尖、夕照。其中，狮子峰最高，海拔1040米。其上观日出最佳。群峰有茂密的植被，林木种类有一千七百多种，还有伯乐树、香果树等珍稀树种。在缙云山下有温泉古寺，它始建于宋代，1927年建成公园，1949年扩建。北温泉依势造景，形成精致的水石园林景观，今称为北泉公园。园内以四大殿为中心，依次为关圣殿、接引殿、大佛殿、观音殿。殿周围有温泉、古香园、石刻园、观鱼池、荷花池、花圃、乳花洞。

距成都 40 公里的崇州市有罨化池公园，园内有罨化池。宋代爱国诗人陆游被贬到四川时，曾住在罨化池畔。今在池边建有陆游祠，以供人们瞻仰。池中小山上有亭阁，沿池有廊、水榭、钟乳石筑成的小山。

元代，在杭州西湖孤山北麓有放鹤亭。这是元人为纪念宋代隐逸诗人林和靖而建。林和靖隐居孤山 20 年，种梅养鹤，有“梅妻鹤子”之称，其有著名诗句“疏影横斜水清浅，暗香浮动月黄昏”。

城市与园林是环境观念的高度凝聚，代表了一定时期的文明水平。通过宋元城市与园林，我们不难发现，中华民族的中世纪是一个发达时期，人们的自然情结不断提升，建筑艺术不断提高，环境文化有了新的推进。

第十二章

宋元的自然灾害类型及应对

本章记述宋元时期的自然灾害，分析灾害的危害与原因，论述朝廷与社会对灾害的应对。自然灾害对于古代社会特别是游牧地区的民众生活有决定性的影响。“野草自焚，牛马十死八九，民不聊生”[①]，《元史》中记载的这14个字颇能说明游牧文明的生态链，一旦出现高温或干旱，草原就出现火灾，草没了，牛羊马就没了，牧民就没法生存了。这是文明生存序列的关系，表明自然灾害在人类文明存续中起着至关重要的作用。

第一节 宋元自然灾害类型及基本情况

一、自然灾害的基本情况

自然灾害的形成与自然本身有直接的关系，这是不以人们意志为转移的。有学者指出：“自然灾害成因的自然性因素，有多重含义。第一，自然界的基本要素光、热、水、土、气、动植物等处于变动不居时，它对人类和环境有影响。第二，自然界一种要素的变化，引起其他各种环境要素的变化，如地震引发火灾、水灾、疾病等，火山喷发引起气候寒冷、森林火灾、城市毁灭等，海洋地震引起海啸、海潮等，干旱引起病虫害、土地沙化、盐碱化、草场退化、地面沉降、地裂等。而这些变化，同样对人类及其他环境要素造成危害。第三，宇宙中任何天体的变化，不仅会影响其他天体，而且有时会影响地球上人类和其他各种环境要素的变化并造成危害。第四，自然灾害所造成的损失，取决于自然要素变化的强烈程度、时间尺度、发生地区、交通通信状况、政府反

①《元史·五行志一》。

应速度和方式等多种因素。”①

宋辽金元时期，气候灾害增加，有学者统计：两宋辽金时有自然灾害 570 余次，蒙元 160 余年间有自然灾害 310 余次。②

宋代的灾害多，宋代学者经常忧心忡忡。司马光在英宗治平二年（1065 年）八月十一日《上皇帝疏》指出：“伏见陛下即位以来，灾异甚众。日有黑子，江淮之水或溢或涸。去夏霖雨，涉秋不止。京畿东南十有余州，庐舍沈于深渊，浮苴栖于木末。老弱流离，捐瘠道路。许、颍之间，积尸成丘。既而历冬无雪，暖气如春，草木早荣，继以黑风。今夏疫疠大作，弥数千里。至秋幸而丰熟，未及收获而暴雨大至，一苗半穗，荡无一遗。都城之内，道路乘桴，官府民居，覆没殆尽，死于压溺者不可胜纪，陛下安得不侧身恐惧，思其所以致此之咎乎？”③

宋神宗熙宁七年（1074 年）二月，河北、陕西久旱，开封府界并诸路均遭旱灾。《续资治通鉴长编》卷二百五十二记载：熙宁七年，郑侠说：去年大蝗，秋冬亢旱，以致今春不雨，麦苗干枯，黍、粟、麻、豆皆不及种。五谷踊贵，民情忧惶，十九惧死，逃移南北，困苦道路。“方春斩伐，竭泽而渔，大营官钱，小购升米，草木鱼鳖，亦莫生遂。”

中国地域辽阔，灾害形成区域性特征。《续资治通鉴长编》卷二记载：太祖建隆二年（961 年）七月，“吴越自五月不雨至七月”。沈括《梦溪笔谈》卷二十一《异事》记载：“熙宁中，河州雨雹，大者如鸡卵，小者如莲芡。”《宋史 · 五行志》记载：嘉定元年（1209 年）闰月壬申，“雨雹害稼。二年三月乙未，雨雹。六年夏，江、浙郡县多雨雹害稼”。

---

① 王培华：《自然灾害成因的多重性与人类家园的安全性——以中国生态环境史为中心的思考》，《学术研究》2008 年第 12 期。

② 邓云特：《中国救荒史》，上海书店 1984 年版，第 22、26 页。2016 年，赵超采用北京大学古文献研究所编辑整理的《全宋诗》（北京大学出版社 1991—1999 年），分门别类地对宋代诗歌中有关气象灾害的史料进行了辑录和整理，编著出版了《宋代气象灾害史料（诗卷）》（科学出版社 2016 年）一书，为开展宋元灾害研究提供了借鉴和参考。

③（宋）司马光：《司马光奏议》，山西人民出版社 1986 年版，第 205 页。

位于西北的西夏时常有灾害，《宋史·外国传》记载：绍兴十一年（1141年）九月，夏国饥。十三年（1143年）三月，地震，逾月不止；地裂，泉涌出黑沙。岁大饥，乃立井里以分赈之。

元代有各种各样的自然灾害，如水灾、旱灾、震灾、疫灾、蝗灾等。[①]

在同一年份，各地分别有水灾、旱灾、疫灾。《元史·成宗纪》记载：元贞元年（1296年），“是岁，济南及金、复州水旱。大都之檀州、顺州，辽阳，沈阳，广宁水。顺德、河间、大名、平阳旱。河间之乐寿、交河疫，死六千五百余人”。

在某些地区，在一年之中先后出现旱灾、蝗灾、水灾、疫灾。《元史·文宗纪》记载：至顺二年（1331年）四月，“衡州路属县比岁旱蝗，仍大水，民食草木殆尽，又疫疠，死者十九，湖南道宣慰司请赈粮米万石，从之”。

灾害经常递进式发生。皇庆年间仅有两年时间，自然灾害也特别突出。《元史·五行志》记载：“皇庆元年（1312年）六月，滨、棣、德三州及蒲台、阳信等县旱。二年九月，京畿大旱。”“皇庆二年冬，京师大疫。”

宋元时期的灾害特别多。这一方面是因为史官记载详细，另一方面是因为灾害一直困扰着当时的人们。不过，史书对边远地区的灾情记载要少一些，对京城附近或经济发达地区的江南，要记载多一些。这种情况与信息沟通有关，与统治者关注的力度也有关。

---

① 和付强：《中国灾害通史·元代卷》，郑州大学出版社2009年版。此书是我国首部写元代灾害的断代通史，其中的第三章叙述元代的主要自然灾害，第四章介绍元代的救灾，第五章介绍元代的灾害思想。此外，王培华的《元代北方灾荒与救济》（北京师范大学出版社2010年版）也是灾害史的力作。

二、水灾及危害

历代的正史《五行志》记载灾情时，用字很讲究。如水灾，有时记为“水”，有时记为“大水”，有时在灾情之后加上损失的情况，死多少人，毁多少东西。字里行间，透露出灾情的等级可以划分为若干个层次。水灾多是因为连续大雨，山洪冲泻，河流破堤造成的。

《宋史》的《五行志》记载灾害最详：

北宋乾德二年（964年）四月，广陵、扬子等县潮水害民田。七月，泰山水，坏民庐舍数百区，牛畜死者甚众。三年二月，全州大雨水。七月，蕲州大雨水，坏民庐舍。开封府河决，溢阳武。

北宋太平兴国八年（983年）五月，河大决滑州房村，径澶、濮、曹、济诸州，浸民田，坏居民庐舍，东南流入淮。六月，陕州河涨，坏浮梁；又永定涧水涨，坏民舍、军营千余区。河南府澍雨，洛水涨五丈余，坏巩县官署、军营、民舍殆尽。谷、洛、伊、瀍四水暴涨，坏京城官署、军营、寺观、祠庙、民舍万余区，溺死者以万计。

南宋迁都临安之后，《宋史·五行志》对南方的洪水记载得尤其详细，如：淳熙元年（1174年）七月壬寅、癸卯，钱塘大风涛，决临安府江堤一千六百六十余丈，漂居民六百三十余家，仁和县濒江二乡坏田圃。三年八月辛巳，台州大风雨，至于壬午，海涛、溪流合激为大水，决江岸，坏民庐，溺死者甚众。癸未，行都大雨水，坏德胜、江涨、北新三桥及钱塘、余杭、仁和县田，流入湖、秀州，害稼。浙东西、江东郡县多水，婺州、会稽嵊、广德军建平三县尤甚。

海洋灾害频发。《宋史·五行志》记载：乾道二年（1166年）八月丁亥，温州大风雨驾海潮，杀人覆舟，坏庐舍。五年十月，台州大风水，坏田庐。八年六月丙辰，惠州飓风，坏海舰三十余。时枢密院调广东经略司水军，四舰覆其三，死者百三十余人。淳熙四年（1177年）九月，明州大风驾海潮，坏定海、鄞县海岸七千六百余丈及田庐、军垒。

除了《五行志》，《宋史》其他卷帙也记载了水灾。如《太宗纪》记载，太平兴国二年（977年）六月，“颍州大水”；八月，“陕、澶、道、忠、寿诸州大水，巨鹿步蝻生，景城县雹”；九月，“兴州江水溢，濮州大水，汴水溢”。

元代，水灾亦频繁。《元史・五行志》记载：

至元元年（1264 年），真定、顺天、河间、顺德、大名、东平、济南等郡大水。

至元二十九年（1292 年）正月，湖州、平江、嘉兴、镇江、扬州、宁国、太平七路大水。

元贞元年到元贞二年（1295—1296 年），这两年的雨水特别多，如建康、常州、湖州、鄱阳、常德、澧州、泰安州、曹州、辽东、大都、庐州、平江、太原、献州、莫州、醴陵、真定、保定、汝宁等地大水。连年大水，导致元贞二年九月，河决河南杞、封丘、祥符、宁陵、襄邑五县。十月，河决开封。

有的年份，水灾偏重南方。延祐元年（1314 年），五月，常德路武陵县雨水。七月，沅陵、庐溪二县水。八月，肇庆、武昌、建康、杭州、建德、南康、江州、临江、袁州、建昌、赣州、安丰、抚州等路水。

有的年份，水灾偏重北方。延祐六年（1319 年），从六月开始，河间路温暖，河水溢，益都、般阳、济南、东昌、东平、济宁等路，曹、濮、泰安、高唐等州大雨水，辽阳、广宁、沈阳、永平、开元等路水。大名路属县水，坏民田一万八千顷。汴梁、归德、汝宁、彰德、真定、保定、卫辉、南阳等地大雨水。

西北曾出现多雨的年份。如泰定二年（1325 年）二月，甘州路大雨水，漂没行帐孳畜。四月，岷、洮、文、阶四州雨水。七月，延安路肤施县水，漂没民居。十月，鸣沙州大雨水。

除了《五行志》，《元史》的其他卷帙也记载了水灾，如《成宗纪》记载：“秋七月戊戌朔，昼晦，暴风起东北，雨雹兼发，江湖泛溢，东起通、泰、崇明，西尽真州，民被灾死者不可胜计，以米八万七千余石赈之。……浙西积雨泛溢，大伤民田，诏役民夫二千人疏导河道，俾复其故。”

京城的水灾最受关注。《顺帝纪》记载：至顺四年（1333 年）六月，“是月，大霖雨，京畿水平地丈余，饥民四十余万，诏以钞四万锭赈之。泾河溢，关中水灾。黄河大溢，河南水灾”。

水灾导致社会不安。宋仁宗嘉祐元年（1056 年），京城大水，朝臣不安。欧阳修上书说：“臣伏睹近降诏书，以雨水为灾，许中外臣僚上封言事，有以见陛下畏天爱人、恐惧修省之意也。窃以雨水为患，自古有之，然未有灾入国门、大臣奔走、漭浸社稷、破坏都城者，此盖天地之大变也。至于王城京邑，浩如陂湖，人畜死者，不知其数。其幸而存者，屋宇摧塌，无以容身，缚筏露居，上雨下水，累累老幼，狼藉于天街之中。又闻城外坟冢，亦被浸注，棺椁浮出，骸骨飘流。此皆闻之可伤，见之可悯。生者既不安其室，死者又不得其藏，此亦近世水灾未有若斯之甚者。此外四方奏报，无日不来，或云闭塞城门，或云冲破市邑，或云河口决千百步阔，或云水头高三四丈余，道路隔绝，田苗荡尽，是则大川小水，皆出为灾，远方近畿，无不被害。”①

英宗治平元年（1064年），开封府界南京、宿、亳、陈、蔡、曹、濮、济等州，霖雨为灾，稼田变成汪洋，百姓辗转。第二年（1065年）八月，京师诸地又下起了大雨，大雨伴随着地裂涌出的大水，肆意横流，淹没官私庐舍，“诏开西华门以泄宫中积水，水奔激东殿，侍班屋皆摧没，人畜多溺死……死而可知者，凡千五百八十八人”②。大臣吕诲说：天地灾变，古今时有，但在“一二日内，大雨毁坏公私庐舍万余间，未尝闻矣。今复逾月阴霪不解，诸军营垒类皆暴露，愁痛呻吟，夜以继晨，殆无生意。……今都城之内，沟渠遏塞，郊封之外，畎浍湮塞，水道决溢，蔡河断流，市无薪刍，人艰食之”③。

水灾导致小环境变迁。《宋史・理宗纪》记载，宝庆二年（1226年），“秋七月戊辰，雷电、雨，昼晦，大风。遂安、休宁两县界山裂，洪水坏公宇、民居、田畴”。

南宋洪迈《夷坚志》记载：“庆元乙卯岁（1195年）夏五月中旬间，饶州大雨七昼夜，江湖皆溢，水入城者过六尺，鄱阳浮梁尤甚。清塘村去州九十里，村民逃到山上，回望故庐，已荡然随流而去，无尺椽片瓦存。迨水退往视，则陷为污泽，了无向来居室形，生生之器具扫空。”

元代同宋代一样，水灾溺死民众，淹没土地，冲垮房屋，造成了社会危害。《元史・五行志一》记载：

至元二十三年（1286年）六月，华州华阴县大雨，潼谷水涌，平地三丈余。杭州、平江二路属县，水坏民田万七千余顷。八月，辛酉，苏、湖多雨，

---

①《续资治通鉴长编》卷一百八十三，嘉祐元年七月丙戌。

②《续资治通鉴长编》卷二百六，治平二年八月庚寅。

③《续资治通鉴长编》卷二百六，治平二年八月丙子。

伤稼，百姓艰食。

至元二十七年（1290 年）十月，丁丑，尚书省言："江阴、宁国等路大水，民流移者四十余万户。"

大德元年（1297 年）三月，"河水大溢，漂没田庐。……六月，和州历阳县江水溢，漂庐舍一万八千五百区。七月，郴州耒阳县、衡州酃县大水，溺死三百余人。九月，温州平阳、瑞安二州水，溺死六千八百余人。……（五年）七月，江水暴风大溢，高四五丈，连崇明、通、泰、真州定江之地，漂没庐舍，被灾者三万四千八百余户。……（六年四月），东安州浑河溢，坏民田一千八十余顷。六月……台州风水大作，宁海、临海二县死者五百五十人。（八年）八月，潮阳飓风海溢，漂民庐舍"。

泰定三年（1326 年），"八月，盐官州大风，海溢，捍海堤崩，广三十余里，袤二十里，徙居民千二百五十家以避之"。

三、旱灾及其危害

中国历史上经常发生旱灾。对于一个农耕为主的国度而言，旱灾对于农业经济是致命的打击。因此，历代史官对旱灾都尽可能作详细的记载。

宋代的旱灾多，史书称北宋"旱灾屡见，所被甚广"。《宋史·五行志》记载当时发生的旱灾：

建隆二年（961 年），京师夏旱，冬又旱。三年（962 年），京师春夏旱。河北大旱，霸州苗皆焦仆。又河南、河中府、孟、泽、濮、郓、齐、济、滑、延、隰、宿等州并春夏不雨。四年（964 年），京师夏秋旱。又怀州旱。

淳化年间，年年旱灾。元年（990 年）正月至四月，不雨，帝蔬食祈雨。河南、凤翔、大名、京兆府、许、沧、单、汝、乾、郑、同等州旱。二年（991 年）春，京师大旱。三年（992 年）春，京师大旱。冬，复大旱。是岁，河南府、京东西、河北、河东、陕西及亳、建、淮阳等三十六州、军旱。四年（993 年）夏，京师不雨，河南府、许、汝、亳、滑、商州旱。五年（994 年）六月，京师旱。

景德元年（1004 年），京师夏旱，人多暍死。

《宋史·仁宗纪》记载：庆历六年（1046 年）六月丙寅，以久旱，民多暍死，命京城增凿井三百九十。

神宗熙宁七年（1074 年），河北、陕西久旱，开封府诸地也重受旱灾之创。司马光对此深感震撼，发出了“灾异之大，古今罕比”的感叹。《续资治通鉴长编》记载这年的灾害：北尽塞表，东被海涯，南逾江淮，西及邛蜀，自去岁秋冬，绝少雨雪，井泉溪涧，往往涸竭，二麦无收，民已绝望。孟夏过半，秋种未入，中户以下，大抵乏食，采木实草根以延朝夕。

宋刘敞《公是集》卷五十《祷庙文》记载：“江汉之间，十二都之地，方数千里，黍稷枯槁，百姓颙颙，无所控语。”①

每遇旱灾，朝廷就分遣朝臣诣天下名山大川祠庙祈雨。哲宗元祐元年（1086 年）春，诸路旱。正月，帝及太皇太后车驾分日诣寺观祷雨。有时候，帝日午曝立，祷于宫中。

《金史・五行志》记载：金天兴元年（1232 年），“正月丁酉，大雪。二月癸丑，又雪。戊午，又雪。……五月，大寒如冬。……二年六月……连日暴雨，平地水数尺”。随后，“复大旱数月”。

《宋史・外国传》记载：大中祥符三年（1010 年），西夏“境内饥，上表求粟百万，朝议不知所出。时王旦为相，请敕有司具粟百万于京师，诏其来取”。“会旱，西攻河州、甘州宗哥族及秦州缘边熟户。遂出大里河，筑栅苍耳平”。

旱灾的形成，有客观的原因，也有人为原因。地方豪强占山伐树、占湖造田，与民争利，加剧了灾情。《宋史・食货志》记载：大理寺丞张抑奏言：“陂泽湖塘，水则资之潴泄；旱则资之灌溉。近者，浙西豪宗，每遇旱岁，占湖为田，筑为长堤，中植榆柳，外捍茭芦。于是旧为田者，始陷水之出入，苏湖常秀，昔有水患，今多旱灾，盖出于此。”

元代曾经出现连续旱情的年份，如：

《元史・五行志》记载：天历元年（1328 年）八月，陕西大旱，人相食。第二年夏，真定、河间、大名、广平等四州四十一县旱。峡州二县旱。八月，浙西湖州、江东池州、饶州旱。十二月，冀宁路旱。这一年的旱灾范围广，从夏季到冬季都有旱情，影响严重。元统元年（1333 年）夏，“绍兴旱，自四月

① 刘敞（1019—1068 年），字原父，临江新喻人。举庆历进士，廷试第一。有《公是集》传世。

不雨至于七月，淮东、淮西皆旱。二年（1334 年）三月，湖广旱，自是月不雨至于八月。四月，河南旱，自是月不雨至于八月”。

在北方，当冬季无雪，容易出现旱情。史书记载：延祐元年（1314 年），大都檀、蓟等州冬无雪，至春草木枯焦。

张养浩作有《四月一日喜雨》，反映了干旱之后下雨的农夫心情：“万象欲焦枯，一雨足沾濡。天地回生意，风云起壮图。农夫，舞破蓑衣绿。和余，欢喜的无是处!”

学术界非常重视宋元时期陕西的旱灾，已有不少成果。如，张强的《宋元时期陕西灾害研究》（陕西师范大学 2015 年硕士论文），张瑞霞、葛昊福的《1324—1332 年陕西行省特大旱灾探究》（《元史及民族与边疆研究集刊》第三十一辑，上海古籍出版社 2016 年），顾静、赵景波、周杰的《关中地区元代干旱灾害与气候变化》（《海洋地质与第四纪地质》2007 年第 6 期），等等，这些成果对宋元陕西这一区域的旱灾状况、民众之间互助、抗旱救灾进行了研究。

四、震灾及其危害

中国处在世界上两个最强大的地震带（环太平洋构造带、欧亚构造带）之间，因此，历史上地震频繁。台湾及其附近海域、黄河中下游汾渭河谷、太行山麓、京津唐和渤海湾沿岸、河西走廊、六盘山和天山南北、青藏高原东南边缘、四川西部、云南中部、西藏是地震的多发区域。

1. 震灾

《宋史・五行志》记载宋代发生地震的地区有灵州、夏州、环庆、常州、庆州、益州、京师、冀州、益州、黎州、雅州、邢州、瀛州、渭州、代州、眉州、秦州、忻州、并州、广州、登州、许州、秀州、雄州、幽州、漳州、泉州、建州、邵武、兴化军、潮州、郓州、莫州、沧州、兰州、镇戎军、永兴军、环州、太原府、河南府、苏州、剑南东川、滁州、恩州、湖州、石泉军等地。其中，京师、忻州、邢州、益州等地多次地震。“登州地震，岠嵎山摧。自是震不已，每震，则海底有声如雷。”“沧州地震，涌出沙泥、船板、胡桃、螺蚌之属。”“是岁，数路地震，有一日十数震，有逾半年震不止者。”

《元史·五行志》记载：灤山、德兴、宿松、怀来、成纪、平晋、新郑、密县、高密、蒙阴、东阿、阳谷、平阴、汶上、镇江、益都、昌乐、寿光、北海、即墨、高苑、邵武、临朐、丹阳、徐沟、庄浪、定西、静宁、介休、孝义、灵石、顺昌、巩县等地发生过地震。有些地震范围比较广，如秦州、余干州、乐平州、信州、庐州、蕲州、黄州、顺州、龙庆州、峡州、荆门州、棣州、台州、会州、保德州、雷州、兴国路、安庆路、京师、汴梁路、宁国路、兴化路、南雄路等在元朝发生过影响范围较广的大地震。其中，京师、蓟州、饶州、冀宁路等地多次地震。京师地震，日凡二三，连续几天。地震面积较大，经常涉及数县：至正十一年（1351年）四月，冀宁路汾、忻二州，文水、平晋、榆次、寿阳四县，晋宁辽州之榆社，怀庆河内、修武二县及孟州皆地震，声如雷霆，圮房屋，压死者甚众。

从《宋史》《元史》等文献可见，我国的福建、北京、河北、云南、山西、甘肃、宁夏、河北、陕西、山东、河南等地都发生过地震。福建、山西、云南发生过大震。如：

至元二十七年（1290年）二月，癸未，泉州地震；丙戌，又震。癸巳，地大震，武平尤甚。地陷，黑沙水涌出，压死按察司官及总管府官王连等及民七千余人。

大德七年（1303年）八月六日夜，地震。平阳、太原尤甚，村堡移徙，地裂成渠，压死人民不可胜计。具体地点在今山西洪洞、赵城。这是中国历史上详细记述大地震最早的一次。此震“坏官民庐舍十万计”（《元史·五行志》），破坏区沿汾河地堑延伸长有400多公里，震级约8级或更大。

皇庆年间，北京连续地震。皇庆二年（1313年）六月，己未，京师地震。丙寅，京师地又震。七月，壬寅，京师地震。

至正年间，连续发生地震，至正元年（1341年）三月，己未，汴梁地震。至正二年（1342年）夏四月，辛丑，冀宁路平晋县地震，声如雷，裂地尺余，民居皆倾。至正三年（1343年）二月，汴梁新郑、密二县地震。秦州成纪县、巩昌府宁远、伏羌县山崩，水涌，溺死者无算。

2. 危害

地震必然造成房屋倒压、民众死亡、环境变化。这三方面是相联系的，不过，有时某一方面要严重些而已。

地震毁坏建筑。元至正七年（1347 年）二月，己卯，山东地震，坏城郭，棣州有声如雷。七月，临淄地震，七日乃止。河东地坼泉涌，崩城陷屋，伤人民。至正十二年（1352 年）三月，陇西地震百余日，城郭颓移，陵谷迁变，定西、会州尤甚。（这之后，定西州改为安定州，会州改为会宁州。）

《元史·五行志》记载：大德九年（1305 年）夏四月，乙酉，大同路地震，有声如雷，坏官民庐舍五千余间，压死二千余人；怀仁县地裂二所，涌水尽黑，漂出松柏朽木。大德十年（1306 年）八月，壬寅，开成路地震，王宫及官民庐舍皆坏，压死故秦王妃等五千余人。延祐元年（1314 年）八月，丁未，冀宁、汴梁及武安、涉县地震，坏官民庐舍，死者三百余人。至元六年（1340 年）六月，己亥，秦州成纪县山崩地坼。桃源乡山崩，被压死者三百六十余。

《元史·顺帝纪》记载：三年八月壬午，京师地大震，太庙梁柱裂，各室墙壁皆坏，压损仪物，文宗神主及御床尽碎；西湖寺神御殿壁仆，压损祭器。自是累震，至丁亥方止，所损人民甚众。癸未，日有交晕，左右珥白虹贯之。河南地震。

地震造成民众死亡。《宋史·五行志》记载：宋代景祐四年（1037 年）十二月甲子，京师地震。甲申，忻、代、并三州地震，坏庐舍，覆压吏民。忻州死者万九千七百四十二人，伤者五千六百五十五人，畜死者五万余；代州死者七百五十九人，并州死者千八百九十人。

官府帮助掩埋地震造成的死者。《金史·熙宗纪》记载：金熙宗皇统四年（1144 年）十月，“甲辰，以河朔诸郡地震，诏复百姓一年，其压死无人收葬者，官为敛藏之。陕西、蒲、解、汝、蔡等处因岁饥，流民典雇为奴婢者，官给绢赎为良，放还其乡”。

《元史·五行志》记载：元代的地震中，有时“三日之中，地大震者六”，而“陇西地震百余日”，有时死亡几百人，有时死亡人数有几千人。

地震造成环境变迁。《元史·五行志》记载：有时山崩为池，有时“村堡移徙，地裂成渠”。元统二年（1334 年）八月，辛未，“京师地震，鸡鸣山崩，陷为池，方百里，人死者众”。

延祐二年（1315 年）五月乙丑，甘肃东南部的秦州成纪县北山移至夕川河，明日再移，平地突如土阜，高者二三丈，陷没民居。延祐三年（1316 年）七月己丑，成纪县山崩。延祐五年（1318 年）八月成纪县暴雨，山崩，朽壤坟起，覆没畜产。成纪县在几年当中连续地震，造成山崩地移。由此可知，地震往往不是一次就安定下来，有时是连续不断。

3. 人们对地震的认识

《宋名臣奏议》卷四记载：北宋神宗熙宁元年（1068 年），京师开封不断发生地震，殿中侍御史钱顗在《上神宗论地震》书中说："臣伏以今月甲申至辛卯，京师连日地震者五，窃观人事，以考变异，皆阴盛阳微之象也。……窃思国家以来，灾变不一……地复震裂，庐舍摧塌，人民压溺，几以万数。……虽《春秋》所记灾异，未有若此之甚者。"

元代学者注意地震资料。1307 年，马端临撰《文献通考》地震篇，共录自周至金地震资料 268 条。这说明元代学人对地震史是很关注的。

元代官员们把地震当作天谴，借以说明朝政。这样的史料很多。

《元史·英宗纪》记载：英宗至治二年（1322 年）十一月，"御史李端言：'近者京师地震，日月薄蚀，皆臣下失职所致。'帝自责曰：'是朕思虑不及致然。'因敕群臣亦当修饬，以谨天戒"。《英宗本纪》又记载：英宗至治三年二月，"癸酉，畋于柳林，顾谓拜住曰：'近者地道失宁，风雨不时，岂朕纂承大宝行事有阙欤？'对曰：'地震自古有之，陛下自责固宜，良由臣等失职，不能燮理。'帝曰：'朕在位三载，于兆姓万物，岂无乖戾之事？卿等宜与百官议，有便民利物者，朕即行之。'"

《元史·李冶传》记载："又问昨地震何如，（李冶）对曰：'天裂为阳不足，地震为阴有余。夫地道，阴也，阴太盛，则变常。今之地震，或奸邪在侧，或女谒盛行，或谗慝交至，或刑罚失中，或征伐骤举，五者必有一于此矣。夫天之爱君，如爱其子，故示此为警之耳。苟能辨奸邪，去女谒，屏谗慝，省刑罚，慎征讨，上当天心，下协人意，则可转咎为休矣。'"

五、蝗灾及其危害

章义和著的《中国蝗灾史》（安徽人民出版社 2008 年）论述两宋金元时期共有 195 个年份为蝗灾发生年，其中北宋 65 个年份，辽 12 个年份，南宋 31 个年份，金 24 个年份，蒙元 81 个年份。在北宋的蝗灾中，连续发生年十余次，最长的为连续 6 年。真宗大中祥符九年（1016 年）到天禧二年（1018

年）的蝗灾危害最大。南宋境内的蝗灾无论是分布范围，还是危害程度，都弱于北方中原地区。书中还提到：宋神宗熙宁八年（1075年）颁布诏书，要求地方官员与百姓一同灭蝗，国家给予奖励。这个诏书在蝗灾史上有重要意义。

据《宋史·五行志》记载，宋代的蝗灾十分频繁：

淳化元年（990年）七月，淄、澶、濮州、乾宁军有蝗。沧州蝗蝻虫食苗。棣州飞蝗自北来，害稼。三年六月甲申，京师有蝗起东北，趣至西南，蔽空如云翳日。

嘉泰二年（1202年），浙西诸县大蝗，自丹阳入武进，若烟雾蔽天，其堕亘十余里，常之三县捕八千余石，湖之长兴捕数百石。

真宗大中祥符九年（1016年），蝗灾特别厉害，《宋史·真宗纪》记载："戊辰，青州飞蝗赴海死，积海岸百余里。"

《续资治通鉴长编》卷二十三记载：太平兴国七年（982年）二月，"诏开封府：近者蝗旱相仍，民多流徙，宜设法招诱，并令复归，满百日不至，其桑土并许他人承佃，便为永业"。

《续资治通鉴长编》卷三十三记载：淳化三年（992年）六月庚申，有蝗自东北来，蔽天，经西南而去。宋太宗对宰相说："朕素不识此虫，群飞而过，其势甚盛，必恐害及田稼，朕忧心如捣。亟遣人驰诣所集处视之，卿等何策可去？"群臣回答说："虫螟因旱乃生，频雨则不能飞，为灾与否，亦系岁时，圣心焦劳，忧及黎庶，固当感通天地。臣等职在燮调，伏增惭惧。""是夕，大雨，蝗尽殪。"

蝗灾不时发生，此伏彼起，治蝗不可能毕其功于一役，更不宜盲目庆贺短暂的胜利。《续资治通鉴长编》卷八十七记载：大中祥符九年（1016年）七月，宋真宗时，京城附近有官员请示："蝗实死矣，请示于朝，率百官贺。"朝臣王旦持反对意见，说："蝗出为灾，灾弭，幸也，又何贺焉！"这时，其他地方官员奏事，说仍有"飞蝗蔽天，有堕于殿庭间者"。真宗对王旦说：幸亏没有举行庆贺活动，否则为天下笑耶！

因为蝗灾，宋真宗忧虑成疾。《续资治通鉴长编》卷八十八记载：大中祥符九年（1016年），"六月，京畿、京东西、河北路蝗蝻继生，弥覆郊野，食民田殆尽，入公私庐舍。七月过京师，群飞蔽空，延至江、淮南，趣河东，及霜寒始尽。飞蝗之过京城也，上方坐便殿阁中御膳，左右以告，上起，临轩仰视，则蝗势连云障日，莫见其际。上默然还坐，意甚不怿，乃命撤膳，自是圣体遂不康。”

宋朝廷奖励灭蝗，以仓库贮存的粮食交换百姓捕捉的蝗虫。《宋史·五行志》记载：嘉定“八年（1215 年）四月，飞蝗越淮而南。江、淮郡蝗，食禾苗、山林草木皆尽。乙卯，飞蝗入畿县。己亥，祭酺，令郡有蝗者如式以祭。自夏徂秋，诸道捕蝗者以千百石计，饥民竞捕，官出粟易之。九年五月。浙东蝗。丁巳，令郡国酺祭。是岁，荐饥，官以粟易蝗者千百斛”。

通过蝗粟交易，既达到了治蝗的目的，又使因蝗灾而受害的饥者得到救助。宋代文人郑獬创作《捕蝗歌》：翁妪妇子相催行，官遣捕蝗赤日里。蝗满田中不见田，穗头栉栉如排指。凿坑篝火齐声驱，腹饱翅短飞不起。囊提篙负输入官，换官仓粟能得几。虽然捕得一斗蝗，又生百斗新蝗子。只应食尽田中禾，饿杀农夫方始死。[①]

宋人注意到自然界动物之间的生克现象，有一种叫鹙鸟的鸟是蝗虫的天敌。南宋洪迈《夷坚志》卷一“护国大将军”条：“绍兴二十六年（1156 年），淮、宋之地将秋收。粟稼如云，而蝗虫大起，翾飞蔽天。所过田亩，一扫而尽。未几，有水鸟名曰鹙。形如野鹙而高且大，胆有长嗉，可贮数斗物。千百为群，更相呼应。共啄蝗，盈其嗉，不食而吐之，既吐复啄。连城数十邑皆若是。才旬日，蝗无孑遗，岁以大熟。徐、泗上其事于虏廷，下制封鹙为护国大将军。”

金宣宗时，蝗灾不断。《金史·五行志》记载：宣宗贞祐三年（1215 年）五月，河南大蝗。四年春，河朔人相食。五月，河南、陕西大蝗。凤翔、扶风、岐山、郿县蜚虫伤麦。七月，旱。癸丑，飞蝗过京师。兴定元年（1217 年）三月，宫中有蝗。二年四月，河南诸郡蝗。

元代，北方虫害严重。《元史·五行志》记载：“至顺二年（1331 年）三月，冠州虫食桑四万株。晋、冀、深、蠡等州及郓城、延津二县虫夜食桑，昼匿土中，人莫捕之。五月，曹州禹城、保定博野、东昌封丘等县虫食桑。”大德二年（1298 年），夏，四月，江南、山东、浙江、两淮、燕南属县多蝗。

---

① 郑獬（1022—1072 年），字毅夫，号云谷，江西宁都梅江镇人，因祖父前往湖北经商，寄居安陆。

《元史·五行志》还注意到了生物生克状况。至治二年（1322年），“汴梁祥符县蝗，有群鹜食蝗，既而复吐，积如丘垤”。泰定四年（1327年）五月，“洛阳县有蝗五亩，群鸟尽食之，越数日，蝗又集，又食之”。

《农政全书》把我国历史上从春秋到元朝所记载的111次蝗灾发生的时间和地点进行了分析，发现蝗灾“最盛于夏秋之间”，得出“涸泽者蝗之原本也”的结论。书中还对蝗虫进行了细致的观察，并提出了防治办法。

以河北大名县的蝗灾为例。[①]《民国大名县志·祥异志》记载蝗虫食稼，元世祖至元“八年六月大名蝗”；元泰定帝“泰定元年六月大名蝗，饥，诏发粟赈之”。元代蝗灾主要发生在4月到8月的这五个月中，其他时期发生的明显较少，夏秋两季发生的次数占总数的86%。最多是6月，其次是7月。所以“蝗虫最盛，莫过于夏秋之间”。

《民国大名县志·祥异志》所载的该地2000余年的蝗灾史，可以发现这样一种现象，即越是在一个王朝的末期，大名地区的蝗灾爆发越是频繁，其中大多还为连发性蝗灾。如元朝后期、明朝后期均出现了持续数年的连发性蝗灾，这些蝗灾所造成的社会灾难往往大于常年。元文宗天历“三年五月大名蝗，有虫食桑且尽”。“至顺元年大名桑麦灾，蝗饥。赈给粮钞”，“三年三月大名虫食桑叶尽。五月大名路蝗”。元顺帝至正“十二年六月元城十一县水旱虫蝗，饥民七十一万六千九百八十口。诏给钞十万锭赈之”。

关于元代的蝗灾防治，可参考杨旺生、龚光明的《元代蝗灾防治措施及成效论析》（《古今农业》2007年第3期）一文，从元代蝗灾的特点、基本状况、防治措施和成效等问题进行了深入分析，认为元代的蝗灾防治体现出了“敬”和“治”的矛盾，意即“天命主义”的禳灾活动仍很流行，但是制度缺陷及部分官员的懈惰却影响了治蝗的成效。还可参考张国旺的《元代蝗灾述论》（《隋唐辽宋金元史论丛》第五辑，上海古籍出版社2015年），此文对元代蝗灾的时空分布进行了分析，认为：“蒙古窝阔台时期、元前中期是蝗灾的高发时段。……腹里地区、河南行省是蝗灾的主要发生区域，以黄淮海为中

---

① 华中师范大学研究生程佩对元代河北大名县的蝗灾进行了探讨。依据了张昭芹等修、范鉴古等纂的《中国地方志集成·河北府县志辑·民国大名县志》卷二十六《祥异志》（上海书店出版社2006年版）。

心，东北扩展到辽阳行省，西部则延及陕西行省所在的渭河流域。江浙行省的浙西地区、江西行省、湖广行省时有蝗灾发生。”还可参考王培华的《试论元代北方蝗灾群发性规律性及国家减灾措施》（《北京师范大学学报》1999 年第 1 期），此文认为元代蝗灾发生具有周期性，大蝗灾表现出 11 年左右周期，特大蝗灾期表现出 60 年左右周期，这种周期性与太阳黑子活动有关。

六、疫灾及其原因

疫灾是突然在民间流传并导致大量民众死亡的烈性传染病。《说文》：“疫，民皆疾也。”《素问·刺法论》：“五疫之至，皆相染易，无问大小，病状相似。”《辞海》：“瘟疫”就是疫病。

1. 疫灾及危害

有关书籍介绍，两宋有疫情，相对而言，北宋的疫情要少一些，平均 12 年一次，而南宋的疫情是 5 年一次。[①] 这是因为史家记载的问题，还是北宋疆域较小的问题，还是天气问题，尚不清楚。

《宋史·五行志》记载了多次疫情：

建炎元年（1127 年）三月，金人围汴京，城中疫者几半。

绍兴二年（1132 年）春，涪州疫死数千人。三年，资、荣二州大疫。

隆兴二年（1164 年）冬，淮甸流民二三十万避乱江南……疫死者半。

嘉定年间，年年有疫。元年（1208 年）夏，淮甸大疫。是岁，浙民亦疫。二年夏，都民疫死甚众。淮民流江南者饥与暑并，多疫死。三年四月，都民多疫死。四年三月，亦如之。十五年，赣州疫。十六年，永、道二州疫。

德祐元年（1275 年）六月庚子，是日，嘉定、三龟、九顶、紫云四城迁徙，流民患疫而死者不可胜计，天宁寺死者尤多。二年闰三月，数月间，城中疫气熏蒸，人之病死者不可以数计。

金朝也发生过较大疫情，如贞祐元年（1213 年）九月，大元兵围汴，大疫，死者百余万。天兴元年（1232 年）五月，汴京大疫凡五十日，诸出死者

---

① 梁峻等主编：《古今中外大疫启示录》，人民出版社 2003 年版，第 69 页。

九十余万。

在宋人的印象中，南方气候炎热，空气湿度大，山高林密，疫疠必然严重一些。《宋史·地理志》记载：广南东、西路，宋初，以人稀土旷，并省州县。“山林翳密，多瘴毒，凡命官吏，优其秩奉。春、梅诸州，炎疠颇甚，许土人领任。景德中，令秋冬赴治，使职巡行，皆令避盛夏瘴雾之患。人病不呼医服药。”

周去非注意到广西的自然环境不适合人的生存。他说：“岭外毒瘴，不必深广之地。如海南之琼管，海北之廉、雷、化，虽曰深广，而瘴乃稍轻。昭州与湖南、静江接境，士夫指以为大法场，言杀人之多也。若深广之地，如横、邕、钦、贵，其瘴殆与昭等，独不知小法场之名在何州。尝谓瘴重之州，率水土毒尔，非天时也。”

西南之地曾被称为瘴疠之地。针对广西流行的瘴气，周去非介绍了青蒿散的作用。他在《岭外代答·风土门》说：“南方凡病，皆谓之瘴，其实似中州伤寒。盖天气郁蒸，阳多宣泄，冬不闭藏，草木水泉，皆禀恶气。人生其间，日受其毒，元气不固，发为瘴疾。轻者寒热往来，正类痁疟，谓之冷瘴。重者纯热无寒，更重者蕴热沉沉，无昼无夜，如卧灰火，谓之热瘴。最重者，一病则失音，莫知所以然，谓之哑瘴。冷瘴未必死，热瘴久必死，哑瘴治得其道，间亦可生。冷瘴以疟治，热瘴以伤寒治，哑瘴以失音伤寒治，虽未可收十全之功，往往愈者过半。治瘴不可纯用中州伤寒之药，苟徒见其热甚，而以朴硝、大黄之类下之，苟所禀怯弱，立见倾危。昔静江府唐侍御家，仙者授以青蒿散，至今南方瘴疾服之，有奇验。其药用青蒿、石膏及草药，服之而不愈者，是其人禀弱而病深也。急以附子、丹砂救之，往往多愈。”

疫情与气候有一定的关系，《宋史·五行志》记载：淳化三年（992 年）六月，先是京师大热，疫死者众，及北风至，疫疾遂止。

陶宗仪在《辍耕录》“大黄愈疾”条说：“丙戌冬十一月，耶律文正王从太祖下灵武，诸将争掠子女玉帛，王独取书籍数部，大黄两驼而已。既而军中病疫，惟得大黄可愈，所活几万人。”此事说明元军在甘肃境内曾经发生过病疫，军医用大黄治病防疫。

疫情主要发生在征战之时。世祖至元二十一年（1284 年），忽必烈之子脱欢（当时担任镇南王）发兵攻安南（今越南北部），五月，因暑雨不止，瘟疫流行，被迫退师。

据《元史·世祖纪》，至元二十六年（1289 年）五月，世祖下诏："季阳、益都、淄莱三万户军久戍广东，疫死者众，其令二年一更。"这条史料说明，北方人到岭南不能适应当地的湿气，容易大量死亡。湿气与疫情是有区别的。

疫灾导致大量人口死亡。如，至大元年（1308 年），是春，绍兴、庆元、台州大疫，死者二万六千余人。至正十三年（1353 年）十二月，大同路疫，死者大半。至正十四年（1354 年），京师大饥，加以疫疠，民有父子相食者。至正十八年（1358 年），京师大饥疫，死者相枕藉。朝廷在京城至卢沟桥一带埋尸，前后用钞 27000 多锭，安葬 20 万死者。又向病人发药，大行善事。《元史·顺帝纪》记载：十四年十二月，"京师大饥，加以疫疠，民有父子相食者"。

2. 疫情原因及防范

疫情发生的原因，元代的士人认为是其他灾害引发的，并且有人为的因素。至大元年（1308 年）发生的大疫，九月，丙辰，中书省言：夏秋之间，巩昌地震，归德暴风雨，济宁、泰安、真定大水，民居荡析。江浙饥荒之余，疫疠大作，死者相枕藉；父鬻其子，夫离其妻，哭声震野，所不忍闻。是皆臣等不才，猥当大任，以致政事乖违，阴阳失序，害及百姓，愿退位以避贤路。

宋真宗的宰相王旦"生子俱苦于痘，峨眉山神医能种痘，百不失一。凡峨眉山之东西南北，无不求其种痘"①。王旦请道士为儿子王素种痘，种痘后 7 天发烧，12 天结疤痕，王素活到 67 岁。此事是否真实，有待考证。但是，北宋时期的人们重视医学，北宋九个皇帝，六个喜好中医。皇帝经常派官员给民众送医赐方。政府官员把《圣惠方》《庆历善救方》发给百姓，让民众掌握防范知识。

在疫情期间，宋仁宗把宫中珍藏的药物"通天犀"分发给需要的人。《宋史·仁宗纪》记载："京师大疫，命太医和药，内出犀角二本，折而视之，其一通天犀也。内侍李舜举请留供服御，帝曰：'吾岂贵异物，而贱百姓。'竟碎之，令太医择善察脉者，即县官授药，审处其疾状予之。无使为庸医所误，

---

① 此史料出自清代朱纯嘏撰的《痘疹定论》。

夭阏其生。”

《宋史·五行志》记载：北宋淳化五年（994 年）六月，京师疫，遣太医和药救之。绍兴元年（1131 年）六月，浙西大疫，平江府以北，流尸无算。秋冬，绍兴府连年大疫，官募人能服粥药之劳者，活及百人者度为僧。二十六年夏，行都又疫，高宗出柴胡制药，活者甚众。

湖湘之地炎热，容易流行瘴疠。《宋史·蛮夷志一》记载：宋仁宗在位时，“湖湘骚动，兵不得息。六年夏，仁宗顾谓辅臣曰：‘官军久戍南方，夏秋之交，瘴疠为虐，其令太医定方和药，遣使给之。’”

北宋苏轼在杭州为官时，筹资及时建立医坊。

南宋政府在疫情时，发放药材，掩埋尸体，丝毫不敢放松。

天德三年（1151 年），海陵王完颜亮为了迁都，扩建中都，征调各地民工几十万人施工。时逢夏季暑热，生活条件又差，暴发瘟疫。海陵王要求宫廷医药机构御药院和尚药局积极救治，并诏命中都周边五百里内的医者都赶来支援。据《金史·张浩传》记载：“诏发燕京五百里内医者，使治疗，官给药物。全活多者与官，其次给赏，下者转运司举察以闻。”

元代设有民间的医户制度，政府把从事医疗活动的民户称为“医户”，户籍由太医院管理。瘟疫发生后，朝廷组织医户参与疫病的治疗，提高了救治效率。

元代名医李杲对流行病很关注，认真研究出有效的方子。《元史·李杲传》记载当时“民感时气，行疫疠，俗呼为大头天行，医工遍阅方书，无与对证者”。李杲“废寝忘食，循流探源，察标求本，制一方与服之，乃效”。

七、其他灾害

《梦溪笔谈·异事》记载风灾的严重危害。熙宁九年（1076 年），恩州武城县（今山东武城）有旋风从东南方向袭来，直插云天，状如羊角，大树尽被拔起。不一会儿，旋风入云霄中。没过多长时间，逐渐临近而经过县城，县城里官舍、民居几乎被一扫而光，全部卷入了云霄中。县令的儿女和奴婢都被卷去，复坠于地，死伤了好几人。民间死伤失踪的不可胜计，县城完全变成一片废墟，遂将县城移到了现在的新建地址。

元代冰雹袭城，《元史·五行志一》记载：“（大德十年，1306 年）四月，郑州管城县风雹，大如鸡卵，积厚五寸。”

宋元之时，杭州多次发生大火灾。宋代学者洪迈在《夷坚志》记载：绍兴十年（1140年）的某一天，临安城发生大火，许多店铺被大火吞噬，人们都在那里捶胸顿足，悲伤欲绝。唯有一位裴姓商人临难不乱方寸，他没有在废墟上扒残渣，而是赶紧到城外采购竹木砖瓦、芦苇等建筑材料，带回来贩卖，乘机赚了一笔，挽回了火灾损失。裴姓商人的智慧在于：不在灾难中沉沦，而是尽快采取补救措施。“智者见于未萌”，只有超前思考，才可能抢占先机。

到了元代，杭州城在至正元年（1341年）四月十九日发生特大火灾，烧毁房屋15755间，史料记载：“自东南延上西北近二十里，官民闾舍，焚荡迨半，遂使繁华之地鞠为蓁芜之墟。”①

---

①（元）杨瑀等：《山居新语》，上海古籍出版社2012年版，第26页。

第二节　宋元对自然灾害的应对及影响

自然灾害给社会带来的损失，不是单一的，而是交叉的，甚至是多重的。王十朋的《梅溪集》卷三《除知湖州上殿札子》记载："陛下即位以来，六年于兹矣，躬揽权纲，厉精政事，虽汉宣帝光武无以加。然天灾流行，无岁无有，旱于夏，涝于秋，饥馑荐臻，疾疫继作。去八月海溢于温，死者以数万计。今岁川蜀荆南赤地千里。迩者天作淫雨，害于粢盛，江浙之间被害尤甚。"

自然灾害因地而异，有些贫困地区，一旦遇到灾害，百姓的日子会更难过一些，不得不流离失所。《宋史·杜范传》记载：宋代出现了"县无完村，村无全户"或"阖户饥死，相率投江"的悲惨情况。孝宗淳熙七年（1180 年），朱熹以南康为例，说明民生之不易，"南康为郡，土地瘠薄，生物不畅，水源干浅，易得枯涸。人民稀少，谷贱伤农，固已为贫国矣！而其赋税偏重，比之他处，或相倍蓰。民间虽复尽力耕种，所收之利或不足以了纳税赋，须至别作营求乃可陪贴输官。是以人无固志，生无定业，不肯尽力农桑，以为子孙久远之计。幸遇丰年，则贱粜禾谷以苟目前之安；一有水旱，则扶老携幼流移四出。视其田庐，无异逆旅之舍。盖出郊而四望，则荒畴败屋在处有之！"①

面对频繁而严重的自然灾害，统治者的态度有积极的一面，也有消极的一面。宋史专家王瑞明曾经指出：灾荒出现之后，官府形同虚设，熟视无睹。有的官员封锁消息，不仅不主动了解情况，而且拒闭不纳，房州官员甚至对陈诉灾情的百姓监禁。朝廷做表面文章，皇帝为逃避罪责，用改年号的办法欺骗群众，仁宗九易年号，就是为了转移视听。这样，必然激化社会矛盾。②

皇帝对于救灾，有时也考虑得很细致。《续资治通鉴长编》卷二百五十四

---

①《朱文公文集》卷十一《庚子应诏封事》。

② 王瑞明：《宋代政治史概要》，华中师范大学出版社 1989 年版，第 369—370 页。

记载：熙宁七年（1074年）癸亥，宋神宗分命辅臣祈雨于郊庙社稷。“上批：闻河北路有蝗害稼，而所在多以未至滋盛，不即加意翦扑，其次第以闻。又批：访闻陈留等县，下户已是阙食，县官又不许百姓披诉，多行决罚，人情惶扰，极为可忧。乃诏开封府界、淮南路提点提举司遍检覆蝗旱灾伤，甚者具合赈恤事以闻。赐米十五万石赈给河北西路灾伤。”

疫情严重时，皇帝把宫中的珍贵药物拿出来救助病人。《续资治通鉴长编》卷一百七十六记载，至和元年（1054年）春正月壬申，“碎通天犀，和药以疗民疾。时京师大疫，令太医进方，内出犀牛角二本，析而观之，其一通天犀也。内侍李舜卿请留供帝服御，帝曰：吾岂贵异物而贱百姓哉。立命碎之”。《续资治通鉴长编》卷一百九十一记载，嘉祐五年（1060年）五月，宋仁宗下诏：“京师大疫，贫民为庸医所误死者甚众。其令翰林医官院选名医于散药处参问疾状而给之。”

一、应对自然灾害的举措

1. 加强自然灾害信息沟通

宋洪迈认为，不论出现什么灾害，都要如实上报，请求朝廷积极施救。《容斋随笔》记载：庆元四年（1198年），余干、安仁等地在八月“罹地火之厄”，庄稼“茎干焦枯，如火烈烈”。“九月十四日，严霜连降，晚稻未实者，皆为所薄，不能复生。”百姓请求蠲租，而有些官员却置若罔闻，不愿向上陈情。洪迈认为：“所谓风灾，所谓旱霜之类，非如水旱之田可以稽考……但凡有灾伤，出于水旱之外者，专委良守令推而行之，则实惠及民，可以救其流亡之祸，仁政之上也。”①

灾情发生时，有的官员谎报或虚报。面对这种情况，范祖禹主张从大处着手，不要因为惩治官员而影响了救灾。《续资治通鉴长编》卷四百六十二记载，元祐六年（1091年）七月，贾易等疏论浙西灾伤不实，乞行考验。给事中范祖禹被派到基层调查，上奏说：“古之人君闻有灾害，唯责人不言，其救

---

①（宋）洪迈：《容斋随笔》，中国世界语出版社1995年版，第582页。

灾惟恐惜费，又恐不及于事。……夫奏灾伤分数过实，赈济用物稍广，此乃过之小者，正当阔略不问，以救人命。若因此惩责一人，则自今官司必以为戒，将坐视百姓之死而不救矣。”

《续资治通鉴长编》卷四十六记载：咸平三年（1000年），知泰州田锡上疏，谈论对付灾害的国策，主张救济民众，埋葬死者，减少赋税，以安社会，“江南、两浙，自去年至今，民饿者十八九，未见国家精求救疗之术。初闻遣使煮粥俵给，后来更不闻别行轸恤。今月十二日，有杭州差人赍牒泰州会问公事，臣问彼处米价，每升六十五文足，彼中难得钱。又问疾疫死者多少人，称饿死者不少，无人收拾，沟渠中皆是死人，却有一僧收拾埋葬，有一千人作一坑处，有五百人作一窖处。臣又问有无得雨，称春来亦少雨泽。臣问既少雨泽，麦苗应损，称彼处种麦稀少。又问饥馑疾疫去处，称越州最甚，萧山县三千余家逃亡，死损并尽，今并无人，其余明、杭、苏、秀等州积尸在外沙及运河两岸不少。虽未审虚实，然屡有听闻；兼闻常、润等州死损之人，村保各随地分埋瘗。况掩骼埋胔，是国家所行之事，文王葬枯骨而天下归心，今积尸暴骨如是，而使僧人收藏，村保埋瘗，甚无谓也。伏乞陛下命使吊奠，以慰幽魂，遣人掩藏，免伤和气。所贵王者，德泽及于存亡。然后访有兼并之家，能出财助国者优奖之；有储蓄之家，能发廪救民者旌酬之。又宜放一二年税赋，免三二年徭役，非富商大贾之税不用税，非摘山煮海之货不用征，用此以安民心，以防盗起也”。

每到灾年，有些言官敢于说话，抨击时政。《续资治通鉴长编》卷一百五记载：天圣五年（1027年）太常博士谢绛上疏曰：“去年京师大水，败民庐舍，河渠暴溢，几冒城郭。今年苦旱，百姓疫死，田谷焦槁，秋成绝望，此皆大异也。……愿下诏引咎，损大官之膳，避路寝之朝；许士大夫斥讳上闻，讥切时病；罢不急之役，省无名之敛；勿崇私恩，更进直道，宣德流化，以休息天下。至诚动乎上，大惠浃于下，岂有时泽之艰哉？”政府组织人员埋葬灾民尸体，以避免传染病。《续资治通鉴长编》卷一百十二记载：明道二年（1033年）二月庚子，“诏淮南、江南民被灾伤而死者，官为瘗埋，仍祭酹之。先是，南方大旱，种饷皆绝，人多流亡，困饥成疫气，相传死者十二三，官虽作粥糜以饲之，然得食辄死，村聚墟里几为之空”。

官员积极报告灾情。《续资治通鉴长编》卷一百二十一记载：宝元元年（1038年）正月乙卯，大理评事苏舜钦上疏：“河东地大震裂，涌水，坏屋庐城堞，杀民畜几十万，历旬不止。”

宋代官员通过灾情，批评朝政。《续资治通鉴长编》卷二百六记载：治平二年（1065 年）八月庚寅，大雨。辛卯，地涌水，坏官私庐舍，漂杀人民畜产，不可胜数。……司马光上疏曰：“陛下即位以来，灾异甚众，日有黑子，江、淮之水或溢或涸。去夏霖雨，涉秋不止，京畿东南十有余州，庐舍沈于深渊，浮苴栖于木末，老弱流离，捐瘠道路，妻儿之价，贱于犬豕；许、颍之间，亲戚相食，积尸成丘。既而历冬无雪，暖气如春，草木早荣，继以黑风。今夏厉疫大作，弥数千里，病者比屋，丧车交路。至秋幸而丰熟，百姓欣然，庶获苏息，未及收获而暴雨大至，一昼之间，川泽皆溢，沟渠逆流，原隰丘陵，悉为洪波，一苗半穗，荡无孑遗。都城之内，道路乘桴，城阙摧圮，官府仓廪、军垒民居，覆没殆尽，死于压溺者不可胜纪。耄耋之人，皆言耳目所纪，未尝睹闻。此乃旷古之极异，非常之大灾，陛下安得不侧身恐惧，思其所以致此之咎乎？”

官员或文人的议政，体现了对民生的关心。《续资治通鉴长编》卷二百十八记载：熙宁三年（1070 年）十二月癸未，司马光奏疏：“臣自入境以来，见流移之民，道路相望，询访闾里，皆云今夏大旱，禾苗枯瘁，河渭以北，绝无所收，独南山之下，稍有所存。而入秋霖雨，经月不霁，禾虽有穗，往往无实，虽有实，往往无米，虽有米，率皆细黑。一斗之粟，舂簸之后，不过得米三四升。谷价踊贵，民间累年困于科调，素无蓄积，不能相赡，以此须至分房减口，就食西京、襄邓商虢等州，或佣赁客作，或烧炭采薪，或乞丐剽窃，以度朝夕。当此之际，国家惟宜镇之以静，省息诸事，减节用度，则租税自轻，繇役自少，逋负自宽，科率自止。”

元代重视自然灾害的信息管理。朝廷要求地方政府及时上报灾情，不得隐瞒，否则论罪。《元史·刑法一》记载：“诸郡县灾伤，过时而不申，或申不以实，及按治官不以时检踏，皆罪之。”如果地方上发生了水灾或旱灾，地方官员应及时上报。如果上报迟了，导致难民流动，官员就要受到惩罚。轻则笞打，重则免职。在赈灾时，如果把熟田与生田报混了，以荒充熟，也要受到重笞。《元史·刑法一》记载：“诸水旱为灾，人民艰食，有司不以时申报赈恤，以致转徙饥莩者，正官笞三十七，佐官二十七，各解见任，降先职一等叙。诸有司检覆灾伤，或以熟作荒，或以可救为不可救，一顷已上者罚俸，二十顷者笞一十七，二百顷已上者笞二十七，五百顷已上笞三十七，惟以荒作熟，抑民纳粮者，笞四十七，罢之。”

2. 赈灾

面对灾害，朝廷的救助方式主要是拨款、调粮、赈灾等。

灾荒的直接危害就是百姓没有食物，挨饿受饥。宋元祐六年（1091 年），苏轼说：“今秋庐、豪、寿等州皆饥，见今农民已食榆皮，及用糠麸杂马齿苋煮食。”如果百姓没有食物，必然打家劫舍，造成社会不安。苏轼接着说：“臣又闻淮南自秋至今，雨雪不足，麦熟不熟，盖未可知，若麦不熟，必大有饥民。浙西、江东既非丰熟地分，势必流徙北来，则颍州首被其患。若流民至颍，而官无以济之，则横尸布路，盗贼群起，必然之势也。”①

《宋史・五行志》记载：“建炎元年（1127 年），汴京大饥，米升钱三百，一鼠直数百钱，人食水藻、椿槐叶，道殣，骼无余胔。三年，山东郡国大饥，人相食。时金人陷京东诸郡，民聚为盗，至车载干尸为粮。”嘉泰四年春，抚州、袁州、隆兴府、临江军均大饥，殍死者不可胜瘗，有举家二十七人同赴水死者。

《宋史・理宗纪》记载，宋理宗开庆元年（1259 年）五月，“丁巳，诏湖北诸郡去年旱潦饥疫，令江陵、常、澧、岳、寿诸州发义仓米振粜，仍严戢吏弊，务令惠及细民”。

富弼在青州担任地方官员时，发挥不同群体的作用，救助数十万灾民，开创了“群体赈灾”新模式。《宋史・富弼传》记载：“河朔大水，民流就食。弼劝所部民出粟，益以官廪，得公私庐舍十余万区，散处其人，以便薪水。官吏自前资、待缺、寄居者，皆赋以禄，使即民所聚，选老弱病瘠者廪之，仍书其劳，约他日为奏请受赏。率五日，辄遣人持酒肉饭糗慰藉，出于至诚，人人为尽力。山林陂泽之利可资以生者，听流民擅取。死者为大冢葬之，目曰‘丛冢’。明年，麦大熟，民各以远近受粮归，凡活五十余万人，募为兵者万计。帝闻之，遣使褒劳，拜礼部侍郎。弼曰：‘此守臣职也。’辞不受。前此，救灾者皆聚民城郭中，为粥食之，蒸为疾疫，及相蹈藉，或待哺数日不得粥而仆，名为救之，而实杀之。自弼立法简便周尽，天下传以为式。”

---

①《东坡奏议集》卷十《乞赐度牒籴斛斗准备赈济淮浙流民状》。

此事亦见之于苏辙《龙川别志》卷下：富公[1]知青州，岁穰而河朔大饥，民东流。公以为从来拯饥，多聚之州县，人既猥多，仓廪不能供，散以粥饭，欺弊百端，由此人多饥死，死气薰蒸，疫疾随起，居人亦致病毙。是时方春，野有青菜，公出榜要路，令饥民散入村落，使富民不得固陂泽之利，而等级出米以待之。民重公令，米谷大积，分遣寄居闲官往主其事。募民中有曾为吏胥、走隶者，皆倍给其食，令供簿书、给纳、守御之役。借民仓以贮，择地为场，掘沟为限。与流民约，三日一支，出纳之详，一如官府。公推其法于境内。吏胥所在，手书、酒炙之馈日至，人人忻戴，为之尽力。比麦熟，人给路粮遣归，饿死者无几，作丛冢葬之。其间强壮堪为禁卒者，募得数千人，刺指挥二字，奏乞拨充诸军。时中有与公不相能者，持之不报，人为公忧之。公连上章恳请，且待罪，乃得报。自是天下流民处多以青州为法。[2]

宋代王辟之《渑水燕谈录》卷四《才识》记载："明道末，天下蝗旱。知通州吴遵路乘民未饥，募富者，得钱万贯，分遣衙校航海籴米于苏、秀，使物价不增。又使民采薪刍，官为收买，以其直籴官米。未至冬，大雪寒，即以元价易薪刍与民，官不伤财，民且蒙利。又建茅屋百间以处流民，捐俸钱置办盐蔬，日与茶饭参。有疾者，给药以理之；其愿归者，具舟续食，还之本土。是岁，诸郡率多转死，惟通民安堵，不知其凶岁也。故其民爱之若父母。"吴遵路（988—1043年），字安道，宋润州丹阳（今属江苏）人。真宗大中祥符五年（1012年）进士。出知常州，历淮南转运副使，于真、楚、泰州及高邮军置斗门以利蓄泄灌溉；又增常平仓储积备荒。王辟之之所以把吴遵路的事迹放在"才识"类，意在说明防灾要有智慧，要防患于未然。

《续资治通鉴长编》卷三十四记载：宋太宗淳化四年（993年）二月，"上以江、淮、两浙、陕西比岁旱灾，民多转徙，颇恣攘夺，抵冒禁法。己卯，遣工部郎中、直昭文馆韩授，考功员外郎、直秘阁潘慎修等八人分路巡抚。所至之处，宣达朝旨，询求物情，招集流亡，俾安其所，导扬壅遏，使得上闻，案决庶狱，率从轻典。有可以惠民者，悉许便宜从事。官吏有罢软不胜

---

① 富公：即富弼，北宋名臣，字彦国，洛阳人。至和二年（1055年）拜相。

②《宋史》或许取材于《龙川别志》。苏辙（1039—1112年），字子由，眉山（今属四川）人。苏轼弟。

任、苛刻不抚下者，上之”。

许多官员主张多积蓄粮食，以备荒年。《续资治通鉴长编》卷一百四十一记载：庆历三年（1043 年）五月，谏官余靖言：“古者三年耕，必有九年之蓄，国无九年之蓄，曰国非其国。故虽尧水汤旱，民无菜色者，有备灾之术也。方今官多冗费，民无私蓄，一岁不登，逃亡满道，盖上下皆无储积故也。”

面对灾情，有官员主张广建粮仓，扩大救济场所，以安民生。《续资治通鉴长编》卷四百八记载，元祐三年（1088 年）正月，范祖禹进言：“自嘉祐以前，诸路有广惠仓，以救恤孤贫，京师有东、西福田院，以收养老幼废疾，至嘉祐八年，又增置城南、北福田，共为四院，此乃古之遗法也。然每院止以三百人为额，臣以为京师之众，孤穷者不止千二百人，朝廷每遇大冬盛寒，则临时降旨救恤，虽仁恩溥博，然民已冻馁死损者众矣。救饥于未饥之时，先为之法，则人不至于饥死；救寒于未寒之时，预为之备，则人不至于冻死。……令官吏用心赈恤，须要实惠及贫民。”哲宗采纳了意见。

辽朝每到灾害时开仓济民。《辽史 · 食货志》记载，圣宗乾亨五年（983 年）诏曰：“五稼不登，开帑藏而代民税；螟蝗为灾，罢徭役以恤饥贫。”乾亨六年（984 年），霜旱，灾民饥，“诏三司，旧以税钱折粟，估价不实，其增以利民。又徙吉避寨居民三百户于檀、顺、蓟三州，择沃壤，给牛、种谷。十三年，诏诸道置义仓。岁秋，社民随所获，户出粟庤仓，社司籍其目。岁俭，发以振民。十五年，诏免南京旧欠义仓粟，仍禁诸军官非时畋牧妨农。开泰元年，诏曰：朕惟百姓徭役烦重，则多给工价；年谷不登，发仓以贷；田园芜废者，则给牛、种以助之。”

《辽史 · 食货志》记载：辽道宗时，农业年年丰收，粮食便宜，政府收购粮食，充实国库。“道宗初年，西北雨谷三十里，春州斗粟六钱。……唐古率众田胪河侧，岁登上熟。移屯镇州，凡十四稔，积粟数十万斛，每斗不过数钱。以马人望前为南京度支判官，公私兼裕，检括户口，用法平恕，乃迁中京度支使。视事半岁，积粟十五万斛，擢左散骑常侍。辽之农谷至是为盛。而东京如咸、信、苏、复、辰、海、同、银、乌、遂、春、泰等五十余城内，沿边诸州，各有和仓，依祖宗法，出陈易新，许民自愿假贷，收息二分。所在无虑二三十万斛，虽累兵兴，未尝用乏。”

《元史 · 食货志四》记载：元代的赈灾有两种形式，一是减免赋税，称之为“蠲免”；一是发放救济物，称之为“赈贷”。“救荒之政，莫大于赈恤。元赈恤之名有二：曰蠲免者，免其差税，即《周礼·大司徒》所谓薄征者也；曰赈贷者，给以米粟，即《周礼·大司徒》所谓散利者也。”《元史·食货志一》记载：“元初，取民未有定制。及世祖立法，一本于宽。其用之也，于宗戚则有岁赐，于凶荒则有赈恤，大率以亲亲爱民为重，而尤惓惓于农桑一事，可谓知理财之本者矣。”

每到灾年，大量流民逃难，有些难民在路上就死亡了。《元史·文宗纪》记载：天历三年（1330年）六月，“时陕西、河东、燕南、河北、河南诸路流民十数万，自嵩、汝至淮南，死亡相藉，命所在州县官以便宜赈之”。

遇到灾情，灾民没吃的，就给予粮食救济。《元史·世祖纪》记载：二十七年四月，“河北十七郡蝗。千户也先、小阔阔所部民及喜鲁、不别等民户并饥，敕河东诸郡量赈之。千户也不干所部乏食，敕发粟赈之”。

有一年，宁国路发生严重旱灾，30多万人断粮。地方长官吴师道精心组织粮食赈灾，先是动员大户人家捐粮，又请救求朝廷调配，终于使灾民活了下来，功莫大焉。《元史·吴师道传》载：“吴师道，字正传，婺州兰溪人。……调宁国路录事。会岁大旱，饥民仰食于官者三十三万口，师道劝大家得粟三万七千六百石，以赈饥民；又言于部使者，转闻于朝，得粟四万石、钞三万八千四百锭赈之，三十余万人赖以存活。”

朝廷鼓励富人捐粮赈灾，大德十一年（1307年），“劝率富户赈粜粮一百四十余万石，凡施米者，验其数之多寡，而授以院务等官”。

还有草根平民参与救灾的事例，如《元史·王荐传》记载：“王荐，福宁人。性孝而好义。……至大四年（1311年），其乡旱，民艰籴，荐尽出储粟赈之。有施福等十一家，饥欲死，荐闻，恻然欲济之，家粟已竭，即以己田易谷百石分给之。”

平民的感人事迹，在史书中记载得很少。究其原因，史书不是为平民写的，话语权掌握在文人手上。其实，平民救灾的杰出人物一定很多，只不过是没有记录下来，或影响太小而没有流传下来。

朝廷有时发放银钞。《元史·世祖纪》记载：忽必烈二年（1261年），“秋七月辛酉，益都大蝗饥，命减价粜官粟以赈”。至正十二年（1352年），六月，河北大名路旱蝗，饥民七十余万口，朝廷给钞十万锭赈之。

根据灾情，朝廷同时发放粮食与银钞。《元史·泰定帝纪》记载：泰定二年（1325年）正月润月，“雄州（雄州即今保定市雄县，位于河北省中部）

归信诸县大雨，河溢，被灾者万一千六百五十户，赈钞三万锭。南宾州、棣州等处水，民饥，赈粮二万石，死者给钞以葬。五花城宿灭秃、拙只干、麻兀三驿饥，赈粮二千石。衡州衡阳县民饥，瑞州蒙山银场丁饥，赈粟有差”。

朝廷既赈旱灾，又赈水灾。元代地域辽阔，经常是一方水灾，一方旱灾，可能会同时发生不同类型的灾害。《元史》卷三十五记载：文宗二年（1330年）八月，南方有涝，北方有旱。“是月，江浙诸路水潦害稼，计田十八万八千七百三十八顷。景州自六月至是月不雨。澧州、泗州等县去年水，免今年租。沅州饥，赈粜米二千石。金州及西和州频年旱灾，民饥，赈以陕西盐课钞五千锭”。

允许地方官员先赈后奏。每当出现灾情，需要赈灾时，地方官员往往不经过奏报朝廷，就自作主张救济灾民，而皇帝也总是默许了。这样的例子史书不乏记载，如《续资治通鉴》记载：至元二十年（1283年）正月，河北流民渡河求食，朝廷派遣官员到河边制止流民渡河，按察副使程思廉却主张让流民过河谋生，他说：“民急就食，岂得已哉！天下一家，河北、河南，皆吾民也，亟令纵之！”程思廉又说：“虽得罪，死不恨。”此事报到皇帝那里，皇帝没有定罪。刑部尚书崔彧上疏，言时政十八事：“……内地百姓流移江南避赋役者，已十五万户，去家就旅，岂人之情！赋重政繁，驱之至此。宜特降诏旨，招集复业，免其后来五年科役，其余积欠并蠲，事产即日给还；民官满替以户口增耗为黜陟，其徙江南不归，与土著一例当役。”可见，元代朝廷对移民实行了较为宽松的政策。

《元史·许扆传》记载：“扆字君黼，一名忽鲁火孙……俄改陕西行中书省右丞。时关中饥，议发仓粟赈之，同列以未得请于朝不可，忽鲁火孙曰：‘民为邦本，今饥馁如此，若俟命下，无及矣。擅发之罪，吾当独任之，不以累公等。’遂大发粟，不数日命亦下。明年旱，祷于终南山而雨，岁以大熟，民皆画像祀之。”

大德五年（1301年）七月戊戌，暴风起东北，雨雹兼发，江湖泛溢；东起通、泰、崇明，西尽真州，民被灾死者不可胜计。浙西廉访司佥事赵弘伟，以润、常民乏食，将发廪以赈，有司以未得报为辞，赵弘伟说：“民旦暮且死，擅发有罪，我先坐。”遂发廪。既而，朝廷诏以米八万七千余石赈之。

天历二年（1329年），关中大旱，张养浩担任陕西行台中丞，前往赈灾，做了许多实事。《元史·张养浩传》记载：“时武宗将亲祀南郊，不豫，遣大臣代祀，风忽大起，人多冻死。养浩于祀所扬言曰：'代祀非人，故天示之变。'大违时相意。"又记载："天历二年（1329年），关中大旱，饥民相食，特拜陕西行台中丞。既闻命，即散其家之所有与乡里贫乏者，登车就道，遇饿者则赈之，死者则葬之。道经华山，祷雨于岳祠，泣拜不能起，天忽阴翳，一雨二日。及到官，复祷于社坛，大雨如注，水三尺乃止，禾黍自生，秦人大喜。时斗米直十三缗，民持钞出粜，稍昏即不用，诣库换易，则豪猾党蔽，易十与五，累日不可得，民大困。乃检库中未毁昏钞文可验者，得一千八十五万五千余缗，悉以印记其背，又刻十贯、伍贯为券，给散贫乏，命米商视印记出粜，诣库验数以易之，于是吏弊不敢行。又率富民出粟，因上章请行纳粟补官之令。闻民间有杀子以奉母者，为之大恸，出私钱以济之。到官四月，未尝家居，止宿公署，夜则祷于天，昼则出赈饥民，终日无少怠。每一念至，即抚膺痛哭，遂得疾不起，卒年六十。关中之人，哀之如失父母。"①

赈灾过程中，地方官府往往从中克扣，但受到负责赈灾官员的反对。《元史·雷膺传》记载：雷膺担任江南浙西道提刑按察使，"时苏、湖多雨伤稼，百姓艰食，膺请于朝，发廪米二十万石赈之。江淮行省以发米太多，议存三之一"。雷膺不顾江淮行省的请求，坚决把赈粮全部送到灾民手中，他说："布宣皇泽，惠养困穷，行省臣职耳，岂可效有司出纳之吝耶!"江淮行省没办法，只好放弃克扣。

以上几件史实说明，只要是有利于民生的，皇帝对于地方官员的擅作主张，不轻易追责。

3. 指导抗灾

每当有灾，朝廷总是直接派遣官员到灾区，及时救助。《元史·郑制宜传》记载："大德八年（1304年），晋地大震，平阳尤甚，压死者众，制宜承命存恤，惧缓不及事，昼夜倍道兼行，至则亲入里巷，抚疮残，给粟帛，存者赖之。"

---

① 张养浩（1269—1329年），字希孟，号云庄，元代济南人。他幼有才名，长游京师，献书于平章不忽木，大以为奇。累辟御史台丞相掾，擢监察御史，疏时政万余言，累官翰林直学士、礼部尚书。

地方官府在灾情面前，大多都能为灾民竭力做救济工作。至元三年（1266年），河南的卫辉一带从六月到七月连续下大雨，导致丹、沁两条河流泛滥，无数房屋都被冲毁了，淹死了许多民众，有些灾民攀爬到树上躲水，地方官员及时送去食物，救人性命，这样的事迹受到朝廷奖励，载于史册。《元史·五行志二》记载："卫辉淫雨至七月，丹、沁二河泛滥，与城西御河通流，平地深二丈余，漂没人民房舍田禾甚众。民皆栖于树木，郡守僧家奴以舟载饭食之，移民弱居城头，日给粮饷，月余水方退。"救助者用船装载食物，发放给灾民，这种场面是令人感动的。在大灾大难面前，中华民族正是以这样顽强的精神和爱民的态度与自然灾害相抗，才得以维持下来。

元代要求各级政府机构防患于未然。如果地方上发生了蝗灾，地方官员要积极捕蝗。否则，各级官员都要扣除俸禄，甚至要受到鞭打。《元史·刑法志一》记载："诸虫蝗为灾，有司失捕，路官各罚俸一月，州官各笞一十七，县官各二十七，并记过。"因此，凡是发生了蝗虫的地方，都在积极捕蝗。

《元史·食货志》记载：仁宗皇庆二年（1313 年），重申"秋耕之令"，"盖秋耕之利，掩阳气于地中，蝗蝻遗种皆为日所曝死，次年所种，必甚于常禾也。每年十月，令州县正官一员，巡视境内，有虫蝗遗孑之地，多方设法除之"。而对于除卵未尽，其后又出生的幼虫，政府则命令百姓掘蝗子，每升给菽米五斗。

在农村，有些地方的人们以"社"的形式开展灭蝗。河北就有这样的实例。陈旅在《陈允恭捕蝗记》记载了京畿一带宝坻（治今天津市宝坻区）的灭蝗，"至文又六年之夏六月，大兴尹以京畿蝗闻于朝，俾其属乘传往捕之。蒙古学教授陈允恭数莅赈粜，有能绩，至是委捕蝗宝砥。允恭循行五十八社，见蝗甚，而役夫社不满百，诸社不过六七千，又皆其之贫且瘠者。允恭悉遣散去，更集富有力者，得二千余人，使伐蝗。其法用牛犁田侧为长堑，中为子井，以苇席壁其一面，驱蝗入其中，杀而瘗之。……既而诸社皆来言：蝗去矣，其在者皆死矣"。[1]

陈允恭到底是个有学问的人，也是个有社会担当的人。他采用了很具体的灭蝗办法，即先挖长堑，再用苇席遮挡，把蝗虫逼到井中，然后杀死蝗虫。

---

① 南京大学历史系元史研究室编：《元史论集》，人民出版社 1984 年版，第 235 页。

4. 蠲免

古代社会，种田就要纳税。如果遇到灾年，地方官员向上禀报，朝廷批准之后，可以免除一定数量的租税。

《元史·世祖纪》记载：至元二十七年（1290 年）四月，平山、真定、枣强二县旱，灵寿、元氏二县大雨雹，并免其租。

《元史·成宗纪》记载元贞元年（1295 年）天下有灾，到了第二年春正月，朝廷就出台了一系列举措："壬辰，诏以水旱减郡县田租十分之三，伤甚者尽免之，老病单弱者差税来免三年。禁诸王、公主、驸马受诸人呈献公私田地及擅招户者。……乙巳，以粮十万石赈北边内附贫民。己酉，建康、龙兴、临江、宁国、太平、广德、饶池等处水，发临江路粮三万石以赈，仍驰泽梁之禁，听民渔采。"朝廷大幅度减租，安老扶幼，调拨国家粮食救济灾民，并严禁富户豪夺，这些说明统治者是能够体恤民情的。

官员建议各地散财聚民。《元史·铁哥传》记载：（大德）七年（1303年），平滦大水，铁哥奏曰："散财聚民，古之道也。今平滦水灾，不加赈恤，民不聊生矣！"

5. 避免发生次生灾害，注重灾后掩埋遗体

灾后遗体如不及时处理，腐烂后容易引发疾病传播，所以宋元时期政府比较重视遗体的处理，以免发生次生灾害。《宋史·五行志》记载：嘉定元年夏，淮甸大疫，官募掩骼及二百人者度为僧。

元代对灾后的掩埋事宜有严格规定，要求地方政府一定要亲自管理此事。对那些没有亲属认领的遗体，官府一定要主动处理。《元史·刑法一》记载："诸掩骼埋胔，有司之职。或饥岁流莩，或中路暴死，无亲属收认，应闻有司检覆者，检覆既毕，就付地主邻人收葬；不须检覆者，亦就收葬。"

《元史》记载：官员保布哈是一名慈善家，特别是在安葬死者方面做了许多工作。至正十八年（1358 年）七月，京师大水，蝗，民大饥。十二月，京师大饥疫，时河南北、山东郡县皆被兵，民之老幼男女避居京师，以故死者相枕藉。资政院使保布哈请求皇帝购地作为埋葬场所。皇帝及皇后、皇太子、省、院诸臣都尽力施舍，而保布哈亦自出财贿珍宝以佐其费。"择地自南北两城抵卢沟桥，掘深及泉，男女异圹，人以一尸至者，随给以钞，舁负相踵。至

二十年四月，前后瘗者二万，用钞二万七千九十余锭。凡居民病者予之药，不能丧者给之棺。翰林学士承旨张翥，为文颂其事曰《善惠之碑》。”

6. 借助宗教

每当出现灾害或异常现象，统治者就采取祭礼的宗教方法，希望得到天的感应，并凝聚与安定民心。

如果灾情很重，或者是在都城一带，皇帝就亲自祭祀或安排官员代祭。《元史·祭祀志一》记载：“大德九年（1305年）二月二十四日，右丞相哈剌哈孙等言：‘去年地震星变，雨泽愆期，岁比不登。祈天保民之事，有天子亲祀者三：曰天，曰祖宗，曰社稷。今宗庙、社稷，岁时摄官行事。祭天，国之大事也，陛下虽未及亲祀，宜如宗庙、社稷，遣官摄祭，岁用冬至，仪物有司豫备，日期至则以闻。’制若曰：‘卿言是也，其豫备仪物以待事。’于是翰林、集贤、太常礼官皆会中书集议。”由此可知，丞相哈剌哈孙等人把地震、星变、风不调、雨不顺、五谷不丰这些现象都罗列出来，提出解决的方案是“天子亲祀”。朝廷安排了翰林、集贤、太常礼官等众多大员一起商议，然后组织祭祀活动。

对付蝗灾，民间有时寄托于神人与方术。《元史·塔海传》记载：“塔海……任庐州，时有飞蝗北来，民患之，塔海祷于天，蝗乃引去，亦有堕水死者，人皆以为异。民乏食，开廪减直，俾民籴之，所活甚众。”这个叫塔海的人，不知用的是什么法术，竟然能够通过祈求的方式，使“蝗乃引去，亦有堕水死者”，令人难以置信。

地方上出现灾情时，人们经常请方士作法。明代蒋一癸的《尧山堂外纪》记载：“后至元丙子（1276年），松江亢旱，闻方士沈雷伯道术高妙，府官遣吏赍香币过嘉兴迎请以来，骄傲之甚，以为雨可立致。结坛仙鹤观，行月孛法，下铁简于湖泖潭井，月取蛇、燕焚之，了无应验，羞赧宵遁。”方士沈雷伯虽然有所谓的“道术”，折腾了许多方法，但没能按民众的意愿如期降雨，灰溜溜地逃走了。

我们过去经常读到方士道术灵验的材料，这里读到了道术不灵验的材料。其实，道术不灵验的情况居多，灵验的情况被人们当作神奇的故事口耳相传，方士们也乐意宣传所谓灵验的例子，于是，道术能降雨就成为一种迷信。在我们看来，实行道术作法，是人们抗灾心理的表现，民众根据以往的一些传说，盲目地以为术士可以感应神祇，而方士又擅长虚张声势，牟取钱财，于是就有了诸多的道术流行。

有些宗教人士也参加过救灾。《元史·张清志》记载了道人张清志的事迹，“清志事亲孝，尤耐辛苦，制行坚峻。……居临汾，地大震，城郭邑屋摧压，死者不可胜计，独清志所居裂为二，无少损焉。乃遍巡木石间，听呻吟声，救活者甚众。朝廷重其名，给驿致之掌教事。清志舍传徒步至京师，深居简出，人或不识其面”。

面对灾情，有仰天长啸无可奈何者，也有侥幸化险为夷者。《元史·顺帝纪》记载：三年（1335年）秋七月，“河南武陟县禾将熟，有蝗自东来，县尹张宽仰天祝曰：‘宁杀县尹，毋伤百姓。’俄有鱼鹰群飞啄食之”。鱼鹰群飞啄食自东飞来的蝗虫，使蝗虫没有伤害庄稼，这种情况实属侥幸，千年难得一回，所以史家把这件事记录下来了。此事到底有多大真实性，尚待考证。一般说来，鱼鹰的数量是有限的，而蝗虫是不计其数的。鱼鹰如何灭掉了蝗虫，飞禽与昆虫之间是如何实现生态制约的，是值得我们深入探讨的问题。县尹张宽的仰天长叹，为何就得到了应验？是否真有其事？姑且聊备一闻罢。

7. 改进政务

面对灾情，朝廷长期的做法是改进政务，而臣子们也总是希望乘机改进政务，以弥灾情。

如果有了灾害，不论大小，都要上报给皇帝，让皇帝知道底层社会的问题，不生奢侈之心。苏辙《龙川略志》卷九《议赈济相滑等州流民》记载：“昔真宗初即位，李沆作相，每以四方水旱盗贼闻奏。参知政事王旦谓沆曰：‘今天下幸无事，不宜以细事挠上听。’沆曰：‘上少，当令常闻四方艰难，不尔，侈心一生，无如之何。吾老不及见此，参政异日忧也。’”

《宋史·五行志》记载：皇祐四年（1052年）十二月己丑，雪。初，帝以愆亢，责躬减膳，每见辅臣，忧形于色。庞籍等因言：“臣等不能燮理阴阳，而上烦陛下责躬引咎，愿守散秩以避贤路。”帝曰：“是朕诚不能感天而惠不能及民，非卿等之过也。”

灾民没有粮食，就掘树根，食草子，吃蝗虫。范仲淹亲自见到这种情况，明道二年（1033年）江淮大灾，范仲淹上书仁宗，请求赈灾。皇帝派范仲淹前往灾区考察，范仲淹回到京城，进献饥民吃的草子，奏上《封进草子乞抑奢侈》，告诉皇帝百姓饥不果腹，“贫民多食草子，名曰乌昧，并取蝗虫曝干，摘去翅足，和野菜合煮食”[①]。范仲淹请求朝廷抑制贵族的奢侈风气，六宫减免开支，以济时艰。

惩治抗灾不力的官员。宋代王辟之《渑水燕谈录》卷九《杂录》记载："熙宁八年（1075 年），淮西大饥，人相食。朝廷遣近臣安抚，同监司赈济。而措置乖戾，不能副朝廷爱养元元之意。安抚先檄郡县，以厚朴烧豆腐，开饥民胃口。提刑司督诸郡多造纸袄为衣，而又得稻田居之。安抚可无虑矣。闻者大惭。朝廷知之，重行降黜。"

金朝，遇到灾害，皇帝要自责，下罪己诏，甚至减少膳食。《金史·章宗纪》记载：承安四年（1199 年）五月壬辰朔，因为旱灾，皇帝下诏责躬，求直言，避正殿，减膳，审理冤狱，命奏事于泰和殿。戊戌，命有司望祭岳渎祷雨。己亥，"应奉翰林文字陈载言四事：其一，边民苦于寇掠；其二，农民困于军须；其三，审决冤滞，一切从宽，苟纵有罪；其四，行省官员，例获厚赏，而沿边司县，曾不沾及，此亦干和气，致旱灾之所由也。上是之"。戊申，宰臣以京畿雨，率百官请御正殿，复常膳。皇帝不从。庚戌，皇帝对宰臣说："诸路旱，或关执政。今惟大兴、宛平两县不雨，得非其守令之过欤？"司空襄、平章政事万公、参知政事揆上表待罪。皇帝又以罪己答之，令各还职。戊午，司空襄以下再请皇帝复常膳。皇帝不从。六月丁卯，天终于下雨了。司空襄以下复表请皇帝御正殿，复常膳。皇帝这才同意。甲戌，以雨水充足了，命有司报谢于太庙。

《元史·王恽传》记载：至元三十年（1293 年）二月，王恽被召至上都，入见皇帝，他上书陈时政，盼望朝廷改进政务："比年以来，水旱无时，霜灾屡作，山崩地震，变出非常，奸臣柄用，盗贼窃发，百姓嗷嗷，日趋于困。臣尝读中元已来国书诏条，未尝不以生灵为念，弃捐细故，讲信修睦，以用兵为重。此尧、舜好生之德，禹、汤克宽不自满假之仁也。愿陛下为民祈天请命，使黎庶知其无好兵之心，天地鬼神谅其不得已之意，庶几天回哀眷，易乖戾而为和平，变荒歉而为丰稔，天下幸甚！"从严重的天灾，说到历来治天下的传统，再说到如何"易乖戾而为和平，变荒歉而为丰稔"，王恽的说理细致入

---

①《范文正公集补编》。

微，令皇帝不得不考虑从朝政上加以改进，以便减少灾情。

面对灾情，文士虞集主张从长计议。《元史》记载：天历二年（1329 年）九月，关中大饥，皇帝问奎章侍书学士虞集，何以救民之饥？虞集回答说："承平日久，人情晏安，有志之士，急于近效，则怨讟兴焉。不幸大灾之余，正君子为治作新之机也。若遣一二有仁术、知民事者，稍宽其禁令，使得有所为，随郡县择可用之人，因旧民所在，定城郭，修闾里，治沟洫，限畎亩，薄征敛，招其伤残老弱，渐以其力治之，则远去而来归者渐至，春耕秋敛，皆有所助。一二岁间，勿征勿徭，封域既正，友望相济，四面而至者，均齐方正，截然有法，则三代之民将见出于空虚之野矣。"皇帝认为虞集说得很对。虞集认为坏事可以变好事，有灾之时，"正君子为治作新之机也"。当时，虞集想离开宫廷，到地方上做一些实事，所以请求外放到郡里，因进曰："幸假臣一郡，试以此法行之，三五年间，必有以报朝廷者。"但宫中有人对皇帝说虞集想趁机远走高飞，皇帝不愿意虞集离开宫廷，所以没有同意虞集的请求，"遂寝其议"。虞集在进言中所说的"定城郭，修闾里，治沟洫，限畎亩，薄征敛"都是灾后发展经济最务实的措施，只有这样做，社会才可以尽快得到恢复。

对于灾后出现的盗贼，官员们主张坚决打击，否则，社会难以安定。《元史》卷一百二十六记载：至元八年"陕西省臣也速迭儿建言，比因饥馑，盗贼滋横，若不显戮一二，无以示惩"。盗贼之所以滋横，一是因他们也是人，需要活命，而统治者没有给他们生活出路。另一个原因是趁机打劫，发灾难财。我们不宜把盗贼都当作农民起义，而应具体情况具体分析。

8. 研究灾害，撰写书籍

天无绝人之路，每到灾害，饥民就想方设法找东西吃。宋代王辟之《渑水燕谈录》卷九《杂录》记载："熙宁中，淮西连岁蝗旱，居民艰食，通、泰农田中生菌被野，饥民得以采食。元丰中，青、淄荐饥，山中及平地皆生白面。白石如灰而腻，民有得数十斛，以少面同和为汤饼，可食，大济乏绝。"

与此同时，许多有识之士研究大自然中可供食用之物。宋元时期产生了一些防灾抗灾的书籍，试介绍两本。

宋代，董煟编著了中国古代第一部救荒书籍《救荒活民书》。董煟，字季兴，鄱阳人，从小便立志减轻贫苦农民水旱霜蝗之苦，总结历代救荒赈灾政策的利弊得失。他在南宋绍熙五年（1194 年）中进士，后来曾任瑞安知县，遇到了大灾害，并亲自指导救灾。在实践中总结了一些经验，撰成三卷本《救荒活民书》，全文38000余字。上卷考古证今，论述较详。中卷条陈救荒之策，备述救荒之具体办法，包括常平、义仓、劝今、禁遏籴、不抑价、检旱、减租、贷种、恤农、遣使、驰禁、鬻爵、度僧、治盗、捕蝗、和籴、存恤流民、劝种二麦、通融有无、借贷内库、预讲救荒之政、救荒仙方等细目。下卷为救荒杂说，备述本朝名臣贤士可资借鉴的救荒议论。书末附《拾遗》7000余字，内容涉及前代除蝗条令、捕蝗法、赈济法等。书中注意到当时国家设置的救灾粮仓措施中存在的一些问题：当灾民需要赈粜或赈济时，粮食不能及时到达乡村，“僻远者”“鳏寡孤独疾病者”根本得不到粮食；存在地方官员因怕亏折而不肯运粮到乡下的做法，以及官府移粮他用或存而不发的做法。书中倡导以积极的态度对付灾害。面对蝗灾，可以有多种办法救灾，不可“坐视而不救耶”，并介绍了当时行之有效的七条捕蝗方法，对后世的治蝗工作和治蝗著作编写有深远影响。书中还记述了世界上最早的治虫法规，即北宋熙宁八年（1075年）颁布的“熙宁诏”和南宋淳熙九年（1182年）颁布的“淳熙敕”。

元代欧阳元著有《拯荒事略》。欧阳元，字原功，浏阳人，延祐进士，官至翰林学士，曾任芜湖、武冈二县尹。《拯荒事略》开篇交待写作原委，说：“芜湖本南方泽国，比邻数邑，并在水乡。每当春夏之交，阳候不戢，遂成饥岁。余忝为令长，因辑《拯荒事略》一编。”

二、抗灾中的事迹

每当灾难之时，总会产生优秀人物，出现动人事迹。

宋代郑獬撰《荆州大雪》，其中有诗句：“长鲸戏浪喷沧海，北风吹乾成雪花。……忽遭大雪固可怪，冻儿赤立徒悲嗟。青钱满把不酬价，斗粟重于黄金沙。此时刺史颇自愧，起望霁景殊无涯。有民不能为抚养，安用黄堂坐两衙。”在郑獬看来，在寒冷的大雪天，“冻儿赤立徒悲嗟”，作为地方官员不能救助百姓，应当感到羞耻。

许多地方官员积极作为，采取惠民举措。宋代沈括在《梦溪笔谈·官政》记载范文正浙西救灾经验：皇祐二年（1050年），江浙一带发生大饥荒，饿死的人枕藉道路。是时范仲淹召集各佛寺的住持劝导说：“饥岁工价至贱，可以大兴土木之役。”于是各寺院土木工程大兴。范仲淹又重新翻盖粮仓和官舍，每天役使上千人。范仲淹“发有余之财以惠贫者”。这一年，两浙地区只有杭州秩序安定，民众没有逃荒外流的，这都是范公救灾的恩惠。

每当出现灾情，除了皇帝大臣积极采取措施应对之外，宫中的后妃们出自女性的慈悲，也想方设法为赈灾做些事情。至正年间的完者忽都皇后就做了不少救济的事情，如煮粥散发，出资安葬死者，安排水陆法会。正因为她在社会最困难的时候做了这些善事，所以《元史》专门记录下来，以示彰显。《元史》卷一一四记载：“完者忽都皇后奇氏，高丽人，生皇太子爱猷识理达腊。……至正十八年，京城大饥，后命官为粥食之。又出金银粟帛，命资正院使朴不花于京都十一门置冢，葬死者遗骼十余万，复命僧建水陆大会度之。”

面对灾害，地方官员勇于赈灾。前面提到的程思廉、许扆、赵弘伟、保布哈、郑制宜等人都是敢于做事者，他们都是不怕担风险的官员。终元一代，在赈灾中能够恪尽职守的人物之中，张养浩的事迹给人印象最深。他的特点在于鞠躬尽瘁，死而后已。

《元史·张养浩传》记载：天历二年（1329 年），关中大旱，饥民遍野，没有食物，竟然出现了人相食的情况。面对如此严重的灾情，张养浩临危受命，担任了陕西行台中丞。临行前，他把自己的全部家产拿出来，散发给乡里的穷人，大有大丈夫一去不复返的英雄气概。张养浩带上救济物资，遇到饥饿的人就发食物，见到死者就掩埋。经过华山时，在祠庙祈祷雨水，竟然泪如泉水，跪拜而不能起。由于张养浩救灾的心情虔诚，感动了上苍，在华山求雨之后，天终于下雨了，并且连续下了两天。张养浩到任之后，面临最棘手的事情是粮食紧缺，商贾乘机倒买倒卖，抬高物价。“时斗米直十三缗，民持钞出粜，稍昏即不用，诣库换易，则豪猾党蔽，易十与五，累日不可得，民大困。乃检库中未毁昏钞文可验者，得一千八十五万五千余缗，悉以印记其背，又刻十贯、伍贯为券，给散贫乏，命米商视印记出粜，诣库验数以易之，于是吏弊不敢行。”他听说“民间有杀子以奉母者，为之大恸，出私钱以济之”。本传还记载，张养浩“到官四月，未尝家居，止宿公署，夜则祷于天，昼则出赈饥民，终日无少怠。每一念至，即抚膺痛哭，遂得疾不起，卒年六十。关中之人，哀之如失父母”。

元代的贤臣尚文曾经担任过资善大夫，做了不少抚民的事情。《元史·尚文传》记载：尚文在任时，“浙西饥，发廪不足，募民入粟补官以赈之。山东岁凶，盗贼窃发，出钞八百五十余万贯以弭之。选十道使者，奏请巡行天下，问民疾苦。又奏斥罢南方白云宗，与民均事赋役”。尚文反对在灾年浪费财力，当时，有西域商贾携稀世珍宝来售，其价格为六十万锭，有官员对尚文说：“此所谓押忽大珠也，六十万酬之不为过矣。”又说：“含之可不渴，熨面可使目有光。”尚文毫不留情地回答：“一人含之，千万人不渴，则诚宝也；若一宝止济一人，则用已微矣。吾之所谓宝者，米粟是也，一日不食则饥，三日则疾，七日则死；有则百姓安，无则天下乱。以功用较之，岂不愈于彼乎！”

《元史·余阙传》记载了余阙治理淮西的事迹。余阙到任后，做了不少的实事：

首先是发展农耕，“集有司与诸将议屯田战守计，环境筑堡寨，选精甲外捍，而耕稼于中。属县灊山八社，土壤沃饶，悉以为屯”。地方上有粮食，社会就得以安定。农民能安心于土地，就不会流徙，不至于生事。

第二是赈灾，“明年，春夏大饥，人相食，乃捐俸为粥以食之，得活者甚众。民失业者数万，咸安集之。请于中书，得钞三万锭以赈民”。有灾就赈灾，救民众于危难之中，以尽父母官之责任。尽量做到下情上达，请求中央政府给予财力支持。

第三是发展渔业，“又明年秋，大旱，为文祈灊山神，三日雨，岁以不饥。盗方据石荡湖，出兵平之，令民取湖鱼而输鱼租”。靠山吃山，靠水吃水，动员民众下湖捕鱼，增加了普通百姓的生活来源途径，全方位发展经济。

第四是兴修水利，“十五年夏，大雨，江涨，屯田禾半没，城下水涌，有物吼声如雷，阙祠以少牢，水辄缩。秋稼登，得粮三万斛。阙度军有余力，乃浚隍增陴，隍外环以大防，深堑三重，南引江水注之，环植木为栅，城上四面起飞楼，表里完固”。根据发生过的灾情，采取一些补救措施，从而避免或减少今后可能发生的灾害。救灾有短期作为，也有长期的作为，尽可能为地方上造就长期的福祉。

任何事情都有两面性。由于时代的局限性，宋元官员在应对自然灾害时，也有一些弄虚作假的情况。在民众看来，弄虚作假的官员是要遭到报应的。《元史·五行志二》记载：“至正三年（1243年）秋，兴国路永兴县雷，击死粮房贴书尹章于县治。时方大旱，有朱书在其背云：‘有旱却言无旱，无灾却道有灾，未庸歼厥渠魁，且击庭前小吏。’”小吏尹章在县衙中被雷击死，有人就在他身上用红色笔写上一首谶言，揭露官员们的劣行。此事说明，地方官员在向朝廷申报灾情时，有时是该报而不报，有时是不该报而报。

第十三章

宋元的环境管理与社会兴衰

环境与环境管理，直接或间接影响着社会的兴衰。本章论述宋元时期的两个问题，一个问题是与环境相关的管理，包括皇帝与政府机构对环境的管控、官员的作为、管理的内容、基层社会的环境管理。另一个问题是宋元社会的兴衰过程与环境的关系。

第一节　宋元的环境管理

一、宋代的环境管理

中国历代的皇帝都是日理万机，还要直接管理环境方面的大事。

以宋太祖为例。从《宋史·太祖纪》可知，宋太祖日常处理的政务，许多是与环境相关的。如：定国运以火德王，色尚赤；组织人员修订《建隆应天历》；禁伐桑、枣；禁春夏捕鱼射鸟。

从《宋史》中还可知道：宋太祖时，有火灾，如宿州火，遣使恤灾。有鼠灾，如均、房、商、洛鼠食苗。有蝗灾，如河南、北及秦诸州蝗，澶、濮、曹、绛蝗，命以牢祭。有旱灾，如齐、博、德、相、霸五州自春不雨。有水灾，如蒲、晋、慈、隰、相、卫、澶、滑、魏、绛、孟诸州，陕之集津、绛之垣曲、怀之武陟都出现过不同程度的灾害。河决厌次，河溢河阳，河决澶州，河决滑州，河决阳武，河决濮州。河溢入卫州城。澶、滑、济、郓、曹、濮等州都发生过大水。宋太祖都要一一采取措施。对不负责的官员，皇帝要严惩。“河决澶州，通判姚恕坐不即上闻，弃市。”面对水灾，朝廷组织人员浚汴河，导蔡水入颍，疏五丈河，修畿内河堤，导五丈河，通皇城为池，修水匮。当时兴修的工程也不少，如增治京城，增河堤，修阳武堤，修魏县河，修先代帝王及五岳、四渎祠庙，皇帝都要亲自过问。

每当百姓受饥，朝廷就要尽可能拿出粮食赈灾。开宝六年（973 年），曹州饥，漕太仓米二万石赈之。开宝七年（974 年），河中府饥，发粟三万石赈之。宋太祖厉行节俭。“宫中苇帘，缘用青布；常服之衣，浣濯至再。魏国长公主襦饰翠羽，戒勿复用，又教之曰：‘汝生长富贵，当念惜福。’见孟昶宝装溺器，擿而碎之，曰：‘汝以七宝饰此，当以何器贮食？所为如是，不亡何待！’”

每当灾害之时，宋太祖减膳撤乐，无雨就祷雨，无雪就祈雪。他曾亲自到相国寺祷雨，并遍祷京城祠庙。他经常遣使祈雨于五岳，或派遣官员检视灾情；有时出后宫五十余人，赐财物以遣之；诏郡国非其土产者勿贡。[①]

当然，皇帝的精力是有限的，在政权中必须设立一些机构，分别负责环境方面的事务。

宋代沿袭唐代的科举制、六部制等制度。北宋的中央有政事堂，又设有三司，下辖盐铁、户部、度支三部管理财政。地方行政机构主要是州、县。州以上有路，作为中央的派出机构，不是地方政府。每路设置安抚使司、转运使司、提点刑狱司、提举常平司分别管理民政、财政、刑政、粮食等。

宋朝工部下设虞部，虞部官员为郎、员外郎中，除主管山林川泽外，还掌管矿业冶炼。金朝的山林川泽由工部直接管理，元朝亦如此。《宋史》记载，虞部郎中“掌山林苑囿场冶之事，辨其地产而为之励禁。凡金银铜铁锡盐矾，皆计其所入登耗，以诏赏罚，分案四置吏工”。

为了适应各地区各民族之间不同的生产方式和风俗习惯以及战争的需要，辽政权根据不同的环境采用了不同的行政区划管理制度。辽实行“一国两制”，“以国制治契丹，以汉制待汉人”[②]。辽代南北两种体制的地方政区可分为三个系统：一是以民政为主的政区。有京道、府州与县三级，由汉制南面官负责。这个系统主要在南边，如幽云十六州。二是军民合一的政区。这是在以上京为中心的北部地区，辽代各部族的辖地，也是北方契丹等族游牧、狩猎、

---

① 以上均见之于《宋史·太祖纪》。

② 详见《辽史·百官志》。张正明在《历史文化的多元复合与二元耦合》一文中说辽朝的“文化和它的民族一样是多元复合的，主体则是蕃汉二元耦合的。畜牧业与种植业，部落与州县，北面官与南面官，蕃律与汉律，诸如此类，莫不显示了辽代文化的二元耦合”（张艳国主编：《史学家自述》，武汉出版社 1994 年，第 419 页）。

居住或戍守的地方，以契丹宗室、外戚、功臣、部族首领所分得或所俘获的人口设置而成。三是军事区性质的政区。这是由设在各地不同级别的军事组织及其机构设立的。地方上实行部族制与州县制双轨分治。

金朝设置的官员中，有与环境相关的职守。《金史·百官志》记载：尚厩局：提点，正五品；使，从五品；副使，从六品。掌御马调习牧养，以奉其事。鹰坊：提点，正五品；使，从五品；副使，从六品。掌调养鹰鹘海东青之类。司天台：提点，正五品；监，从五品。掌天文历数、风云气色，密以奏闻。都水监：街道司隶焉。分治监：专规措黄、沁河、卫州置司。街道司：管勾，正九品。掌洒扫街道、修治沟渠。都巡河官，从七品。掌巡视河道、修完堤堰、栽植榆柳、凡河防之事。县令的职责之一是"堤防坚固，备御无虞，为河防之最"。

金朝有专门机构管理环境，对伤害生态的现象严加制止。《金史·百官志》记载，工部负责的事务中包括管理山林川泽，体现了官府保护自然资源的观念。《金史·世宗纪》记载，大定二十五年（1185年），"平章政事襄、奉御平山等射怀孕兔。上怒，杖平山三十，召襄诫饰之。遂下诏禁射兔"。

宋朝对环境有较为细致的管理。在本书前面各个章节已经介绍了许多在环境资料搜集、环境保护、环境改造、环境认识等各方面有成就的人物，说明宋代的各级机构与官员对环境是重视的。例如，宋代王安石执政后，他的一系列变法都与环境有关：

熙宁二年（1069年），王安石推广青苗法。官府在丰年适当抬高价格籴米，防止谷贱伤农；在荒年适量降低价格粜米，平抑物价，有利于保护和赈济民户。

熙宁二年（1069年），王安石推行农田水利法。宋神宗正式颁布实行《农田利害条约》，派出各路常平官专管此事。凡吏民能提出土地种植方法，指出陂塘、堤堰、沟洫利弊，且行之有效，可按功利大小给予奖励。鼓励人民在各地兴修水利工程，由当地住户按贫富等级高下出资，也可向州县政府贷款。在接下来的7年间，"四方争言农田水利，古陂废堰悉务兴复"。全国兴修水利工程有10700多处，灌溉农田有36万3千余顷。

熙宁五年（1072年），王安石推行方田均税法。他要求各州县清查丈量耕地，以东南西北四边长各1000步为1方，核定各户占有土地的数量，然后按照地势、土质等条件将耕地分成五等（次年又改成十等）编制地籍及各项簿册，并确定各等地的每亩税额。国家掌握了土地情况，便于管理。

二、元代的环境管理

蒙元是一个长期在草原上游荡徘徊的民族，一瞬间成为了农耕文明基础上的政权主宰。面对地域如此辽阔、文化底蕴如此丰厚、经济生活方式如此不同的农耕社会，如何管理？如何稳定政权？如何长久统治呢？

英国学者汤因比在《历史研究》一书中曾经说过："游牧社会基本是一个没有历史的社会。"[①] 蒙古这样一个没有历史的族群，要管理好有几千年历史的农耕社会，谈何容易！

既然马上夺得了天下，就要下马能治理天下。蒙古人在新的形势下，因地制宜，快速汉化，尽快进行了政权构建。元代统治者来到长城以内，他们以主宰者的身份，开始了对中华大地进行综合构建。与其他朝代一样，元代有庞大的官僚机构。中央机构有中书省，领六部，主持全国政务。枢密院，执掌军事。御史台，负责督察。元代有比较完整的成文法典《大元通制》，其中的《大元通制条格》涉及环境法规，如：官民要因地制宜栽种桑树、柳树、槐树等，特别是男丁要栽种一定数量的桑树，并要确保成活率。对珍奇异兽有具体的保护措施，在特定的时期有禁屠禁猎的规定。[②]

1. 资源管理

元代统治者特别重视环境资源的管理，控制了资源，就等于控制了民生，控制了经济命脉。因此，元代在资源管理方面的机构设置得很详细，官员的职责也很具体。

元代设有管理动物交易市场的官员。《元史·百官志一》记载："马市、猪羊市，秩从七品。提领一员，从七品；大使一员，从八品；副使一员，从九品。世祖至元三十年始置。牛驴市、果木市，品秩、设官同上。角蟹市，大使

---

① [英] 汤因比著，曹未凤译：《历史研究》，上海人民出版社1959年版，第209页。

② 赵安启、胡柱志主编：《中国古代环境文化概论》，中国环境科学出版社2008年版，第178页。

一员，副使二员。至大元年始置。”《元史·百官志五》记载：“典牧监，秩正三品，卿二员……掌孳畜之事。”由此可见，从至大元年就开始有管理马市、猪羊市、牛驴市、角蟹市的官员。管理动物交易市场的这类官员，未必能管到全国的事务，但在京城及附近还是可以履行责任的。在全国其他地区，有可能参照设置此类官员。

元代设有管理煤炭木材交易市场的官员。《元史·百官志一》记载：“煤木所，提领一员，从八品；大使一员，从九品；副使一员。至元二十二年始置。”至元二十二年（1285年）开始设置煤木所，主要是管理供给京城的燃料，确保皇亲国戚及衙门的用度。

元代设有管理冶炼的官员，《元史·百官志一》记载：“檀景等处采金铁冶都提举司，秩正四品。提举一员，正四品；同提举一员，正五品；副提举一员，从六品。掌各冶采金炼铁，榷货以资国用。国初，中统始置景州提举司，管领景州、滦阳、新匠三冶。至元十四年，又置檀州提举司，管领双峰、暗峪、大峪、五峰等冶。大德五年，檀州、景州三提举司，并置檀州等处采金铁冶都提举司，而滦阳、双峰等冶悉隶焉。他如河东、山西、济南、莱芜等处铁冶提举司，及益都、般阳等处淘金总管府，其沿革盖不一也。”管理冶铁的官员为四品或五品，主要被安排在各个冶炼点上。在农耕社会，政府一般都要对铁器严格控制，就像现代社会控制枪械一样，这是社会安全的需要。农民手无寸铁，即使起义，也难有战斗力。

《元史·百官志六》记载：“至元四年，置石局总管。十一年，拨采石之夫二千余户，常任工役。”此卷又记载了大都窑场、凡山采木提举司、上都采山提领所、甸皮局、上林署、养种园、花园、苜蓿园、仪鸾局等机构，他们分别掌管木材、皮货、花卉、禽兽等。如仪鸾局要负责“圈槛珍异禽兽”。建筑离不开石材，而开山采石最破坏环境。园林中的石材往往价值连城。因此，朝廷设置石局总管，又在窑场、木厂等地设置了管理人员。

元代设有管理花卉蔬果的官员。《元史·百官志六》记载：“上林署，秩从七品，署令、署丞各一员，直长一员，掌宫苑栽植花卉，供进蔬果，种苜蓿以饲驼马，备煤炭以给营缮。至元二十四年置。”皇帝要经常到园林中休闲，因此，上林署一年四季必须做好皇帝在此休闲的准备。

资源方面，盐业是一大宗。任何朝代都重视对盐资源的管理，这是税收的重要来源。元代设有管理盐业的官员，《元史·百官志一》记载：“大都河间等路都转运盐使司，秩正三品，掌场灶榷办盐货，以资国用。使二员，正三品；同知一员，正四品；副使一员，正五品；运判二员，正六品。首领官：经历一员，从七品；知事一员，从八品；照磨一员，从九品。国初，立河间税课达鲁花赤清沧盐使所，后创立运司，立提举盐榷所，又改为河间路课程所，提举沧清课盐使所。中统三年，改都提领拘榷沧清课盐所。至元二年，以刑部侍郎、右三部郎中兼沧清课盐使司，寻改立河间都转运盐使司，立清、沧课三盐司。十二年，改为都转运使司。十九年，以户部尚书行河间等路都转运使司事，寻罢，改立清、沧二盐使司。二十三年，改立河间等路都转运司。二十七年，改令户部尚书行河间等路都转运使司事。二十八年，改河间等路都转运司。延祐六年，颁分司印，巡行郡邑，以防私盐之弊。盐场二十二所，每场设司令一员，从七品；司丞一员，从八品。办盐各有差。”管盐的官员从三品到七品，分置各盐场。

当时，扬州沿海盐业发达，聚集了许多商人，是重要的收税区。《元史·百官志七》记载：“两淮都转运盐使司，秩正三品。国初，两淮内附，以提举马里范章专掌盐课之事。至元十四年，始置司于扬州。……吕四场，余东场，余中场，余西场，西亭场，金沙场，石�场，掘港场，丰利场，马塘场，拼茶场，角斜场，富安场，安丰场，梁垛场，东台场，河垛场，丁溪场，小海场，草堰场，白驹场，刘庄场，五祐场，新兴场，庙湾场，莞渎场，板浦场，临洪场，徐渎浦场。”沿海还设有两浙都转运盐使司、福建等处都转运盐使司、广东盐课提举司。

资源方面，茶叶也是民生所不可缺少的。自从陆羽的《茶经》问世后，茶业作为商品日益普及。游牧民族长期吃羊肉、喝马奶，需要借助喝茶来消化。茶叶也是税收的大头，因此，元代加强了对茶叶的管理。

《元史·百官志七》记载：内地有四川茶盐转运司。“成都盐井九十五处，散在诸郡山中。至元二年，置兴元四川转运司，专掌煎熬办课之事。八年罢之。十六年，复立转运司。十八年，并入四道宣慰司。十九年，复立陕西四川转运司，通辖诸课程事。二十二年，置四川茶盐运司，秩从三品，使一员，同知、副使、运判各一员，经历、知事、照磨各一员。盐场一十二所，每所司令一员，从七品；司丞一员，从八品；管勾一员，从九品。简盐场，隆盐场，绵盐场，潼川场，遂实场，顺庆场，保宁场，嘉定场，长宁场，绍庆场，云安场，大宁场。”其实，中国的茶产地还有许多，长江流域中下游的山区丘陵地带遍布茶业基地。

2. 基层社会管理

元代统治者注重对基层社会的环境管理。每当灾后或战后，元代官员都会组织民众重建家园。《元史·刘德温传》记载：刘德温担任永平路总管。“永平当天历兵革之余，野无居民，德温为政一年，而户口增，仓廪实，遂兴学校以育人材，庶事毕举。岁大旱，祷而雨，岁以不歉。滦、漆二水为害，有司岁发民筑堤。德温曰：‘流亡始集，而又役之，是重困民也。’遂罢其役，而水亦不复至。”在一个“野无居民”的荒凉之地，刘德温主政一年，就形成了人丁兴旺的家园，还办起了学校。

边疆地区的官员也注重地方环境建设。《元史·乌古孙泽传》记载：乌古孙泽担任广西两江道宣慰副使，“两江荒远瘴疠，与百夷接，不知礼法”，乌古孙泽专门撰写了《司规》三十二章，以渐为教。“岁饥，上言蠲其田租，发象州、贺州官粟三千五百石以赈饥者，既发，乃上其事。”广西的盗贼多，乌古孙泽循行并徼，得厄塞处，布画远迩，募民伉健者四千六百余户，置雷留那扶十屯，列营堡以守之。他还派人“陂水垦田，筑八堨以节潴泄，得稻田若干亩，岁收谷若干石为军储，边民赖之”。水利保障了农业，《司规》保障了秩序，屯营保障了安全，这些措施有力地保障了边疆地区的经济文化发展。

社会的基层是乡村，乡村是社会的主体。从文献看，元代的乡村社会是有组织的。元代的乡村组织形式：县邑所属村疃，凡五十家立一社，择高年晓农事者一人为社长。如果有百家为社，就可以增设一名社长。如果不及五十家，就与近村合为一社。地远人稀，不能相合，就各自为社。社长要敦督农民从事农业。《元史·食货志一》记载：至元七年（1270 年）颁布了农桑之制十四条，其中要求农民组织起来，以提高生产水平，维系社会安定。凡河流、水渠，都有官员负责，以时浚治。如果地势高而水不能上，就命造水车以提水。如果田无水，就凿井。种植之制，每丁每年必须种桑枣二十株。如果土性不宜，允许种植榆树或柳树等。规定每丁每年还要种十株杂果树，皆以成活率为数，如果能多种则更好。要求各地广种苜蓿，以防饥年。靠近水域的村子，允许凿池养鱼、鹅、鸭，并可以种植莳藕、鸡头、菱角、蒲苇等，以助衣食。凡荒闲之地，都交给农民，先给贫者，次及余户。每年十月，令州县正官巡视境内，如果发现有虫蝗遗子之地，要想方设法除虫。

元代的农业社，又称为锄社。王祯《农书》卷三《锄治篇》记载："北方村落之间，多结为锄社。以十家为率，先锄一家之田，本家供其饮食，其余次之。旬日之间，各家田皆锄治，自相率领，乐事趋功，无有偷惰。间有病患之家，共力助之，故苗无荒秽，岁皆丰熟。秋成之后，豚蹄盂酒，递相犒劳，名为锄社。"元朝把分散的农民联合起来，这种合力远远大于分散之力，有利于对付环境灾害。除了种粮食，社员还要种树，开水井，防止灾害。发现了蝗虫，及时剔除。重视水生养殖，保证生活食用。朝廷推行农业社与区田法，但不强求，因地制宜，官员听任百姓自愿。

不过，在边远地区，乡村仍是原始状态。《元史》记载："云南俗无礼仪，男女往往自相配偶，亲死则火之，不为丧祭。无粳稻桑麻，子弟不知读书。赛典赤教之拜跪之节，婚姻行媒，死者为之棺椁奠祭，教民播种，为陂池以备水旱，创建孔子庙明伦堂，购经史，授学田，由是文风稍兴。"

显然，元代农村流行的是典型的农耕经济，农民采用小生产的自给自足的生活方式，形成了农家田园。元代文人倾向于清静幽雅的田园村落生活，向往或选择的环境都是依山傍水、树茂花香的乡野之地。

第二节 宋元的环境与社会兴衰

社会科学的根本任务就是要认识社会的建构与解构，认识社会发展的规律与本质。许多年来，学术界一直在致力于探讨隐藏在社会背后的制约因素，试图解释主宰或操纵着社会兴衰的是什么，结论可谓众说纷纭，莫衷一是。笔者认为，影响社会最基本的、初始的因素是生态环境！社会如同有架构的建筑物，它赖以生存的生态自然条件自始至终、无时无刻不在影响着社会本身。

一、环境原因导致社会动荡

人事有代谢，往来成古今。中国历史上，一直是游牧文明、农耕文明并存。游牧民族生活在草原上，随水草而迁徙，过着自由自在的生活。农耕民族守着祖宗传承下来的耕地，春播秋获，男耕女织，享受着小农生产方式的生活。然而，历史上每隔一段时间，就会出现游牧民族与农耕民族的冲突，到了宋元时期特别突出。农耕民族与游牧民族之间，即北宋与西夏、辽之间，南宋与金之间，南宋与元之间一直有碰撞与融合。

为什么农耕民族与游牧民族之间会发生冲突？这与人们的经济生活需求是分不开的，而人们的生活需求又是由特定的生活环境所决定的。双方占据的生活资源不同，对自然的依赖程度不同，相互的依赖又是不对等的。一旦遇到特别严重的自然灾害，草原上的草毁了，羊马牛不能生存了，牧民也就不能生存了。不能生存，牧民就会铤而走险，就会向农耕区转移，因而必然产生与农耕区原来土著民的矛盾。矛盾的主要一方当然是游牧民族，他们需要活命，需要交易，如果生活需求得不到满足，他们就会强行掠夺。于是由矛盾上升为冲突，甚至是激烈的战争。农耕民族需要的是社会的安定，需要生活有保障，在生存受到威胁时，其必然抵抗，甚至反击。游牧民族不得不离开草原，不得不迁徙到农耕区，占据长城以内的农田，挤对原居民，重构社会。族群的移动，加上贵族集团对财产的贪婪，难免会发生冲突，出现战争。游牧民族是否能安定、持续地生活在草原上，归根到底是由水草、气候决定的。显然，造成文明冲突、政权分立、社会割裂的状况，是与自然环境有一定的密切关系的。

宋辽金元时期，由于蒙古高原异常寒冷，蒙古人像汉代的匈奴人一样向南边转移，并与中原地区征战不止，目的是寻求生活所需的物质。历史上，汉族与其他游牧民族签订的协议，多是向游牧民族政权在物质上作较大的让步，让牧民能够生活。宋代方勺《泊宅编》记载：北宋方腊指出，宋朝对辽、夏奉行“输国货以结其心”的国策，加重了农耕地区民众的负担，“岁赂西北二虏银绢以百万计，皆吾东南赤子膏血也。二虏得之益轻中国，岁岁侵扰不已。朝廷奉之不敢废，宰相以为安边之长策也。独吾民终岁勤动，妻子冻馁，求一日饱食不可得”①。

金哀宗在位时发生各种自然灾害，《金史・太祖纪》记载康宗七年（1109年），“岁不登，民多流莩，强者转而为盗”。“贫者不能自活，卖妻子以偿债。”康宗，名讳乌雅束，字毛路完，是世祖的长子，生于辽清宁七年（1061年）。

灾害增多，预示着金朝末日的到来。《金史・五行志》记载：哀宗正大元年（1224年）正月戊午，大风飘端门瓦，昏霾不见日，黄气塞天。二年（1225年）正月甲申，有黄黑之昆。四月，旱，京畿大雨雹。三年（1226年）春，大寒。四月，旱、蝗。六月，京东雨雹，蝗死。四年（1227年）六月丙辰，地震。八月癸亥，风、霜损禾皆尽。五年（1228年）春，大寒。二月，雷而雪，木之华者皆败。四月，郑州大雨雹，桑柘皆枯。京畿旱。天兴元年（1232年）正月丁酉，大雪。二月癸丑，又雪。戊午，又雪。五月，大寒如冬。二年（1233年）六月，上迁蔡，自发归德，连日暴雨，平地水数尺，军士漂没。及蔡始晴，复大旱数月。

二、环境原因导致社会对峙

中国历史上，在不同的地区经常存在独立的政权，各自为政，相互对峙。

---

① 张正明：《契丹史略》，中华书局1979年，第43页。

宋代时，宋与辽、夏、金呈现出类似于“三国鼎立”的对峙局面。这种对峙的局面时间不短，你吞不了我，我合不了你，忍让性地并存，持续稳定地发展。这种状况是怎么造成的？也是由环境决定的。环境决定对峙力。均衡的对峙力，是由均衡的环境要素决定的。

事实上，长城以内具有游牧民族血统的北方居民，来到内地之后，随着岁月流逝，他们已经不是原来逐水草而迁徙的牧民。他们对新环境有了认知，有了好感，他们喜欢上了新环境，习惯了新环境，他们就不愿也不会回到草原上去了。

例如，北方的契丹族早在北魏时期就随水草而迁徙。他们从事畜牧和渔猎，崇拜太阳，以东向为尚。辽人以畜牧业为主，但在向南扩张的过程中，依靠汉人而发展了农业。

又如，宋代，虽然有过北宋太宗的亲征，南宋岳飞的北伐，但宋朝最终没能把游牧民族赶到长城以外，也没能力消灭掉游牧民族。宋朝在“收复旧山河”的时期，付出了很大的代价。庆历六年（1046年），北方遭受严重旱灾，王安石在去京师的路上感受到这一严酷的社会现象，写了《河北民》：“河北民，生近二边长苦辛。家家养子学耕织，输与官家事戎狄。今年大旱千里赤，州县仍催给河役。老少相携来就南，南人丰年自无食。悲愁白日天地昏，路傍过者无颜色。汝生不及贞观中，斗粟数钱无兵戎。”①

周密《齐东野语》卷五“端平入洛”条记载战争对社会与环境的摧毁。端平元年（1234年），南宋在联合蒙古灭金国后，出兵收复原北宋东京开封府（今河南开封）、西京河南府（今河南洛阳）和南京应天府（今河南商丘）三京。进军途中，官兵看到了城乡被破坏的惨状。“二十一日抵蒙城县。县有二城相连，背涡为固，城中空无所有，仅存伤残之民数十而已。沿途茂草长林，白骨相望，虻蝇扑面，杳无人踪。二十二日至城父县，县中有未烧者十余家，官舍两三处，城池颇高深，旧号小东京云。……黄河南旧有寸金堤，近为北兵所决，河水淫溢。自寿春至汴，道路水深有至腰及颈处，行役良苦。”这次进军，由于粮草不济以及缺少骑兵等原因，最终被蒙古军打败而退回原来的防线。

---

①《临川先生文集》卷一《河北民》。

环境影响着民性，间接决定了军事力量的消长。契丹、女真等游牧民族善于在开阔的平原上进行陆战，马上驰骋，所向披靡。然而，游牧民族天生就不善于进行水战，也不习惯南方的酷热气候。因此，他们很难消灭宋朝。例如，宋太宗曾经两次发动收复幽云的战争，一次是高粱河之役，另一次是雍熙北伐，但都没有成功，并且失去了收复幽云的信心。辽军不断南下，宋被迫签澶渊之盟。澶渊之盟是一份宋向辽求和的条约，是农耕民族政权与游牧民族碰撞的妥协性条约。澶渊之盟后，宋辽两国边境安宁了百年之久，社会经济有所恢复。辽历九帝，统治 210 年。1125 年被金所灭。

长期生活在草原上的游牧民族视野开阔，不畏辛苦，乐于迁徙，喜欢不断占据更广阔的自然空间。一般说来，游牧民族对土地的占有欲望超过农耕民族。游牧民族注重空间的拓展，农耕民族注重文化深度的拓展。例如，辽朝在辽太祖和辽太宗时期发动了较大规模的扩张。辽太祖在 924 年征服了草原上的各个游牧部族，统一了欧亚草原东部地区。926 年，辽太祖向东出兵，灭掉了渤海国，使辽的疆域到达日本海北部。辽太宗在 938 年向南拓展，取得了燕云十六州，使疆域到达中原腹地。[①] 辽朝不是一个内陆政权，也不是纯粹的游牧政权，而是土地辽阔的帝国。辽朝西到阿尔泰山，东到黑龙江流域，北到今克鲁伦河一带，南边包括燕云十六州。辽朝的政治、经济、文化中心有五京，辽太祖建都于皇都（在今内蒙古巴林左旗南），称上京。西京在今山西大同，南京在今北京市西南，东京在今辽宁辽阳，中京在今辽宁宁城以西。

三、环境原因导致蒙元代宋

蒙古人在入主中原之前尚处于氏族社会的解体阶段，比起长城以内的农耕地区，其经济文化要落后得多，文明发展的水平也落后得多。传闻蒙古族兴起于黑龙江上游额尔古纳河东部，后来逐渐散布到蒙古高原的广大地区。蒙古人的祖先是由一个苍狼的部落与一个白鹿的部落发展起来的。蒙古在唐代仅是一个部落，在宋代时开始强盛。他们从一个小山谷迁到草原，逐渐发展壮大。从

---

① 田广林：《草原与大海的对话——辽代的海疆与海上交通》，《光明日报》2007 年 2 月 16 日。

松嫩平原西部、辽河中上游、阴山山脉、鄂尔多斯高原东缘、祁连山，到青藏高原东缘的这一条线上的以西以北地区是草原文化区。到了草原，蒙古人充分利用广阔的地势与丰美的水草，驯养了千百万羊与马，培育了彪悍勇猛的骑兵，熏陶了旷达雄浑的民族性格，造就了机敏灵活的调适能力，把游牧民族的优势发展到了极致。

12—13世纪的时候，蒙古人顺风顺水，铁蹄横扫中亚与西亚，向南进入长城以内。1206年，铁木真实现各部统一，被尊称为成吉思汗（1162—1227年），各部落统称为蒙古，表明建立了国家。成吉思汗建国以前，蒙古人还没有文字，后来借用畏兀儿文写蒙古语，创制了畏兀儿字的蒙古文。1234年，蒙古灭金。蒙古军善战，建立了横跨欧亚大陆的四大汗国军事联合体。

1259年，汗王蒙哥在四川去世后，其弟忽必烈与阿里不哥开始争夺汗位。1260年3月，阿里不哥在宗王阿速台等大多数蒙古正统派的支持下于蒙古帝国首都哈拉和林通过"忽里勒台"大会即大汗位。与此同时，忽必烈与南宋议和后返回开平（今内蒙古多伦），在中原儒臣及部分蒙古宗王的支持下集会自称大汗。

忽必烈是蒙古族中积极向中华腹地拓展的首领。他看到了农耕文明的先进所在，有心要征服古老而繁荣的中华文明古国。起初，忽必烈是在大漠以南地区苦心经营，《元史·世祖纪》记载：邢州在忽必烈的管理下，人口增多，社会安定。这段经历为他后来治理元帝国提供了管理经验。大漠以南地区，实际上是半牧半农文明区。半农半牧的文明是人类文明形式之一，在游牧文明与农业文明之间不可能清晰地划出一条绝对的分界线，因而必然就存在过渡形式的文明。半农半牧的文明有利于缓和游牧文明与农业文明的差异，吸收不同文明的长处，因地制宜，巧妙地生存，体现了文明的多样性。

忽必烈之所以能够统一中华大地，原因有多个方面，其中一个重要原因是蒙古军队扬长避短，恰当地选择了进攻路线，接受、听从精通军事地理人才的意见和建议。忽必烈手下有一批汉儒，也有一些通晓地理环境的人物。《元史》记载：有个叫郝经的人，字伯常，其先是潞州人，徙泽州之陵川，家世业儒。他对军事地理熟悉，针对蒙古军队在蜀地一度受挫的情况，就给蒙古统治者写了一篇《东师议》，为蒙古统治者灭宋策划军事战略。

郝经分析说：蒙古军队之所以以前能够"所击无不破"，是因为"关陇、江淮之北，平原旷野之多，而吾长于骑"。现在要深入到西南山区，"我之乘险以用奇则难，彼之因险以制奇则易”。如果要想统一天下，“则先荆后淮，先淮后江”。因为宋人曾经说过“有荆、襄则可以保淮甸，有淮甸则可以保江南”。“今当从彼所保以为吾攻”，这才抓住了要害。

郝经建议：命一军出襄、邓，直渡汉水，造舟为梁，水陆济师。“以轻兵掇襄阳，绝其粮路，重兵皆趋汉阳，出其不意，以伺江隙。”或者，“重兵临襄阳，轻兵捷出，穿彻均、房，远叩归、峡，以应西师。如交、广、施、黔选锋透出，夔门不守，大势顺流，即并兵大出，摧拉荆、郢，横溃湘、潭，以成犄角”。沿着长江再派“一军出寿春……所谓溃两淮之腹心，抉长江之襟要也”。还要派“一军出维扬……是所谓图缓持久之势也”。三军并出，东西连衡，因势利导。

这个建议最终被忽必烈所采纳。经过艰苦卓绝的战争，蒙古人拿下了襄阳，南下直逼长江，顺江而下，夺取江南，灭掉了南宋，建立了空前绝后的蒙元帝国。

史书记载，元朝的统一战争，处处都与环境相关，并体现了环境知识与智慧。如：《元史·木华黎传》记载：“进攻楚丘。楚丘城小而固，四面皆水，令诸军以草木填堑，直抵城下。”《元史》卷一百二十四记载：“李桢，字干臣。……十三年，师围寿春，天雨不止，桢言于察罕曰：‘顿师城下，暑雨疫作，将有不利。且城久拒命，破必屠之，则生灵何辜。请退舍数里，身往招之。’从之。桢遂单骑入敌垒，晓以利害，明日，与其将二人率众来降。”

统一天下的关键一战是襄阳之战。襄阳有襄城与樊城，汉水在其间穿过。元至元十年（1273年），樊城被元军攻破。元军之所以能克宋，是利用了水战。史书记载：文焕植大木水中，锁以铁绠，上造浮桥，以通援兵，樊城亦恃此为固。元水军总管张禧建议断锁毁木，可下樊城。蒙军即以机锯断木，以斧断绠，燔其桥，襄阳城中的士兵不能援，蒙古军队顺势拿下了樊城，并乘势攻破襄城。襄城一破，汉水全线崩溃，汉水一破，长江流域防线顿时瓦解，南宋应声而倒。

当忽必烈还没有称帝时，就有汉族的儒士给他提出一些治国良策。姚枢见到忽必烈，撰写了几千字的上书，谈论国家的管理。《元史·姚枢传》记载：“世祖在潜邸，遣赵璧召（姚）枢至，大喜，待以客礼。询及治道，（姚枢）乃为书数千言，首陈二帝三王之道，以治国平天下之大经，汇为八目，曰：修身，力学，尊贤，亲亲，畏天，爱民，好善，远佞。次及救时之弊，为条三十，曰：……重农桑，宽赋税……布屯田以实边戍，通漕运以廪京都。……广储蓄、复常平以待凶荒，立平准以权物估，却利便以塞幸途，杜告讦以绝讼源。”这些决策对于忽必烈制定国策是有影响的。

法国学者勒内·格鲁塞在《草原帝国·序言》说：“今天的历史学家们还倾向于古代著作家们的结论，视他们（游牧民族）为上帝之鞭，他们是被派来惩罚古代文明的。”“逐牧草而作季节性迁徙的放牧生活的需要，决定了他们特有的游牧生活；游牧经济的迫切需要决定了他们与定居民族之间的关系；这种关系由胆怯地仿效和嗜血性的袭击交替出现所形成。”“人类地理学上的问题变成了一个社会问题。……牧地上常常是恶劣的气候条件，那儿十年一次的干旱，水源干枯，牧草枯萎，牧畜死亡，随之而来的是游牧民本身的死亡。在这种条件下，游牧民族对农耕地区的定期性推进成了一条自然规律。”①

蒙古人西征，统一中华，并建立起了疆域空前广阔、松散的庞大帝国。从环境史角度而言，欧亚之间经济文化交流的壁垒被打破，东西方加强了接触，世界各地的文明得到了进一步交流。普遍的观点是：中国的火药、指南针、印刷技术传入阿拉伯和欧洲，推进了这些地区的文明进程。阿拉伯的医学、天文学、农业技术，欧洲的数学、金属工艺，南亚的雕塑艺术等传入中国，发展、丰富了中国古代的文化。元代中西文化交流信息量之大、传播范围之广、对未来历史影响之大，都是人类历史上空前的。可以说，在元代中西方文明成就第一次出现了全方位共享的局面。但是，征服战争给包括中国在内的欧亚大陆众多古老文明也带来了巨大的破坏，战争消耗了资源，破坏了生态环境，甚至导致了部分地区的瘟疫、饥荒。正因为如此，历来的史学家对蒙古人的战争有肯定，也有批评。

四、环境原因导致蒙元衰亡

元代有兴有盛，亦有衰。元代的动荡与衰亡有多方面原因，环境问题也是原因之一。

萧启庆在《元代史新探》一书的《北亚游牧民族南侵各种原因的检讨》

---

①［法］勒内·格鲁塞：《草原帝国》，商务印书馆1998年版，第3—5页。

一文中说：北亚草原地带是世界大草原的一部分，游牧民族不栽培牧草，也不储备干草以待干旱或雪寒，而是高度依赖自然，顺应季节的循环而辗转于夏季与冬季的牧地之间。如果遇到灾害，游牧民族可能在短期内丧失原有的生活资源，必须另辟蹊径。① 这段话讲的是单纯的游牧民族的境遇。如果放大到元代社会，有一定的参考意义。

元代社会已经不是单纯的游牧文明，其主要的方面仍是农耕文明。在农耕社会，自然灾害对于社会的安定与否，有决定性的因素，或者称之为根本的因素。过去的史学家，总是把社会的动荡原因简单地归为是统治阶级的压迫与剥削，这固然是有道理的，但不是全部的道理。如果深入探究，历史的真相是，自然灾害亦是社会动荡的真正罪魁祸首。安于本分的中国农民是不会轻易离开土地的，更不会轻易造反的。

中国历史上为什么多次出现大规模农民起义？生态主义观点从自然灾害加以解释。当五谷丰登时，当农民温饱时，当农民还有充饥之物时，农民绝不会轻易冒生死之险而揭竿起义。秦末、汉末、唐末、元末、明末的农民起义和近代太平天国农民战争的原因都与灾害有关。灾害之年，统治阶级难以征足赋税，于是加紧盘剥。农民离开土地，背井离乡，流落他乡。当农民食尽树根草皮时，就不得不起哄闹事，随之由星星之火燃遍全国。

在诸多灾害之中，旱灾是最容易引起连锁反应的灾害。《元史·定宗纪》记载：1248 年，定宗在位的第三年，“是岁大旱，河水尽涸，野草自焚，牛马十死八九，人不聊生”。由干旱导致的天气干燥引起草地失火，又导致牲畜死亡，进而使人民无法生存，于是，社会动荡了，各种矛盾激化了。

《续资治通鉴》记载：至元二十七年（1290 年），泉州、武平等地地震，皇帝听说武平地震，担心纳颜党入寇，遣平章政事特穆尔、枢密院官塔鲁呼岱引兵五百人往视。至大三年（1310 年），监察御史张养浩上时政书，指出社会面临不安定的因素。“累年山东、河南诸郡，蝗、旱洊臻，郊关之外，十室九空，民之扶老携幼就食他所者，络绎道路，其他父子、兄弟、夫妇至相与鬻为食者，比比皆是。”

元朝末年，蒙古统治者征调农民和兵士十几万人治理黄河水患。“治河”

---

① 萧启庆：《元代史新探》，新文丰出版公司（台湾）1983 年版，第 304 页。

中的残暴无道，导致红巾军起义爆发。元末农民起义的导火线是修河，最根本原因仍是水患。环境问题迫使官府把穷困的农民、游民、士兵招集起来，挖掘了元朝的坟墓。白莲教首领韩山童、刘福通等人精心策划，把独眼石人埋在即将挖掘的黄陵岗附近河道上，散布“石人一只眼，挑动黄河天下反”的谣言，鼓动河工造反。研究表明，如果元代统治者采取更加明智的治河措施，对民众实行宽缓的仁治，可能矛盾不至于激化，元朝未必就会瞬间灭亡。

历史学家必须从历史中寻找启示，用环境变迁的观点审视社会动荡，为现实提供借鉴。我们不是唯生态主义者，也不赞成地理环境决定论，但我们主张高度重视生态环境对社会演变的作用。如果我们忽略生态环境，将来就会受到自然的惩罚。历史是一面镜子，其教训值得注意。

附录　宋元环境变迁史大事表

960 年，宋建隆元年，赵匡胤发动陈桥兵变。

961 年，课民种树。辽始有历书。宋太祖“令民二月至九月无得采捕虫鱼，弹射飞鸟，有司岁申明之”。

962 年，课民汴河沿岸种树。有象至黄陂县（今属武汉市）匿林中。

964 年，宋采用《建隆应天历》。

968 年，宋太祖诏：民能树艺、开垦者不加征。

972 年，宋禁僧道私习天文地理。课民沿黄河种树。

974 年，河中府饥，发粟三万石赈之。

983 年，黄河决口滑州房村。

984 年，王延德著《高昌行记》。

986 年，何承矩策划在河北等地建立“水长城”，以抵御辽国的骑兵突袭。

989 年，辽圣宗颁布命令，禁止用网捕猎野兔。喻皓在京师建开宝寺塔。

990 年，淄、澶、濮州、乾宁军有蝗灾。

992 年，京师大旱。京师大热，疫死者众。

993 年，宋何承矩在河北引进江东水稻。宋以绢制成“淳化天下图”。

994 年，京师疫，遣太医和药救之。

1001 年，福建莆田修成木兰坡。

1004 年，曾公亮编《武经总要》，记载了火药。

1007 年，宋命画工分诣诸路图画山川形胜，以备军用。地理学家乐史卒。

1008 年，宋真宗封禅泰山。

1009 年，宋真宗营建玉清宫。

1010 年，宋韩显符新制浑仪。西夏饥，上表求粟百万。

1011 年，宋真宗遣使就福建取占城稻三万斛，分给三路为种。

1012 年，宋遣使至福建取占城稻。

1015 年，李垂上《导河形胜书》三篇并图，提出治理黄河新思路。

1016 年，京畿蝗灾。

1019 年，黄河决口，河水注入梁山泊，梁山泊水体扩大。

1021 年，宋垦田数为 524788432 亩，是为宋代官方统计最高垦田数。李德明迁都银川。

1022 年，行限田法。

1026 年，宋筑泰州捍海堰 180 里。

1027 年，宋工部郎中燕肃发明莲花漏法。张纶负责泰州的捍海堰工程。

1033 年，江淮大灾。

1034 年，黄河决。

1036 年，张夏在杭州筑浙江海塘，为石堤 12 里。

1037 年，京师地震。

1038 年，河东地大震裂。

1039 年，黄河决口，进入大野泽。

1041 年，夏国饥。

1046 年，王安石写《河北民》。京城增加凿井。

1048 年，黄河在商胡埽决口，流经今天津一带入海，为宋代黄河北流。

1050 年，江浙大饥荒。

1054 年，宋司天监在世界上首次观测并记录了超新星爆炸。

1055 年，宜城县令孙永组织民众修复长渠。

1060 年，黄河决口，在今大名西南决口，由齐鲁交界处入海。

1060 年，黄河在魏之第六埽分为二股，成为二股河。

1061 年，苏颂的《图经本草》记载了葑田。

1064 年，开封府界霖雨为灾，稼田变成汪洋。

1065 年，司马光的《上皇帝疏》，指出灾情严重。

1067 年，宋因陕西霜旱，发度僧牒征费赈灾。

1069 年，王安石推行农田水利法。

1072 年，王安石推行方田均税法。

1074 年，沈括制天文仪器。

1075 年，淮西大饥。

1077 年，黄河在澶州曹村决口，河水南流至梁山泊，梁山泊面积进一步扩张。

1078 年，明州造出两艘万料神舟。

1080 年，王存撰《元丰九域志》。

1088 年，苏颂制水运仪象台。范祖禹进言赈灾。

1091 年，单锷完成《吴中水利书》。

1106 年，宋以星象异常，毁元祐党人碑。

1107 年，改修陕西三白渠，名丰利渠。

1122 年，宋修成艮岳。

1126—1127 年，金人围攻汴京，破坏了汴京水系，导致汴京疫病流行，造成了城市生态恶化。

1127 年，金人围汴京，城中疫者几半。宋高宗即位，定都建康，大量北方人口南迁，加快了南方的开发。

1128 年，黄河夺泗入淮。冬，杜充决黄河以阻金兵，黄河改道南流，对苏北豫东的生态环境造成了深远的影响。由于黄河南流，北部湖泊缺乏水源补给，梁山泊等湖泊逐渐干涸。

1132 年，临安城大火。涪州疫死数千人。

1140 年，临安城大火。

1141 年，宋金议和，宋金国界在淮水、大散关一线。双方在边界设立榷场。南宋与金朝贸易货物中，茶叶占据重要地位，茶叶需求量的增加，刺激了南宋丘陵地带的开发。

1144 年，河朔诸郡地震。

1146 年，宋以疫病流行，遣医官循行临安。

1151 年，海陵王完颜亮扩建中都。

1154 年，京城疫情严重。

1156 年，欧阳修上书说水患。

1158 年，完颜亮下令营建开封，北方森林再次受到大规模破坏。

1160 年，京师大疫。

1165 年，南宋在淮南劝民植树。

1168 年，黄河在河南滑县李固渡决口，分成两支，其中一支沿单州（今山东单县至安徽砀山一带）夺淮入海。夺淮入海的支流成为主流，导致流向梁山泊等湖泊的水源减少，梁山泊逐渐萎缩。

1169 年，金朝颁布保护动物的法令。

1172 年，周去非赴广西任职，后来撰成《岭外代答》。

1174 年，钱塘大风涛。南宋禁止淮西砍伐林木。

1176 年，颁《淳熙历》。西夏置“黑水桥碑”。

1178 年，宋韩彦直撰《桔书》。

1180 年，吕祖谦撰《庚子辛丑日记》，为世界上现存最早的实测物候记录。黄河全面由淮入海，梁山泊失去水源，逐渐干涸，露出湖面，成为可耕之地。

1185 年，金朝颁布系列保护野生动物的诏令。《金史・世宗纪下》载：“豺未祭兽，不许采捕。冬月，雪尺以上，不许用网及速撒海，恐尽兽类。”

1187 年，宋以久旱，颁画龙祈雨法。

1189 年，金章宗禁止用网捕杀野生动物。

1190 年，金朝限制狩猎，此后，多次颁布类似命令。《金史・章宗纪一》记载：“遣谕诸王，凡出猎毋越本境。”

1191 年，令守令到任半年内报告当地的水利情况。

1194 年，董煟中进士，后来编著了《救荒活民书》。黄河在阳武决口，河水南流。金朝放任河渠南流，汴河逐渐淤塞；黄淮平原湖泊逐渐消失，圃田泽、荥泽、孟潴泽等自宋以后逐渐消失。

1201 年，临安大火四日焚民房 5 万余。金朝课民种桑并禁止毁坏林木。

1205 年，金开通济河（又称闸河）通运，以高梁河为源，自中都至通州。

1206 年，铁木真被各部落推举为“成吉思汗”，建立大蒙古帝国。

1208 年，淮甸大疫。

1209 年，诸路旱、蝗。

1213 年，大元兵围汴，大疫，死者百余万。

1215 年，飞蝗越淮而南。

1219 年，元蒙西征花剌子模，进攻到伏尔加河流域。

1221 年，长春真人丘处机应成吉思汗之邀前往中亚。

1223 年，赵珙出使蒙古，将所见所闻记载为《蒙鞑备录》。

1227 年，王象之撰《舆地纪胜》。

1232 年，汴京大疫凡 50 日，诸出死者九十余万。三月，元军决黄河以水攻归德（今商丘一带），黄河夺濉。

1234 年，黄河自汴堤南决，夺涡入淮。蒙古军灭金。

1235 年，耐得翁游临安，写成《都城纪胜》。元好问撰有《济南行记》。

1242 年，魏岘撰写《四明它山水利备览》，反映了南宋时期江南等地水土流失严重。

1247 年，张德辉前往漠北。

1260 年，元朝建立。经过长期战争，中原地区人口减少，土地荒芜。

1262 年，郭守敬治水。

1263 年，贾似道行公田法。

1265 年，郭守敬担任都水少监。元世祖下诏将河南荒田分给当地蒙古人耕种。真定、顺天、河间、顺德、大名、东平、济南等郡大水。

1266 年，蒙古诏禁天文图迷信。元朝在北京修建大安阁，伐北京西山之木。此后，元朝多次修建宫殿，所需木材近取大都附近，远取至东北。

1270 年，建国号大元。立司农司，申明劝课农桑。

1271 年，忽必烈公布《建国号诏》法令。徙鄂州（今属湖北）民万余于宁夏屯田。元朝在统治区域内课民种桑枣榆柳等树。

1272 年，刘秉忠规划大都（今北京市）。南阳、怀孟、卫辉、顺天等郡，磁、泰安、通、滦等州淫雨，河水并溢。

1273 年，元诸路大水。蝗。元朝司农司颁布《农桑辑要》，保留了大量华北地区的生态环境资料。

1274 年，大霖雨，天目山崩，安吉、临安、余杭民溺死者无算。闽中地震。

1275 年，李宏修成莆田木兰陂，可灌田万顷。嘉定等城迁徙，流民患疫而死者众。闽中地大震。

1276 年，穿济州漕渠。松江亢旱。

1277 年，河南、山东水旱，除河泊课，听民自渔。济宁路雨水，平地丈余。曹州、濮州雨水。

1278 年，西京饥，发粟赈之。命蒙古胄子代耕籍田。以川蜀地多岚瘴，弛酒禁。禁玉泉山樵采、渔弋。

1279 年，忽必烈用郭守敬言，派遣官员，在 27 个观测点实行大规模纬度测量，地理纬度从北纬 15 度到 65 度。

1280 年，发侍卫军三千浚通州运粮河。用姚演言，开胶东河，收集逃民屯田涟、海。命达实为招讨使，往求河源。诏颁《授时历》。

1281 年，元军进攻日本，在鹰岛附近遇飓风，将卒溺死者众多。浙东饥，发粟赈之。发肃州军民凿渠溉田。

1282 年，江南水，民饥者众。真定以南旱，民多流移。

1283 年，河北流民渡河求食。巴约特等伐船材于烈埚、都山、乾山。太原、怀孟、河南等路沁河水涌溢，坏民田一千六百七十余顷。卫辉路清河溢，南阳府河水溢。

1284 年，浚扬州漕河。忽必烈之子脱欢（当时担任镇南王）发兵攻安南（今越南北部），因暑雨与瘟疫，被迫退师。

1285 年，南京、彰德、大名、河间、顺德、济南等路河水坏田三千余顷。高邮、庆元大水，伤民近八百户。

1286 年，华州华阴县大雨。杭州、平江二路大水，坏民田一万七千二百顷。大都、汴梁、归德大水。河决开封、祥符等十五处，调民夫二十余万，分筑堤防。颁《农桑辑要》于天下。

1287 年，命都水监开汶、泗水以达京师。汴梁河水泛溢，役夫七千修故堤。

1288 年，以杭州西湖为放生池。胶州大水，民采橡为食。禁止江淮捕杀天鹅。

1289 年，开安山渠，引汶水以通运道。

1290 年，泉州地震；河溢太康县，没田 319000 亩。武平地陷，黑沙水涌出，灾民死七千余人。立会通、汶、泗河道提举司。

1291 年，复都水监。正式设立河南江北行省。

1292 年，湖州、平江、嘉兴、镇江、扬州、宁国、太平七路大水。福建行省参政魏天祐献计，发民一万，凿山炼银，岁得万五千两。

1293 年，王恽召至上都，上书陈时政。赐新开漕河名曰通惠。

1294 年，浚通惠河。拨军士屯守淀山湖。辽阳行省所属九处大水，民饥，或起为盗贼。

1295 年，地震。陕西旱、饥，行省右丞许扆议发廪赈之。建康、常州、湖州、鄱阳、常德、澧州、泰安州、曹州、辽东、大都、庐州、平江先后发生大水。

1296 年，诏江南毋捕天鹅。太原、献州、莫州、醴陵、大都路、真定、保定、汝宁、建康、曹州等地大水。河决河南杞、封丘、祥符、宁陵、襄邑五县。河决开封。

1297 年，禁正月至七月捕猎，大都八百里内亦如之。归德、徐、邳、汴梁水，免其田租；道州旱，辽阳饥，并赈之。河决汴梁，发民三万人塞之。和州历阳县江溢，漂没庐舍八千五百余家。河决杞县蒲口，命廉访司尚文相度形势，为久利之策。衡州之酃县大水、山崩，溺死三百余人。温州、瑞安等地大水，溺死六千八百余人。周达观撰写《真腊风土记》。大都等地禁止捕猎。浙江温州等地海溢，沿海损失惨重。

1298 年，江南、山东、浙江、两淮、燕南属县多蝗。帝欲开铁幡竿渠，召知太史院事郭守敬议之。汴梁等处大雨。河决蒲口，没归德数县禾稼庐舍，免其田租一年。遣尚书那瓌、御史刘赓等塞之，自蒲口首事，凡筑 96 所。

1299 年，以鄂、岳诸州旱，免其酒课、夏税；江陵路旱、蝗，弛其湖泊之禁，并以粮赈之。元朝开始修筑海塘，用以抵御海溢。

1301 年，商州陨霜杀麦。济宁、襄阳、平江等七郡大水。江水暴风大溢，高四五丈，通、泰、崇明、真州，民被灾者三万四千多户。彰德等地气候异常。

1302 年，徐州、邳州等地连续下雨 50 日，沂水与武水合流。云南地震。

1303 年，命都水监修白浮、瓮山河堤。白浮、瓮山，即通惠河上源。台州风、水大作，宁海二县死者 550 人。编成《大元一统志》。

1304 年，平阳地震不止，已修民屋复坏。太原之交城、阳曲、管州、岚州，大同之怀仁，雨雹、陨霜杀禾。

1305 年，大同路地震。怀仁县地裂二所。汴梁阳武县思齐口河决。北方奇噜伦部大雪。同知宣徽院事图沁布哈请买驼马，补其死缺。

1306 年，浚吴松江等处漕河。庚戌，浚真、扬等州漕河。大同路暴风，大雪，坏民庐舍；雨沙阴霾，马牛多毙，人亦有死者。道州营道等处暴雨，江溢，山裂，漂荡民庐，溺死者众；复其田租。开成路地震，王宫及官民庐舍皆坏，压死故秦王妃等五千余人。

1307 年，马端临撰《文献通考》地震篇。

1308 年，遣使祀五岳、四渎、名山、大川。绍兴、庆元、台州大疫，死者二万六千余人。陇西宁远县地震。云南乌撒、乌蒙三日之中，地大震者六。济宁路、真定路大水入城。因饥荒，允许老百姓捕猎一年。

1309 年，河决归德府境。河决汴梁之封丘。

1310 年，荆门州大水，山崩，坏官廨民居二万余间，死者二千余人。汝州、六安州俱大水。循州大水，漂没庐舍。

1311 年，宁夏路地震。遣官至江浙议海运事。

1312 年，中州军士镇江南省，逾岭以戍，遭瘴疠，十无一还。

1313 年，涿州范阳县、东安州等地雨水，坏田七千六百余顷。河决陈、亳、睢三州。京师地震。王祯《农书》刊印。该书记载了元代江南的围田、架田、淤田、梯田等，反映了元代南方湖泊、森林植被破坏比较严重。

1314 年，南方大水，沅陵、武昌、赣州、建康、杭州受灾。冀宁、汴梁及武安、涉县地震，坏官民庐舍，死者三百余人。

1315 年，河决郑州，坏汜水县治。京师大雨。

1316 年，禁天下春时田猎。初议犯者抵死。婺源州雨水，溺死五千三百余人。是年，鹰坊博啰等扰民于大同，敕拘还所奉玺书。

1318 年，鄂啰言近年河决杞县小黄村口，方今农隙，宜为讲究，使水归故道。诏都水监与汴梁路分监修治。苗好谦撰《栽桑图说》，帝命刊印千帙，散之民间。

1319 年，河间路漳水溢。益都、济南、辽阳、沈阳、大名、汴梁、真定、南阳等地大雨水。

1320 年，安丰、庐州淮水溢。德州大雨水。上蔡等县水。河决汴梁原武县。

1321 年，霸州大水，浑河溢，三万户受灾。江水大溢。朔漠大风，羊马驼畜尽死，人民流散。

1322 年，仪封县河溢。濮州六安、舒城二县水。申禁日者妄谈天象。平江路大水，损民田 49600 顷。《元典章》成书，汇编了自 1257 年至 1320 年间元朝的诏令判例等典章制度，包含大量涉及生态环境的条文。

1323 年，颁布《大元通制》，其中有诸多环境保护的法律条文。

1324 年，大同浑源河、真定滹沱河、陕西渭水、黑水、渠州江水皆溢，并漂民庐舍。真定等郡 37 个县大雨水 50 余日。杭州盐官州海水大溢，坏堤堑。

1325 年，修桑乾岭道。甘州路大雨水，漂没行帐孳畜。遣使分祀五岳、四渎之神及名山大川并京城寺观。岷、洮、文、阶四州雨水。鸣沙州大雨水。

惠通河完工，加之此前完工的济州河与通惠河，元朝将新运河与旧运河沟通，将江南粮食通过运河运到北京。

1327 年，崇明州海门县海水溢，扶沟、兰阳二县河溢，没民田庐，并赈之。通渭县山崩。凤翔、兴元、成都、峡州、江陵地同日震。

1328 年，陕西大旱，人相食。盐官州海堤崩，遣使祷祀，造浮图镇之。河决砀山、虞城二县。广西两江诸州水。杭州、湖州等九郡水，没民田万余顷。

1328—1330 年，江西等南方地区连续三年寒冷。表明元朝气温变冷。

1329 年，东安、通、蓟、霸四州雨水。

1330 年，河决大名路长垣、东明二县。海潮溢，漂没河间运司盐两万六千七百引。平江嘉兴、湖州、松江三路一州大水，坏民田三万六千六百多顷，被灾者四十万五千五百余户。有人上言蔚州广灵县地产银。陈椿撰《熬波图咏》，记载了海盐煎取术。忽思慧完成《饮膳正要》一书，该书包含诸多生态环境思想。

1331 年，衡州路比岁旱蝗，仍大水，民食草木殆尽，又疫疠者十九。太湖水溢。

1332 年，朝邑县洛水溢。汴梁河水溢。

1333 年，大霖雨，京畿水，平地丈余。泾水溢，关中水灾。黄河大溢，河南水灾。两淮旱，民大饥。

1334 年，京师地震，鸡鸣山崩，陷为池，方百里，人死者甚众。

1335 年，河州路大雪十日，深八尺，牛羊驼马冻死者十九，民大饥。

1340 年，秦州成纪县山崩地坼。庚戌，处州松阳、龙泉二县积雨，水涨入城中，深丈余，溺死者五百余人。遂昌县尤甚，平地二丈余。桃源乡山崩，压死者三百六十余人。

1341 年，汴梁地震。扬州路崇明、通、泰等州，海潮涌溢，溺死一千六百余人。

1342 年，黄河开始在归德府睢阳县一带泛滥。河北大名路、河间路、广平路、彰德路、山西大同路、冀宁路等地区大旱。大同饥，人相食，运京师粮赈之。冀宁路平晋县地震。杭城大火。

1343 年，汴梁新郑、密二县地震。秦州成纪县、巩昌府宁远、伏羌县山崩，水涌，溺死者无算。兴国路旱。河南霖雨不止。河决曹州白茅口。

1344年，河决曹州，又决汴梁。温州飓风大作，海水溢，地震。滦河水溢。八月，山东大雨，人相食。河北受灾。水灾、旱灾、瘟疫交替。

1345年，黄河在济阴决口。

1347年，山东地震。临淄地震七日乃止。河东地坼泉涌，崩城陷屋。

1348年，大霖雨，京城崩。广西山崩，水涌，漓江溢，平地深二丈余，屋宇、人畜漂没。钱塘江潮比之八月中高数丈，沿江民皆迁居以避之。永嘉大风，海舟吹上平陆二三十里，死者千数。立司天台于上都。松滋县骤雨，水暴涨，平地深丈又五尺，漂没六十余里，死者1500人。山东大水，民饥，赈之。

1349年，黄河北溃。济宁路被迫迁到济州。在济宁郓城设立行都水监，贾鲁担任工部侍郎。贾鲁上言治水二策。白茅河东注沛县，遂成巨浸。诏修金堤，民夫日给钞三贯。蜀江大溢，浸汉阳城，民大饥。

1350年，彰德大寒，清明节前雨雪三尺，民多冻馁死。修大都城。

1351年，命贾鲁为工部尚书，调发汴梁（今开封）、大名等十三路民工修治黄河。又调遣庐州（今安徽合肥）两万军队督治。年底黄河恢复故道。

1352年，陇西地震百余日，城郭颓移，陵谷迁变，定西、会州、静宁、庄浪尤甚。大名路旱、蝗，饥民七十余万口，给钞十万锭赈之。

1353年，大同路疫，死者大半。泉州大饥，死者相枕藉。

1354年，汾州介休县地震，泉涌。京师大饥，加以疫疠，民有父子相食者。

1355年，荆州大水。蓟州雨血。湖广雨黑雪。陕西有一山，西飞15里，山之旧基，积为深潭。

1358年，京师大水，蝗，饥疫，朝廷赈之，翰林学士承旨张翥，为文颂其事曰《善惠之碑》。

宋元环境变迁史大事表说明

本书是按专题叙述环境史，而大事记是按编年形式显示环境变迁史中的大事。通过大事记，使读者从纵向对宋元的环境变迁史有所了解，同时弥补在正文中的疏漏之处。

以上大事记，参考了众多的资料。如，中国社会科学院历史研究所编的《中国历代自然灾害及历代盛世农业政策资料》（农业出版社 1988 年版）、虞云国等编著的《中国文化史年表》(上海辞书出版社 1990 年版)。李文涛博士提供了一些资料。

由于我国地域辽阔，几乎无年不灾。要想把环境史的变化详细排列出来，谈何容易。因此，所记大事记，主要是对作者在写作中感觉到应当收录的事情进行收录，没有非常确切的收录标准。大事年表只是“二次文献信息”。本表所列大事的月份，由于公历与农历在年头或年尾的月份上有一定的差异，所以请读者在阅读时以原始资料为准。

主要参考文献

（唐）令狐德棻等：《周书》中华书局 1971 年版。

（北齐）魏收：《魏书》，中华书局 1974 年版。

（元）脱脱等：《宋史》，中华书局 1985 年版。

（元）脱脱等：《辽史》，中华书局 2016 年版。

（元）脱脱等：《金史》，中华书局 2016 年版。

（明）宋濂等：《元史》，中华书局 2016 年版。

邓云特：《中国救荒史》，商务印书馆 1937 年版。

岑仲勉：《黄河变迁史》，人民出版社 1957 年版。

竺可桢、宛敏渭：《物候学》，科学出版社 1973 年版。

刘昭民：《中国历史上气候之变迁》，商务印书馆（台湾）1982 年版。

蔡美彪等：《中国通史》第七册，人民出版社 1983 年版。

南京大学历史系元史研究室编：《元史论集》，人民出版社 1984 年版。

杨讷等：《元代农民战争史料汇编》，中华书局 1985 年版。

陈高傭等编：《中国历代天灾人祸表》，上海书店影印出版 1986 年版。

黄时鉴辑点：《元代法律资料辑存》，浙江古籍出版社 1988 年版。

中国航海学会：《中国航海史（古代航海史）》，人民交通出版社 1988 年版。

[法] 雷纳·格鲁塞：《蒙古帝国史》，商务印书馆 1989 年版。

严足仁编：《中国历代环境保护法制》，中国环境科学出版社 1990 年版。

《山西自然灾害》编辑委员会：《山西自然灾害》，山西科学教育出版社 1989 年版。

宋正海等：《中国古代海洋学史》，海洋出版社 1989 年版。

郭正忠：《宋代盐业经济史》，人民出版社 1990 年版。

蓝　勇：《历史时期西南经济开发与生态变迁》，云南教育出版社 1992 年版。

梁必骐主编：《广东的自然灾害》，广东人民出版社 1993 年版。

何业恒：《中国珍稀兽类的历史变迁》，湖南科学技术出版社 1993 年版。

邹逸麟：《中国历史地理概述》，福建人民出版社 1993 年版。

施和金：《中国历史地理》，南京出版社 1993 年版。

何业恒：《中国珍稀鸟类的历史变迁》，湖南科学技术出版社 1994 年版。

文焕然等：《中国历史时期植物与动物变迁研究》，重庆出版社 2019 年版。

罗桂环等主编：《中国环境保护史稿》，中国环境科学出版社 1995 年版。

袁　林：《西北灾荒史》，甘肃人民出版社 1994 年版。

赵　冈：《中国历史上生态环境之变迁》，中国环境科学出版社 1996 年版。

张丕远主编：《中国历史气候变化》，山东科学技术出版社 1996 年版。

王振忠：《近 600 年来自然灾害与福州社会》，福建人民出版社 1996 年版。

史卫民：《元代社会生活史》，中国社会科学出版社 1996 年版。

张全明、张翼之：《中国历史地理论纲》，华中师范大学出版社 1995 年版。

赵荣、杨正泰：《中国地理学史》，商务印书馆 1998 年版。

汪前进主编：《中国古代科学技术史纲·地学卷》，辽宁教育出版社 1998 年版。

辛德勇：《黄河史话》，中国大百科全书出版社 1998 年版。

吴松弟：《中国人口史》第三卷，复旦大学出版社 2000 年版。

鲁西奇：《区域历史地理研究：对象与方法——汉水流域的个案考察》，广西人民出版社 2000 年版。

［英］汤因比：《人类与大地母亲》，上海人民出版社 2001 年版。

复旦大学历史地理研究中心：《自然灾害与中国社会历史结构》，复旦大学出版社 2001 年版。

申友良：《马可·波罗时代》，中国社会科学出版社 2001 年版。

马敏、王玉德主编：《中国西部开发的历史审视》，湖北人民出版社 2001 年版。

萧　樾：《中国历代的地理学和要籍》，广西师范大学出版社 2002 年版。

蓝　勇：《中国历史地理学》，高等教育出版社 2002 年版。

周良霄、顾菊英：《元史》，上海人民出版社 2003 年版。

鲁西奇、潘晟：《汉水中下游河道变迁与堤防》，武汉大学出版社 2004 年版。

于德源：《北京历史灾荒灾害纪年》，学苑出版社 2004 年版。

梅雪芹：《环境史学与环境问题》，人民出版社 2004 年版。

李孝聪：《中国区域历史地理》，北京大学出版社 2004 年版。

葛金芳：《唐宋变革期研究》，湖北人民出版社 2004 年版。

李文海、夏明方：《中国荒政全书》，北京古籍出版社 2004 年版。

王元林：《泾洛流域自然环境变迁研究》，中华书局 2005 年版。

罗桂环、汪子春主编：《中国科学技术史 · 生物学卷》，科学出版社 2005 年版。

张全明：《中国历史地理学导论》，华中师范大学出版社 2006 年版。

林　颀：《中国历史地理学研究》，福建人民出版社 2006 年版。

张修桂：《中国历史地貌与古地图研究》，社会科学文献出版社 2006 年版。

廖国强等：《中国少数民族生态文化研究》，云南人民出版社 2006 年版。

杨京平：《环境生态学》，化学工业出版社 2006 年版。

安作璋主编：《中国运河文化史》，山东教育出版社 2006 年版。

韩汝玢、柯俊主编：《中国科学技术史 · 矿冶卷》，科学出版社 2007 年版。

赵安启、胡柱志主编：《中国古代环境文化概论》，中国环境科学出版社 2008 年版。

[美] J · 唐纳德 · 休斯著，梅雪芹译：《什么是环境史》，北京大学出版社 2008 年版。

王瑜、王勇主编：《中国旅游地理》，中国林业出版社、北京大学出版社 2008 年版。

颜家安：《海南岛生态环境变迁研究》，科学出版社 2008 年版。

侯甬坚主编：《鄂尔多斯高原及其邻区历史地理研究》，三秦出版社 2008 年版。

王培华：《元代北方灾荒与救济》，北京师范大学出版社 2010 年版。

李治安、薛磊：《中国行政区划通史 · 元代卷》，复旦大学出版社 2009 年版。

满志敏：《中国历史时期气候变化研究》，山东教育出版社 2009 年版。

张全明：《两宋生态环境变迁史》，中华书局2015年版。

张显运：《十至十三世纪生态环境变迁与宋代畜牧业发展响应》，科学出版社2015年版。

后　记

研究环境史，意义重大。了解宋元环境史，对比当下的中国环境，可以知道环境之变迁；了解宋元环境史，对照宋元时期的社会发展与社会动荡，可以知道环境在特定时期所起的决定性作用。然而，宋元环境史是相当复杂的，涉及不同的族群、不同的政权、广袤的疆域、纷繁的史料，欲研究透这段环境史殊非易事。

笔者虽然从事中国历史文献与传统文化研究多年，但对于宋元这段历史一直了解不够深入，对宋元的环境史更谈不上有什么深入研究。之所以敢于承担这项工作，是认识到这个选题特别重要，并想挑战自己的学习能力，拓展相关的时空领域。

本书所做工作，一是史料的搜集与分类，论从史出，根据史料解读历史。二是尽量吸收已有的学术成果，消化吸收，融化到本书中。三是形成独立的写作框架，侧重于环境变迁，适当加以评论。希望本书能为学术界深入了解与研究宋元环境的变迁提供帮助。

本书在写作中，参考过学术界已有的部分成果，在此表示谢意。书中可能还有疏漏、错误的地方，敬请读者批评、指正！

王玉德

2020 年冬于桂子山